"十四五"时期国家重点出版物出版专项规划项目

航天先进技术研究与应用 / 电子与信息工程系列

工业和信息化部"十四五"规划教材 / 黑龙江省精品图书出版工程

"双一流"建设精品出版工程 / 首届黑龙江省教材建设奖优秀教材二等奖

信 号 与 系 统

SIGNALS AND SYSTEMS

（第6版）

张　晔　张腊梅　张钧萍　主　编

U0223697

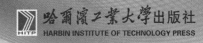

哈爾濱工業大學出版社

HARBIN INSTITUTE OF TECHNOLOGY PRESS

内容简介

本书共 9 章。第 1 章是本书涉及的基础理论,第 9 章是针对多输入–多输出的信号与系统分析;对于连续时间信号与系统分析,第 2 章介绍时域分析,第 3~4 章介绍变换域分析;对于离散时间信号与系统分析,第 6 章介绍时域分析,第 7~8 章介绍变换域分析;第 5 章介绍连续时间信号离散化和离散信号的连续化恢复,是连接连续、离散信号与系统的桥梁和纽带。

本书内容全面、简练,把信号和系统的分析(时域和变换域)统一在一个理论模型框架下,并建立了以卷积定理和抽样定理为纽带的立体架构。此外,本书还注重数学模型和物理模型的统一、连续和离散的并重性,且加强了相关领域概念的分析和解译,力求更适于学生的学习、消化和理解。

本书可作为高等院校电子和信息类各专业"信号与系统"课程的教材,也可作为相关专业的教师、研究生以及科研人员的参考资料。

图书在版编目(CIP)数据

信号与系统/张晔,张腊梅,张钧萍主编. —6 版
. —哈尔滨:哈尔滨工业大学出版社,2022.12(2024.7 重印)
(电子与信息工程系列)
ISBN 978 - 7 - 5767 - 0090 - 9

Ⅰ.①信… Ⅱ.①张… ②张… ③张… Ⅲ.①信号系统–高等学校–教材 Ⅳ.①TN911.6

中国版本图书馆 CIP 数据核字(2022)第 256025 号

电子与通信工程
图书工作室

策划编辑 许雅莹 李长波
责任编辑 苗金英 许雅莹 张 权
封面设计 屈 佳
出版发行 哈尔滨工业大学出版社
社　　址 哈尔滨市南岗区复华四道街 10 号 邮编 150006
传　　真 0451 - 86414749
网　　址 http://hitpress.hit.edu.cn
印　　刷 哈尔滨市石桥印务有限公司
开　　本 787mm×1092mm 1/16 印张 23.25 字数 595 千字
版　　次 2011 年 2 月第 1 版 2022 年 12 月第 6 版
　　　　 2024 年 7 月第 2 次印刷
书　　号 ISBN 978 - 7 - 5767 - 0090 - 9
定　　价 44.00 元

"十四五"国家重点图书
电子与信息工程系列

编 审 委 员 会

序

FOREWORD

　　教材建设一直是高校教学建设和教学改革的主要内容之一。针对目前高校电子与信息工程教材存在的基础课教材偏重数学理论，而数学模型和物理模型脱节，专业课教材对最新知识增长点和研究成果跟踪较少等问题，及创新型人才的培养目标和各学科、专业课程建设全面需求，哈尔滨工业大学出版社与哈尔滨工业大学电子与信息工程学院的各位老师策划出版了电子与信息工程系列精品教材。

　　该系列教材是以"寓军于民，军民并举"为需求前提，以信息与通信工程学科发展为背景，以电子线路和信号处理知识为平台，以培养基础理论扎实、实践动手能力强的创新型人才为主线，将基础理论、电信技术实际发展趋势、相关科研开发的实际经验密切结合，注重理论联系实际，将学科前沿技术渗透其中，反映电子信息领域最新知识增长点和研究成果，因材施教，重点提高学生的理论基础水平及分析问题、解决问题的能力。

　　本系列教材具有以下特色。

　　(1)**强调平台化完整的知识体系**。该系列教材涵盖电子与信息工程专业技术理论基础课程，对现有课程及教学体系不断优化，形成以电子线路、信号处理、电波传播为平台课程，与专业应用课程的四个知识脉络有机结合，构成了一个通识教育和专业教育的完整教学课程体系。

　　(2)**物理模型和数学模型有机结合**。该系列教材侧重在经典理论与技术的基础上，将实际工程实践中的物理系统模型和算法理论模型紧密结合，加强物理概念和物理模型的建立、分析、应用，在此基础上总结牵引出相应的数学模型，以加强学生对算法理论的理解，提高实践应用能力。

　　(3)**宽口径培养需求与专业特色兼备**。结合多年来有关科研项目的科研经验及丰硕成果，以及紧缺专业教学中的丰富经验，在专业课教材编写过程中，在兼顾电子与信息工程毕业生宽口径培养需求的基础上，突出军民兼用特色，在满足一般重点院校相关专业理论技术需求的基础上,也满足军民并举特色的要求。

　　电子与信息工程系列教材是哈尔滨工业大学多年来从事教学科研工作的各位教授、专家们集体智慧的结晶,也是他们长期教学经验、工作成果的总结与展示。同时该系列教材的出版也得到了兄弟院校的支持,提出了许多建设性的意见。

　　我相信:这套教材的出版,对于推动电子与信息工程领域的教学改革、提高人才培养质量必将起到重要推动作用。

哈尔滨工业大学教授
中 国 工 程 院 院 士　　张乃通

2010 年 11 月于哈工大

第 6 版前言

PREFACE

"信号与系统"是电子、通信、信息、测控、电气、遥感等专业的第一门技术基础课。该课程存在涉及的概念多、理论抽象、方法求解难等问题,历来是老师难教、学生难学的课程。本书是按照哈尔滨工业大学电子与信息工程学院对"信号与系统"课程教学改革的需求而编写的。

多少年来,尽管科学技术飞速发展,但作为信息领域技术基础的"信号与系统",所涉及的内容相对稳定、数学模型基本不变。而变化的仅是应用需求,也就是物理模型的改变,具体变化主要体现在信号和系统两个方面:在信号方面,主要包括探测信号方式的多样化、信号所描述的内容更丰富、信号分析的要求更严格等;在系统方面,主要包括构成系统的结构更复杂、系统规模的集成度更高、系统分析的应用更广泛等。为了适应新形式的发展,"信号与系统"课程教学的关键问题是,如何把基础知识与信息技术的发展相结合,如何与前面课程(如电路等)和后续课程(如数字信号处理、通信电子线路等)相衔接,以及如何把所学的数学理论和分析方法,应用到实际的物理模型和技术中。

本书共 9 章,分三个层次。第 1 章对本书所涉及的基本概念、基本理论和基本分析方法进行介绍,是本书其他章节的基础;第 2~8 章是本书的核心内容;第 9 章介绍信号与系统的状态变量分析方法,主要是针对多输入-多输出的信号与系统。第 2~4 章对连续时间信号与系统分析进行介绍,其中第 2 章主要介绍时域分析方法,第 3~4 章主要介绍变换域分析方法,包括傅里叶变换和拉普拉斯变换分析方法。第 6~8 章对离散时间信号与系统分析进行介绍,其中第 6 章主要介绍时域分析方法,第 7~8 章主要介绍变换域分析方法,包括 Z 变换和离散傅里叶变换分析方法。为了使连续和离散的分析相互转换、达到统一,第 5 章主要介绍连续时间信号离散化和离散信号的连续化恢复,可以说,它是连接连续(第 2~4 章)、离散(第 6~8 章)信号与系统的桥梁和纽带。

本书的突出特点主要体现在以下五个方面。

1. 把信号和系统的分析(时域和变换域)统一在一个理论模型框架下

对于确定性信号和线性非时变系统而言,信号和系统分析的共同理论基础是线性叠加原理。任何信号都可以分解成典型基本单元信号的线性组合,而时域分析和变换域分析的主要区别在于分解基元函数的不同;分解信号的分量分别通过线性非时变系统时,每个分量的响应叠加就是系统的总响应,这是系统分析的基本出发点。从以上两个方面可以清晰地看出信号分析(分解)和系统分析方法之间的相互关系。

2. 建立了以卷积定理和抽样定理为纽带的立体架构

本书以卷积定理和抽样定理为纽带,采用连续和离散相对应、时域和变换域并行、信号和系统相辅相成的立体架构。在信号分析和系统分析的关系上,信号分析放在相关章节的系统分析前单独介绍,以强调信号和信号特性本身就是很重要的,并且是系统分析所必需的;在时域分析和变换域分析的关联上,时域分析在前、变换域分析在后,并强调卷积定理在它们之间的桥梁作用;抽样定理作为单独一章,放在连续与离散之间,可以看作是从连续时间到离散时间的一个过渡。这样的安排特别有利于连续时间和离散时间的衔接,更有利于理解和掌握二者之间的同一性和差异性。

3. 注重数学模型和物理模型的统一

针对学习本课程涉及的数学工具较多,学生往往过多地关注数学模型,而淡化其物理模型的状况,我们加强了物理意义的引入和解释,力图使物理模型和数学模型达到统一。使学生把精力主要集中到对物理概念、意义和分析方法的理解和掌握上,而不必把时间花费在复杂的计算,过多地注重数学求解的间接性、技巧性和特殊性等数学问题上。进而使学生改变观念和学习方法,突出系统概念和分析过程,以提高学生分析实际问题的能力,以利于对学生实践潜能的培养。

4. 凸显了连续和离散的并重性

连续系统和离散系统分析,既相互独立又相互对应。随着计算机技术的发展,尽管连续信号和系统物理概念相对明确,但离散信号和离散系统必将成为应用和处理的主体。本书首先给出连续时间的分析,而其相关知识也有助于理解离散时间信号的频谱和离散傅里叶变换的特性。在具体介绍过程中,加强了离散时间与连续时间的对比分析,避免不必要的重复,同时也注重了离散时间的独特意义和深层次的进化。

5. 加强了相关概念的分析和解译

在连续系统分析中,在介绍傅里叶变换和拉普拉斯变换的数学概念、基本性质和工程应用背景基础上,特别突出了傅里叶变换具有明确的物理意义,在信号频谱分析中具有特殊的地位。同时加强了离散信号与系统中的概念,如 Z 变换、DTFT、DFT、FFT 等定义的出发点及与连续信号与系统相应概念的联系与差异。本书第 5 章引入了滤波器的概念,它利用了前面章节研究的信号与系统分析方法,反过来,也可以通过滤波器由离散时间信号恢复连续时间信号。这些内容都可以认为是分析方法应用的很好例子,为以后信号处理的学习提供了有益的基础。

此外,本书的习题侧重综合性。为了使学生巩固知识、更好地理解学过的内容,书中各章都配备了典型的例题和难度适当的习题,而且在习题的选取上,特别选择了几道综合性习题,尽量把该章和该章以前章节学过的内容能够联合运用。

本书由哈尔滨工业大学电子与信息工程学院张晔、张腊梅、张钧萍主编。本书在编写的过程中,编者对每一字句都进行了认真的推敲,以便简化教材内容,提高可读性;对书中的图、表和例题都进行了认真研究,以使它们有助于课程内容的理解和消化;对涉及的概念、理论和方法,都进行了适当的评述和分析,以便理解它们的物理意义和应用价值。编者认为,教师在教学过程中应该重点向学生讲清楚这些要点,而过多的数学推导和计算可以留给学生自学。

本书的筹备和编写过程得到了哈尔滨工业大学电子与信息工程学院张乃通院士的亲切关怀。张院士对本书的内容和特点听取了汇报,并提出了许多指导性意见,在此向张院士表示崇高敬意和衷心感谢。

本书自 2011 年 2 月出版以来,承蒙广大读者的厚爱,经过了数次印刷,编者结合本书几年来的使用情况,对本书进行了修订。

由于水平有限,书中难免有不足之处,特别是一些评述,可能属于开放性学术问题,难免有不恰当之处,敬请各位读者指正。

编　者

2022 年 10 月于哈尔滨

目 录

CONTENTS

第 1 章

信号与系统分析的理论基础

信号与系统是电子、通信、信息类专业重要的技术基础课,主要是通过描述信号和系统的数学模型来研究和说明信号与系统的分析方法。信号与系统是表示与物理设备或现象相关联的重要概念的术语,例如电路可以看作一个系统,它是由电阻、电容等功能元件和电流、电压这样的信号构成。而数学模型是用来描述信号和系统的数学公式,使用它们可以对信号和系统进行数学分析,以确定信号特性和系统功能。本章作为信号与系统分析的理论基础,共涉及 8 节:1.1 节主要介绍信号、系统、激励、响应等一些概念,并描述本书的总体框架;1.2 节主要针对本书涉及的两大领域 —— 信号分析和系统分析,介绍信号与系统的通常分类方法;1.3 节在介绍典型信号的基础上,系统介绍本书对信号与系统分析的基本过程,重点是建立线性叠加原理的概念,即信号分解(分解成典型信号)、典型信号分别经过系统、分别求响应、叠加求总响应;1.4 节和 1.5 节主要针对信号分析的两大类方法 —— 时域法和变换域法,引入时域分析中的奇异函数和变换域分析中的正交基函数的概念,它们是信号分析的重要基础,占有重要的地位;1.6 节和 1.7 节重点介绍本书涉及的线性非时变系统及信号经过这样系统的基本分析方法,线性非时变性是本书进行信号与系统分析的前提;1.8 节主要对系统分析中所使用的基本技术 —— 卷积,进行详细的介绍,目的是进一步凸显卷积在线性非时变系统分析中的重要作用。

1.1 引 言

在人类的社会生活中,为了实现人类社会职能乃至维持人类本身的生存,人们必须不断地以某种方式、通过某种系统发送消息和接收消息,并对其携带信息的信号进行加工处理或转换成所要求的形式,从而更好地服务于人类。例如,我国古代利用烽火台的火光,传送敌人入侵的警报信息;人们利用击鼓鸣金的音响声,传达战斗命令信息等。这种将待传送的消息转换为光和声的形式,即形成了光信号和声信号。可见,所谓的信号就是携带信息的一种载体,而根据载体的不同,可以有不同的信号形式。然而在当时,由于技术的限制,信号的形式和内容以及传递信号的方式都是很简单的。因此要实现信号的传送,无论在距离、速度还是可靠性等方面都受到很大局限。

19 世纪以后,人们开始利用**电信号**传送消息,并从此进入了近代通信时代。1837 年,莫尔斯(F. B. Morse) 发明了电报,将待传送的字母和数字经编码后变成电信号进行传输。1876 年,贝尔(A. G. Bell) 发明了电话,直接将声音转变为电信号沿导线传送。与此同时,人们致力于研究电信号的无线传输也有突破。1865 年,英国的麦克斯韦(J. C. Maxwell) 总结了前人的科学技术成果,提出了电磁波学说。1887年,德国的赫兹(H. Hertz)通过实验证实了麦克斯韦的学说,从而为无线电电子科学的发展奠定了理论基础。1895年,俄国的波波夫(A. C. Popov)、意大利的马可尼(G. Marconi)实现了电信号的无线传送。这样,经过科学家们的不断努力,终于实现了利用电磁波传送信号的美好理想。从此以后,现代通信手段不断孕育而生,传送电信号的通信方式也得到迅速发展,无线广播、超短波通信、广播电视、雷达、无线电导航、遥感、卫星通信、深空探测等相继出现,并且已经应用到工农业生产、国民经济管理、国防、航空航天及人们日常生活的各个方面。

　　无线电电子学技术的发展和应用,归根到底是要解决信号探测、传输和处理问题,也就是根据不同物理事件形成的不同信号,建立一个传输装置或进行加工处理的系统,进而来满足人们的应用需求,如图1.1.1所示。广义来讲,**系统**是由一些相互作用和相互依赖的事物组成的具有特定功能的整体。相对于系统而言,输入信号常称为**激励**,输出信号常称为**响应**。激励是外界对系统的作用,响应是激励和系统共同作用的结果。这样,为了便于系统分析需要什么样的激励,根据给定的激励和所要求的响应需要什么样的系统,激励经过系统产生什么样的响应等一系列问题的研究,形成了信号与系统这门技术基础课程。

图1.1.1　激励、系统与响应

　　需要进一步说明的是系统的含义极其广泛,可包括物理系统和非物理系统、人工系统和自然系统,如通信系统、自动控制系统、机械系统,以及生产管理、交通运输、生物的群落、自然界中水的循环、太阳系等。在具体应用中,一个完整的系统往往可能包含若干个子系统,每个子系统完成相对独立的部分功能,通过这些子系统的不同组合(串联或并联)来共同作用完成系统的整体功能。

　　在无线电电子学中,信号与系统之间存在十分密切的联系。离开了信号,系统将失去存在的意义。例如,一个电视系统,要传送的消息是配有声音的图像画面。该系统首先要利用电视摄像机拍摄场景画面,再把它转换成图像信号,同时利用话筒把声音转换成伴音信号,经过合成处理就形成了待传送的全电视信号。图1.1.2给出了这种信号的基本形式,图1.1.2(a)是一段表示"哈尔滨工业大学"的语音信号,它是一个随着时间t变化而变化的一维函数$f(t)$,一般称为一维信号。该信号表明,随着语音音素的不同,其幅度和变化周期都随时间有显著变化。图1.1.2(b)是一帧"哈尔滨工业大学主楼"的图像信号,它是随着

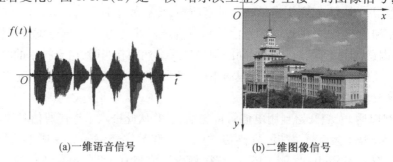

(a)一维语音信号　　　　　　(b)二维图像信号

图1.1.2　全电视信号中的语音信号和图像信号

空间位置 (x,y) 变化而变化的二维函数 $f(x,y)$，一般称为二维信号。该信号反映的是空间某个位置的光强度大小，该值越大，表明该位置的能量越强。

　　由于一般的信号振荡频率较低，例如语音信号主要集中在 3.2 kHz 以内，图像信号主要集中在 6.0 MHz 以内，这样很难直接在天线上激励起电磁波，因此需要利用电视发射机把全电视信号变换为频率更高的信号，通过天线将这种高频信号转换为电磁波发射出去，电磁波携带所要求的信息在空间传播。在接收端，电视接收天线截获到电磁波的部分能量，并将其转变成微弱的高频电信号，送入电视接收机。电视接收机将高频信号的频率降低，变回全电视信号，再分解为图像信号和伴音信号，并分别送到显像管和喇叭，于是我们就能收看到配有伴音的图像画面，从而得到发送端的消息。该过程如图 1.1.3 所示，可概括为三个方面：消息与信号之间的能量转换、信号处理和信号传输。我们看到，这种通信系统是以信号为核心进行工作的，信号是通信系统中所传输的主体，而系统中包含的各种电路、设备只是实现这种传输的手段。为了保证信号以尽可能小的失真进行传输及得到满意的处理结果，作为无线电技术工作者应首先研究信号的特性，即进行信号分析。

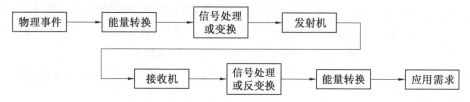

图 1.1.3　　电视信号传输与处理系统

　　尽管以上是以电视传输系统为例介绍的，但它具有普遍意义，图 1.1.4 给出了一个描述信号与系统的一般框图模型，其中，$e_1(t),e_2(t),\cdots,e_p(t)$ 是系统的 p 个输入信号，即系统的**激励**；$r_1(t),r_2(t),\cdots,r_q(t)$ 是系统的 q 个输出信号，即系统的**响应**。如果 $p=q=1$，系统是一个单输入 – 单输出的系统，这是本书前 8 章重点要介绍的内容；如果 $p>1$ 且 $q>1$，则系统是一个多输入 – 多输出的系统，将在第 9 章详细介绍。

图 1.1.4　　具有 p 个输入和 q 个输出的系统

　　研究系统必然涉及网络的概念。网络和系统都是完成对信号传输、加工处理的设备。系统的核心是输入激励与输出响应之间的关系或者运算，而网络问题的着眼点则在于应有怎样的结构和参数。通常认为，系统是比网络更复杂、规模更大的组合，但在实际应用中却很难从复杂程度或规模大小来区分网络和系统。确切地说，系统与网络二者的区别应体现在观察事物的着眼点或处理问题的角度上。系统的着眼点在于全局，而网络的着眼点则注意局部。例如仅由一个电阻和一个电容组成的 RC 电路，在网络分析中，注意研究其各支路和回路的电流或电压，而从系统的观点来看，可以研究它如何构成具有积分或微分功能的运算器。

　　信号、信号处理和信号传输的共同点是信号分析和系统分析，包括连续时间信号与系统分析(第2~4章)和离散时间信号与系统分析(第6~8章)。为了使连续时间和离散时间的信号分析相互转换、达到统一,需要深入了解从连续信号转换为离散信号的**抽样定理**和由离散信号再转换为连续信号的**信号恢复**(第5章)。可以说,**抽样定理是连接连续、离散信号与系统的桥梁和纽带**。从信号与系统分析方法的角度,通常包括时(空)域分析方法和变换域分析方法。对于连续时间信号与系统分析,第2章主要介绍时域分析方法,第3~4章主要介绍变换域分析方法,包括傅里叶变换和拉普拉斯变换分析方法,它们分别对应信号的频域和复频域;对于离散时间信号与系统分析,第6章主要介绍时域分析方法,第7~8章主要介绍变换域分析方法,包括Z变换和离散傅里叶变换分析方法,它们是通过计算机使信号处理走向应用的重要环节。为了使时域和变换域分析方法达到统一,需要深入了解**卷积定理**。可以说,**卷积定理是连接时域分析与变换域分析的桥梁和纽带**。

此外,无论是连续时间信号与系统分析,还是离散时间信号与系统分析(第2~8章),它们主要关心的是信号作用于系统时,系统的激励与响应之间的关系,没有考虑系统内部参数或状态的变化情况,这种分析通常称为单输入 – 单输出分析。而在实际应用中,有时人们不仅要关心系统输入激励 – 输出响应之间的关系,而且可能同时还关注系统内部参数或状态的变化,这就是系统多输入 – 多输出分析,第9章我们将对这一主题进行专门介绍。

为了便于本书学习,现在对本书所涉及的一些名词稍做解释。

消息(Message)   消息是待传送的一种以收、发双方事先约定的方式组成的符号,例如语言、文字、电码等。

信号(Signal)   信号是携带消息的载体。按照习惯,人们通常将用于描述和记录消息的任何物理状态随时间变化的过程表示为信号。由于消息一般不便直接传输,故需要把消息转换成相应变化的电压或电流,即电信号。可以这样理解,信号是消息的一种表现形式,而消息是信号的具体内容。

信息(Information)   信息是指包含在消息中的有效成分。

信号处理(Signal Processing)   信号处理主要是通过某种手段,对信号进行加工处理,进而提取需要信息的过程。

系统(System)   系统是由一些相互作用和相互依赖的事物组成的具有特定功能的整体。

能量转换器(Energy Convertor)   能量转换器是把消息转换为电信号,或者反过来把电信号还原成消息的装置,如摄像管和显像管、话筒和喇叭等。由于这些装置具有将一种形式的能量转换为另一种形式能量的功能,所以也常称其为能量换能器。

信道(Channel)   信道是信号传输的通道,它可以是双导线、同轴电缆和波导,也可以是空间和人造卫星,或者是光导纤维。有时发射机和接收机也可以看成信号的通道。

1.2 信号与系统的分类

对于实际应用中的各种信号与系统,由于应用的出发点不同,可以从不同的角度进行分类,因而也就有不同的分类方法。本节只介绍几种通常的分类方法。

1.2.1　信号的分类

由上一节讨论可知,信号是运载消息的载体,其最常见的表现形式是随时间变化的电压或电流,因此描述信号的常用方法是用抽象的数学模型或数学表达式(也可以用直观的绘图)来表示。

1. 确定性信号与随机信号

所谓确定性信号是指信号是一个确定的时间函数,即给定某一时间值,就可以确定出一个相应的函数值,确定性信号又称为规则信号。然而在实际应用中,人们所获得的信号往往具有不可预知的不确定性,这种信号通常称为随机信号或不确定性信号。严格来说,在自然界中确定性信号是不存在的。因为在信号获取和传输过程中,不可避免地要受到各种干扰和噪声的影响,这些干扰和噪声都具有随机特性。对于随机信号不能表示为确切的时间函数,只能用统计模型或方法进行研究。由于确定性信号是任何信号分析的基础,所以本书主要研究确定性信号,对于随机信号将在其他相关课程中进行介绍。

2. 周期信号与非周期信号

在确定性信号中,信号又可分为周期信号和非周期信号。周期信号就是依一定的时间间隔周而复始、无始无终地重复着某一变化规律的信号,可以表示为

$$f(t) = f(t + nT) \quad (n = 0, \pm 1, \pm 2, \cdots) \tag{1.2.1}$$

满足式(1.2.1)关系的最小 T 值称为周期信号的周期。非周期信号是在时间上不具有这种周而复始变化的规律,或者可以认为是周期 T 趋于无限大的周期信号。当然,真正的周期信号实际上是不存在的,所谓周期是指在相当长的时间内按某一规律重复变化的信号。本书既涉及周期信号,也涉及非周期信号。

3. 连续时间信号与离散时间信号

信号按照时间函数自变量取值的连续性和离散性可分为连续时间信号与离散时间信号(简称连续信号与离散信号)。如果在某一时间范围内,对于任意时间的函数值,除若干个不连续点外,都可以给出确定的值,则这类信号称为连续信号。如图 1.2.1 所示的正弦波和矩形波,都是在 $-\infty < t < +\infty$ 时间范围内的连续信号。只是在图 1.2.1(a) 中 $t < 0$ 和图 1.2.1(b) 中 $t < 0$ 及 $t > t_0$ 的范围内信号值均为零,并且图 1.2.1(b) 中在 $t = 0$ 和 $t = t_0$ 处存在两个不连续点。

需要注意,连续信号的幅值可以是连续的,即可以取任何实数,如图 1.2.1(a) 所示;也可以是离散的,即可以取有限个规定的数值,如图 1.2.1(b) 所示。对于时间和幅值都是连续的信号又称为**模拟信号**,如图 1.2.1(a) 所示。

与连续信号相对应的是离散信号,它们是离散时间的函数,只在某些不连续的规定瞬间给出函数值,其他时间函数没有定义。如在图 1.2.2(a) 中,函数 $f(t_k)$ 只在 $t_k = -2, -1, 0, 1, 2, 3, 4, \cdots$ 离散时刻分别给出函数值 $1.3, -1.7, 2, 3, 1, 4.1, -2.5, \cdots$,此时的函数幅值可以取任意实数。

值得注意的是,离散时间间隔一般都是均匀的(对应于均匀抽样,第 5 章将介绍),也可以是不均匀的(对应于非均匀抽样)。对于给出均匀间隔的离散信号,通常也称为均匀序列,以 $f(nT)$ 表示,这里 T 为抽样间隔;n 取整数,表示各点函数值在序列中出现的序号。如

果离散信号的幅值是连续的,即幅值可取任意实数,如图1.2.2(a)所示,则称为**离散抽样信号**;如果离散信号的幅值只能取某些规定的数值,如图1.2.2(b)所示,则称为**数字信号**。

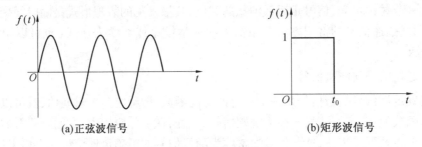

(a)正弦波信号　　　　　　　(b)矩形波信号

图 1.2.1　连续时间信号

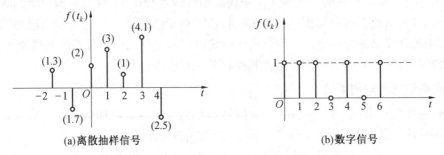

(a)离散抽样信号　　　　　　(b)数字信号

图 1.2.2　离散时间信号

4. 能量信号与功率信号

按照信号的能量特点可以将信号分为能量信号和功率信号。信号 $f(t)$ 的能量和功率分别定义为

$$E = \int_{-\infty}^{+\infty} |f(t)|^2 \mathrm{d}t \tag{1.2.2a}$$

$$P = \lim_{T \to +\infty} \frac{1}{T} \int_{-\frac{T}{2}}^{+\frac{T}{2}} |f(t)|^2 \mathrm{d}t \tag{1.2.2b}$$

如果在无限大的时间间隔内,信号的能量为有限值而信号平均功率为零,则此类信号称为能量信号。对它只能从能量方面去加以考察,而无法从平均功率去考察。如果在无限大的时间间隔内,信号的平均功率为有限值而信号的总能量为无限大,则此类信号称为功率信号,对它只能从功率的角度去加以考察。

不难理解,周期信号由于其时间是无限的而总是功率信号,有限时间内的信号必为能量信号,而非周期信号可以是能量信号,也可以是功率信号。

信号除了以上分类方法,还可以分为一维信号与多维信号,调制信号、载波信号与已调波信号等。

1.2.2　系统的分类

相对于信号分类,系统的分类方法与描述系统物理特性的数学模型有关。不同类型的系统由于其数学模型的表现形式不同,可以有不同的分类方法。通常而言,系统有以下几种分类方法。

1.线性系统与非线性系统

一般来说,线性系统是指由线性元件组成的系统;非线性系统则是含有非线性元件的系统。例如由线性元件 R、L、C 组成的系统就是线性系统;含有非线性元件(例如晶体管)的系统就是非线性系统。本书主要涉及线性系统,重点介绍线性非时变系统。

2.时变系统与非时变系统

如果系统的参数不随时间的变化而变化,则此类系统称为非时变系统或定常系统;如果系统的参量随时间而改变,则称其为时变系统或参变系统。本书主要涉及非时变系统。

综合以上两方面的分类情况,我们可能遇到线性非时变、线性时变、非线性非时变、非线性时变四种不同类型的系统。

3.连续时间系统与离散时间系统

若系统的输入和输出都是连续时间信号,则此类系统称为连续时间系统;若系统的输入和输出都是离散时间信号,则此类系统称为离散时间系统。一般 R、L、C 电路都是连续时间系统,而数字计算机则是典型的离散时间系统。实际应用中,离散时间系统经常与连续时间系统组合运用,此时称为混合系统。

对连续时间系统而言,线性非时变系统的数学模型是常系数线性微分方程;线性时变系统的数学模型是变参数线性微分方程;非线性非时变系统的数学模型是常系数非线性微分方程;非线性时变系统的数学模型是变参数非线性微分方程。与连续时间系统的数学模型相对应,离散时间系统的数学模型是差分方程。

4.即时系统与动态系统

如果系统的输出信号只决定于同时刻的激励信号,与它过去的工作状态无关,则此类系统称为即时系统或无记忆系统。例如,只由电阻元件组成的系统就是即时系统。如果系统的输出信号不仅取决于同时刻的激励信号,而且还与它过去的工作状态有关,这种系统称为动态系统或记忆系统。凡是含有记忆元件(如电容、电感、磁芯等)或记忆电路(如寄存器)的系统都属于此类。即时系统可用代数方程描述,动态系统的数学模型则是微分方程或差分方程。

5.集总参数系统与分布参数系统

只由集总参数元件组成的系统称为集总参数系统,而含有分布参数元件(如传输线、波导等)的系统则称为分布参数系统。集总参数系统的数学模型是常微分方程,而分布参数系统的数学模型是偏微分方程,这时描述系统的独立变量不仅是时间变量,而且还要考虑到空间位置等因素。

本书主要研究集总参数线性非时变系统,包括连续时间系统和离散时间系统。

1.3　典型信号及信号与系统分析的基本过程

由以上的介绍可见,对于任何以时间 t 为变量的信号而言,它最一般的表示方法是用某个抽象的数学符号,例如用 $f(t)$、$x(t)$、$e(t)$ 等表示,这种数学表示对于进行任何形式的系统分析都是必不可少的。从应用的角度,任何一种信号表示方法的选择,常常取决于数学上是否简单、表达上是否形象、实现上是否可行等因素。对信号与系统分析而言,人们往往希望可以用一些简单典型、易于分析的形式来表达复杂信号,即把复杂信号表示为简单典型信号的形式,这种表达过程就是信号分析。对于系统分析,一旦信号可以表示成典型信号的形式,如果系统满足线性非时变特性,只要知道典型信号的响应,就可以计算复杂信号的响应,从而可以把复杂信号与系统的分析问题简单化。本节根据信号与系统的分类,介绍几种典型的信号形式,它们也是本书经常用到的信号。值得注意的是,本章主要以连续时间信号为主,对于离散时间信号将在第6章详细介绍。

1. 矩形脉冲信号

矩形脉冲信号是一个在 $-\tau/2 < t < \tau/2$ 的时间内为1、其他时刻为0的函数,其一般表达式为

$$G(t) = \begin{cases} 1 & (\,|t| < \tau/2\,) \\ 0 & (\,|t| > \tau/2\,) \end{cases} \tag{1.3.1}$$

式中 τ—— 矩形脉冲信号的脉冲宽度。

图1.3.1为矩形脉冲信号的波形图。

2. 正弦信号

连续时间正弦信号的一般表达式为

$$f(t) = A\sin(\omega t + \theta) \tag{1.3.2}$$

式中 A—— 振荡幅度;

ω—— 振荡角频率;

θ—— 初相位。

图1.3.2为典型正弦信号的波形图,其中 $T = 2\pi/\omega$ 为正弦信号的周期。

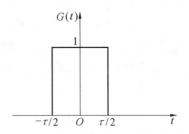

图1.3.1 矩形脉冲信号

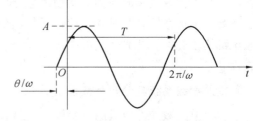

图1.3.2 正弦信号

正弦函数的一个重要性质是对它进行微分或积分运算之后,仍为同频率的正弦函数,只发生相位变化。此外,正弦信号在理解信号频率成分、系统频率响应和信号带宽等概念时非常有用,这些概念将在以后章节中逐步涉及。

3. 指数信号

连续时间指数信号的表达式为

$$f(t) = Ae^{\alpha t} \tag{1.3.3}$$

式中 A、α—— 常数。

最典型的指数信号的例子就是电容通过一个电阻放电,产生一个指数衰减的放电电流。图1.3.3给出了当常数 α 大于零、等于零和小于零三种情况的函数波形。

同样,指数函数的一个重要特性是对指数函数的微分或积分,仍然是指数函数形式。

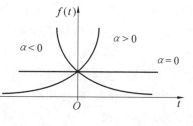

图 1.3.3　指数信号

4. 抽样函数

抽样函数定义为

$$Sa(t) = \frac{\sin t}{t} \qquad (1.3.4)$$

抽样函数的波形如图 1.3.4 所示,它是一个偶函数,在 t 的正、负两方向上振幅都逐渐衰减,特别是当 $t = \pm\pi$, $\pm 2\pi$, $\pm 3\pi$,… 时,函数值为零。

$Sa(t)$ 函数具有如下性质:

$$\int_0^{+\infty} Sa(t)\,dt = \frac{\pi}{2}$$

$$\int_{-\infty}^{+\infty} Sa(t)\,dt = \pi$$

5. 高斯函数

高斯函数定义为

$$f(t) = E e^{-\left(\frac{t}{\tau}\right)^2} \qquad (1.3.5)$$

高斯函数的波形如图 1.3.5 所示,它是一个单调下降$(t > 0)$的偶函数。

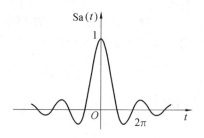

图 1.3.4　抽样函数

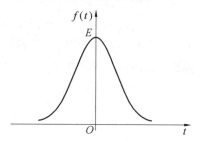

图 1.3.5　高斯函数

在随机信号和信号时－频分析中,高斯函数占有重要地位,它的一个突出特点是高斯函数的傅里叶变换仍然是高斯函数。

以上介绍了几种典型的信号表示形式,然而在实际应用中,并非所有信号都可以表示为典型信号的形式。因而人们希望把任何复杂的信号分解成典型信号或某种要求的函数形式,以利于系统分析。信号的这种分解或变换过程就是信号分析,反过来信号的这种分析是为了进一步的系统分析。

概括来讲,信号与系统分析的理论基础是线性叠加原理。为了说明该原理,我们以图 1.3.6 为例来加以解释。

图 1.3.6　信号与系统分析的基本过程

为了对任意信号 $e(t)$ 通过系统 $h(t)$ 进行分析,首先需要对信号 $e(t)$ 进行分析,也就是通过某种数学手段,把信号 $e(t)$ 分解成或变换为易于处理的典型信号形式;然后对每个分解的信号分量 $e_i(t)$ 分别通过系统 $h(t)$,如果所涉及的系统是线性非时变系统,它们将分别产生各自的分量响应 $r_i(t)$;最后根据叠加原理,将各自分量响应 $r_i(t)$ 进行叠加即可得系统总响应 $r(t)$。这就是本书进行信号与系统分析的基本出发点。

研究已经证实,将任何信号 $f(t)$ 表示为一组基本函数的线性组合,在数学上是比较方便的,即

$$f(t) = \sum_n c(nT)\varphi(t,nT) \qquad (1.3.6)$$

式中,变量 n 取任意整数,包括正整数和负整数。这样,为了表示一个具体的信号 $f(t)$,就变成如何选择最佳的函数 $\varphi(t,nT)$ 和确定相应的系数 $c(nT)$ 的问题了。

通常,$\varphi(t,nT)$ 的选择有两种方法,也就构成了信号与系统的两种分析方法:时域分析法和变换域分析法。

第一种方法是把 $\varphi(t,nT)$ 选择为所谓的"单元信号",例如冲激信号、阶跃信号(后面将详细介绍),这样可以把任何信号近似地表示为单元信号和的形式。如果选择的单元信号宽度 T 越窄,则近似程度就越高,当 $T \to 0$ 时,将收敛到信号 $f(t)$,而系数 $c(nT)$ 此时就是单元信号,表示原信号 $f(t)$ 在 nT 时刻的幅值。这就是信号时域分析方法的基本出发点。

第二种方法是把 $\varphi(t,nT)$ 选择为"基函数集",例如三角函数集、指数函数集(后面将详细介绍),这样可以把任何信号近似地表示为在基函数集上的投影形式。如果选择的基函数项数 n 越多,则近似程度就越高,当 $n \to +\infty$ 时,将收敛到信号 $f(t)$,系数 $c(nT)$ 此时是原信号 $f(t)$ 在基函数 $\varphi(t,nT)$ 上的投影加权。这就是信号变换域分析方法的基本出发点。

以下两节我们将基于上述信号分解的两种方法,分别重点介绍时域分析方法的单元信号和变换域分析方法的基函数集。

1.4 奇异函数

在信号与系统分析中,除前面介绍的几种常用典型信号范例之外,还有一类基本信号,这类信号本身具有很简单的数学形式,属于连续信号,但它们本身或其导数或积分却有不连续点。由于这类信号的各阶导数并非都是有限值,所以通常把这类信号称为奇异信号或奇异函数。本节介绍两种典型的奇异函数:单位阶跃函数和单位冲激函数,它们可以看作是信号时域分解的"单元信号",在信号分析中占有十分重要的地位,可以说,是我们进行信号与系统时域分析的基础。

1.4.1 单位阶跃函数

单位阶跃函数描述的是某些实际对象从一个状态到另一个状态可以瞬时完成的过程,例如,通常的电器电源开关的断开/接通状态的切换情况。

单位阶跃函数的定义是零时刻前,其值为零,在零时刻后其值为1,波形如图1.4.1(a)所示。单位阶跃函数的数学表达式为

$$u(t) = \begin{cases} 1 & (t > 0) \\ 0 & (t < 0) \end{cases} \qquad (1.4.1)$$

值得注意,阶跃函数在跳变点 $t=0$ 处通常没有定义,但也有时规定为 $u(0)=1/2$。在实际应用中,单位阶跃函数又通常称为开关函数、接通函数等。

如果单位阶跃函数的跳变点不是选择在零点,而是移到 t_0 点,波形如图 1.4.1(b) 所示,则时移的阶跃函数的数学表达式为

$$u(t-t_0)=\begin{cases}1 & (t>t_0)\\ 0 & (t<t_0)\end{cases}$$

如果阶跃函数的跳变值不是 1 而是 E,则函数可写成 $Eu(t)$。

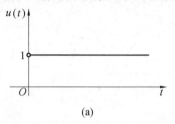 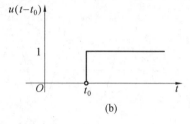

(a)　　　　　　　　　　　　　　　　　(b)

图 1.4.1　单位阶跃函数

单位阶跃函数具有如下应用特性。

1. 单位阶跃函数的积分

单位阶跃函数的积分等于单位斜坡函数,即

$$R(t)=\int_{-\infty}^{t}u(\tau)\mathrm{d}\tau \tag{1.4.2}$$

因此单位斜坡函数定义为从 $t=0$ 开始,随后具有单位斜率的时间函数,用 $R(t)$ 表示,其波形如图 1.4.2 所示,数学表达式为

$$R(t)=\begin{cases}t & (t\geqslant 0)\\ 0 & (t<0)\end{cases} \tag{1.4.3}$$

如果将起始点移至 t_0 点,则时移的斜坡函数的数学表达式为

$$R(t-t_0)=\begin{cases}t-t_0 & (t\geqslant t_0)\\ 0 & (t<t_0)\end{cases}$$

如果要求斜坡函数的斜率不是 1 而是 K(K 为大于零的常数),则斜坡函数可写成 $KR(t)$,另外,将时间变量展缩也可以表示斜率的变化,例如,$KR(t)$ 和 $R(Kt)$ 都代表斜率为 K 的斜坡函数。

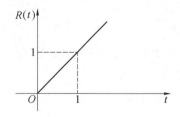 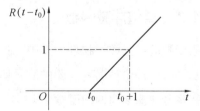

图 1.4.2　单位斜坡函数

容易证明,单位阶跃函数等于单位斜坡函数的导数,即

$$u(t) = \frac{\mathrm{d}R(t)}{\mathrm{d}t} \quad (t \neq 0) \tag{1.4.4}$$

2. 阶跃函数的单边特性

当任意函数 $f(t)$ 与单位阶跃函数 $u(t)$ 相乘时,将使函数 $f(t)$ 在跳变点之前的幅度变为零,跳变点之后的函数保持不变,这就是阶跃函数的单边特性,又称为阶跃函数的切除特性。例如,将余弦函数 $\cos t$ 与 $u(t)$ 相乘,使其 $t < 0$ 的部分变为零,如图1.4.3 所示。

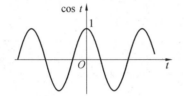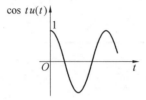

图 1.4.3　阶跃函数的单边特性

利用阶跃函数的单边特性,可以很方便地表示其他类型的函数。例如,起始点为 $t = 0$、宽度为 t_0 的矩形脉冲信号 $G(t)$ 可以表示为

$$G(t) = u(t) - u(t - t_0) \tag{1.4.5}$$

3. "符号函数"的阶跃函数表示

符号函数定义为

$$\mathrm{sgn}(t) = \begin{cases} 1 & (t > 0) \\ -1 & (t < 0) \end{cases} \tag{1.4.6}$$

其波形如图 1.4.4 所示。

显然,可以利用阶跃函数来表示符号函数 $\mathrm{sgn}(t)$,即

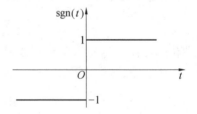

图 1.4.4　符号函数

$$\mathrm{sgn}(t) = 2u(t) - 1$$

或

$$\mathrm{sgn}(t) = u(t) - u(-t)$$

与阶跃函数类似,符号函数在跳变点也不予定义,但也有时规定为 $\mathrm{sgn}(0) = 0$。

1.4.2　单位冲激函数

冲激函数的定义源于物理世界中,对作用时间极短而强度极大的物理过程的理想描述,如打乒乓球时的抽杀情况。冲激函数有如下几种定义方法。

1. 矩形脉冲演变为冲激函数

图 1.4.5 所示为矩形脉冲信号,若脉冲宽度为 τ、幅度为 $1/\tau$,则其面积为 $\tau \cdot \frac{1}{\tau} = 1$。如果使 τ 减少,而脉冲面积保持不变,则当 τ 趋于零时,脉冲幅度将趋于无限大,矩形脉冲在此种极限情况即为单位冲激函数,记作 $\delta(t)$,又称 δ 函数,其表达式为

$$\delta(t) = \lim_{\tau \to 0} \frac{1}{\tau} \left[u\left(t + \frac{\tau}{2}\right) - u\left(t - \frac{\tau}{2}\right) \right] \tag{1.4.7}$$

单位冲激函数 $\delta(t)$ 只在 $t = 0$ 处有一个"冲激",其他处均为零,如图 1.4.6 所示。面积为 1 表明其冲激强度;如果面积为 E,则表明冲激强度为 $\delta(t)$ 的 E 倍,记为 $E\delta(t)$。一般在表示 $\delta(t)$ 的波形图中,应将其冲激强度值标注在箭头旁边的括号内。

除了可以利用矩形脉冲演变为单位冲激函数外,还可利用具有对称波形的三角形脉冲、钟形脉冲、抽样函数等,保持其曲线下的面积为 1,并使其宽度趋于零而得到单位冲激函数。

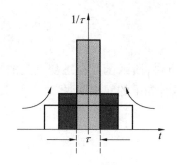

图 1.4.5　矩形脉冲函数演变为
　　　　　单位冲激函数

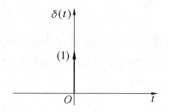

图 1.4.6　单位冲激函数

2. 狄拉克(Dirac)定义

狄拉克定义的单位冲激函数为

$$\begin{cases} \int_{-\infty}^{+\infty} \delta(t) \, \mathrm{d}t = 1 \\ \delta(t) = 0 \quad (t \neq 0) \end{cases} \tag{1.4.8}$$

如果冲激函数的"冲激"点不在 $t = 0$ 点而在 $t = t_0$ 处,则冲激函数定义式可写为

$$\begin{cases} \int_{-\infty}^{+\infty} \delta(t - t_0) \, \mathrm{d}t = 1 \\ \delta(t - t_0) = 0 \quad (t \neq t_0) \end{cases} \tag{1.4.9}$$

此时函数波形如图 1.4.7 所示。

单位冲激函数具有以下应用特性。

(1)冲激函数的抽样性。

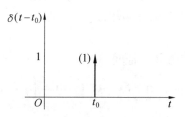

图 1.4.7　时移的单位冲激函数

若 $f(t)$ 为连续函数,则冲激函数 $\delta(t)$ 与 $f(t)$ 乘积的积分为

$$\int_{-\infty}^{+\infty} f(t) \delta(t) \, \mathrm{d}t = f(0) \tag{1.4.10}$$

或

$$\int_{-\infty}^{+\infty} f(t) \delta(t - t_0) \, \mathrm{d}t = f(t_0) \tag{1.4.11}$$

该定义是通过冲激函数与其他任意函数的运算关系而得到的。此定义式表明了冲激函数的一个重要性质——**抽样特性**:即冲激函数 $\delta(t - t_0)$ 与函数 $f(t)$ 乘积的积分正好等于冲激点的函数值 $f(t_0)$,该特性在连续时间信号离散化抽样过程分析中起着重要作用。

（2）单位冲激函数与单位阶跃函数之间的关系。

① 冲激函数的积分等于阶跃函数。

由冲激函数的定义式（1.4.8）可知

$$\int_{-\infty}^{t} \delta(\tau)\mathrm{d}\tau = \begin{cases} 1 & (t > 0) \\ 0 & (t < 0) \end{cases}$$

将此式与 $u(t)$ 的定义式（1.4.1）比较,可得

$$\int_{-\infty}^{t} \delta(\tau)\mathrm{d}\tau = u(t) \tag{1.4.12}$$

② 阶跃函数的微分等于冲激函数。

$$\frac{\mathrm{d}u(t)}{\mathrm{d}t} = \delta(t) \tag{1.4.13}$$

即跳变点的微分对应于该点的冲激。从严格的数学意义上讲,阶跃函数在跳变点上的导数是不存在的,但作为广义函数的 $\delta(t)$ 和 $u(t)$,我们可以进行如下的间接证明。

由式（1.4.10）可知

$$\int_{-\infty}^{+\infty} f(t)\delta(t)\mathrm{d}t = f(0)$$

又

$$\int_{-\infty}^{+\infty} f(t)\frac{\mathrm{d}u(t)}{\mathrm{d}t}\mathrm{d}t = f(t)u(t)\Big|_{-\infty}^{+\infty} - \int_{-\infty}^{+\infty} f'(t)u(t)\mathrm{d}t = f(+\infty) - \int_{0}^{+\infty} f'(t)\mathrm{d}t =$$
$$f(+\infty) - [f(+\infty) - f(0)] = f(0)$$

比较以上两式,可得

$$\frac{\mathrm{d}u(t)}{\mathrm{d}t} = \delta(t)$$

（3）冲激函数 $\delta(t)$ 为偶函数。

$\delta(t)$ 为偶函数,此时满足

$$\delta(t) = \delta(-t) \tag{1.4.14}$$

可做如下证明:

$$\int_{-\infty}^{+\infty} \delta(-t)f(t)\mathrm{d}t = \int_{+\infty}^{-\infty} \delta(t)f(-t)\mathrm{d}(-t) = \int_{-\infty}^{+\infty} \delta(t)f(-t)\mathrm{d}t = f(0)$$

另外

$$\int_{-\infty}^{+\infty} f(t)\delta(t)\mathrm{d}t = f(0)$$

比较以上两式,可得

$$\delta(t) = \delta(-t)$$

由此可以推论

$$\int_{-\infty}^{0} \delta(t)\mathrm{d}t = \int_{0}^{+\infty} \delta(t)\mathrm{d}t = \frac{1}{2} \tag{1.4.15}$$

（4）冲激函数 $\delta(t)$ 的时间尺度特性。

$\delta(t)$ 函数的时间尺度特性表现为

$$\delta(at) = \frac{1}{|a|}\delta(t) \tag{1.4.16}$$

证明　令 $at = x$。

若 $a > 0$，则

$$\int_{-\infty}^{+\infty} f(t)\delta(at)\,\mathrm{d}t = \frac{1}{a}\int_{-\infty}^{+\infty} f\left(\frac{x}{a}\right)\delta(x)\,\mathrm{d}x = \frac{1}{a}f(0)$$

若 $a < 0$，则

$$\int_{-\infty}^{+\infty} f(t)\delta(at)\,\mathrm{d}t = -\frac{1}{a}\int_{-\infty}^{+\infty} f\left(\frac{x}{a}\right)\delta(x)\,\mathrm{d}x = -\frac{1}{a}f(0)$$

所以

$$\int_{-\infty}^{+\infty} f(t)\delta(at)\,\mathrm{d}t = \frac{1}{|a|}f(0)$$

又

$$\int_{-\infty}^{+\infty} f(t)\frac{1}{|a|}\delta(t)\,\mathrm{d}t = \frac{1}{|a|}f(0)$$

所以

$$\delta(at) = \frac{1}{|a|}\delta(t)$$

（5）冲激函数 $\delta(t)$ 与任意函数 $f(t)$ 的乘积。

连续函数 $f(t)$ 与 $\delta(t)$ 的乘积，等于冲激点的函数值与 $\delta(t)$ 相乘，即

$$f(t)\delta(t) = f(0)\delta(t) \tag{1.4.17}$$

由此可以导出

$$\frac{\mathrm{d}}{\mathrm{d}t}[f(t)\delta(t)] = f(0)\delta'(t) \tag{1.4.18}$$

$$t\delta(t) = 0 \tag{1.4.19}$$

（6）单位冲激偶。

单位冲激偶定义为单位冲激函数的导数，表达式为

$$\delta'(t) = \begin{cases} \dfrac{\mathrm{d}\delta(t)}{\mathrm{d}t} & (t = 0) \\[2mm] 0 & (t \neq 0) \end{cases} \tag{1.4.20}$$

冲激偶的定义也可由对矩形脉冲求导并取极限演变而来。图 1.4.8 所示矩形脉冲可表示为

$$G(t) = \frac{1}{\tau}\left[u\left(t + \frac{\tau}{2}\right) - u\left(t - \frac{\tau}{2}\right)\right]$$

根据式（1.4.13），它的导数显然为

$$\frac{\mathrm{d}}{\mathrm{d}t}G(t) = \frac{1}{\tau}\left[\delta\left(t + \frac{\tau}{2}\right) - \delta\left(t - \frac{\tau}{2}\right)\right]$$

可见矩形脉冲的导数是一正一负的两个强度为 $1/\tau$ 的冲激函数，它们分别位于 $-\tau/2$ 和 $\tau/2$ 处。当 τ 值减小、脉冲面积仍保持为 1 时，作为导数的两个冲激强度却成反比增大，而它们之间的距离逐渐靠近。当 τ 值趋近于零时，脉冲即趋于一个单位冲激函数，其导数则趋于单位冲激偶 $\delta'(t)$，图 1.4.8 表示了这一形成过程。

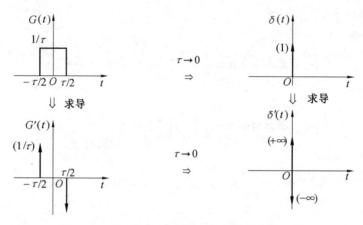

图 1.4.8　矩形脉冲函数演变为单位冲激偶函数

由上述分析可见,单位冲激偶是这样一种函数:当 t 从负值趋于零时,它是一强度为无限大的正的冲激函数;当 t 从正值趋于零时,它是一强度为无限大的负的冲激函数。对单位冲激偶进行两次积分,其值为 1。

单位冲激偶具有以下性质。

① 单位冲激偶的积分等于单位冲激函数

$$\delta(t) = \int_{-\infty}^{t} \delta'(\tau)\,\mathrm{d}\tau \qquad (1.4.21)$$

② $\delta'(t)$ 具有抽样性质

$$\int_{-\infty}^{+\infty} f(t)\delta'(t)\,\mathrm{d}t = -f'(0) \qquad (1.4.22)$$

证明

$$\int_{-\infty}^{+\infty} f(t)\delta'(t)\,\mathrm{d}t = f(t)\delta(t)\,\big|_{-\infty}^{+\infty} - \int_{-\infty}^{+\infty} f'(t)\delta(t)\,\mathrm{d}t = -f'(0)$$

③ 单位冲激偶包含的面积等于零,即正负冲激面积抵消

$$\int_{-\infty}^{+\infty} \delta'(t)\,\mathrm{d}t = 0 \qquad (1.4.23)$$

(7)单位冲激序列。

单位冲激函数在 $-\infty \sim +\infty$ 区间的所有平移即形成周期的冲激序列 $\delta_{T_s}(t)$,表达式为

$$\delta_{T_s}(t) = \sum_{n=-\infty}^{+\infty} \delta(t - nT_s) \qquad (1.4.24)$$

$\delta(t)$ 和 $\delta_{T_s}(t)$ 的波形如图 1.4.9 所示。

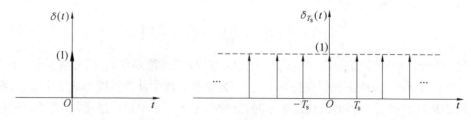

图 1.4.9　单位冲激函数及单位冲激序列

如果将任意信号 $f(t)$ 与 $\delta_{T_s}(t)$ 相乘,可得时间离散的抽样信号 $f_s(t)$,以后将会看到,它是连续信号离散化的基本数学模型。

1.5　正交函数基

我们将会看到,以上介绍的奇异函数是信号时域分解最直观、简单的信号分解方式,但这并不是信号表示的唯一方法。信号的变换域分解,如傅里叶变换,也是一种信号分解方法。由于正交函数基是信号变换域分解的"单元信号",所以本节对正交函数基进行介绍。

1.5.1　正交矢量

由于基于正交函数基进行信号分解的原理与矢量分解为正交矢量的原理相类似,所以我们先熟悉一下矢量分解的概念,然后引出正交函数和正交函数集。

图 1.5.1 表示两个矢量 $\boldsymbol{A}_1$ 和 $\boldsymbol{A}_2$。若矢量 $\boldsymbol{A}_1$ 在另一个矢量 $\boldsymbol{A}_2$ 上的分量为 $\boldsymbol{A}_1$ 在 $\boldsymbol{A}_2$ 上的投影,如图 1.5.1(a) 中的 $C_{12}\boldsymbol{A}_2$,则可以用 $C_{12}\boldsymbol{A}_2$ 来近似 $\boldsymbol{A}_1$。这里 $\boldsymbol{A}_1$ 末端与 $C_{12}\boldsymbol{A}_2$ 末端的连线(图中虚线)垂直于 $\boldsymbol{A}_2$,C_{12} 是一个标量系数。由矢量代数可得分量 $C_{12}\boldsymbol{A}_2$ 的模为

$$|C_{12}\boldsymbol{A}_2| = C_{12}A_2$$

和

$$|C_{12}\boldsymbol{A}_2| = A_1\cos\theta = \frac{A_1 A_2\cos\theta}{A_2} = \frac{\boldsymbol{A}_1 \cdot \boldsymbol{A}_2}{A_2}$$

式中　　θ—— 矢量 $\boldsymbol{A}_1$ 和 $\boldsymbol{A}_2$ 之间的夹角;

　　　　A_1、A_2——$\boldsymbol{A}_1$、$\boldsymbol{A}_2$ 的模。

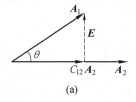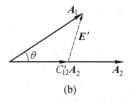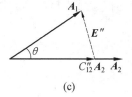

図 1.5.1　矢量投影

由以上两式可得

$$C_{12} = \frac{\boldsymbol{A}_1 \cdot \boldsymbol{A}_2}{A_2^2} = \frac{\boldsymbol{A}_1 \cdot \boldsymbol{A}_2}{\boldsymbol{A}_2 \cdot \boldsymbol{A}_2} \tag{1.5.1}$$

同样由图 1.5.1 可见,矢量 $\boldsymbol{A}_1$ 和它的分量 $C_{12}\boldsymbol{A}_2$ 显然是有区别的。如果用 $C_{12}\boldsymbol{A}_2$ 直接表示 $\boldsymbol{A}_1$,则可得一个近似表达式为

$$\boldsymbol{A}_1 \approx C_{12}\boldsymbol{A}_2$$

$\boldsymbol{A}_1$ 和 $C_{12}\boldsymbol{A}_2$ 之间的近似误差矢量 $\boldsymbol{E}$ 如图 1.5.1(a) 中虚线所示。由图可见,三个矢量之间的关系式为

$$\boldsymbol{E} = \boldsymbol{A}_1 - C_{12}\boldsymbol{A}_2 \tag{1.5.2}$$

式(1.5.2) 表明,矢量 $\boldsymbol{A}_1$ 可以分解为两个分量 $C_{12}\boldsymbol{A}_2$ 和 $\boldsymbol{E}$,其方向是相互垂直的。除此之外,矢量 $\boldsymbol{A}_1$ 在 $\boldsymbol{A}_2$ 上还存在斜投影 $C'_{12}\boldsymbol{A}_2$ 和 $C''_{12}\boldsymbol{A}_2$,如图 1.5.1(b) 和 (c) 所示,它们也是矢

量 A_1 在 A_2 上的分量,而且这一类的斜投影分量可以有无限多个。但是,如果要求用一个矢量的分量去代表原矢量而使近似误差矢量为最小,则这个分量只能是原矢量的垂直投影。也就是说,所有其他情况下的近似误差矢量 E' 和 E'' 等,都将大于垂直投影时的误差矢量 E。所以,从一个矢量的分量要与其原矢量尽量接近这一要求出发,系数 C_{12} 的选取应使误差矢量最小,即按式(1.5.1)确定的垂直投影情况。以上是从几何图形上直观得出的结论。

若从解析角度考虑 C_{12} 的取值问题,可令误差矢量的平方 $|E|^2 = |A_1 - C_{12}A_2|^2$ 为最小,即使

$$\frac{\mathrm{d}}{\mathrm{d}C_{12}} |A_1 - C_{12}A_2|^2 = 0$$

也可以导出式(1.5.1)。

系数 C_{12} 是在最小平方误差意义下,标志着两个矢量 A_1 和 A_2 的相互接近程度。当 A_1 和 A_2 完全重合时,$\theta = 0$,$C_{12} = 1$。随着 θ 的增大,C_{12} 减小,当 A_1 和 A_2 互相垂直时,$\theta = 90°$,$C_{12} = 0$。对于这种情况,我们称 A_1 和 A_2 为正交矢量。此时,矢量 A_1 在矢量 A_2 的方向上没有分量。

根据上述原理,我们可以将一个平面中的任意矢量 A 在直角坐标系中分解为两个正交矢量的组合,如图 1.5.2 所示,即

$$A = A_x + A_y \tag{1.5.3}$$

这样,平面上的任何一个矢量都可以用一个二维正交矢量集的分量组合来表示。

依据同样的原理,对于一个三维空间中的矢量 A 可以用一个三维的正交矢量集来表示,如图 1.5.3 所示,即

$$A = A_x + A_y + A_z \tag{1.5.4}$$

上述概念可以推广到 n 维空间,此时

$$A = A_1 + A_2 + \cdots + A_n$$

虽然在现实世界中并不存在超过三维的 n 维空间,但是许多物理问题可以借助于这个概念来处理。

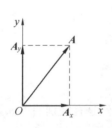

图 1.5.2　二维矢量分解

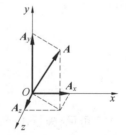

图 1.5.3　三维矢量分解

1.5.2　正交函数

利用与正交矢量类似的方法可以方便地定义出正交函数。

设在一定的时间区间($t_1 < t < t_2$)内,用函数 $f_1(t)$ 在另一个函数 $f_2(t)$ 中的分量 $C_{12}f_2(t)$ 来近似表示 $f_1(t)$,即

$$f_1(t) \approx C_{12}f_2(t) \quad (t_1 < t < t_2)$$

则有近似误差函数 $\varepsilon(t)$ 为

$$\varepsilon(t) = f_1(t) - C_{12}f_2(t) \tag{1.5.5}$$

其中,系数 C_{12} 的选择应使 $f_1(t)$ 和 $C_{12}f_2(t)$ 达到最佳的近似。

这里采用使均方误差(而不是平方误差)为最小作为"最佳"准则。均方误差为

$$\overline{\varepsilon^2(t)} = \frac{1}{t_2 - t_1}\int_{t_1}^{t_2}[f_1(t) - C_{12}f_2(t)]^2\mathrm{d}t \tag{1.5.6}$$

为求得使 $\overline{\varepsilon^2(t)}$ 为最小的 C_{12} 值,应使

$$\frac{\mathrm{d}\,\overline{\varepsilon^2(t)}}{\mathrm{d}C_{12}} = 0 \tag{1.5.7}$$

即

$$\frac{\mathrm{d}}{\mathrm{d}C_{12}}\left\{\frac{1}{t_2 - t_1}\int_{t_1}^{t_2}[f_1(t) - C_{12}f_2(t)]^2\mathrm{d}t\right\} = 0$$

$$\frac{1}{t_2 - t_1}\left[\int_{t_1}^{t_2}\frac{\mathrm{d}}{\mathrm{d}C_{12}}f_1^2(t)\mathrm{d}t - 2\int_{t_1}^{t_2}f_1(t)f_2(t)\mathrm{d}t + 2C_{12}\int_{t_1}^{t_2}f_2^2(t)\mathrm{d}t\right] = 0$$

上式第一项对 C_{12} 求导后等于零,于是得

$$C_{12} = \frac{\int_{t_1}^{t_2}f_1(t)f_2(t)\,\mathrm{d}t}{\int_{t_1}^{t_2}f_2^2(t)\,\mathrm{d}t} \tag{1.5.8}$$

式(1.5.8)表明,函数 $f_1(t)$ 有 $f_2(t)$ 的分量,此分量的系数是 C_{12}。如果 C_{12} 等于零,则表示 $f_1(t)$ 不包含 $f_2(t)$ 的分量,我们称此时 $f_1(t)$ 与 $f_2(t)$ 在区间 (t_1, t_2) 内正交。由式(1.5.8)可得两个函数在区间 (t_1, t_2) 内正交的条件是

$$\int_{t_1}^{t_2}f_1(t)f_2(t)\,\mathrm{d}t = 0 \tag{1.5.9}$$

如果 $C_{12} = 1$,即 $f_1(t) = f_2(t)$,则分量 $C_{12}f_2(t)$ 就是函数 $f_1(t)$ 本身,所以 C_{12} 称为两个函数 $f_1(t)$ 和 $f_2(t)$ 的相关系数。

【例 1.5.1】　设方波信号 $f(t)$ 如图 1.5.4 所示,试用正弦波信号 $\sin t$ 在区间 $(0, 2\pi)$ 内近似表示此信号,并使均方误差最小。

解　方波函数表达式为

$$f(t) = \begin{cases} 1 & (0 < t \leqslant \pi) \\ -1 & (\pi < t < 2\pi) \end{cases}$$

在区间 $(0, 2\pi)$ 内,$f(t)$ 用 $\sin t$ 近似表示为

$$f(t) \approx C_{12}\sin t$$

根据式(1.5.8)求系数 C_{12},得

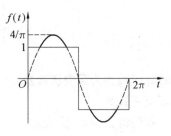

图 1.5.4　例 1.5.1 图

$$C_{12} = \frac{\int_0^{2\pi}f(t)\sin t\,\mathrm{d}t}{\int_0^{2\pi}\sin^2 t\,\mathrm{d}t} = \frac{1}{\pi}\left[\int_0^{\pi}\sin t\,\mathrm{d}t + \int_{\pi}^{2\pi}(-\sin t)\,\mathrm{d}t\right] = \frac{4}{\pi}$$

所以
$$f(t) = \frac{4}{\pi}\sin t$$

【例1.5.2】 试用正弦信号 $\sin t$ 在区间 $(0,2\pi)$ 内近似表示余弦信号 $f(t) = \cos t$。

解 根据式(1.5.8),有

$$C_{12} = \frac{\int_0^{2\pi} \cos t \sin t \, dt}{\int_0^{2\pi} \sin^2 t \, dt} = 0$$

说明余弦信号 $\cos t$ 不包含正弦信号 $\sin t$ 的分量,或者说余弦与正弦两个函数正交。

在实际应用中,如果讨论的函数 $f_1(t)$ 和 $f_2(t)$ 是复函数,那么有关正交特性的描述略有不同。

若 $f_1(t)$ 在区间 (t_1, t_2) 内可以由 $C_{12}f_2(t)$ 来近似

$$f_1(t) \approx C_{12}f_2(t) \tag{1.5.10}$$

则使均方误差为最小的 C_{12} 最佳值是

$$C_{12} = \frac{\int_{t_1}^{t_2} f_1(t)f_2^*(t) \, dt}{\int_{t_1}^{t_2} f_2(t)f_2^*(t) \, dt} \tag{1.5.11}$$

两个函数 $f_1(t)$ 和 $f_2(t)$ 在区间 (t_1, t_2) 内互相正交的条件是

$$\int_{t_1}^{t_2} f_1(t)f_2^*(t) \, dt = \int_{t_1}^{t_2} f_1^*(t)f_2(t) \, dt = 0 \tag{1.5.12}$$

式中 $f_1^*(t)$、$f_2^*(t)$——$f_1(t)$、$f_2(t)$ 的复共轭函数。

1.5.3 正交函数集

在讨论正交函数的基础上,我们继续讨论正交函数集。设 $g_1(t)$,$g_2(t)$,$\cdots$,$g_n(t)$ 是 n 个函数构成的一个函数集,这些函数在区间 (t_1, t_2) 内满足下列正交条件:

$$\begin{cases} \int_{t_1}^{t_2} g_i(t)g_j(t) \, dt = 0 & (i \neq j) \\ \int_{t_1}^{t_2} g_i^2(t) \, dt = K_i \end{cases} \tag{1.5.13}$$

则称此函数集为**正交函数集**,式中 K_i 为常数。当 $K_i = 1$ 时,则称为归一化正交函数集或规格化正交函数集。

我们将会看到,信号的变换域分析主要是信号在正交函数基上的正交分解。也就是说,如果已知基函数 $g_n(t)$ 是正交函数集,那么根据叠加原理,就可以将任何复杂的信号表示为多个分量之和。即对于在区间 (t_1, t_2) 内的任意信号 $f(t)$,可以用这 n 个正交函数的线性组合来近似

$$f(t) \approx C_1 g_1(t) + C_2 g_2(t) + \cdots + C_n g_n(t) = \sum_{r=1}^{n} C_r g_r(t)$$

显然,这是信号的基函数表示方法。在使近似均方误差最小的情况下,可以分别求出各系数 C_1,C_2,$\cdots$,C_n。求解 C_i 的过程实质是一种变换,通常称为信号的变换域分解,它把已知

信号 $f(t)$ 在要求的正交函数基 $g_n(t)$ 上分解成不同的分量,而每一分量的加权系数正是 C_i。

下面的问题就是如何求解 C_i,为此设信号近似的均方误差为

$$\overline{\varepsilon^2(t)} = \frac{1}{t_2 - t_1} \int_{t_1}^{t_2} \left[f(t) - \sum_{r=1}^{n} C_r g_r(t) \right]^2 \mathrm{d}t$$

为了使其误差达到最小,令

$$\frac{\mathrm{d}\,\overline{\varepsilon^2(t)}}{\mathrm{d}C_i} = 0$$

则

$$\frac{\mathrm{d}}{\mathrm{d}C_i} \left\{ \frac{1}{t_2 - t_1} \int_{t_1}^{t_2} \left[f(t) - \sum_{r=1}^{n} C_r g_r(t) \right]^2 \mathrm{d}t \right\} = 0$$

$$\int_{t_1}^{t_2} \frac{\mathrm{d}}{\mathrm{d}C_i} \left\{ f^2(t) - 2f(t) \left[\sum_{r=1}^{n} C_r g_r(t) \right] + \left[\sum_{r=1}^{n} C_r g_r(t) \right]^2 \right\} \mathrm{d}t = 0$$

由于第一项与 C_i 无关,上式导数为

$$\int_{t_1}^{t_2} \left\{ -2f(t) g_i(t) + 2 \left[\sum_{r=1}^{n} C_r g_r(t) \right] g_i(t) \right\} \mathrm{d}t = 0$$

即

$$\int_{t_1}^{t_2} f(t) g_i(t) \,\mathrm{d}t = C_i \int_{t_1}^{t_2} g_i^2(t) \,\mathrm{d}t$$

所以

$$C_i = \frac{\displaystyle\int_{t_1}^{t_2} f(t) g_i(t) \,\mathrm{d}t}{\displaystyle\int_{t_1}^{t_2} g_i^2(t) \,\mathrm{d}t} = \frac{1}{K_i} \int_{t_1}^{t_2} f(t) g_i(t) \,\mathrm{d}t \tag{1.5.14}$$

考虑一种极限情况:如果在区间 (t_1, t_2) 内,用正交函数集 $g_1(t), g_2(t), \cdots, g_n(t)$ 近似表示信号 $f(t)$,当 $n \to +\infty$ 时,近似误差 $\overline{\varepsilon^2(t)}$ 的极限等于零,即

$$\lim_{n \to +\infty} \overline{\varepsilon^2(t)} = 0 \tag{1.5.15}$$

则称此函数集为**完备正交函数集**。

完备是指对任意信号 $f(t)$ 都可以用一组无穷级数来表示,即

$$f(t) = \sum_{r=1}^{+\infty} C_r g_r(t) \tag{1.5.16}$$

此级数收敛于 $f(t)$。注意,这里已是等式,而不是近似式。

下面介绍两种本书用到的典型正交函数和正交函数集。

1. 三角函数集

函数集 $1, \cos(\omega_1 t), \cos(2\omega_1 t), \cdots, \cos(n\omega_1 t), \cdots, \sin(\omega_1 t), \sin(2\omega_1 t), \cdots, \sin(n\omega_1 t), \cdots$ 当所取函数有无限多项时,在区间 $(t_0, t_0 + T_1)$ 内组成完备正交函数集,其中 $T_1 = 2\pi / \omega_1$。这样任何周期为 T_1 的周期信号 $f(t)$,都可以由这些三角函数的线性组合来表示,称为 $f(t)$ 的傅里叶级数展开:

$$f(t) = \frac{a_0}{2} + a_1 \cos(\omega_1 t) + b_1 \sin(\omega_1 t) + a_2 \cos(2\omega_1 t) + b_2 \sin(2\omega_1 t) + \cdots +$$

$$a_n\cos(n\omega_1 t) + b_n\sin(n\omega_1 t) + \cdots =$$

$$\frac{a_0}{2} + \sum_{n=1}^{+\infty}\left[a_n\cos(n\omega_1 t) + b_n\sin(n\omega_1 t)\right] \tag{1.5.17}$$

其中,系数 a_n、b_n 可利用式(1.5.14)求得,是信号 $f(t)$ 在三角函数集上的分解加权系数。第 3 章将会看到,它们代表了信号在不同谐波分量(频率分量)上能量的多少。

2. 复指数函数集

函数集 $\{e^{jn\omega_1 t}\}$, $n = 0$, ± 1, ± 2, $\cdots$ 是一个复函数集,在区间 $(t_0, t_0 + T_1)$ 内也是完备正交函数集。这样任意信号 $f(t)$ 可以展开为指数傅里叶级数,即

$$f(t) = \cdots + c_{-n}e^{-jn\omega_1 t} + \cdots + c_{-2}e^{-j2\omega_1 t} + c_{-1}e^{-j\omega_1 t} + c_0 + c_1 e^{j\omega_1 t} + c_2 e^{j2\omega_1 t} + \cdots +$$

$$c_n e^{jn\omega_1 t} + \cdots = \sum_{n=-\infty}^{+\infty} c_n e^{jn\omega_1 t} \tag{1.5.18}$$

其中,系数 c_n 是信号 $f(t)$ 在复指数函数集上的分解加权系数。同样,它们代表了信号在不同谐波分量上能量的多少,第 3 章将详细讨论。

1.6　线性非时变系统

根据前面系统的定义,一个物理系统是由某些元件或部件以特定方式连接而成的整体,每个物理系统都能对给定的操作完成某些要求的功能,可用图 1.1.1 的方框来表示。系统分析的基本出发点是系统的线性特性和非时变特性,即线性非时变系统,因此本节对线性非时变系统的基本性质进行重点介绍。

1. 线性特性

系统的线性特性包含齐次性(均匀性)和叠加性(可加性)两个方面的内容。

如果给定系统对于激励 $e(t)$ 产生的响应是 $r(t)$,则由激励 $ae(t)$ 产生的系统响应是 $ar(t)$,即输入激励改变为原来的 a 倍时,输出响应也相应地改变为原来的 a 倍,这就是系统的**齐次性**。

如果 $r_1(t)$ 为系统在 $e_1(t)$ 单独作用下的响应,$r_2(t)$ 为同一系统在 $e_2(t)$ 单独作用下的响应,则激励 $e_1(t) + e_2(t)$ 作用于此系统时的响应为 $r_1(t) + r_2(t)$,这就是系统的**叠加性**。

一般情况下,线性系统同时具有齐次性和叠加性两个性质,即如果 $e_1(t)$、$r_1(t)$ 和 $e_2(t)$、$r_2(t)$ 分别代表两对激励与响应,则当激励为 $a_1 e_1(t) + a_2 e_2(t)$(a_1、a_2 为常数)时,系统的响应为 $a_1 r_1(t) + a_2 r_2(t)$,如图 1.6.1 所示。可以描述为

若

$$e_1(t) \rightarrow r_1(t)$$

$$e_2(t) \rightarrow r_2(t)$$

则

$$a_1 e_1(t) + a_2 e_2(t) \rightarrow a_1 r_1(t) + a_2 r_2(t) \tag{1.6.1}$$

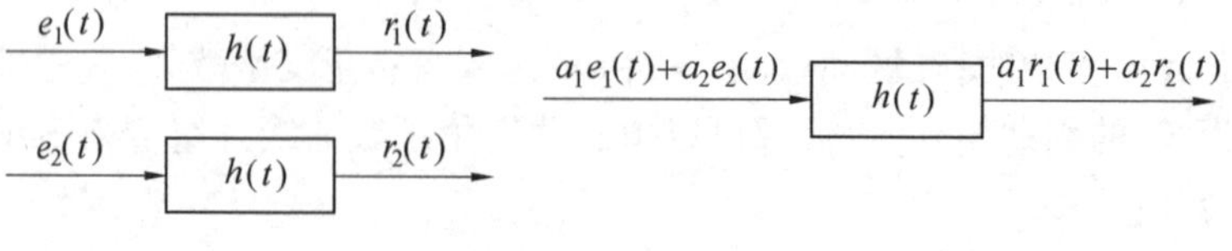

图 1.6.1　线性特性

2. 非时变特性

对于非时变系统,由于系统参数本身不随时间变化,即都是常数。因此,在同样起始状态下,系统的响应与激励施加于系统的时刻无关。

具体来说,如果激励为 $e(t)$,系统产生的响应为 $r(t)$,则当激励为 $e(t-t_0)$ 时,产生的响应为 $r(t-t_0)$,如图 1.6.2 所示。它表明当激励延迟一段时间 t_0 时,其输出响应也同样延迟 t_0 时间,而波形形状保持不变。系统的这种特性就称为**非时变特性**。可以描述为

若 $$e(t) \rightarrow r(t)$$

则 $$e(t-t_0) \rightarrow r(t-t_0) \tag{1.6.2}$$

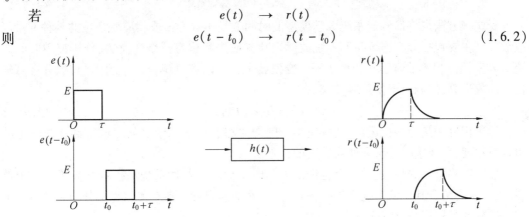

图 1.6.2　非时变特性

1.7　系统分析的基本方法

系统理论主要研究两类问题:系统分析与系统综合。系统分析是对于给定的某个具体系统,求出它对于给定激励所产生的响应;系统综合是根据实际提出的对于给定激励和响应的要求,设计出具体实现这种功能的系统。分析与综合虽各有不同的条件和方法,但二者是密切相关的,分析是综合的基础。本书主要讨论线性非时变系统的分析问题。

类似于信号分析,为了能够对系统进行分析,就需要把系统的功能用数学形式表示,即建立系统的数学模型,这是进行系统分析的第一步。第二步是运用数学方法来求解数学模型,例如解出系统在一定的初始条件和一定的激励下的输出响应,这就是系统分析过程。

需要说明的是,在建立系统模型方面,系统的数学描述方法可分为两大类:输入－输出描述法和状态变量描述法。输入－输出描述法着眼于激励和响应之间的一对一关系,并不关心系统内部变量的情况。对于常见的单输入－单输出系统,应用这种方法比较简便。状态变量描述法不仅可以给出系统的响应,还可以提供系统内部各变量的状况,用于多输入、多输出系统时更具有优越性,而且还便于利用计算机求解。

对应于信号的分析方法,系统分析也即系统数学模型的求解方法,也可分两大类:时域法和变换域法(这里以傅里叶变换为例),如图 1.7.1 所示。

$$\frac{e(t)}{E(\omega)} \longrightarrow \boxed{\begin{array}{c} \text{系统函数} \\ h(t) \text{ 或 } H(\omega) \end{array}} \longrightarrow \frac{r(t)}{R(\omega)}$$

图 1.7.1　系统分析方法

时域法直接分析和研究系统的时间响应特性。对于输入－输出系统的数学模型,连续系统是微分方程,离散系统是差分方程,可以利用经典法求解常系数线性微分方程或差分方程,也可以采用现代方法求解它们;对于状态变量描述的数学模型,则需要求解矩阵方程。卷积积分是现代时域法中最重要的一种技术手段,它是系统时域分析法的核心。卷积积分的基本出发点是:若系统的激励信号为 $e(t)$,系统的单位冲激响应为 $h(t)$,则系统的响应 $r(t)$ 为 $e(t)$ 和 $h(t)$ 的卷积,即

$$r(t) = h(t) * e(t) \tag{1.7.1}$$

变换域方法是将信号与系统数学模型的时间变量函数变换成相应变换域的某种变量函数形式。主要包括分析连续时间系统的傅里叶变换法和拉普拉斯变换法、分析离散时间系统的 Z 变换法和离散傅里叶变换法等。变换域方法可以将时域分析中的微分、积分运算转化为代数运算,例如对于傅里叶变换,有

$$R(\omega) = H(\omega)E(\omega) \tag{1.7.2}$$

可将卷积积分变换为乘积运算,在解决实际问题时亦有许多方便之处。该特性在数学上称为**卷积定理**,是连接时域法和变换域法的纽带。

最后需要指出的是,建立一个合理的数学模型是对于各种系统进行科学分析的一个首要问题,需要结合具体的系统来进行,所以这方面的内容要在各有关课程中分别介绍。本书着重研究数学模型的求解问题。

1.8　卷　　　积

作为数学运算的一种强有力工具,卷积积分在系统分析中有着特殊的地位,可以说它是系统时域分析的核心技术。而了解卷积的基本性质,对卷积积分在系统分析中的应用具有极大的好处,因此本节把它单独拿出来进行详细介绍。

设函数 $f_1(t)$ 与函数 $f_2(t)$ 具有相同的自变量 t,将 $f_1(t)$ 和 $f_2(t)$ 经如下的积分运算可以得到第三个具有相同自变量的函数 $g(t)$:

$$g(t) = \int_{-\infty}^{+\infty} f_1(\tau)f_2(t-\tau)\mathrm{d}\tau \tag{1.8.1a}$$

该积分就称为**卷积积分**,常用符号" $*$ "表示,因此式(1.8.1a) 又可以表示为

$$g(t) = f_1(t) * f_2(t) \tag{1.8.1b}$$

在系统分析中,对于有始信号和因果系统,当 $t < 0$ 时,激励信号 $e(t)$ 和系统函数 $h(t)$ 都为0,则系统的响应 $r(t)$ 为

$$r(t) = \int_0^t e(\tau)h(t-\tau)\mathrm{d}\tau \tag{1.8.1c}$$

1.8.1　卷积的图解计算

利用卷积积分的图解说明,我们可以直观地理解卷积的概念,把一些抽象的数学关系加以形象化。由卷积积分的定义式(1.8.1a)可以看到,为了实现两个函数 $f_1(t)$ 和 $f_2(t)$ 在某一时刻的卷积运算,需要完成以下5个步骤。

(1)变量置换。将 $f_1(t)$、$f_2(t)$ 变为 $f_1(\tau)$、$f_2(\tau)$,即以 τ 为积分变量。

（2）翻转。将 $f_2(\tau)$ 翻转,变为 $f_2(-\tau)$。

（3）平移。将 $f_2(-\tau)$ 平移(延迟) t,变为 $f_2[-(\tau-t)]$,即 $f_2(t-\tau)$。注意在此处,相对于变量 τ, t 作为常数存在。

（4）相乘。将 $f_1(\tau)$ 和 $f_2(t-\tau)$ 相乘。

（5）积分。求 $f_1(\tau)f_2(t-\tau)$ 乘积下的面积,即为 t 时刻的卷积积分结果 $g(t)$ 值。

如果还需要进行下一时刻的运算,就要改变作为参变量的 t 值,并重复步骤(3) ~ (5)。

图 1.8.1 以两个矩形脉冲信号为例表示了图解卷积的过程。

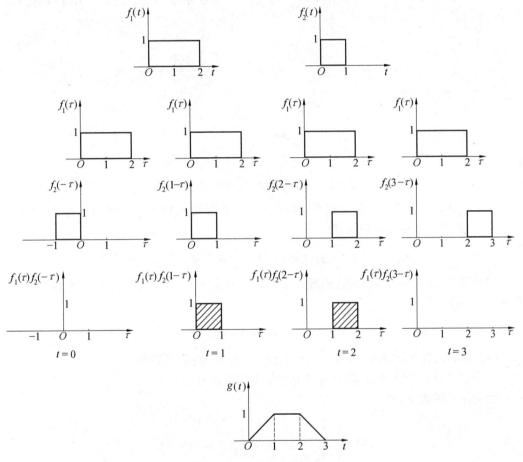

图 1.8.1　两个矩形脉冲的卷积

1.8.2　卷积的解析计算

卷积积分的定量计算必须用解析方法完成。我们以具体例子来进行介绍,设图 1.8.2 中函数 $f_1(t)=2e^{-t}u(t)$, $f_2(t)=u(t)-u(t-2)$,根据式(1.8.1a),并结合图 1.8.2,可以很容易地进行分段积分,计算出 $g(t)$ 。具体描述如下。

（1）当 $t<0$ 时, $f_1(\tau)$ 和 $f_2(t-\tau)$ 没有同时存在的非零值,即乘积 $f_2(\tau)f_2(t-\tau)=0$,所以 $g_1(t)=0$ 。

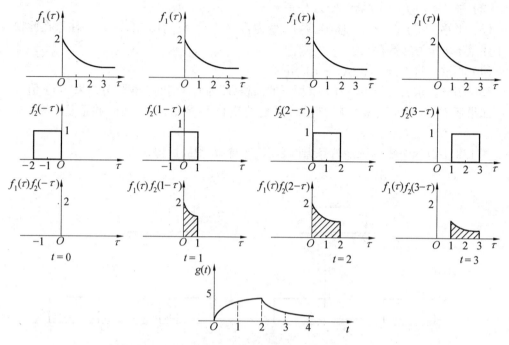

图 1.8.2 指数函数与矩形脉冲的卷积

(2) 当 $0 \leqslant t < 2$ 时,翻转函数 $f_2(t - \tau)$ 与非翻转函数 $f_1(\tau)$ 有部分重叠,可见式 (1.8.1a) 的积分限是从 0 到 t,即

$$g_2(t) = \int_0^t f_1(\tau) f_2(t - \tau) d\tau = \int_0^t 2e^{-\tau} d\tau = 2(1 - e^{-t})$$

(3) 当 $2 \leqslant t < +\infty$ 时,翻转函数 $f_2(t - \tau)$ 完全落入 $f_1(\tau)$ 内,此时式(1.8.1a) 的积分限从 $t - 2$ 到 t,即

$$g_3(t) = \int_{t-2}^t f_1(\tau) f_2(t - \tau) d\tau = \int_{t-2}^t 2e^{-\tau} d\tau = 2e^{-t}(e^2 - 1)$$

(4) 各分段卷积结果相加,即可得到 $f_1(t)$ 与 $f_2(t)$ 的卷积结果。

对于以上分段计算的结果,可有两种数学上的表示方法。

如果用分段表示,则

$$g(t) = \begin{cases} 0 & (t < 0) \\ 2(1 - e^{-t}) & (0 \leqslant t < 2) \\ 2e^{-t}(e^2 - 1) & (t \geqslant 2) \end{cases}$$

若卷积结果用一个函数式表示出来,则需要使用阶跃函数表示各阶段结果存在的时间,即

$$g(t) = 2(1 - e^{-t})[u(t) - u(t - 2)] + 2e^{-t}(e^2 - 1)u(t - 2)$$

另一种计算卷积的方法,就是将函数 $f_1(t)$ 和 $f_2(t)$ 的时间函数式直接代入式(1.8.1a) 中,直接计算 $f_1(t)$ 和 $f_2(t)$ 的卷积积分,即

$$g(t) = \int_{-\infty}^{+\infty} f_1(\tau) f_2(t - \tau) d\tau = \int_{-\infty}^{+\infty} 2e^{-\tau} u(\tau)[u(t - \tau) - u(t - \tau - 2)] d\tau =$$

$$\int_{-\infty}^{+\infty} 2e^{-\tau} u(\tau) u(t - \tau) d\tau - \int_{-\infty}^{+\infty} 2e^{-\tau} u(\tau) u(t - \tau - 2) d\tau =$$

$$\left[\int_0^t 2e^{-\tau}d\tau\right]u(t) - \left[\int_0^{t-2} 2e^{-\tau}d\tau\right]u(t-2) =$$

$$\left[-2e^{-\tau}\big|_0^t\right]u(t) - \left[-2e^{-\tau}\big|_0^{t-2}\right]u(t-2) =$$

$$2(1-e^{-t})u(t) - 2\left[1-e^{-(t-2)}\right]u(t-2) \tag{1.8.2}$$

需要说明的是,在应用式(1.8.1a)进行直接卷积时,有两点需要特别注意:一是积分限如何确定,二是积分之后如何用阶跃函数表示积分结果的有效存在时间。

使用门函数确定积分限:一般卷积积分中出现的积分项,其被积函数总是含有两个阶跃函数的因子,一个是非翻转函数带有的阶跃函数因子,另一个是翻转函数带有的阶跃函数因子。二者结合构成一个门函数 $G(\tau)$,此门函数的两个边界就是积分的上下限,左边界为下限,右边界为上限。表达式(1.8.2)中第一项积分含有 $u(\tau)u(t-\tau)$,它们构成一个门函数,如图 1.8.3 所示。

$$G(\tau) = \langle u(\tau)u(t-\tau)\rangle = u(\tau) - u(\tau-t) \tag{1.8.3}$$

所以第一项积分的积分限为 $0 \sim t$。

同理第二项积分中的门函数为

$$G(\tau) = \langle u(\tau)u(t-2-\tau)\rangle = u(\tau) - u(\tau-t+2) \tag{1.8.4}$$

因此第二项积分的积分限为 $0 \sim t-2$。

积分结果有效存在时间的确定:卷积积分有效存在时间总是以阶跃函数来表示,并且仍由被积函数中两个阶跃函数因子构成的门函数来确定。

在积分过程中,τ 为积分变量,t 为参变量,它自左向右增加,只有当翻转的因子,例如图 1.8.3 中的 $u(t-\tau)$,与未翻转因子(图 1.8.3 中的 $u(\tau)$)刚好对接时,积分值才开始产生非零的结果,因此应根据变量 τ 在门函数左边界处的值,来确定阶跃函数所应具有的起始时刻。具体的计算方法是将两个阶跃函数的时间相加。例如式(1.8.2)第一项中的 $u(\tau)u(t-\tau)$,两个阶跃的时间相加 $\tau + t - \tau = t$,所以积分之后的阶跃函数为 $u(t)$;同理,第二项中为 $u(\tau)u(t-2-\tau)$,两个时间相加 $\tau + t - 2 - \tau = t - 2$,所以积分结果之后的阶跃函数为 $u(t-2)$。

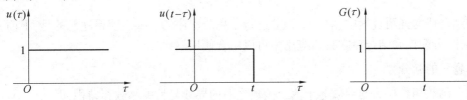

图 1.8.3　使用门函数确定积分限

1.8.3　卷积的基本性质

卷积是一种数学运算法,它具有一些有用的基本性质,其中有些与代数中乘法运算的性质很相似。

1. 交换律

$$f_1(t) * f_2(t) = f_2(t) * f_1(t) \tag{1.8.5}$$

卷积的交换律表明,函数 $f_1(t)$ 与函数 $f_2(t)$ 的卷积等于函数 $f_2(t)$ 与函数 $f_1(t)$ 的卷积,两个函数可以互相交换。该性质也可以推广到 n 个函数的卷积情况。

证明 根据卷积定义式,将积分变量 τ 改变为 $t-\lambda$,则

$$f_1(t)*f_2(t) = \int_{-\infty}^{+\infty} f_1(\tau)f_2(t-\tau)\mathrm{d}\tau = \int_{-\infty}^{+\infty} f_1(t-\lambda)f_2(\lambda)\mathrm{d}\lambda = f_2(t)*f_1(t)$$

2. 分配律

$$f_1(t)*[f_2(t)+f_3(t)] = f_1(t)*f_2(t) + f_1(t)*f_3(t) \qquad (1.8.6)$$

卷积的分配律表明,函数 $f_1(t)$ 与函数 $f_2(t)$ 和函数 $f_3(t)$ 和的卷积等于函数 $f_1(t)$ 分别与函数 $f_2(t)$ 和函数 $f_3(t)$ 卷积的和。该性质也可以推广到多个函数的情况。

证明 由卷积定义式,有

$$f_1(t)*[f_2(t)+f_3(t)] = \int_{-\infty}^{+\infty} f_1(\tau)[f_2(t-\tau)+f_3(t-\tau)]\mathrm{d}\tau =$$

$$\int_{-\infty}^{+\infty} f_1(\tau)f_2(t-\tau)\mathrm{d}\tau + \int_{-\infty}^{+\infty} f_1(\tau)f_3(t-\tau)\mathrm{d}\tau =$$

$$f_1(t)*f_2(t) + f_1(t)*f_3(t)$$

3. 结合律

$$[f_1(t)*f_2(t)]*f_3(t) = f_1(t)*[f_2(t)*f_3(t)] \qquad (1.8.7)$$

卷积的结合律表明,函数 $f_1(t)$ 与函数 $f_2(t)$ 的卷积结果再与函数 $f_3(t)$ 的卷积等于函数 $f_1(t)$ 与函数 $f_2(t)$ 和函数 $f_3(t)$ 卷积结果的卷积。该性质也可以推广到多个函数之间的不同结合情况。

证明 根据卷积定义式,有

$$[f_1(t)*f_2(t)]*f_3(t) = \int_{-\infty}^{+\infty} \left[\int_{-\infty}^{+\infty} f_1(\lambda)f_2(\tau-\lambda)\mathrm{d}\lambda \right] f_3(t-\tau)\mathrm{d}\tau =$$

$$\int_{-\infty}^{+\infty} f_1(\lambda) \left[\int_{-\infty}^{+\infty} f_2(\tau-\lambda)f_3(t-\tau)\mathrm{d}\tau \right] \mathrm{d}\lambda =$$

$$\int_{-\infty}^{+\infty} f_1(\lambda) \left[\int_{-\infty}^{+\infty} f_2(\tau)f_3(t-\lambda-\tau)\mathrm{d}\tau \right] \mathrm{d}\lambda =$$

$$f_1(t)*[f_2(t)*f_3(t)]$$

在结合律的证明过程中,对二重积分进行了积分次序的变换。值得注意的是,上面介绍的交换律、分配律和结合律在具体应用中可以组合使用。

4. 卷积的微分

两个函数相卷积后的导数等于两个函数之一的导数与另一函数相卷积,即

$$\frac{\mathrm{d}}{\mathrm{d}t}[f_1(t)*f_2(t)] = \left[\frac{\mathrm{d}}{\mathrm{d}t}f_1(t)\right]*f_2(t) = f_1(t)*\left[\frac{\mathrm{d}}{\mathrm{d}t}f_2(t)\right] \qquad (1.8.8)$$

证明

$$\frac{\mathrm{d}}{\mathrm{d}t}[f_1(t)*f_2(t)] = \frac{\mathrm{d}}{\mathrm{d}t}\left[\int_{-\infty}^{+\infty} f_1(\tau)f_2(t-\tau)\mathrm{d}\tau\right] = \int_{-\infty}^{+\infty} f_1(\tau)\left[\frac{\mathrm{d}}{\mathrm{d}t}f_2(t-\tau)\right]\mathrm{d}\tau =$$

$$f_1(t)*\left[\frac{\mathrm{d}}{\mathrm{d}t}f_2(t)\right]$$

同理可以证明

$$\frac{\mathrm{d}}{\mathrm{d}t}[f_1(t)*f_2(t)] = \left[\frac{\mathrm{d}}{\mathrm{d}t}f_1(t)\right]*f_2(t)$$

5. 卷积的积分

两个函数相卷积后的积分等于两函数之一的积分与另一函数相卷积,即

$$\int_{-\infty}^{t} \left[f_1(\lambda) * f_2(\lambda) \right] \mathrm{d}\lambda = f_1(t) * \left[\int_{-\infty}^{t} f_2(\lambda) \mathrm{d}\lambda \right] = \left[\int_{-\infty}^{t} f_1(\lambda) \mathrm{d}\lambda \right] * f_2(t) \quad (1.8.9)$$

证明

$$\int_{-\infty}^{t} \left[f_1(\lambda) * f_2(\lambda) \right] \mathrm{d}\lambda = \int_{-\infty}^{t} \left[\int_{-\infty}^{+\infty} f_1(\tau) f_2(\lambda - \tau) \mathrm{d}\tau \right] \mathrm{d}\lambda =$$

$$\int_{-\infty}^{+\infty} f_1(\tau) \left[\int_{-\infty}^{t} f_2(\lambda - \tau) \mathrm{d}\lambda \right] \mathrm{d}\tau =$$

$$f_1(t) * \left[\int_{-\infty}^{t} f_2(\lambda) \mathrm{d}\lambda \right]$$

同理可以证明

$$\int_{-\infty}^{t} \left[f_1(\lambda) * f_2(\lambda) \right] \mathrm{d}\lambda = \left[\int_{-\infty}^{t} f_1(\lambda) \mathrm{d}\lambda \right] * f_2(t)$$

由以上关系不难证明

$$\left[\frac{\mathrm{d}}{\mathrm{d}t} f_1(t) \right] * \left[\int_{-\infty}^{t} f_2(\lambda) \mathrm{d}\lambda \right] = f_1(t) * f_2(t) \quad (1.8.10)$$

6. 函数 $f(t)$ 与冲激函数的卷积

函数 $f(t)$ 与单位冲激函数 $\delta(t)$ 卷积,其结果仍然是函数 $f(t)$ 本身,即

$$f(t) * \delta(t) = f(t) \quad (1.8.11)$$

证明　根据卷积定义和 $\delta(t)$ 的抽样性质

$$f(t) * \delta(t) = \int_{-\infty}^{+\infty} f(\tau) \delta(t - \tau) \mathrm{d}\tau = \int_{-\infty}^{+\infty} f(t - \tau) \delta(\tau) \mathrm{d}\tau = f(t)$$

类似地可有

$$f(t) * \delta(t - t_0) = f(t - t_0) \quad (1.8.12)$$

此式表明,函数 $f(t)$ 与 $\delta(t - t_0)$ 相卷积的结果,相当于把函数本身延迟 t_0。

7. 函数 $f(t)$ 与阶跃函数 $u(t)$ 的卷积

$$f(t) * u(t) = \int_{-\infty}^{t} f(\lambda) \mathrm{d}\lambda \quad (1.8.13)$$

此式可利用卷积的积分性质求得。

推广到一般情况可得

$$f(t) * \delta^{(k)}(t) = f^{(k)}(t) \quad (1.8.14)$$

$$f(t) * \delta^{(k)}(t - t_0) = f^{(k)}(t - t_0) \quad (1.8.15)$$

式中　k—— 求导或求重积分的次数,当 k 取正整数时表示导数阶次,k 取负整数时表示重积分的次数。

1.9　本章小结

本章主要对本书所涉及的基本概念、基本理论和基本分析方法进行引入。首先对信号与系统中涉及的基本概念进行了定义,在此基础上介绍了信号与系统的分类方法,并给出了

信号与系统分析的共同理论基础 —— **线性叠加原理**,这也是本书应用的核心理论。

对于信号分析,核心技术是把任意复杂信号分解成"单元信号"加权和的形式,为此,重点介绍了两个奇异函数 —— 阶跃函数和冲激函数,它们是信号时域分析的单元函数。介绍了正交函数基,它们是信号变换域分析的单元函数。二者一起构成了信号分析的两大类方法:**时域分析法和变换域分析法**,它们将贯穿本书的始终。

最后,针对系统分析,重点介绍了线性非时变系统,这也是本书要应用的系统。基于此系统,对应于信号分析,介绍了系统的分析方法,主要包括时域分析法和变换域分析法,并对系统分析中的关键环节或系统分析的主要数学工具 —— **卷积积分**进行了详细讨论。

需要强调的是,从应用的角度,所介绍的信号与系统包括连续的和离散的两大类,这里只引入了连接它们之间关系的桥梁 —— **抽样定理**的概念(以后相关章节还要详细介绍),从而可以对连续信号进行离散化或从离散信号恢复连续信号。从分析的角度,所介绍的方法也包括时域分析和变换域分析,这里也只引入了连接它们之间关系的桥梁 —— **卷积定理**的概念(同样以后相关章节将要详细介绍),从而可以使两种分析方法在叠加原理的框架下达到统一。

全书各章的系统框架如图 1.9.1 所示。为了便于应用,这里把一些常用函数卷积积分的结果制成卷积表,见表 1.9.1,以备查用。

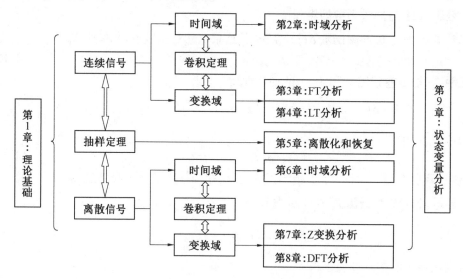

图 1.9.1　全书各章的系统框架图

表 1.9.1　卷积表

序号	$f_1(t)$	$f_2(t)$	$f_1(t) * f_2(t) = f_2(t) * f_1(t)$
1	$f(t)$	$\delta(t)$	$f(t)$
2	$f(t)$	$\delta'(t)$	$f'(t)$
3	$f(t)$	$u(t)$	$\int_{-\infty}^{t} f(\tau)\,\mathrm{d}\tau$
4	$u(t)$	$u(t)$	$tu(t)$
5	$u(t) - u(t - t_1)$	$u(t)$	$tu(t) - (t - t_1)u(t - t_1)$

续表 1. 9. 1

序号	$f_1(t)$	$f_2(t)$	$f_1(t) * f_2(t) = f_2(t) * f_1(t)$
6	$u(t) - u(t - t_1)$	$u(t) - u(t - t_2)$	$tu(t) - (t - t_1)u(t - t_1) - (t - t_2)u(t - t_2) + (t - t_1 - t_2)u(t - t_1 - t_2)$
7	$e^{at}u(t)$	$u(t)$	$-\dfrac{1}{a}(1 - e^{at})u(t)$
8	$e^{at}u(t)$	$u(t) - u(t - t_1)$	$-\dfrac{1}{a}(1 - e^{at})[u(t) - u(t - t_1)] - \dfrac{1}{a}(e^{at_1} - 1)e^{at}u(t - t_1)$
9	$e^{at}u(t)$	$e^{at}u(t)$	$te^{at}u(t)$
10	$e^{a_1 t}u(t)$	$e^{a_2 t}u(t)$	$\dfrac{1}{a_1 - a_2}(e^{a_1 t} - e^{a_2 t})u(t) \quad (a_1 \neq a_2)$
11	$e^{at}u(t)$	$t^n u(t)$	$\dfrac{n!}{a^{n+1}}e^{at}u(t) - \displaystyle\sum_{j=0}^{n} \dfrac{n!}{a^{j+1}(n-j)!}te^{at}u(t)$
12	$t^m u(t)$	$t^n u(t)$	$\dfrac{m!\,n!}{(m + n + 1)!}t^{m+n+1}u(t)$
13	$t^m e^{a_1 t}u(t)$	$t^n e^{a_2 t}u(t)$	$\displaystyle\sum_{j=0}^{m} \dfrac{(-1)^j m!\,(n+j)!}{j!\,(m-j)!\,(a_1 - a_2)^{n+j+1}}t^{m-j}e^{a_1 t}u(t) + $ $\displaystyle\sum_{k=0}^{n} \dfrac{(-1)^k n!\,(m+k)!}{k!\,(n-k)!\,(a_2 - a_1)^{n+j+1}}t^{n-k}e^{a_2 t}u(t)$ $(a_1 \neq a_2)$
14	$e^{-at}\cos(\beta t + \theta)u(t)$	$e^{\lambda t}u(t)$	$\dfrac{\cos(\theta - \varphi)}{\sqrt{(a + \lambda)^2 + \beta^2}}e^{\lambda t} - \dfrac{e^{at}\cos(\beta t + \theta - \varphi)}{\sqrt{(a + \lambda)^2 + \beta^2}}e^{\lambda t}$ $\varphi = \arctan\dfrac{-\beta}{a + \lambda}$

习　　题

1.1　绘出下列信号的波形。

1. $tu(t)$ 　　　　　　　　2. $(t - 1)u(t)$

3. $tu(t - 1)$ 　　　　　　　4. $(t - 1)u(t - 1)$

5. $(2 - e^{-t})u(t)$ 　　　　　6. $(4e^{-t} - 4e^{-3t})u(t)$

7. $(3e^{-t} + 6e^{-2t})u(t)$ 　　8. $e^{-t}\cos(10\pi t)[u(t - 1) - u(t - 2)]$

1.2　写出图 1.1 所示各波形的函数表达式。

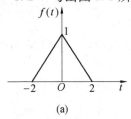
(a)

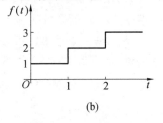
(b)

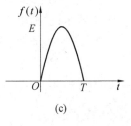
(c)

图 1.1　题 1.2 图

1.3　利用冲激信号的抽样特性,计算下列函数值。

1. $\int_{-\infty}^{+\infty} \delta(t - t_0) u\left(t - \frac{t_0}{2}\right) dt$　　　2. $\int_{-\infty}^{+\infty} f(t_0 - t) \delta(t) dt$

3. $\int_{-\infty}^{+\infty} \delta(2t - 3)(3t^2 + t - 5) dt$　　　4. $\int_{-\infty}^{+\infty} e^{-j\omega t} [\delta(t) - \delta(t - t_0)] dt$

1.4　已知信号 $e(t)$ 如图 1.2 所示,试画出信号 $e(2t)$、$e\left(\frac{1}{2}t\right)$、$e(2t - 1)$ 的波形。

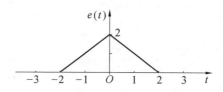

图 1.2　题 1.4 图

1.5　试证明 $\cos t, \cos(2t), \cdots, \cos(nt)$($n$ 为整数)是在区间 $(0, 2\pi)$ 中的正交函数集;该函数集是否是在区间 $(0, \pi/2)$ 中的正交函数集?

1.6　利用图解法画出图 1.3 所示 $f_1(t)$ 与 $f_2(t)$ 的卷积。

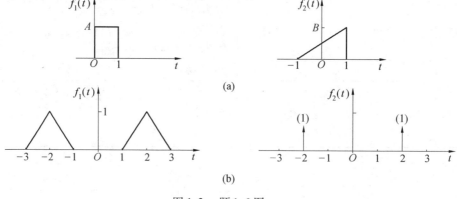

图 1.3　题 1.6 图

1.7　计算函数 $f_1(t)$ 与 $f_2(t)$ 的卷积 $f(t) = f_1(t) * f_2(t)$。

1. $f_1(t) = f_2(t) = u(t) - u(t - 1)$

2. $f_1(t) = u(t)$,$f_2(t) = e^{-\alpha t} u(t)$

3. $f_1(t) = (1 + t)[u(t) - u(t - 1)]$,$f_2(t) = [u(t - 1) - u(t - 2)]$

4. $f_1(t) = 2e^{-t}[u(t) - u(t - 3)]$,$f_2(t) = 4[u(t) - u(t - 2)]$

1.8　已知某线性非时变系统的初始储能为 0,当系统激励为 $e_1(t)$ 时系统响应为 $r_1(t)$,如图 1.4 所示,试画出当系统激励为 $e_2(t)$ 时的系统响应 $r_2(t)$ 的波形。

1.9　已知某系统 $r_1(t) = e(t) * h(t) = e^{-t}(t \geq 0)$,求响应 $r_2(t) = e(at) * h(at)$,$a \neq 0$。

1.10　判断下列系统是否为线性的、非时变的、因果的。

1. $r(t) = e(t) u(t)$　　　2. $r(t) = e(t) + 1$

3. $r(t) = \dfrac{de(t)}{dt}$　　　4. $r(t) = \int_{-\infty}^{t} e(\tau) d\tau$

5. $r(t) = e(2t)$　　　6. $r(t) = e(t) e(t)$

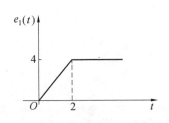
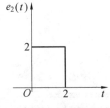
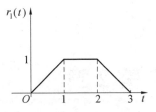

图 1.4   题 1.8 图

1.11   已知某线性非时变系统对下列输入激励 $e(t)$ 的输出响应 $r(t)$ 为：

若 $e(t) = u(t)$，则 $r(t) = (1 - e^{-2t})u(t)$；

若 $e(t) = \cos(2t)$，则 $r(t) = 0.707\cos(2t - \pi/4)$。

对于下面的输入激励 $e(t)$，求输出响应 $r(t)$。

1. $e(t) = 2u(t) - 2u(t-1)$ 2. $e(t) = 4\cos[2(t-2)]$

3. $e(t) = 5u(t) + 10\cos(2t)$

1.12   已知 $f_1(t) = u(t+1) - u(t-1)$，$f_2(t) = \delta(t+5) - \delta(t-5)$，$f_3(t) = \delta\left(t + \dfrac{1}{2}\right) - $

$\delta\left(t - \dfrac{1}{2}\right)$，试画出下列卷积的波形。

1. $f(t) = f_1(t) * f_2(t)$ 2. $f(t) = f_1(t) * f_3(t)$

3. $f(t) = f_1(t) * f_2(t) * f_3(t)$

1.13   已知周期为 T 的单位冲激函数序列，如图 1.5(a) 所示，可用 $\delta_T(t)$ 表示为

$$\delta_T(t) = \sum_{m=-\infty}^{+\infty} \delta(t - mT)$$

式中，m 为整数。如果函数 $f_0(t)$ 如图 1.5(b) 所示，试求 $f(t) = f_0(t) * \delta_T(t)$，并画出其波形。

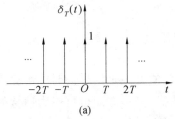
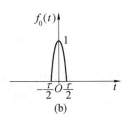

(a)   (b)

图 1.5   题 1.13 图

1.14   给出下列各时间函数的波形图，并分析它们的区别，其中 $0 < t_0 < \dfrac{\pi}{2\omega}$。

1. $f_1(t) = \sin(\omega t)u(t)$ 2. $f_2(t) = \sin[\omega(t - t_0)]u(t)$

3. $f_3(t) = \sin(\omega t)u(t - t_0)$ 4. $f_4(t) = \sin[\omega(t - t_0)]u(t - t_0)$

1.15   已知 $f(t)$ 的波形如图 1.6 所示，求 $f(2 - 4t)$，并画出其波形。

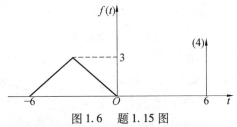

图 1.6   题 1.15 图

第 2 章

连续时间信号与系统的时域分析

如第 1 章所述,信号与系统分析就是在时域或变换域对信号及其通过系统进行分析处理的过程。信号与系统分析最直接的方法就是在时域内进行,其突出特点是方法简单、物理概念明确。本章2.1节和2.2节主要介绍信号的时域分析,其中2.1节信号的时域运算的目的是简化函数,把复杂信号转换成易于分析的信号形式。2.2节介绍把任意信号分解成冲激函数或阶跃函数和的形式,目的是易于进一步的系统分析。2.3节是在建立连续时间系统的数学模型 —— 微分方程的基础上,重点介绍微分方程的经典解法:齐次解和特解,而从系统分析的角度,它们分别对应系统的自由响应和强迫响应。2.4节和2.5节介绍的是系统响应的近代解法:零输入响应和零状态响应。零输入响应在求解过程中直接利用初始条件 0^-,进而避免经典解法中利用 0^+,具体计算需要把 0^- 转换成 0^+ 的复杂过程。零状态响应在求解过程中引入了单位冲激响应和单位阶跃响应的概念,目的是利用卷积积分来求解系统的零状态响应。最后为了对信号与系统进行仿真实验和计算机系统实现,2.6节介绍了线性系统的模拟框图,2.7节介绍了系统响应的计算机求解方法。

2.1 信号的时域运算

在信号与系统的时域分析中,信号分析最简单的方式是信号的时域运算或变形。它们一方面可以把复杂信号表示为简单典型信号的形式,另一方面也可以为信号的进一步分解或变换提供支撑。信号通过这些变形运算,往往可以使信号与系统分析大为简化。信号的变形主要体现在以下几个方面:由时间变量的改变引起的信号变形;由信号自身的各种运算而引起的信号变形;几个不同信号的合成或运算而形成的信号变形等。

1. 信号的相加(减)

两个信号相加(减)后形成一个新的信号,其任意时刻的数值等于两个信号在同一时刻的数值之和(差),即

$$f(t) = f_1(t) \pm f_2(t) \tag{2.1.1}$$

反过来,信号 $f(t)$ 可以分解表示成信号 $f_1(t)$ 和信号 $f_2(t)$ 和(差)的形式。如图 2.1.1 所示的例子,就是把信号 $f(t)$ 分解成为直流信号 $f_1(t) = 1$ 和矩形脉冲信号 $f_2(t) = G(t)$ 之和的形式,这样,$f_1(t)$ 和 $f_2(t)$ 都是典型信号,便于处理。

值得注意,信号的相加(减)也可以推广到多个信号的情况。

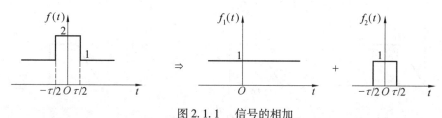

图 2.1.1　信号的相加

2. 信号的相乘

两个信号的乘积将得出另一个信号,其任意时刻的数值等于两个信号在同一时刻数值的乘积,即

$$f(t) = f_1(t) \cdot f_2(t)$$

反过来,信号 $f(t)$ 可以分解表示成信号 $f_1(t)$ 和信号 $f_2(t)$ 相乘的形式。如图 2.1.2 所示的例子,就是把信号 $f(t)$ 分解为余弦信号 $f_1(t) = \cos t$ 和矩形脉冲信号 $f_2(t) = G(t)$ 乘积的形式,这样,$f_1(t)$ 和 $f_2(t)$ 都是典型信号,便于处理。

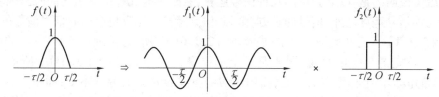

图 2.1.2　信号的相乘

值得注意,关于两个信号相除,在系统分析中也经常碰到,特别是在变换域分析中。

3. 信号的翻转(反褶、褶迭)

将表示信号 $f(t)$ 的时间变量 t 换成 $-t$,即由 $f(t)$ 变为 $f(-t)$ 称为信号的翻转。信号的这种运算相当于信号波形对于纵轴的反褶,如图 2.1.3 所示。

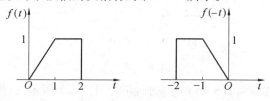

图 2.1.3　信号的翻转

引入时间翻转的概念,主要是为了数学分析上的方便,特别是所涉及的卷积运算。这种"过去"和"将来"的时间置换功能是任何实际系统所不能完成的。

4. 信号的时间平移

将信号 $f(t)$ 的时间变量 t 变换成 $t \pm t_0$(t_0 为常数),即为信号的时间平移,其正号表示时间超前,负号表示时间滞后。图 2.1.4 表示了 $t_0 = 1$ 的例子。实际运算中使用的预测器和延迟器就可以实现这种变换。

5. 信号波形的尺度

将信号 $f(t)$ 的时间变量 t 变换为 at(a 为正数),若时间轴保持不变,则 $a > 1$ 表示信号波形压缩,$a < 1$ 表示信号波形扩展。图 2.1.5 表示了 $a = 2$ 和 $a = 1/2$ 的情况。实际工作中使用的展宽器和压缩器就可以完成这种功能。

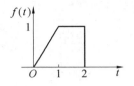 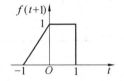 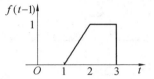

图 2.1.4　信号的时间平移

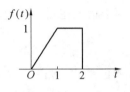 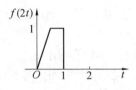 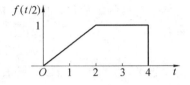

图 2.1.5　信号波形展缩

最后要说明的是,以上介绍的几种信号运算,有时可能几种运算组合同时出现。另外除了以上几种信号运算之外,信号的平方、微分、积分等自身运算也会引起信号波形的变化。

【例 2.1.1】　已知信号 $f(t)$ 的波形如图 2.1.6(a) 所示,试画出 $f(1-2t)$ 的波形。

解　首先将 $f(t)$ 沿时间 t 轴左移一个单位得 $f(t+1)$,如图 2.1.6(b) 所示。然后将 $f(t+1)$ 的波形以坐标原点为中心,横向压缩到原波形的 1/2,幅度不变,即得 $f(2t+1)$,如图 2.1.6(c) 所示。最后再将 $f(2t+1)$ 的波形沿纵轴翻转,就得到 $f(1-2t)$,如图 2.1.6(d) 所示。

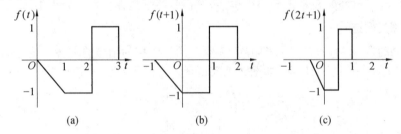

图 2.1.6　例 2.1.1 图

【例 2.1.2】　已知信号 $f(5-t)$ 的波形如图 2.1.7(a) 所示,试画出 $f(2t+4)$ 的波形。

解　先将 $f(5-t)$ 的波形沿纵轴翻转,得到 $f(t+5)$,如图 2.1.7(b) 所示。然后将 $f(t+5)$ 的波形沿 t 轴右移一个单位,得到 $f(t+4)$,如图 2.1.7(c) 所示。再将 $f(t+4)$ 波形以原点为中心横向压缩到原波形的 1/2,幅度不变,但冲激信号的强度压缩到原信号的 1/2,这是由于冲激函数具有时间尺度变换性质,最后得到 $f(2t+4)$,如图 2.1.7(d) 所示。

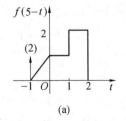 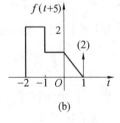 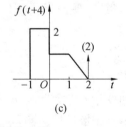 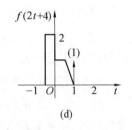

图 2.1.7　例 2.1.2 图

2.2　信号的时域分解

在信号时域分析中,比较常用的方法是直接应用阶跃函数和冲激函数作为单元信号,将任意信号表示为阶跃函数或冲激函数之和的形式。这种方法对于系统分析是非常有益的。

2.2.1　任意信号的阶跃函数分解

为了便于理解任意信号的阶跃函数分解方法,我们先看两个典型信号用阶跃函数分解表示的例子。图 2.2.1 所示是矩形脉冲信号可以分解为两个幅度相同但跳变时间错开的正负阶跃函数之和,即

$$f(t) = Au(t) - Au(t - \tau)$$

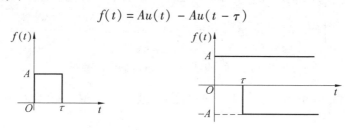

图 2.2.1　矩形脉冲

同理,对图 2.2.2 所示的有始周期矩形脉冲序列可表示为

$$f(t) = Au(t) - Au(t - \tau) + Au(t - T) - Au(t - T - \tau) +$$
$$Au(t - 2T) - Au(t - 2T - \tau) + \cdots =$$
$$A \sum_{n=0}^{+\infty} \left[u(t - nT) - u(t - nT - \tau) \right]$$

图 2.2.2　有始周期矩形脉冲序列

对于任意信号 $f(t)$,是否也可以用阶跃函数之和表示呢? 答案是肯定的,但这种表示不能简单地像矩形脉冲信号那样直接用阶跃函数之和表示。

设图 2.2.3 中的光滑曲线代表任意有始信号 $f(t)$,则这样的信号可以用一系列阶跃函数之和来近似地表示。具体分析如下:

由于 $f(t)$ 是有始信号,设第一个阶跃 $f_0(t)$ 在 $t = 0$ 时加入,而第二个阶跃 $f_1(t)$ 在延时了 $t = \Delta t$ 时加入,以此类推,可以构成一系列阶跃函数,它们在时间轴上的等间隔宽度为 Δt。

因为 $f_0(t)$ 的阶跃高度为 $f(0)$,于是第一个阶跃函数表示为

$$f_0(t) = f(0)u(t)$$

而在第一个阶跃之上叠加第二个阶跃,其阶跃高度为

$$\Delta f(t) = f(\Delta t) - f(0)$$

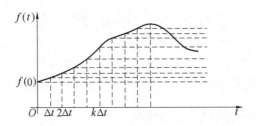

图 2.2.3　用阶跃函数之和表示任意信号

故第二个阶跃函数表示为

$$f_1(t) = [f(\Delta t) - f(0)] \cdot u(t - \Delta t) = \frac{f(\Delta t) - f(0)}{\Delta t} \Delta t \cdot u(t - \Delta t) =$$

$$\left[\frac{\Delta f(t)}{\Delta t}\right]_{t = \Delta t} \cdot \Delta t \cdot u(t - \Delta t)$$

式中 $\left[\dfrac{\Delta f(t)}{\Delta t}\right]_{t=\Delta t}$ —— $t = 0$ 和 Δt 处曲线上两点连线的斜率。

同理,在任意 $t = k\Delta t$ 处应叠加上一个高度为 $\Delta f(t) = f(k\Delta t) - f(k\Delta t - \Delta t)$ 的阶跃函数,即

$$f_k(t) = [f(k\Delta t) - f(k\Delta t - \Delta t)] \cdot u(t - k\Delta t) = \left[\frac{\Delta f(t)}{\Delta t}\right]_{t = k\Delta t} \cdot \Delta t \cdot u(t - k\Delta t)$$

这样将上述各阶跃函数 $f_0(t), f_1(t), \cdots, f_k(t), \cdots, f_n(t), \cdots$ 叠加起来,形成一个阶梯形函数,可以近似表示信号 $f(t)$,即

$$f(t) \approx f(0)u(t) + \left[\frac{\Delta f(t)}{\Delta t}\right]_{t = \Delta t} \cdot \Delta t \cdot u(t - \Delta t) + \cdots +$$

$$\left[\frac{\Delta f(t)}{\Delta t}\right]_{t = k\Delta t} \cdot \Delta t \cdot u(t - k\Delta t) + \cdots =$$

$$f(0)u(t) + \sum_{k=1}^{+\infty} \left[\frac{\Delta f(t)}{\Delta t}\right]_{t = k\Delta t} \cdot \Delta t \cdot u(t - k\Delta t) \tag{2.2.1}$$

可见,利用式(2.2.1)就可以将任意信号近似地表示为阶跃函数加权和的形式,而这种近似程度,完全取决于时间间隔 Δt 的大小,Δt 越小,近似程度越高。在 $\Delta t \to 0$ 的极限情况下,可将 Δt 写为微小量 $\mathrm{d}\tau$,而 $k\Delta t$ 写作连续量 τ,代表阶跃高度的函数增量 $\Delta f(t)$ 将成为无穷小量 $\mathrm{d}f(\tau)$,因而在式(2.2.1)中

$$\left[\frac{\Delta f(t)}{\Delta t}\right]_{t = k\Delta t} \Rightarrow \frac{\mathrm{d}f(\tau)}{\mathrm{d}\tau} = f'(\tau)$$

同时,对各项取和则变成取积分,这时近似式变成等式,即

$$f(t) = f(0)u(t) + \int_0^{+\infty} f'(\tau)u(t - \tau)\mathrm{d}\tau \tag{2.2.2}$$

式中 τ —— 积分变量。

式(2.2.2)就是用阶跃函数表示任意信号的表达式,其表明,在时域分析中可将任意信号表示为无限多个小阶跃函数相叠加的叠加积分。

2.2.2　任意信号的冲激函数分解

任意信号除了上面可以表示为阶跃函数之和以外,还可以近似地表示为冲激函数之和。

设图 2.2.4 所示的光滑曲线为任意函数 $f(t)$，则可以用一系列矩形脉冲相叠加的阶梯形曲线来近似表示。将时间轴等分为小区间 Δt 作为各矩形脉冲的宽度，各脉冲的高度分别等于它们左侧边界对应的函数值。

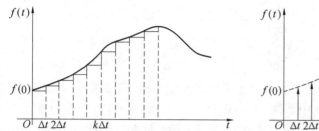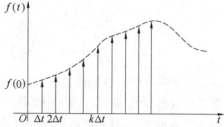

图 2.2.4　用冲激函数之和表示任意信号

第 1 章介绍，脉冲函数在一定条件下可以演变为冲激函数。据此，把这些脉冲函数分别用一些冲激函数来表示，各冲激函数的位置是它们所代表的脉冲左侧边界所在的时刻，各冲激函数的强度就是它们所代表的脉冲的面积。因此，信号 $f(t)$ 又可以用一系列冲激函数之和近似地表示为

$$f(t) \approx f(0) \cdot \Delta t \cdot \delta(t) + f(\Delta t) \cdot \Delta t \cdot \delta(t - \Delta t) + \cdots +$$
$$f(k\Delta t) \cdot \Delta t \cdot \delta(t - k\Delta t) + \cdots =$$
$$\sum_{k=0}^{\infty} f(k\Delta t) \cdot \Delta t \cdot \delta(t - k\Delta t) \tag{2.2.3}$$

同样冲激函数之和对于信号 $f(t)$ 的近似程度，取决于时间间隔 Δt 的大小。Δt 越小，近似程度越高。在 $\Delta t \to 0$ 的极限情况下，将 Δt 写成 $d\tau$，式（2.2.3）中不连续变量 $k\Delta t$ 将变成连续变量 τ，同时对各项取和将成为取积分，式（2.2.3）变成等式，即

$$f(t) = \int_{0}^{+\infty} f(\tau)\delta(t - \tau)d\tau \tag{2.2.4}$$

式中　τ——积分变量。

式（2.2.4）就是将任意信号表示为无限多个冲激函数相叠加的叠加积分。

在以后的系统时域分析中，将会看到式（2.2.2）和式（2.2.4）的广泛用途。

2.3　系统模型及响应的经典解法

连续时间系统处理的是连续时间信号，即系统的输入激励 $e(t)$ 和输出响应 $r(t)$ 都是连续的。在实际应用中，为了便于对系统进行分析，任何系统的物理特性都希望用具体的数学模型进行描述，即建立系统激励与系统响应之间的相互关系。例如，一个由电阻 R、电容 C 和电感 L 串联组成的系统，如图 2.3.1 所示。若系统的激励信号为电压源 $e(t)$，欲求系统的响应回路电流 $i(t)$，则由电路中的 KVL 定律，有

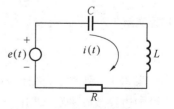

$$LC\frac{d^2 i(t)}{dt^2} + RC\frac{di(t)}{dt} + i(t) = C\frac{de(t)}{dt} \tag{2.3.1}$$

这就是该系统的数学模型，它是一个线性的常系数二阶

图 2.3.1　RLC 串联系统

微分方程。

式(2.3.1)的模型可以推广到一般情况,对于一个复杂的线性非时变系统,其激励信号 $e(t)$ 与响应信号 $r(t)$ 之间的关系可用下列形式的微分方程来描述:

$$a_n \frac{\mathrm{d}^n r(t)}{\mathrm{d}t^n} + a_{n-1} \frac{\mathrm{d}^{n-1} r(t)}{\mathrm{d}t^{n-1}} + \cdots + a_1 \frac{\mathrm{d}r(t)}{\mathrm{d}t} + a_0 r(t) =$$

$$b_m \frac{\mathrm{d}^m e(t)}{\mathrm{d}t^m} + b_{m-1} \frac{\mathrm{d}^{m-1} e(t)}{\mathrm{d}t^{m-1}} + \cdots + b_1 \frac{\mathrm{d}e(t)}{\mathrm{d}t} + b_0 e(t) \qquad (2.3.2)$$

这是一个常系数 n 阶线性微分方程。对于线性非时变系统,组成系统的元件都是参数恒定的线性元件,所以式(2.3.2)中系数 $a_i(i = 0,1,\cdots,n)$、$b_j(j = 0,1,2,\cdots,m)$ 都是常数。

在系统分析中,一旦系统的数学模型被建立,系统分析的问题就转化为求解微分方程的问题,即已知激励信号 $e(t)$,求解响应信号 $r(t)$。下面从数学角度,以经典的微分方程求解方法来讨论系统响应的求解过程。

按照微分方程的经典求解方法,式(2.3.2)的完全解由两部分组成,即齐次解和特解。而从系统响应的角度,系统模型所对应的齐次解称为系统的**自由响应**,微分方程的特解对应系统的**强迫响应**。根据线性叠加原理,系统的总响应为

$$r(t) = r_{\mathrm{h}}(t) + r_{\mathrm{p}}(t) \qquad (2.3.3)$$

下面分别讨论 $r_{\mathrm{h}}(t)$ 和 $r_{\mathrm{p}}(t)$ 的求解过程。

2.3.1 齐次解 —— 自由响应

从数学角度,微分方程的齐次解就是满足齐次方程

$$a_n \frac{\mathrm{d}^n r(t)}{\mathrm{d}t^n} + a_{n-1} \frac{\mathrm{d}^{n-1} r(t)}{\mathrm{d}t^{n-1}} + \cdots + a_1 \frac{\mathrm{d}r(t)}{\mathrm{d}t} + a_0 r(t) = 0 \qquad (2.3.4)$$

的解,一般具有 $A\mathrm{e}^{\alpha t}$ 的函数形式。因此令 $r(t) = A\mathrm{e}^{\alpha t}$,代入式(2.3.4)可得该微分方程的特征方程为

$$a_n \alpha^n + a_{n-1} \alpha^{n-1} + \cdots + a_1 \alpha + a_0 = 0 \qquad (2.3.5)$$

对应式(2.3.5)特征方程的根 $\alpha_1, \alpha_2, \cdots, \alpha_n$ 称为微分方程的特征根。

当特征根无重根(各不相同)都是单根时,微分方程的齐次解为

$$r_{\mathrm{h}}(t) = A_1 \mathrm{e}^{\alpha_1 t} + A_2 \mathrm{e}^{\alpha_2 t} + \cdots + A_n \mathrm{e}^{\alpha_n t} = \sum_{i=1}^{n} A_i \mathrm{e}^{\alpha_i t} \qquad (2.3.6)$$

在有重根的情况下,齐次解的形式将略有不同。现假设 α_1 是特征方程的一个 K 重根,其他根都为单根。此时,在齐次解中,相应于 α_1 的部分将有 K 项

$$\sum_{i=1}^{K} A_i t^{i-1} \mathrm{e}^{\alpha_1 t} = (A_1 + A_2 t + \cdots + A_K t^{K-1}) \mathrm{e}^{\alpha_1 t}$$

则齐次解为

$$r_{\mathrm{h}}(t) = \sum_{i=1}^{K} A_i t^{i-1} \mathrm{e}^{\alpha_1 t} + \sum_{i=K+1}^{n} A_i \mathrm{e}^{\alpha_i t} \qquad (2.3.7)$$

表2.3.1列出了特征根为不同形式时所对应的齐次解,其中系数 A_i 或 C 和 D 将由微分方程的边界条件决定,即由 $t = 0$ 时的初始条件 $r(0^+), r'(0^+), \cdots$ 来决定。

表 2.3.1　不同特征根对应的齐次解

特征根 α	齐次解 $r_h(t)$
单实根	$e^{\alpha t}$
K 重根	$(A_1 + A_2 t + \cdots + A_K t^{K-1}) e^{\alpha t}$
一对共轭复根 $\alpha_{1,2} = \sigma \pm j\omega$	$e^{\sigma t}[C\cos(\omega t) + D\sin(\omega t)]$

【例 2.3.1】　求微分方程

$$\frac{d^2 r(t)}{dt^2} + 5\frac{dr(t)}{dt} + 6r(t) = e(t)$$

的齐次解。

解　微分方程对应的特征方程为

$$\alpha^2 + 5\alpha + 6 = 0$$

对应的特征根为

$$\begin{cases} \alpha_1 = -2 \\ \alpha_2 = -3 \end{cases}$$

则齐次解的形式为

$$r_h(t) = A_1 e^{-2t} + A_2 e^{-3t}$$

【例 2.3.2】　求微分方程

$$\frac{d^3 r(t)}{dt^3} + 7\frac{d^2 r(t)}{dt^2} + 16\frac{dr(t)}{dt} + 12r(t) = e(t)$$

的齐次解。

解　微分方程对应的特征方程为

$$\alpha^3 + 7\alpha^2 + 16\alpha + 12 = 0$$
$$(\alpha + 2)^2 (\alpha + 3) = 0$$

对应的特征根为

$$\begin{cases} \alpha_1 = \alpha_2 = -2 \\ \alpha_3 = -3 \end{cases}$$

这里包含一个二重根和一个单根。则齐次解的形式为

$$r_h(t) = (A_1 + A_2 t)e^{-2t} + A_3 e^{-3t}$$

2.3.2　特解 —— 强迫响应

特解的函数形式与激励信号函数形式有关。将激励函数代入微分方程式(2.3.2)的右端,代入后右端的函数式称为"自由项"。通常,由表 2.3.2 观察自由项来选择特解函数形式,并代入方程,然后求得特解函数式中的待定系数,即可求得特解。

【例 2.3.3】　给定微分方程式

$$\frac{d^2 r(t)}{dt^2} + 2\frac{dr(t)}{dt} + 3r(t) = \frac{de(t)}{dt} + e(t)$$

若已知激励信号函数为 $e(t) = t^2$,求此方程特解 $r_p(t)$。

解　将 $e(t)$ 代入方程右端得自由项为 $t^2 + 2t$,由表 2.3.2 选特解函数式为

$$r_{\mathrm{p}}(t) = B_1 t^2 + B_2 t + B_3$$

将此式代入方程得

$$3B_1 t^2 + (4B_1 + 3B_2)t + (2B_1 + 2B_2 + 3B_3) = t^2 + 2t$$

根据等式两端各相同幂次项的系数应相等的原则，可得

$$\begin{cases} 3B_1 = 1 \\ 4B_1 + 3B_2 = 2 \\ 2B_1 + 2B_2 + 3B_3 = 0 \end{cases}$$

联立解得

$$\begin{cases} B_1 = \dfrac{1}{3} \\[2mm] B_2 = \dfrac{2}{9} \\[2mm] B_3 = -\dfrac{10}{27} \end{cases}$$

所以特解为

$$r_{\mathrm{p}}(t) = \frac{1}{3}t^2 + \frac{2}{9}t - \frac{10}{27}$$

表 2.3.2　特解的典型函数形式

自由项	特解 $r_{\mathrm{p}}(t)$
E	B
t^p	$B_p t^p + B_{p-1} t^{p-1} + \cdots + B_1 t + B_0$
$\mathrm{e}^{\alpha t}$（α 不是微分方程特征根）	$B\mathrm{e}^{\alpha t}$
$\mathrm{e}^{\alpha t}$（α 为微分方程特征根）	$Bt\mathrm{e}^{\alpha t}$
$\cos(\omega t)$	$B_1\cos(\omega t) + B_2\sin(\omega t)$
$\sin(\omega t)$	
$t^p \mathrm{e}^{\alpha t}\cos(\omega t)$	$(B_p t^p + B_{p-1} t^{p-1} + \cdots + B_1 t + B_0)\mathrm{e}^{\alpha t}\cos(\omega t) +$
$t^p \mathrm{e}^{\alpha t}\sin(\omega t)$	$(D_p t^p + D_{p-1} t^{p-1} + \cdots + D_1 t + D_0)\mathrm{e}^{\alpha t}\sin(\omega t)$

注：若特解形式和齐次解重复，则应在特解中增加一项，t 倍乘表中的特解。

2.3.3　完全解——全响应 $r(t)$

将齐次解和特解相加就得到微分方程的完全解，也就是系统全响应的函数形式（单根情况），即

$$r(t) = r_{\mathrm{h}}(t) + r_{\mathrm{p}}(t) = A_1 \mathrm{e}^{\alpha_1 t} + A_2 \mathrm{e}^{\alpha_2 t} + \cdots + A_n \mathrm{e}^{\alpha_n t} + r_{\mathrm{p}}(t) \qquad (2.3.8)$$

其中，待定系数 $A_1, A_2, \cdots, A_n$ 要根据方程式的初始条件 $r(0^+), r'(0^+), r''(0^+), \cdots$ 来决定。为此，首先代入初始条件可求得一组方程式

$$\begin{cases} r(0^+) = A_1 + A_2 + \cdots + A_n + r_{\mathrm{p}}(0^+) \\ r'(0^+) = A_1 \alpha_1 + A_2 \alpha_2 + \cdots + A_n \alpha_n + r'_{\mathrm{p}}(0^+) \\ \quad\vdots \\ r^{n-1}(0^+) = A_1 \alpha_1^{n-1} + A_2 \alpha_2^{n-1} + \cdots + A_n \alpha_n^{n-1} + r_{\mathrm{p}}^{n-1}(0^+) \end{cases} \qquad (2.3.9)$$

这是一组代数方程式,可以写成矩阵形式

$$\begin{bmatrix} r(0^+) - r_p(0^+) \\ r'(0^+) - r'_p(0^+) \\ \vdots \\ r^{(n-1)}(0^+) - r_p^{(n-1)}(0^+) \end{bmatrix} = \begin{bmatrix} 1 & 1 & \cdots & 1 \\ \alpha_1 & \alpha_2 & \cdots & \alpha_n \\ \vdots & \vdots & & \vdots \\ \alpha_1^{n-1} & \alpha_2^{n-1} & \cdots & \alpha_n^{n-1} \end{bmatrix} \begin{bmatrix} A_1 \\ A_2 \\ \vdots \\ A_n \end{bmatrix} \tag{2.3.10}$$

式(2.3.10)中由 α_i 组成的矩阵称为范德蒙(Vandermonde)矩阵,可用 V 表示,即

$$V = \begin{bmatrix} 1 & 1 & \cdots & 1 \\ \alpha_1 & \alpha_2 & \cdots & \alpha_n \\ \vdots & \vdots & & \vdots \\ \alpha_1^{n-1} & \alpha_2^{n-1} & \cdots & \alpha_n^{n-1} \end{bmatrix}$$

将式(2.3.10)前乘以 V^{-1},就可以解得各系数 $A_1, A_2, \cdots, A_n$ 为

$$\begin{bmatrix} A_1 \\ A_2 \\ \vdots \\ A_n \end{bmatrix} = \begin{bmatrix} 1 & 1 & \cdots & 1 \\ \alpha_1 & \alpha_2 & \cdots & \alpha_n \\ \vdots & \vdots & & \vdots \\ \alpha_1^{n-1} & \alpha_2^{n-1} & \cdots & \alpha_n^{n-1} \end{bmatrix}^{-1} \begin{bmatrix} r(0^+) - r_p(0^+) \\ r'(0^+) - r'_p(0^+) \\ \vdots \\ r^{(n-1)}(0^+) - r_p^{(n-1)}(0^+) \end{bmatrix} \tag{2.3.11}$$

需要注意,在求逆矩阵 V^{-1} 时,需要求出矩阵 V 的行列式值。可以证明,范德蒙矩阵的行列式值为

$$\begin{aligned} \det V = \ & (\alpha_2 - \alpha_1) \quad (\alpha_3 - \alpha_1) \quad (\alpha_4 - \alpha_1) \quad \cdots \quad (\alpha_n - \alpha_1) \\ & \quad\quad\quad (\alpha_3 - \alpha_2) \quad (\alpha_4 - \alpha_2) \quad \cdots \quad (\alpha_n - \alpha_2) \\ & \quad\quad\quad\quad\quad\quad\quad (\alpha_4 - \alpha_3) \quad \cdots \quad (\alpha_n - \alpha_3) = \prod_{\substack{i > j \\ 1 < i \leqslant n \\ 1 \leqslant j < n}} (\alpha_i - \alpha_j) \\ & \quad\quad\quad\quad\quad\quad\quad\quad\quad\quad\quad\quad\quad\quad \vdots \\ & \quad\quad\quad\quad\quad\quad\quad\quad\quad\quad\quad\quad\quad (\alpha_n - \alpha_{n-1}) \end{aligned}$$

当 $n = 2$ 时

$$\det V = (\alpha_2 - \alpha_1)$$

当 $n = 3$ 时

$$\det V = (\alpha_2 - \alpha_1)(\alpha_3 - \alpha_1)(\alpha_3 - \alpha_2)$$

特征方程中有重根的情况也可以用类似方法求得。

【例 2.3.4】 已知图 2.3.2 所示电路中,激励信号 $e(t) = \sin(2t)u(t)$,电容两端初始电压为零,求输出信号 $v_{C_2}(t)$ 的表达式。其中 $R_1 = 1\ \Omega, R_2 = 1\ \Omega, C_1 = \dfrac{1}{2}\ \mathrm{F}, C_2 = \dfrac{1}{3}\ \mathrm{F}$。

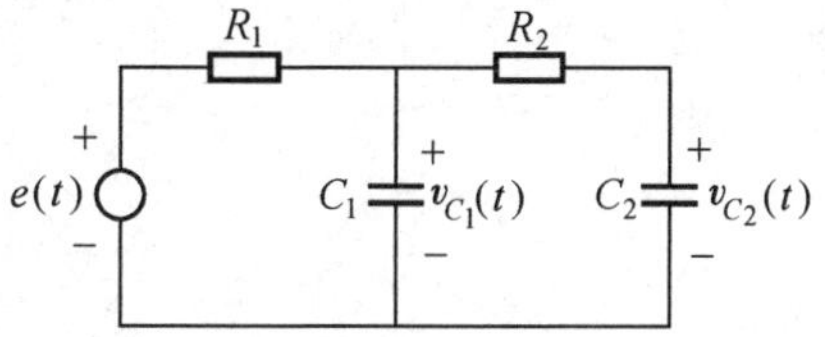

图 2.3.2 例 2.3.4 图

解 (1)列写系统的微分方程式:根据电路基本定律,节点电流方程为

$$i_{C_1}(t) + i_{C_2}(t) = i_{R_1}(t)$$

代入 $i_{C_1}(t) = C_1 \dfrac{\mathrm{d}v_{C_1}(t)}{\mathrm{d}t}, i_{C_2}(t) = C_2 \dfrac{\mathrm{d}v_{C_2}(t)}{\mathrm{d}t}, i_{R_1}(t) = \dfrac{e(t) - v_{C_1}(t)}{R_1}$ 及已知参数 $R_1 = 1\ \Omega, C_1 = \dfrac{1}{2}\ \mathrm{F}, C_2 = \dfrac{1}{3}\ \mathrm{F}$,得

$$\frac{1}{2}\frac{\mathrm{d}v_{C_1}(t)}{\mathrm{d}t} + \frac{1}{3}\frac{\mathrm{d}v_{C_2}(t)}{\mathrm{d}t} = e(t) - v_{C_1}(t) \qquad ①$$

根据电路基本定律,回路电压方程为

$$v_{C_1}(t) = v_{R_2}(t) + v_{C_2}(t)$$

代入 $v_{R_2}(t) = R_2 i_{C_2}(t) = R_2 C_2 \dfrac{\mathrm{d}v_{C_2}(t)}{\mathrm{d}t}$ 及已知参数 $R_2 = 1\ \Omega, C_2 = \dfrac{1}{3}\ \mathrm{F}$,得

$$v_{C_1}(t) = \frac{1}{3}\frac{\mathrm{d}v_{C_2}(t)}{\mathrm{d}t} + v_{C_2}(t) \qquad ②$$

将式 ② 代入式 ①,可得

$$\frac{\mathrm{d}^2 v_{C_2}(t)}{\mathrm{d}t^2} + 7\frac{\mathrm{d}v_{C_2}(t)}{\mathrm{d}t} + 6v_{C_2}(t) = 6\sin(2t) \quad (t \geqslant 0)$$

（2）求齐次解:特征方程为

$$\alpha^2 + 7\alpha + 6 = 0$$

对应的特征根为

$$\begin{cases} \alpha_1 = -1 \\ \alpha_2 = -6 \end{cases}$$

齐次解为

$$r_{\mathrm{h}}(t) = A_1 \mathrm{e}^{-t} + A_2 \mathrm{e}^{-6t}$$

（3）查表 2.3.1,可知特解函数形式为

$$r_{\mathrm{p}}(t) = B_1 \sin(2t) + B_2 \cos(2t)$$

代入原方程得

$$-4B_1 \sin(2t) - 4B_2 \cos(2t) + 14B_1 \cos(2t) - 14B_2 \sin(2t) +$$
$$6B_1 \sin(2t) + 6B_2 \cos(2t) = 6\sin(2t)$$

经化简得

$$(2B_1 - 14B_2 - 6)\sin(2t) + (14B_1 + 2B_2)\cos(2t) = 0$$

因此有

$$\begin{cases} 2B_1 - 14B_2 - 6 = 0 \\ 14B_1 + 2B_2 = 0 \end{cases}$$

解得

$$\begin{cases} B_1 = \dfrac{3}{50} \\ B_2 = -\dfrac{21}{50} \end{cases}$$

于是,特解为

$$r_{\mathrm{p}}(t) = \frac{3}{50}\sin(2t) - \frac{21}{50}\cos(2t)$$

（4）完全解

$$v_{C_2}(t) = A_1 \mathrm{e}^{-t} + A_2 \mathrm{e}^{-6t} + \frac{3}{50}\sin(2t) - \frac{21}{50}\cos(2t)$$

由于已知电容两端初始电压为零,即 $v_{C_1}(0) = 0, v_{C_2}(0) = 0$,因此由方程 ② 求得

$$\left.\frac{\mathrm{d}v_{C_2}(t)}{\mathrm{d}t}\right|_{t=0}=0$$

即 $v'_{C_2}(0)=0$。

根据初始条件可以写出方程

$$\begin{cases} 0 = A_1 + A_2 - \dfrac{21}{50} \\ 0 = -A_1 - 6A_2 + \dfrac{6}{50} \end{cases}$$

联立求解得

$$\begin{cases} A_1 = \dfrac{24}{50} \\ A_2 = -\dfrac{3}{50} \end{cases}$$

所以完全解为

$$v_{C_2}(t)=\underbrace{\frac{24}{50}\mathrm{e}^{-t}-\frac{3}{50}\mathrm{e}^{-6t}}_{\text{自由响应}}+\underbrace{\frac{3}{50}\sin(2t)-\frac{21}{50}\cos(2t)}_{\text{强迫响应}}\quad(t\geqslant 0)$$

$$v_{C_2}(t)=\underbrace{\frac{24}{50}\mathrm{e}^{-t}-\frac{3}{50}\mathrm{e}^{-6t}}_{\text{暂态响应}}+\underbrace{\frac{3}{50}\sin(2t)-\frac{21}{50}\cos(2t)}_{\text{稳态响应}}\quad(t\geqslant 0)$$

由以上经典法分析可以看出,线性系统的微分方程的完全解由两部分组成,即齐次解和特解,也就是系统的响应由自由响应和强迫响应组成。齐次解的函数特性仅依赖于系统本身特性,与激励信号的函数形式无关,而特解的形式由激励函数决定,这也是把它们分别称为**系统自由响应和强迫响应**(或受迫响应)的原因。

此外,在系统分析中,当输入信号为阶跃信号或有始的周期信号时,稳定系统的全响应也可分为暂态响应和稳态响应。所谓的暂态响应是指激励接入后,全响应中暂时出现的响应,它们随着时间的增长逐渐消失,例如例 2.3.4 全响应中按指数衰减的各项。在系统全响应中,去除暂态响应部分的响应就是稳态响应,它们通常也是由阶跃函数或周期函数组成。

2.3.4　关于 0^- 与 0^+ 值

在经典求解系统响应的过程中,尽管齐次解的形式依赖于系统特性,而与激励信号形式无关,但齐次解的系数 A 却与激励信号有关,即在激励信号 $e(t)$ 加入后 $t=0^+$ 受其影响的状态。而在实际应用中,系统往往已知的是激励信号 $e(t)$ 加入前 0^- 的状态。而如果已知 0^-,在经典求解过程中,为了确定系数 A,需要把 0^- 转化为 0^+。下面的问题就是如何由 0^- 计算 0^+,即确定系统在 $t=0$ 是否发生跳变。

我们注意到,由于激励信号的作用,响应 $r(t)$ 及其各阶导数可能在 $t=0$ 处发生跳变,即 $r(0^+)\neq r(0^-)$,其跳变量以 $[r(0^+)-r(0^-)]$ 表示。这样对于已知系统,一旦系统微分方程确定,判断其在 $t=0$ 处是否发生跳变完全取决于微分方程右端自由项中是否包含冲激函数 $\delta(t)$ 及其导数。如果包含 $\delta(t)$ 及其导数,则在 $t=0$ 处可能发生跳变,否则没有发生跳变。而关于这些跳变量的数值,可以根据微分方程两边 $\delta(t)$ 函数平衡的原理来计算。例如,已知系统的微分方程为

$$\frac{\mathrm{d}r(t)}{\mathrm{d}t}+3r(t)=2\frac{\mathrm{d}e(t)}{\mathrm{d}t}$$

设初始条件 $r(0^-) = 1$,激励信号 $e(t) = u(t)$,试计算起始点的跳变值及 $r(0^+)$ 值。

δ **函数平衡**,应首先考虑方程两边最高阶项的平衡,则有

$$r'(t) \to 2e'(t) = 2\delta(t)$$

即最高阶项 $r'(t)$ 中应有 $2\delta(t)$,则

$$r(t) \to 2u(t)$$

由此可知 $r(t)$ 在 $t = 0$ 处有跳变,其值为

$$r(0^+) - r(0^-) = r(0^+) - 1 = 2$$

所以

$$r(0^+) = 2 + 1 = 3$$

【**例 2.3.5**】 设系统微分方程为

$$2\frac{\mathrm{d}^2 r(t)}{\mathrm{d}t^2} + 3\frac{\mathrm{d}r(t)}{\mathrm{d}t} + 4r(t) = \frac{\mathrm{d}e(t)}{\mathrm{d}t}$$

起始条件为 $r(0^-) = 1$、$r'(0^-) = 1$,若系统激励为 $e(t) = u(t)$,试判断系统输出在起始时刻是否发生跳变。

解 这是一个二阶系统,其起始条件有两个:$r(0^-)$ 和 $r'(0^-)$。为判断 $r'(t)$ 在 $t = 0$ 时的跳变形式,需要求出其对应的奇异函数形式。

为了使方程两边最高导数阶项的奇异函数保持平衡,应该有

$$2r''(t) \to e'(t) = u'(t) = \delta(t)$$

对上式两端降阶(两端取积分),得到其等效形式

$$r'(t) \to \frac{1}{2}u(t)$$

可见上式右端在 $t = 0$ 时刻跳变值为 $\frac{1}{2}$,因而左端 $r'(t)$ 的跳变值也应与之相同,即

$$r'(0^+) - r'(0^-) = \frac{1}{2}$$

所以

$$r'(0^+) = r'(0^-) + \frac{1}{2} = \frac{3}{2}$$

再考虑 $r(t)$。对式 $r'(t) \to \frac{1}{2}u(t)$ 再降阶,则有

$$r(t) \to \frac{1}{2}tu(t)$$

可见上式中右端 $\frac{1}{2}tu(t)$ 为斜坡函数,其在 $t = 0$ 时刻无跳变;为保持方程两端平衡,左端 $r(t)$ 在起始时刻也应无跳变,从而有

$$r(0^+) - r(0^-) = 0$$

所以

$$r(0^+) = r(0^-) = 1$$

【**例 2.3.6**】 设系统微分方程为

$$\frac{\mathrm{d}^2 r(t)}{\mathrm{d}t^2} + 5\frac{\mathrm{d}r(t)}{\mathrm{d}t} + 6r(t) = \frac{\mathrm{d}e(t)}{\mathrm{d}t} - 2e(t)$$

若初始条件 $r(0^-) = 1$,$r'(0^-) = 2$,激励信号 $e(t) = u(t)$,试计算跳变值及 $r(0^+)$、$r'(0^+)$ 值。

解　首先看最高阶项

$$r''(t) \to e'(t) = \delta(t)$$

显然

$$r'(t) \to u(t), r'(t) \text{ 有跳变}$$
$$r(t) \to tu(t), r(t) \text{ 无跳变}$$

所以

$$r'(0^+) - r'(0^-) = 1, r'(0^+) = 1 + 2 = 3$$
$$r(0^+) - r(0^-) = 0, r(0^+) = 0 + 1 = 1$$

对于更复杂的情况,例如微分方程右端可能出现 $\delta(t)$ 及各阶导数的情况,其跳变值的计算相当烦琐,而采用我们后面将要介绍的分别计算系统的零状态响应和零输入响应的方法更为方便。

2.4　系统的零输入响应

在以上介绍的系统响应的经典求解过程中,一个重要环节就是确定系统响应的系数 A,即需要由 0^- 计算 0^+,这一步骤通常是比较麻烦和难以计算的。

另一方面,通过分析可以看出,产生系统响应的原因有两个部分:系统初始状态和输入信号。因此,按照产生系统响应的原因,完全可以将系统的全响应分解为依赖于系统初始状态的零输入响应和依赖于系统输入信号的零状态响应两个分量,即

$$r(t) = r_{zi}(t) + r_{zs}(t) \tag{2.4.1}$$

式中　$r_{zi}(t)$—— 零输入响应;

　　　$r_{zs}(t)$—— 零状态响应。

零输入响应的定义:在没有外加激励信号的作用,即 $e(t) = 0$,仅由系统起始状态 $t = 0^-$ 所产生的响应。**零状态响应**的定义:不考虑初始时刻 $t = 0^-$ 系统储能的作用,仅由系统的外加激励信号 $e(t)$ 所产生的响应。也就是说,可以把激励信号与起始状态两种不同因素引起的系统响应分开,分别进行计算,然后再叠加得到完全响应。

2.4.1　系统响应的初始条件

为了分别求解零输入响应 $r_{zi}(t)$ 和零状态响应 $r_{zs}(t)$,本节先对求解过程中所涉及的系统响应的初始条件进行讨论。零输入响应 $r_{zi}(t)$ 的具体解法将在接下来的内容中详细介绍,而有关零状态响应 $r_{zs}(t)$ 的求解方法将在下一节中详细介绍。

由式(2.4.1)的定义可知,当 $t = 0$ 时,系统的初始条件也由两部分组成,即

$$r(0) = r_{zi}(0) + r_{zs}(0) \tag{2.4.2}$$

但是,如果考虑到系统响应 $r(t)$ 在 $t = 0$ 点可能存在跳变(冲激函数或阶跃函数的分量),则式(2.4.2)中所表示的初始条件可分别以 $t = 0^-$ 和 $t = 0^+$ 两种情况表示,$t = 0^-$ 表示跳变前的 0 点,$t = 0^+$ 表示跳变后的 0 点。此时

$$r(0^-) = r_{zi}(0^-) + r_{zs}(0^-) \tag{2.4.3}$$

和

$$r(0^+) = r_{zi}(0^+) + r_{zs}(0^+) \tag{2.4.4}$$

我们已经假定,在 $t < 0$ 时,激励信号是不存在的,故而仅由外加激励信号所产生的零状态响

应也不存在,即 $r_{zs}(0^-) = 0$,于是式(2.4.3)变为

$$r(0^-) = r_{zi}(0^-)$$

也就是说,系统在 $t < 0$ 时的初始条件与外加激励信号无关,仅由系统的初始储能决定,称为 0^- 初始条件,或 0^- 条件。根据 0^- 条件可以计算得到零输入响应。

在式(2.4.4)中,$r_{zi}(0^+)$ 是零输入响应 $r_{zi}(t)$ 的初始值,$r_{zs}(0^+)$ 是零状态响应 $r_{zs}(t)$ 的初始值,作为两初始值之和的 $r(0^+)$ 称为 0^+ 初始条件或 0^+ 条件。可见,$r(0^+)$ 是由系统的初始储能和外加激励信号共同决定的。

对于非时变系统,由于系统内部参数不发生变动,因而有

$$r_{zi}(0^+) = r_{zi}(0^-)$$

同时考虑到 $r_{zs}(0^-) \equiv 0$,所以

$$r(0^+) - r(0^-) = [r_{zi}(0^+) + r_{zs}(0^+)] - [r_{zi}(0^-) + r_{zs}(0^-)] = r_{zs}(0^+)$$

可见,所谓 $t = 0$ 处的跳变量是指 $r_{zs}(0^+)$ 之值,它是由激励信号的作用产生的。

同理可以推得 $r(t)$ 各阶导数的跳变量

$$r'(0^+) - r'(0^-) = r'_{zs}(0^+)$$

$$r''(0^+) - r''(0^-) = r''_{zs}(0^+)$$

2.4.2　零输入响应的求解

系统的零输入响应与经典法中的齐次解求法类似,它们都是由起始状态产生的,都有满足齐次方程的解。因此零输入响应也具有指数函数形式,即 $Ce^{\alpha t}$,其中 α 为特征方程的根。但二者的主要差别在于确定指数函数的系数方法不同。由式(2.3.9)可见,求解齐次解的系数 A 要同时系统的起始状态(0^+ 条件)和激励信号来决定,而求解零输入响应的系数与激励信号无关,仅由系统的起始状态(0^- 条件)决定。

设系统的数学模型以 n 阶微分方程表示,即

$$a_n \frac{\mathrm{d}^n r(t)}{\mathrm{d}t^n} + a_{n-1} \frac{\mathrm{d}^{n-1} r(t)}{\mathrm{d}t^{n-1}} + \cdots + a_1 \frac{\mathrm{d}r(t)}{\mathrm{d}t} + a_0 r(t) =$$

$$b_m \frac{\mathrm{d}^m e(t)}{\mathrm{d}t^m} + b_{m-1} \frac{\mathrm{d}^{m-1} e(t)}{\mathrm{d}t^{m-1}} + \cdots + b_1 \frac{\mathrm{d}e(t)}{\mathrm{d}t} + b_0 e(t)$$

其特征方程为

$$a_n \alpha^n + a_{n-1} \alpha^{n-1} + \cdots + a_1 \alpha + a_0 = 0$$

若 $\alpha_1, \alpha_2, \cdots, \alpha_n$ 为 n 阶微分方程式的特征根(单根),则该系统的零输入响应表示为

$$r_{zi}(t) = C_1 e^{\alpha_1 t} + C_2 e^{\alpha_2 t} + \cdots + C_n e^{\alpha_n t} = \sum_{i=1}^{n} C_i e^{\alpha_i t} \tag{2.4.5}$$

如果系统的初始条件(这里是 0^- 条件)为 $r_{zi}(0^-), r'_{zi}(0^-), \cdots, r_{zi}^{(n-1)}(0^-)$(或者写成 $r(0^-), r'(0^-), \cdots, r^{(n-1)}(0^-)$),将这些条件代入式(2.4.5)及其各阶导数,得

$$\begin{cases} r(0^-) = C_1 + C_2 + \cdots + C_n \\ r'(0^-) = C_1 \alpha_1 + C_2 \alpha_2 + \cdots + C_n \alpha_n \\ \quad\vdots \\ r^{(n-1)}(0^-) = C_1 \alpha_1^{n-1} + C_2 \alpha_2^{n-1} + \cdots + C_n \alpha_n^{n-1} \end{cases} \tag{2.4.6}$$

可以写成矩阵形式为

$$\begin{bmatrix} r(0^-) \\ r'(0^-) \\ \vdots \\ r^{(n-1)}(0^-) \end{bmatrix} = \begin{bmatrix} 1 & 1 & \cdots & 1 \\ \alpha_1 & \alpha_2 & \cdots & \alpha_n \\ \vdots & \vdots & & \vdots \\ \alpha_1^{n-1} & \alpha_2^{n-1} & \cdots & \alpha_n^{n-1} \end{bmatrix} \begin{bmatrix} C_1 \\ C_2 \\ \vdots \\ C_n \end{bmatrix} \qquad (2.4.7)$$

从而可以解得系数 $C_1, C_2, \cdots, C_n$ 为

$$\begin{bmatrix} C_1 \\ C_2 \\ \vdots \\ C_n \end{bmatrix} = \begin{bmatrix} 1 & 1 & \cdots & 1 \\ \alpha_1 & \alpha_2 & \cdots & \alpha_n \\ \vdots & \vdots & & \vdots \\ \alpha_1^{n-1} & \alpha_2^{n-1} & \cdots & \alpha_n^{n-1} \end{bmatrix}^{-1} \begin{bmatrix} r(0^-) \\ r'(0^-) \\ \vdots \\ r^{(n-1)}(0^-) \end{bmatrix} \qquad (2.4.8)$$

如果微分方程的特征根有重根,例如 α_1 是 K 重根,其余 $n-K$ 个 $\alpha_{K+1}, \cdots, \alpha_n$ 都是单根,则系统的零输入响应为

$$r_{zi}(t) = \sum_{i=1}^{K} C_i t^{i-1} \mathrm{e}^{\alpha_i t} + \sum_{j=K+1}^{n} C_j \mathrm{e}^{\alpha_j t} \qquad (2.4.9)$$

式中,系数 C_i、C_j 由初始条件(0^- 条件) 决定。

【例 2.4.1】　已知系统的微分方程式为

$$\frac{\mathrm{d}^2 r(t)}{\mathrm{d}t^2} + 3 \frac{\mathrm{d}r(t)}{\mathrm{d}t} + 2r(t) = e(t)$$

起始状态 $r_{zi}(0^-) = 1, r'_{zi}(0^-) = 2$,求系统的零输入响应。

解　此系统的特征方程为

$$\alpha^2 + 3\alpha + 2 = 0$$

对应的特征根为

$$\begin{cases} \alpha_1 = -1 \\ \alpha_2 = -2 \end{cases}$$

根据式(2.4.5) 可得

$$r_{zi}(t) = C_1 \mathrm{e}^{-t} + C_2 \mathrm{e}^{-2t}$$

它的导数为

$$r'_{zi}(t) = -C_1 \mathrm{e}^{-t} - 2C_2 \mathrm{e}^{-2t}$$

将 $t = 0$ 代入以上两式,并考虑到起始条件,可得

$$r_{zi}(0) = C_1 + C_2 = 1$$
$$r'_{zi}(0) = -C_1 - 2C_2 = 2$$

对以上两式联立求得

$$\begin{cases} C_1 = 4 \\ C_2 = -3 \end{cases}$$

于是得

$$r_{zi}(t) = (4\mathrm{e}^{-t} - 3\mathrm{e}^{-2t}) u(t)$$

【例 2.4.2】　已知系统的微分方程为

$$\frac{\mathrm{d}^2 r(t)}{\mathrm{d}t^2} + 2 \frac{\mathrm{d}r(t)}{\mathrm{d}t} + 5r(t) = e(t)$$

起始条件为 $r_{zi}(0^-) = 1, r'_{zi}(0^-) = 7$,求其零输入响应。

解　系统微分方程的特征方程为

$$\alpha^2 + 2\alpha + 5 = 0$$

对应的特征根为

$$\begin{cases}\alpha_1 = -1 + j2 \\ \alpha_2 = -1 - j2\end{cases}$$

由式(2.4.5)可得

$$r_{zi}(t) = C_1 e^{(-1+j2)t} + C_2 e^{(-1-j2)t}$$

将各特征根及初始值代入式(2.4.3)得

$$r_{zi}(0) = C_1 + C_2 = 1$$
$$r'_{zi}(0) = (-1 + j2)C_1 + (-1 - j2)C_2 = 7$$

从而可解得

$$\begin{cases}C_1 = \dfrac{1}{2} - j2 \\ C_2 = \dfrac{1}{2} + j2\end{cases}$$

于是得

$$r_{zi}(t) = \left[\left(\frac{1}{2} - j2\right)e^{(-1+j2)t} + \left(\frac{1}{2} + j2\right)e^{(-1-j2)t}\right]u(t) = e^{-t}[\cos(2t) + 4\sin(2t)]u(t)$$

【例2.4.3】 如图2.4.1所示为 RLC 串联电路，设 $L = 1\,H, C = 1\,F, R = 2\,\Omega$，若激励电压源 $e(t)$ 为零，且电路的初始条件为：$(1)i(0) = 0, i'(0) = 1(A/s)$；$(2)i(0) = 0$，$v_C(0) = 10\,V$。

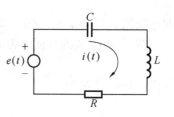

图2.4.1 RLC 串联电路

这里设压降 $v_C(t)$ 的正方向与电流的正方向一致，分别求上述两种初始条件时电路的零输入响应电流。

解 根据图2.4.1列写电路的微分方程式为

$$L\frac{di(t)}{dt} + Ri(t) + \frac{1}{C}\int_{-\infty}^t i(\tau)d\tau = e(t)$$

从而有

$$L\frac{d^2i(t)}{dt^2} + R\frac{di(t)}{dt} + \frac{1}{C}i(t) = \frac{de(t)}{dt}$$

将元件值代入，并利用 $e(t) = 0$，则齐次方程为

$$\frac{d^2i(t)}{dt^2} + 2\frac{di(t)}{dt} + i(t) = 0$$

对应的特征方程为

$$\alpha^2 + 2\alpha + 1 = 0$$

其特征根为 $\alpha_1 = \alpha_2 = -1$，为一个二重根，于是

$$i_{zi}(t) = C_1 e^{-t} + C_2 t e^{-t}$$

（1）初始条件 $i(0) = 0, i'(0) = 1$ (A/s) 的情况。

先求 $i(t)$ 的时间导数

$$i'_{zi}(t) = -C_1 e^{-t} + C_2 e^{-t} - C_2 t e^{-t}$$

将初始条件代入 $i(t)$ 和 $i'(t)$ 式，可得系数

$$\begin{cases} C_1 = 0 \\ C_2 = 1 \end{cases}$$

故得零输入响应电流为

$$i_{zi}(t) = te^{-t}u(t)$$

（2）初始条件 $i(0) = 0, v_C(0) = 10 \text{ V}$ 的情况。

可见已知条件中没有给出 $i'(0)$，而是给出 $v_C(0)$，所以为了计算系数 C，应当首先根据已知条件求出 $i'(0)$。

由于电路的微分方程可以写成

$$L \frac{\mathrm{d}i(t)}{\mathrm{d}t} + Ri(t) + v_C(t) = e(t)$$

代入 $e(t) = 0$ 和元件值，可得

$$i'(0) + 2i(0) + v_C(0) = 0$$

代入初始值 $i(0) = 0$，则得

$$i'(0) = - v_C(0) = - 10$$

由 $i(0)$ 和 $i'(0)$ 求得系数

$$\begin{cases} C_1 = 0 \\ C_2 = - 10 \end{cases}$$

最后得零输入响应的电流为

$$i_{zi}(t) = - 10te^{-t}u(t)$$

这里 $i(t)$ 为负值，表示电容放电电流的实际方向和图示方向相反。

2.5　系统的零状态响应

由信号分析部分得知：冲激信号和阶跃信号是两种典型信号，在信号的时域分析中通常被用作信号分解的基本单元信号。为了求得线性非时变系统的零状态响应，常用的方法是将激励信号分解为冲激信号或阶跃信号等基本信号的线性组合形式，并根据线性特性将这些基本信号分别通过系统，产生所谓的冲激响应或阶跃响应，最后基于叠加原理将各个冲激响应或阶跃响应取和即可得到原激励信号引起的总响应。这就是用卷积积分求零状态响应的基本原理。

作为求解系统零状态响应的关键环节，系统的冲激响应和阶跃响应在系统分析中起着至关重要的作用，为此，在介绍求解系统零状态响应之前，我们先对系统的冲激响应和阶跃响应重点介绍。

2.5.1　系统的冲激响应与阶跃响应

所谓单位冲激响应是以单位冲激信号 $\delta(t)$ 作为激励信号时，系统产生的零状态响应，或简称冲激响应，以 $h(t)$ 表示。而系统以单位阶跃信号 $u(t)$ 作为激励信号时，所产生的零状态响应称为单位阶跃响应，或简称阶跃响应，以 $g(t)$ 表示。

冲激响应 $h(t)$ 与阶跃响应 $g(t)$ 完全是由系统本身决定的，与外界因素无关，因此，$h(t)$ 和 $g(t)$ 是系统特性的时域表示，并且这两种响应之间必然存在着相互依存关系。

根据线性非时变系统的基本特性可知，若对系统施加激励信号 $e(t)$，得到响应信号

$r(t)$,则当系统施加激励信号

$$\lim_{\Delta t \to 0} \frac{e(t) - e(t - \Delta t)}{\Delta t}$$

将得到响应信号

$$\lim_{\Delta t \to 0} \frac{r(t) - r(t - \Delta t)}{\Delta t}$$

也就是说,当激励信号为$\dfrac{\mathrm{d}e(t)}{\mathrm{d}t}$时,响应信号为$\dfrac{\mathrm{d}r(t)}{\mathrm{d}t}$。由此可以得出结论:由于单位冲激函数是单位阶跃函数的导数,所以单位冲激响应应当是单位阶跃响应的导数,即

$$h(t) = \frac{\mathrm{d}g(t)}{\mathrm{d}t} \tag{2.5.1}$$

反过来,也可以得到单位阶跃响应是单位冲激响应的积分的结论。根据线性非时变系统的特性,如果给系统施加激励信号$\int_{0-}^{t} e(\tau)\mathrm{d}\tau$后,其响应信号将为$\int_{0-}^{t} r(\tau)\mathrm{d}\tau$。这里认为激励信号$e(t)$为一个有限信号,即当$t < 0$时函数值为零。考虑到在$t = 0$处,可能有奇异函数或其导数存在,故积分下限取为$0^-$。由此可以得出结论,由于阶跃函数是冲激函数的积分,所以阶跃响应应当是冲激响应的积分,即

$$g(t) = \int_{0-}^{t} h(\tau)\mathrm{d}\tau \tag{2.5.2}$$

由式(2.5.1)和式(2.5.2)可见,阶跃响应与冲激响应之间存在着简单的取导数或取积分的互求关系,两者之中只要知道一个,就可以求另一个。由于冲激响应对线性系统的分析更常使用,因此下面将主要讨论冲激响应的求法。

一般计算系统的单位冲激响应$h(t)$包括以下三个步骤。

1. 根据系统微分方程两端奇异函数平衡原理,确定$h(t)$中的冲激函数及其导数项

若已知系统的微分方程式为

$$a_n \frac{\mathrm{d}^n r(t)}{\mathrm{d}t^n} + a_{n-1} \frac{\mathrm{d}^{n-1} r(t)}{\mathrm{d}t^{n-1}} + \cdots + a_1 \frac{\mathrm{d}r(t)}{\mathrm{d}t} + a_0 r(t) =$$
$$b_m \frac{\mathrm{d}^m e(t)}{\mathrm{d}t^m} + b_{m-1} \frac{\mathrm{d}^{m-1} e(t)}{\mathrm{d}t^{m-1}} + \cdots + b_1 \frac{\mathrm{d}e(t)}{\mathrm{d}t} + b_0 e(t)$$

当$e(t) = \delta(t)$时,则$r(t) = h(t)$,因而上式变为

$$a_n \frac{\mathrm{d}^n h(t)}{\mathrm{d}t^n} + a_{n-1} \frac{\mathrm{d}^{n-1} h(t)}{\mathrm{d}t^{n-1}} + \cdots + a_1 \frac{\mathrm{d}h(t)}{\mathrm{d}t} + a_0 h(t) =$$
$$b_m \frac{\mathrm{d}^m \delta(t)}{\mathrm{d}t^m} + b_{m-1} \frac{\mathrm{d}^{m-1} \delta(t)}{\mathrm{d}t^{m-1}} + \cdots + b_1 \frac{\mathrm{d}\delta(t)}{\mathrm{d}t} + b_0 \delta(t) \tag{2.5.3}$$

式(2.5.3)右端是冲激函数和它的各阶导数,即各阶的奇异函数。左端是冲激响应$h(t)$和它的各阶导数。待求的$h(t)$函数式应保证式(2.5.3)左、右两端奇异函数相平衡。也就是说,当$m < n$时,方程式左端的$\dfrac{\mathrm{d}^n h(t)}{\mathrm{d}t^n}$项应包含冲激函数的$m$阶导数$\dfrac{\mathrm{d}^m \delta(t)}{\mathrm{d}t^m}$,以便与右端匹配,依次有$\dfrac{\mathrm{d}^{n-1} h(t)}{\mathrm{d}t^{n-1}}$项对应$\dfrac{\mathrm{d}^{m-1} \delta(t)}{\mathrm{d}t^{m-1}}$项等;若$n = m + 1$,则$\dfrac{\mathrm{d}h(t)}{\mathrm{d}t}$项对应于$\delta(t)$,而$h(t)$项将不包含$\delta(t)$及其各阶导数项;若$n = m$,则$h(t)$中包含$\delta(t)$项;当$m > n$时,$h(t)$中包含$\delta(t)$及其导数项。

2. 确定冲激响应 $h(t)$ 的函数形式

$\delta(t)$ 及其各阶导数在 $t > 0$ 时都等于零,于是式(2.5.3)右端在 $t > 0$ 时恒等于零,因此冲激响应 $h(t)$ 应与零输入响应具有相同的形式。

对于特征方程只包括单根的情况:

当 $m < n$ 时

$$h(t) = \sum_{i=1}^{n} K_i e^{\alpha_i t} u(t) \tag{2.5.4}$$

当 $m \geqslant n$(例如 $m = n + 1$)时

$$h(t) = \sum_{i=1}^{n} K_i e^{\alpha_i t} u(t) + K_{n+1}\delta(t) + K_{n+2}\delta'(t) \tag{2.5.5}$$

对于 $m < n$ 特征方程包括重根的情况:

设 α_1 是 K 重根,其余 $n - K$ 个 $\alpha_{K+1}, \cdots, \alpha_n$ 都是单根,则系统的冲激响应为

$$h(t) = \sum_{i=1}^{K} K_i t^{i-1} e^{\alpha_i t} u(t) + \sum_{i=K+1}^{n} K_i e^{\alpha_i t} u(t) \tag{2.5.6}$$

上述结果表明,$\delta(t)$ 信号的加入,引起了系统能量的储存,而在 $t = 0^+$ 以后,系统的外加激励不复存在,只有冲激 $\delta(t)$ 引入的能量起作用,即把冲激信号源转换为非零的起始条件,故此响应形式必然与零输入响应相同。

3. 确定 $h(t)$ 表达式中各系数 K_i

先将 $\delta(t)$ 代入式(2.5.3)右端得 $\delta(t)$ 及其各次导数项,再将 $h(t)$ 函数式代入式(2.5.3)左端,得 $\delta(t)$ 及其各次导数项。令左右两端对应项系数相等,可列出 n 个代数方程,联立求解代数方程,即可求得系数 K_i。

【例2.5.1】 设系统的微分方程式为

$$\frac{\mathrm{d}^2 r(t)}{\mathrm{d}t^2} + 4\frac{\mathrm{d}r(t)}{\mathrm{d}t} + 3r(t) = \frac{\mathrm{d}e(t)}{\mathrm{d}t} + 2e(t)$$

试求其冲激响应。

解 系统的特征方程为

$$\alpha^2 + 4\alpha + 3 = 0$$
$$(\alpha + 1)(\alpha + 3) = 0$$

所对应的特征根为

$$\begin{cases} \alpha_1 = -1 \\ \alpha_2 = -3 \end{cases}$$

则系统的冲激响应为

$$h(t) = (K_1 e^{-t} + K_2 e^{-3t})u(t)$$

对 $h(t)$ 求导数得

$$\frac{\mathrm{d}h(t)}{\mathrm{d}t} = (K_1 + K_2)\delta(t) + (-K_1 e^{-t} - 3K_2 e^{-3t})u(t)$$

$$\frac{\mathrm{d}^2 h(t)}{\mathrm{d}t^2} = (K_1 + K_2)\delta'(t) + (-K_1 - 3K_2)\delta(t) + (K_1 e^{-t} + 9K_2 e^{-3t})u(t)$$

将 $r(t) = h(t)$、$e(t) = \delta(t)$ 代入给定的微分方程,其左端得到

$$(K_1 + K_2)\delta'(t) + (-K_1 - 3K_2)\delta(t) + (K_1 e^{-t} + 9K_2 e^{-3t})u(t) +$$
$$4[(K_1 + K_2)\delta(t) + (-K_1 e^{-t} - 3K_2 e^{-3t})u(t)] + 3[(K_1 e^{-t} + K_2 e^{-3t})u(t)] =$$
$$(K_1 + K_2)\delta'(t) + (3K_1 + K_2)\delta(t)$$

其右端得 $\delta'(t) + 2\delta(t)$,令左、右两端 $\delta'(t)$ 及 $\delta(t)$ 等项系数对应相等,则得到

$$\begin{cases} K_1 + K_2 = 1 \\ 3K_1 + K_2 = 2 \end{cases}$$

解之,得

$$\begin{cases} K_1 = \dfrac{1}{2} \\ K_2 = \dfrac{1}{2} \end{cases}$$

则系统冲激响应表达式为

$$h(t) = \frac{1}{2}(e^{-t} + e^{-3t})u(t)$$

【例 2.5.2】 已知 RC 串联电路如图 2.5.1 所示,其初始状态为零,激励电压 $e(t) = \delta(t)$,求响应电流 $i(t)$。

解 由图 2.5.1 得电路的微分方程为

$$Ri(t) + \frac{1}{C}\int_{-\infty}^{t} i(\tau)\,d\tau = e(t)$$

将方程两边微分,得

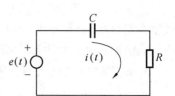

图 2.5.1 RC 串联电路

$$\frac{di(t)}{dt} + \frac{1}{RC}i(t) = \frac{1}{R}\frac{de(t)}{dt}$$

若 $e(t) = \delta(t)$,则 $i(t) = h(t)$

$$\frac{dh(t)}{dt} + \frac{1}{RC}h(t) = \frac{1}{R}\frac{d\delta(t)}{dt}$$

而对应的特征根为 $\alpha = -\dfrac{1}{RC}$。

由于方程等式两端的最高阶次相同,即 $m = n$,则 $\dfrac{dh(t)}{dt}$ 对应 $\dfrac{d\delta(t)}{dt}$ 项,故 $h(t)$ 中必包含 $\delta(t)$ 项,所以响应电流的表达式为

$$h(t) = K_1 \delta(t) + K_2 e^{-\frac{t}{RC}}u(t)$$

对 $h(t)$ 求导数

$$\frac{dh(t)}{dt} = K_1 \delta'(t) + K_2 \delta(t) - \frac{K_2}{RC}e^{-\frac{t}{RC}}u(t)$$

将 $h(t)$ 和 $h'(t)$ 代入微分方程左端,得

$$K_1 \delta'(t) + K_2 \delta(t) - \frac{K_2}{RC}e^{-\frac{t}{RC}}u(t) + \frac{K_1}{RC}\delta(t) + \frac{K_2}{RC}e^{-\frac{t}{RC}}u(t) = K_1 \delta'(t) + \left(\frac{K_1}{RC} + K_2\right)\delta(t)$$

其右端得 $\dfrac{1}{R}\delta'(t)$,根据方程两端奇异函数项平衡的原理,令两端 $\delta'(t)$ 和 $\delta(t)$ 项系数相等,则有

$$\begin{cases} K_1 = \dfrac{1}{R} \\[3mm] \dfrac{K_1}{RC} + K_2 = 0 \end{cases}$$

解之,得

$$\begin{cases} K_1 = \dfrac{1}{R} \\[3mm] K_2 = -\dfrac{1}{R^2 C} \end{cases}$$

所以电路的冲激响应电流为

$$i(t) = h(t) = \frac{1}{R}\delta(t) - \frac{1}{R^2 C}e^{-\frac{t}{RC}}u(t)$$

【例 2.5.3】　已知系统的微分方程为

$$\frac{\mathrm{d}^2 r(t)}{\mathrm{d}t^2} + 4\frac{\mathrm{d}r(t)}{\mathrm{d}t} + 4r(t) = e(t)$$

求系统的冲激响应。

解　系统的特征方程为

$$\alpha^2 + 4\alpha + 4 = 0$$
$$(\alpha + 2)^2 = 0$$

对应的特征根 $\alpha_1 = \alpha_2 = -2$,为一个二重根。所以根据式(2.5.6)可知系统的冲激响应为

$$h(t) = K_1 e^{-2t}u(t) + K_2 t e^{-2t}u(t)$$

对 $h(t)$ 求一阶导数

$$\frac{\mathrm{d}h(t)}{\mathrm{d}t} = K_1\delta(t) - 2K_1 e^{-2t}u(t) + K_2 e^{-2t}u(t) + K_2 t e^{-2t}\delta(t) - 2K_2 t e^{-2t}u(t) =$$
$$K_1\delta(t) - (2K_1 - K_2)e^{-2t}u(t) - 2K_2 t e^{-2t}u(t)$$

求二阶导数

$$\frac{\mathrm{d}^2 h(t)}{\mathrm{d}t^2} = K_1\delta'(t) - (2K_1 - K_2)\delta(t) + 2(2K_1 - K_2)e^{-2t}u(t) -$$
$$2K_2 t e^{-2t}u(t) - 2K_2 t e^{-2t}\delta(t) + 4K_2 t e^{-2t}u(t) =$$
$$K_1\delta'(t) - (2K_1 - K_2)\delta(t) + 4(K_1 - K_2)e^{-2t}u(t) + 4K_2 t e^{-2t}u(t)$$

将 $h(t)$、$h'(t)$ 及 $h''(t)$ 代入微分方程左边,得

$$K_1\delta'(t) - (2K_1 - K_2)\delta(t) + 4(K_1 - K_2)e^{-2t}u(t) + 4K_2 t e^{-2t}u(t) +$$
$$4[K_1\delta(t) - (2K_1 - K_2)e^{-2t}u(t) - 2K_2 t e^{-2t}u(t)] +$$
$$4[K_1 e^{-2t}u(t) + K_2 t e^{-2t}u(t)] =$$
$$K_1\delta'(t) + (2K_1 + K_2)\delta(t)$$

方程右端为 $\delta(t)$,令左、右两端 $\delta'(t)$ 及 $\delta(t)$ 项系数相等,则得

$$\begin{cases} K_1 = 0 \\ K_2 = 1 \end{cases}$$

所以系统的冲激响应为

$$h(t) = t e^{-2t}u(t)$$

从以上的讨论中可以看出,利用方程式两端奇异函数平衡的方法求取系统冲激响应是

比较麻烦的,特别是在方程阶次较高时,更是如此。在第4章将会看到,求冲激响应的一种简便、实用的方法,即拉普拉斯变换的方法。

2.5.2　零状态响应的求解

我们说过,卷积积分方法是连续系统时域分析的一个重要方法。该方法就是将激励信号看作冲激信号之和,然后借助系统的冲激响应来求解系统对任意激励信号的零状态响应。下面介绍如何用卷积积分的方法来求解系统的零状态响应。

由信号分解中的式(2.2.3)可知,任意激励信号 $e(t)$ 可以近似表示为冲激函数的线性组合,即

$$e(t) \approx \sum_{k=0}^{\infty} e(k\Delta t)\Delta t\delta(t - k\Delta t) \tag{2.5.7}$$

式中　　$e(k\Delta t)\Delta t$——冲激函数的冲激强度。

如果系统对冲激函数 $\delta(t)$ 的响应为 $h(t)$,则根据线性非时变系统的基本特性可知,系统对激励信号 $e(t)$ 的响应 $r(t)$,可用各冲激函数响应的线性组合来近似表示,即

$$r(t) \approx \sum_{k=0}^{\infty} e(k\Delta t)\Delta t h(t - k\Delta t) \tag{2.5.8}$$

此过程如图2.5.2所示,其中图2.5.2(a)表达式(2.5.7)中激励信号 $e(t)$ 分解为冲激函数的组合;图2.5.2(b)表示第 k 个冲激函数引起的响应分量 $e(k\Delta t)\Delta t h(t - k\Delta t)$;图2.5.2(c)表示各冲激函数分别引起的响应分量叠加而产生总响应 $r(t)$。

当时间间隔 Δt 趋于无穷小时,Δt 将以微分变量 $\mathrm{d}\tau$ 表示,不连续的时间变量 $k\Delta t$ 将用连续的时间变量 τ 表示,式(2.5.7)和式(2.5.8)的近似求和等式将变成精确的积分等式

$$e(t) = \int_{0^-}^{\infty} e(\tau)\delta(t - \tau)\mathrm{d}\tau \tag{2.5.9}$$

$$r(t) = \int_{0^-}^{\infty} e(\tau)h(t - \tau)\mathrm{d}\tau \tag{2.5.10}$$

式(2.5.10)的积分运算就是卷积积分,表示为

$$r(t) = e(t) * h(t)$$

可见如果已知系统的冲激响应 $h(t)$ 以及激励信号 $e(t)$,应用卷积积分即可求得系统的零状态响应 $r_{zs}(t)$。值得注意的是,这里的积分限取 0^-。

仔细观察式(2.5.10)可以发现它包含有三个时间变量:τ、t 和 $t - \tau$,它们各有不同的含意,其中 τ 表示激励信号加入的时刻;t 表示响应输出的时刻;$t - \tau$ 是输出与输入的时间差,表示系统的记忆时间。

在以上的讨论中,我们把卷积积分的应用限于线性非时变系统。对于非线性系统,由于违反叠加原理,而不能应用;对于线性时变系统,则仍可借助卷积求零状态响应。但应注意,由于系统的时变特性,冲激响应是两个变量的函数,这两个参量是:激励加入时间 τ 和响应观测时间 t,因此冲激响应的表达式为 $h(t,\tau)$,求零状态响应的卷积积分为

$$r(t) = \int_{0^-}^{t} e(\tau)h(t,\tau)\mathrm{d}\tau \tag{2.5.11}$$

前面研究的非时变系统仅仅是时变系统的一个特例,对于非时变系统冲激响应由观测时刻与激励接入时刻的差值决定,于是式(2.5.11)中的 $h(t,\tau)$ 简化为 $h(t - \tau)$,即式(2.5.10)的结果。

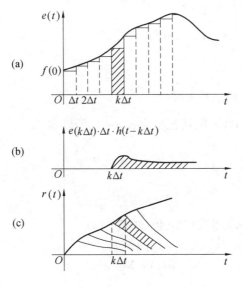

图 2.5.2 零状态响应求解示意

此外,计算系统的零状态响应时,除了使用系统的冲激响应 $h(t)$ 外,还可以使用系统的阶跃响应 $g(t)$,其计算公式为

$$r_{zs}(t) = e(0)g(t) + \int_0^t e'(\tau)g(t-\tau)\mathrm{d}\tau = e(0)g(t) + e'(t) * g(t) \quad (2.5.12)$$

式(2.5.12)称为**杜阿美尔积分**。实际上,这也是卷积积分的一种形式,只不过这里多了一项 $e(0)g(t)$,二者没有本质区别。

2.5.3 系统的全响应

根据本节和上一节的分析,系统的零输入响应分量和零状态响应分量组成系统的全响应

$$r(t) = r_{zi}(t) + r_{zs}(t) = \sum_{i=1}^n C_i \mathrm{e}^{\alpha_i t} + \sum_{i=1}^n K_i \mathrm{e}^{\alpha_i t} u(t) * e(t) \quad (2.5.13)$$

这就是系统特征方程无重根时,计算系统响应的一般公式。当特征方程有重根时,式(2.5.13)中的有关项将具有式(2.4.9)的形式。

最后,值得进一步补充说明的是:关于系统的线性和非时变特性,在建立了系统的零输入响应和零状态响应的概念之后,需要分别讨论,也就是分为零输入线性和零状态线性。具体解释为,对于外加激励信号 $e(t)$ 和相应的响应 $r(t)$,若系统的起始状态 $t = 0^-$ 为零,此时系统只有零状态响应 $r_{zs}(t)$,即 $r(t) = r_{zs}(t)$,则用常系数线性微分方程描述的系统是线性的和非时变的。如果起始状态不为零,零输入响应 $r_{zi}(t)$ 的存在,将导致系统响应 $r(t)$ 对外加激励 $e(t)$ 不满足叠加性和均匀性,也不满足非时变性,因此是非线性时变系统。同时由于零输入分量的存在,响应的变化不可能只发生在激励变化之后,因而系统也是非因果的。也就是说,此时的系统只有在起始状态为零的条件下,系统才是线性非时变的,而且也是因果的,这就是零状态线性。另一方面,单独对零输入响应 $r_{zi}(t)$ 而言,系统也满足叠加性和均匀性,因而定义为零输入线性。

【**例 2.5.4**】 已知 RC 电路如图 2.5.3 所示,$R = 1\ \Omega$,$C = 1$ F,激励电压 $e(t) = (1 + \mathrm{e}^{-3t})u(t)$,电容上的初始电压为 $v_c(0) = 2$ V,求电容上响应电压 $v_c(t)$。

解 根据已知列系统微分方程

$$RC\frac{\mathrm{d}v_C(t)}{\mathrm{d}t} + v_C(t) = e(t)$$

代入元件值

$$\frac{\mathrm{d}v_C(t)}{\mathrm{d}t} + v_C(t) = e(t)$$

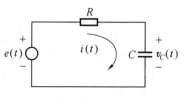

图 2.5.3 RC 电路

对应的特征方程为 $\alpha + 1 = 0$,特征根为 $\alpha = -1$,所以零输入响应为

$$v_{Czi}(t) = Ce^{-t}u(t)$$

代入初始条件可得 $C = 2$,故

$$v_{Czi}(t) = 2e^{-t}u(t)$$

为求系统零状态响应,必须求得系统的冲激响应 $h(t)$。

由特征根 $\alpha = -1$,可得

$$h(t) = Ke^{-t}u(t)$$

求其一阶导数

$$h'(t) = Ke^{-t}\delta(t) - Ke^{-t}u(t) = K\delta(t) - Ke^{-t}u(t)$$

将 $h(t)$ 和 $h'(t)$ 代入微分方程左端得

$$K\delta(t) - Ke^{-t}u(t) + Ke^{-t}u(t) = K\delta(t)$$

方程右端为 $\delta(t)$,所以根据方程的平衡条件,得 $K = 1$,故

$$h(t) = e^{-t}u(t)$$

系统的零状态响应电压为

$$v_{Czs}(t) = e(t) * h(t) = (1 + e^{-3t})u(t) * e^{-t}u(t) = \int_0^t (1 + e^{-3\tau})e^{-(t-\tau)}\mathrm{d}\tau \, u(t) =$$

$$\left(1 - \frac{1}{2}e^{-t} - \frac{1}{2}e^{-3t}\right)u(t)$$

全响应为

$$v_C(t) = v_{Czi}(t) + v_{Czs}(t) = \underbrace{2e^{-t}u(t)}_{\text{零输入响应}} + \underbrace{\left(1 - \frac{1}{2}e^{-t} - \frac{1}{2}e^{-3t}\right)u(t)}_{\text{零状态响应}} =$$

$$\underbrace{\frac{3}{2}e^{-t}u(t)}_{\text{自由响应}} + \underbrace{\left(1 - \frac{1}{2}e^{-3t}\right)u(t)}_{\text{强迫响应}} = \underbrace{\left(\frac{3}{2}e^{-t} - \frac{1}{2}e^{-3t}\right)u(t)}_{\text{暂态响应}} + \underbrace{u(t)}_{\text{稳态响应}}$$

2.6 线性系统的时域模拟

为了分析线性系统的特性,我们研究了信号与系统的时域分析方法。主要是建立系统的数学模型——微分方程和求解这些方程。这样能够把一个具体的物理系统进行数学描述和分析,在理论上是很重要的。但在实际应用中,有时也需要对一些系统进行实验室模拟。通过观察模拟实验,了解系统参数或输入信号改变时对系统输出响应变化的影响,从而便于确定最佳的系统参数和工作条件。

本节的系统模拟,并不是在实验室内仿制真实系统,而是指数学意义上的模拟,或者说,所用的模拟装置与原系统在输入输出的关系上可以用同样的数学模型来描述。

对于连续系统的模拟,通常是由三种基本运算器组成:加法器、标量乘法器和积分器。其中加法器和标量乘法器如图 2.6.1 所示。图中仅标有时间域的运算关系,此外还可标有复频域的运算关系(将在第 4 章介绍),二者是完全等效的。

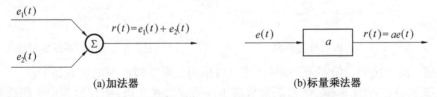

(a)加法器　　　　　　　　　　　　　　　　　(b)标量乘法器

图 2.6.1　加法器和标量乘法器

积分器是模拟微分方程运算过程的核心运算器。在初始条件为零时,积分器输出信号与输入信号之间的关系为

$$r(t) = \int_0^t e(\tau)\mathrm{d}\tau$$

若初始条件不为 0,则为

$$r(t) = \int_{-\infty}^t e(\tau)\mathrm{d}\tau = \int_{-\infty}^0 e(\tau)\mathrm{d}\tau + \int_0^t e(\tau)\mathrm{d}\tau = r(0) + \int_0^t e(\tau)\mathrm{d}\tau$$

以上两种情况的积分器如图 2.6.2 所示。

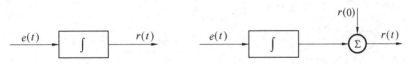

图 2.6.2　积分器

模拟一个系统的微分方程不用微分器而用积分器。这是由于积分器对信号起"平滑"作用,甚至对短时间内信号的剧烈变化也不敏感,而微分器将会使信号"锐化",因而积分器的抗干扰性能比微分器好,运算精度比微分器高。

以上三种运算功能都可以在计算机上实现。

考虑一阶微分方程的模拟。设一阶微分方程为

$$r'(t) + a_0 r(t) = e(t)$$

可以写为

$$r'(t) = e(t) - a_0 r(t)$$

由上式中的几个量可以初步分析得到:

①$r(t)$ 和 $r'(t)$ 之间经过积分器的运算,即 $r'(t)$ 经过积分器得到 $r(t)$;

②$r(t)$ 经过标量乘法器得到 $- a_0 r(t)$;

③$e(t)$ 和 $- a_0 r(t)$ 经过加法器得到 $r'(t)$。

因此这样一个过程可以用一个积分器、一个标量乘法器和一个加法器连成的结构来模拟,如图 2.6.3 所示。

对于二阶系统的微分方程

$$r''(t) + a_1 r'(t) + a_0 r(t) = e(t)$$

可以写成

$$r''(t) = e(t) - a_1 r'(t) - a_0 r(t)$$

构成如图 2.6.4 所示的模拟图。

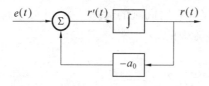
图 2.6.3　一阶系统的模拟

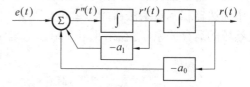
图 2.6.4　二阶系统的模拟

根据一阶系统和二阶系统的模拟,可以得出构成系统模拟图的规则如下:

① 把微分方程输出函数的最高阶导数项保留在等式左边,把其他各项一起移到等式右边;

② 将最高阶导数作为第一个积分器的输入,其输出作为第二个积分器的输入,以后每经过一个积分器,输出函数的导数阶数就降低一阶,直到获得输出函数为止;

③ 把各个阶数降低了的导函数及输出函数分别通过各自的标量乘法器,共同送到第一个积分器前的加法器与输入函数相加,加法器的输出就是最高阶导数。这就构成了一个完整的系统模拟图。

应用以上原则,可以很容易地把一个 n 阶微分方程

$$r^{(n)}(t) + a_{n-1}r^{(n-1)}(t) + \cdots + a_1 r'(t) + a_0 r(t) = e(t) \tag{2.6.1}$$

描述的 n 阶系统由图 2.6.5 的结构来模拟。

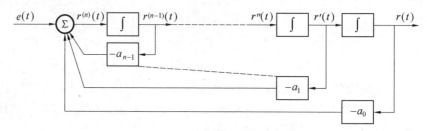

图 2.6.5　n 阶系统的模拟

考虑更一般的情况,即微分方程右边含有输入函数导数的情况。例如二阶微分方程

$$r''(t) + a_1 r'(t) + a_0 r(t) = b_1 e'(t) + b_0 e(t) \tag{2.6.2}$$

对于这种系统的模拟,需要引入一个辅助函数 $q(t)$,使其满足条件

$$q''(t) + a_1 q'(t) + a_0 q(t) = e(t) \tag{2.6.3}$$

将式(2.6.3)代入式(2.6.2),可得

$$\begin{aligned}
r''(t) + a_1 r'(t) + a_0 r(t) &= b_1 [q''(t) + a_1 q'(t) + a_0 q(t)]' + \\
&\quad b_0 [q''(t) + a_1 q'(t) + a_0 q(t)] = \\
&\quad [b_1 q'(t) + b_0 q(t)]'' + a_1 [b_1 q'(t) + b_0 q(t)]' + \\
&\quad a_0 [b_1 q'(t) + b_0 q(t)]
\end{aligned}$$

由此可见

$$r(t) = b_1 q'(t) + b_0 q(t) \tag{2.6.4}$$

这样,式(2.6.2)就可以用式(2.6.3)和式(2.6.4)来等效表示,于是得出图 2.6.6 所示的系统模拟图。

对于一般的 n 阶系统的微分方程

$$r^{(n)}(t) + a_{n-1}r^{(n-1)}(t) + \cdots + a_1 r'(t) + a_0 r(t) =$$
$$b_m e^{(m)}(t) + b_{m-1}e^{(m-1)}(t) + \cdots + b_1 e'(t) + b_0 e(t)$$

设式中 $m = n - 1$，则其系统模拟图的结构如图 2.6.7 所示。

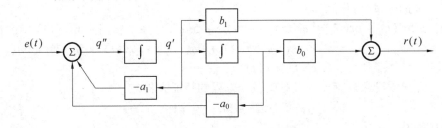

图 2.6.6　标准二阶系统的模拟

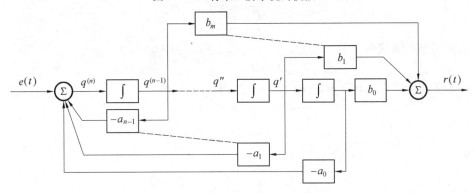

图 2.6.7　标准 n 阶系统的模拟

【例 2.6.1】　已知连续时间线性非时变系统的模拟框图如图 2.6.8 所示。试求：

（1）列写系统的输入 – 输出微分方程；

（2）当系统的初始状态 $r(0^-) = 1$，$r'(0^-) = 2$，激励信号 $e(t) = u(t)$ 时，求系统的完全响应，并指出其中的零输入响应、零状态响应、自由响应和强迫响应分量。

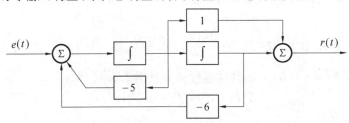

图 2.6.8　线性非时变系统的模拟框图

解　（1）列写系统的输入 – 输出方程可以从两个角度考虑。

① 根据标准系统模型直接列出

$$\frac{\mathrm{d}^2 r(t)}{\mathrm{d}t^2} + 5\frac{\mathrm{d}r(t)}{\mathrm{d}t} + 6r(t) = \frac{\mathrm{d}e(t)}{\mathrm{d}t} + e(t)$$

② 通过设辅助变量列出，设系统加法器的输出 $q''(t)$ 为

$$q''(t) = e(t) - 5q'(t) - 6q(t)$$
$$r(t) = q'(t) + q(t)$$

由以上两式可求得

$$q''(t) + 5q'(t) + 6q(t) = e(t)$$
$$r'(t) = q''(t) + q'(t)$$
$$r''(t) = q'''(t) + q''(t)$$

为了消去辅助变量,可化简为

$$r''(t) + 5r'(t) + 6r(t) = [q'''(t) + q''(t)] + 5[q''(t) + q'(t)] + 6[q'(t) + q(t)] =$$
$$[q''(t) + 5q'(t) + 6q(t)]' + [q''(t) + 5q'(t) + 6q(t)] =$$
$$e'(t) + e(t)$$

（2）先求零输入响应 $r_{zi}(t)$,对应微分方程的特征方程

$$\alpha^2 + 5\alpha + 6 = 0$$

对应的特征根为

$$\begin{cases} \alpha_1 = -2 \\ \alpha_2 = -3 \end{cases}$$

则系统的零输入响应为

$$r_{zi}(t) = C_1 e^{-2t} + C_2 e^{-3t}$$

代入系统的初始状态 $r(0^-) = 1$ 和 $r'(0^-) = 2$,得

$$\begin{cases} r(0^-) = C_1 + C_2 = 1 \\ r'(0^-) = -2C_1 - 3C_2 = 2 \end{cases}$$

解得

$$\begin{cases} C_1 = 5 \\ C_2 = -4 \end{cases}$$

则

$$r_{zi}(t) = (5e^{-2t} - 4e^{-3t})u(t)$$

再求零状态响应 $r_{zs}(t)$,为此必须先求单位冲激响应 $h(t)$。此时

$$\frac{d^2 h(t)}{dt^2} + 5\frac{dh(t)}{dt} + 6h(t) = \frac{d\delta(t)}{dt} + \delta(t)$$

根据前面的定义,单位冲激响应与零输入响应应具有相同的函数形式,可得

$$h(t) = (K_1 e^{-2t} + K_2 e^{-3t})u(t)$$

为了确定系数 K_1 和 K_2,需要计算 $\dfrac{d^2 h(t)}{dt^2}$ 和 $\dfrac{dh(t)}{dt}$,并与 $h(t)$ 一起代入方程,通过奇异函数平衡法得系数 $K_1 = -1$、$K_2 = 2$,具体过程请参见例 2.5.1。则得

$$h(t) = (-e^{-2t} + 2e^{-3t})u(t)$$

系统的零状态响应为

$$r_{zs}(t) = h(t) * e(t) = [(-e^{-2t} + 2e^{-3t})u(t)] * u(t) = \left(\frac{1}{6} + \frac{1}{2}e^{-2t} - \frac{2}{3}e^{-3t}\right)u(t)$$

系统的全响应为

$$r(t) = r_{zi}(t) + r_{zs}(t) = \underbrace{(5e^{-2t} - 4e^{-3t})u(t)}_{\text{零输入响应}} + \underbrace{\left(\frac{1}{6} + \frac{1}{2}e^{-2t} - \frac{2}{3}e^{-3t}\right)u(t)}_{\text{零状态响应}} =$$

$$\underbrace{\left(\frac{11}{2}e^{-2t} - \frac{14}{3}e^{-3t}\right)u(t)}_{\text{自由响应}} + \underbrace{\frac{1}{6}u(t)}_{\text{强迫响应}} =$$

$$\left(\frac{1}{6} + \frac{11}{2}e^{-2t} - \frac{14}{3}e^{-3t}\right)u(t)$$

2.7　系统响应的计算机求解

在计算系统的零状态响应时,卷积积分不仅可以通过直接积分或查卷积表求解,而且还可以用数值计算方法求得。另外,实际应用中,进行卷积运算的两个函数有时可能是复杂函数,不能用简单函数模型来表示。两个函数有时也可能是一组测试的数据或一条曲线。此时,进行解析运算就会遇到困难,甚至无法计算,而用近似的数值计算方法就可以顺利进行;同时,数值计算方法还便于计算机实现。

我们以图 2.7.1 所示两个函数 $e(t)$ 和 $h(t)$ 的卷积过程来说明数值计算方法的过程。

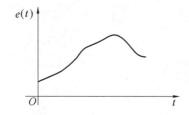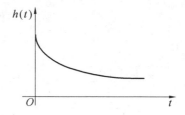

图 2.7.1　两卷积信号

为了进行卷积运算,首先要把两个函数的变量 t 置换为 τ,然后将两个函数之一的 $h(\tau)$ 进行翻转和自左向右的平移,并作相乘运算 $e(\tau)h(t-\tau)$。

作近似计算是要将连续曲线 $e(\tau)$ 和 $h(\tau)$ 分解成若干个宽度为 T 的矩形脉冲。这些脉冲顶端连线呈阶梯形,这就是原函数 $e(\tau)$ 和 $h(-\tau)$ 的近似函数,以 $e_a(\tau)$ 和 $h_a(-\tau)$ 表示,如图 2.7.2(a) 所示。$h_a(-\tau)$ 自左向右移动,并在 T 的整数倍的位置上计算 $e_a(\tau)$ 和 $h_a(nT-\tau)$ 对应项乘积之和。例如在图 2.7.2(a) 中,在 $t=0$ 时,由于 $e_a(\tau)$ 和 $h_a(-\tau)$ 在 τ 轴上没有重叠部分,所以 $e_a(\tau)$ 和 $h_a(-\tau)$ 的乘积等于零,卷积值为零。在图 2.7.2(b) 中,当 $t=T$ 时,在间隔 $0<\tau<T$ 内,$e_a(\tau)=e_0$,$h_a(T-\tau)=h_1$,原来的积分 $r(t)=\int_0^t e(\tau)\cdot h(t-\tau)\mathrm{d}\tau$ 近似地用一块矩形面积 Te_0h_1 来近似,这时的卷积结果为 $r_a(T)=Te_0h_1$。在图 2.7.2(c) 中,当 $t=2T$ 时,在间隔 $0<\tau<T$ 内,$e_a(\tau)=e_0$,$h_a(2T-\tau)=h_2$,在间隔 $T<\tau<2T$ 内,$e_a(\tau)=e_1$,$h_a(2T-\tau)=h_1$,于是积分 $r(t)=\int_0^{2T} e(\tau)h(t-\tau)\mathrm{d}\tau$ 就近似地用两块矩形面积之和 $r_a(2T)=Te_0h_2+Te_1h_1$ 来近似。依此类推,翻转的曲线每向右移动一个间隔 T,就把相重叠的各对应的 e 和 h 值相乘、取和并乘以 T,即得到对时间 t 的卷积积分的近似值。

为了简化起见,可使用两个列表代替两条曲线,如图 2.7.2 的下部标示。在上面列表的每一间隔内,顺次写上 $t=0,T,2T,\cdots$ 时的 $e_a(\tau)$ 的值 $e_0,e_1,e_2,\cdots$;在下面列表上按相同间隔,然而是相反的次序写上 $t=T,2T,3T,\cdots$ 时的 $h_a(-\tau)$ 的值 $h_1,h_2,h_3,\cdots$。然后将下面的列表自左向右移动,其过程和使用曲线移动时完全相同。按此方法可得卷积积分的近似值,即

$$\begin{cases} r_a(0)=0 \\ r_a(T)=Te_0h_1 \\ r_a(2T)=T(e_0h_2+e_1h_1) \\ r_a(3T)=T(e_0h_3+e_1h_2+e_2h_1) \\ \quad\vdots \end{cases} \tag{2.7.1}$$

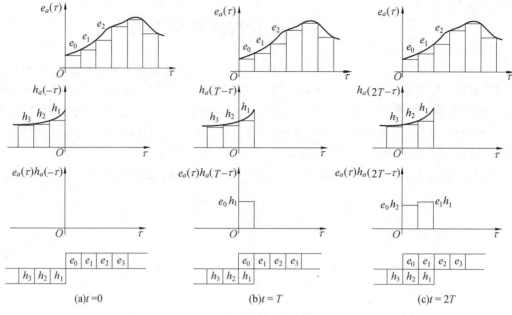

图 2.7.2　卷积的数值计算

该过程可以推广到一般情况，即 $t = nT$ 时

$$r_a(nT) = T \sum_{k=1}^{n} e_{n-k} h_k \qquad (2.7.2)$$

式（2.7.2）导出的条件是 $e(t)$ 和 $h(t)$ 两个函数在 $t < 0$ 时的函数值均为零的有始信号；否则，k 值的取值范围应为 $-\infty$ 到 $+\infty$，即

$$r_a(nT) = T \sum_{k=-\infty}^{+\infty} e_{n-k} h_k \qquad (2.7.3)$$

这里还需要指出一点，即在图 2.7.2 中，$e_a(t)$ 的第一个阶梯值取 $e(0)$，$h_a(t)$ 的第一个阶梯值取 $h(T)$ 而不取 $h(0)$。这是因为，当 $e_a(t)$ 的第一个阶梯值取 $e(0)$ 时，整个 $e_a(t)$ 曲线平均比 $e(t)$ 曲线延迟了 $T/2$，$h_a(t)$ 的第一个阶梯值取 $h(T)$ 时，整个 $h_a(t)$ 曲线平均比 $h(t)$ 曲线超前 $T/2$。这样取值进行计算时，误差可以部分抵消。但是，这种近似计算的误差总是不可避免的。通过减小 T 值，可以使误差减小。实际应用中，这种计算可以在计算机上进行，不但 T 值可以取小，还可以借助各种数值积分方法减小计算误差。

2.8　本章小结

本章从时域的角度介绍了信号与系统的分析方法。首先为了使信号分析简单化，介绍了信号的基本运算或变形，并基于线性叠加原理，重点介绍了任意信号分解成冲激函数和阶跃函数和的分解方法，这是信号分析的重点，也是进一步系统分析的重要基础和基本出发点。其次建立了连续时间系统的数学模型（微分方程）的概念，并从经典方法入手，介绍了微分方程的齐次解和特解的求解方法，需要转换观念的是，它们分别是系统分析中的自由响应和强迫响应，要求把抽象的数学概念向物理概念过渡。再次，重点介绍了系统响应的近代解法 —— 零输入响应和零状态响应。零输入响应只考虑系统的初始状态，通常由 0^- 决定，而不需要考虑系统的激励;零状态响应不需要考虑初始状态,而只考虑系统的激励,特别是把卷积积分的概念引入到求解系统零状态响应的过程中来,大大简化了系统响应的求解方法。最后从应用的角度,介绍了线性系统的模拟和系统响应的数值计算,为系统的应用仿真和计算机数字化实现奠定了基础。

值得注意的是,无论是自由响应和强迫响应,还是零输入响应和零状态响应,它们的共同出发点都是把系统的总响应分解成分量响应之和的形式来考虑。不同的是主要体现在自由响应和零输入响应、强迫响应和零状态响应考虑的时间参考点不同,导致在确定其系数时的不同。具体来讲就是,确定自由响应的系数时考虑的是 0^+,而确定系统的零输入响应的系数时考虑的是 0^-。一般系统往往给定 0^- 时的状态,这样在计算系统自由响应时,需要把系统的 0^- 转换为 0^+。如果在 $t=0$ 加入信号时系统发生跳变,即 $0^+ \neq 0^-$,则自由响应中除了包含初始状态产生的成分外,还包含系统激励产生的成分。如果在 $t=0$ 加入信号时系统不发生跳变,即 $0^+ = 0^-$,则此时在形式上自由响应等于零输入响应,强迫响应等于零状态响应。

系统各种响应分量之间的关系如图 2.8.1 所示。

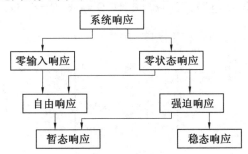

图 2.8.1 系统各种响应分量之间的关系

习 题

2.1 已知系统微分方程和初始条件,试求每种情况下的零输入响应。

1. $\dfrac{\mathrm{d}^2 r(t)}{\mathrm{d}t^2} + 2\dfrac{\mathrm{d}r(t)}{\mathrm{d}t} + 2r(t) = 0, r(0^-) = 1, r'(0^-) = 2$

2. $\dfrac{\mathrm{d}^3 r(t)}{\mathrm{d}t^3} + 3\dfrac{\mathrm{d}^2 r(t)}{\mathrm{d}t^2} + 2\dfrac{\mathrm{d}r(t)}{\mathrm{d}t} = 0, r(0^-) = 0, r'(0^-) = 1, r''(0^-) = 0$

3. $\dfrac{\mathrm{d}^3 r(t)}{\mathrm{d}t^3} + 2\dfrac{\mathrm{d}^2 r(t)}{\mathrm{d}t^2} + \dfrac{\mathrm{d}r(t)}{\mathrm{d}t} = 0, r(0^-) = 0, r'(0^-) = 0, r''(0^-) = 1$

2.2 已知系统微分方程、初始条件和激励信号,试分别判断在起始点是否发生跳变,如果有跳变,并计算其跳变值。

1. $\dfrac{\mathrm{d}r(t)}{\mathrm{d}t} + 2r(t) = e(t), r(0^-) = 0, e(t) = u(t)$

2. $\dfrac{\mathrm{d}r(t)}{\mathrm{d}t} + 2r(t) = 3\dfrac{\mathrm{d}e(t)}{\mathrm{d}t}, r(0^-) = 0, e(t) = u(t)$

2.3 已知系统微分方程、初始条件和激励信号,试分别画出模拟框图,求其全响应,并指出其零输入响应、零状态响应、自由响应和强迫响应，写出 0^+ 时刻的边界值。

1. $\dfrac{\mathrm{d}^2 r(t)}{\mathrm{d}t^2} + 3\dfrac{\mathrm{d}r(t)}{\mathrm{d}t} + 2r(t) = \dfrac{\mathrm{d}e(t)}{\mathrm{d}t} + 3e(t)$，$r(0^-) = 1$，$r'(0^-) = 2$，$e(t) = u(t)$

2. $\dfrac{\mathrm{d}^2 r(t)}{\mathrm{d}t^2} + 2\dfrac{\mathrm{d}r(t)}{\mathrm{d}t} + r(t) = \dfrac{\mathrm{d}e(t)}{\mathrm{d}t}$，$r(0^-) = 1$，$r'(0^-) = 2$，$e(t) = \mathrm{e}^{-t}u(t)$

2.4　若系统激励为 $e(t)$，响应为 $r(t)$，求下列微分方程描述系统的冲激响应。

1. $\dfrac{\mathrm{d}^2 r(t)}{\mathrm{d}t^2} + \dfrac{\mathrm{d}r(t)}{\mathrm{d}t} + r(t) = \dfrac{\mathrm{d}e(t)}{\mathrm{d}t} + e(t)$

2. $\dfrac{\mathrm{d}r(t)}{\mathrm{d}t} + 3r(t) = 2\dfrac{\mathrm{d}e(t)}{\mathrm{d}t}$

3. $\dfrac{\mathrm{d}r(t)}{\mathrm{d}t} + 2r(t) = \dfrac{\mathrm{d}^2 e(t)}{\mathrm{d}t^2} + 3\dfrac{\mathrm{d}e(t)}{\mathrm{d}t} + 3e(t)$

2.5　已知如图2.1所示电路，若以电阻两端电压 $v_R(t)$ 为输出响应，试求系统的冲激响应和阶跃响应。

2.6　已知如图2.2所示电路，其中 $L = \dfrac{1}{2}$ H，$C = 1$ F，$R = \dfrac{1}{3}$ Ω，若以电容两端电压 $v_C(t)$ 为输出响应，试求系统的冲激响应和阶跃响应。

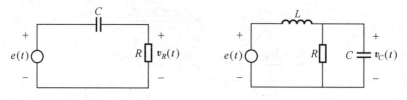

图2.1　题2.5图　　　　　图2.2　题2.6图

2.7　已知系统如图2.3所示，激励信号 $e(t) = E\mathrm{e}^{-\alpha t}u(t)$，电容起始电压为零，求输出响应 $v_C(t)$。

2.8　在图2.4所示的电路中，已知 $e(t) = Eu(t)$，元件参数满足 $\dfrac{1}{2RC} < \dfrac{1}{\sqrt{LC}}$，求 $i(t)$ 的零状态响应。

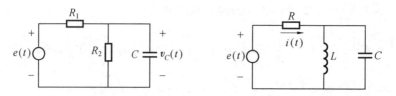

图2.3　题2.7图　　　　　图2.4　题2.8图

2.9　如图2.5所示的系统由几个子系统组成，各子系统的冲激响应分别为 $h_D(t) = \delta(t-1)$，$h_G(t) = u(t) - u(t-3)$，试求总的系统的冲激响应 $h(t)$。

2.10　某一阶线性非时变系统，在相同的初始状态下，当系统激励为 $e(t)$ 时其全响应为
$$r(t) = [2\mathrm{e}^{-t} + \cos(2t)]u(t)$$
当系统激励为 $2e(t)$ 时，其全响应为
$$r(t) = [\mathrm{e}^{-t} + 2\cos(2t)]u(t)$$

试求在同样的初始状态下,如系统激励为 $4e(t)$ 时的系统全响应。

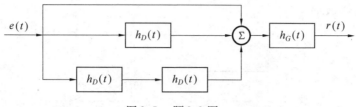

图 2.5　题 2.9 图

2.11　已知系统微分方程为

$$\frac{\mathrm{d}^2 r(t)}{\mathrm{d}t^2} + 3\frac{\mathrm{d}r(t)}{\mathrm{d}t} + 2r(t) = e(t)$$

初始条件 $r(0^-) = \beta$,$r'(0^-) = \gamma$ 及输入信号 $e(t) = \alpha u(t)$,α、β 及 γ 均为常数。试分别求系统的零输入响应 $r_{zi}(t)$、零状态响应 $r_{zs}(t)$ 及全响应 $r(t)$。

2.12　设系统的微分方程为

$$\frac{\mathrm{d}^2 r(t)}{\mathrm{d}t^2} + 5\frac{\mathrm{d}r(t)}{\mathrm{d}t} + 6r(t) = e(t)$$

已知 $e(t) = e^{-t}u(t)$,求使系统全响应为 $r(t) = Ce^{-t}u(t)$ 时的系统起始状态 $r(0^-)$ 和 $r'(0^-)$,并确定常数 C 值。

2.13　已知一个系统对激励 $e_1(t) = u(t)$ 的全响应为 $r_1(t) = 2e^{-t}u(t)$,对激励 $e_2(t) = \delta(t)$ 的全响应为 $r_2(t) = \delta(t)$。

1. 试求系统的零输入响应 $r_{zi}(t)$;

2. 系统起始状态保持不变,求其对激励 $e_3(t) = e^{-t}u(t)$ 的全响应 $r_3(t)$。

2.14　如图 2.6 所示的电路,1 V 的电压源由开关串联到电路中,且使系统处于稳定状态。在 $t = 0$ 时,开关断开;在 $t < 0$ 时,输入电压 $e(t) = 0$。

1. 计算 $v_C(0)$ 的初始值;

2. 当 $t \geqslant 0$ 时,求输入 $e(t)$ 与输出 $v_C(t)$ 的微分方程;

3. 对于所有的 t,$e(t) = 0$,计算 $t > 0$ 时的 $v_C(t)$。

2.15　如图 2.7 所示的电路。

1. 确定输入 $e(t)$ 与输出 $v_L(t)$ 的微分方程;

2. 计算系统的阶跃响应;

3. 当 $v_L(0) = v_0$,$e(t) = u(t)$,计算 $t > 0$ 时的 $v_L(t)$;

4. 当 $v_L(0) = 0$,$e(t) = [1 + (R/L)t]u(t)$,计算 $t > 0$ 时的 $v_L(t)$。

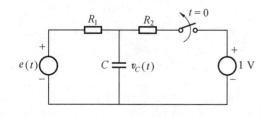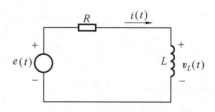

图 2.6　题 2.14 图　　　　　　　　图 2.7　题 2.15 图

2.16　已知某系统的激励为 $e(t)$，单位冲激响应为 $h(t)$，如图 2.8 所示，试利用图解法求系统响应 $r(t)$ 波形。

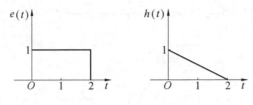

图 2.8　题 2.16 图

2.17　已知某系统的激励为 $e(t) = \begin{cases} 1 & (0 \le t \le 1) \\ 0 & (t \text{ 为其他值}) \end{cases}$，单位冲激响应为 $h(t) = e\left(\dfrac{t}{\alpha}\right)$，$\alpha \neq 0$，试求系统响应 $r(t)$，并大致画出 $r(t)$ 的波形。

2.18　某因果系统如图 2.9 所示，其中 $h_1(t) = \delta(t) + \delta'(t)$，$h''_2(t) + 4h'_2(t) + 3h_2(t) = \delta(t)$，试求：

1. 系统的单位冲激响应 $h(t)$；

2. 列写系统的输入输出方程；

3. 画出系统的模拟框图。

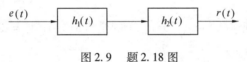

图 2.9　题 2.18 图

2.19　已知某因果连续时间线性时不变系统的微分方程为

$$r''(t) + 7r'(t) + 10r(t) = 2e'(t) + 3e(t) \quad (t > 0)$$

激励信号 $e(t) = e^{-t}u(t)$，初始状态 $r(0^-) = 1$，$r'(0^-) = 1$，试求：

1. 系统的冲激响应 $h(t)$；

2. 系统的零输入响应 $r_{zi}(t)$、零状态响应 $r_{zs}(t)$ 及完全响应 $r_1(t)$；

3. 若 $e(t) = e^{-t}u(t-1)$，重求系统的完全响应 $r_2(t)$。

第 3 章

连续时间信号与系统的频域分析

　　第 2 章主要介绍了信号与系统的时域分析方法,其突出特点直观、物理概念明确。然而,对于某些信号在时域特征并不明显、很难分析,此时需要采用数学变换的方法,这就是变换域分析。长期以来,在各种信号处理方面,特别是在有关信号的频谱分析和各种滤波方法中,最基本的数学工具就是著名的傅里叶(Fourier)分析。所谓傅里叶分析,从数学角度就是对一个函数进行傅里叶变换,而从信号处理的角度,则是对信号 $f(t)$ 的频谱 $F(\omega)$ 进行分析。

　　尽管在信息科学与技术领域还有其他众多变换域分析方法,例如离散余弦变换DCT(Digital Cosine Transform)、小波变换(Wavelet Transform) 等,但作为信号分析的强有力工具,傅里叶分析始终有着极其广泛的应用,是研究其他变换域分析方法的基础。傅里叶分析主要有以下优越性:

　　(1) 傅里叶分析的基函数 $\{e^{-j\omega t}\}$ 是一组正交基,而且函数形式非常简单。其变换函数 $F(\omega)$ 是信号 $f(t)$ 在这组正交基上的分量,$F(\omega)$ 的大小在 $L^2(R)$ 内完全刻画了 $f(t)$ 的特征;

　　(2) $F(\omega)$ 有着明确和极其重要的物理意义,即信号 $f(t)$ 的频谱。对信号而言,许多在时域 $f(t)$ 不能解决的问题,通过频域 $F(\omega)$ 可以迎刃而解;

　　(3) 由于傅里叶变换以 $\{e^{-j\omega t}\}$ 为基函数,因此它把时域 $f(t)$ 的微、积分运算在频域 $F(\omega)$ 表现为乘、除运算,这给傅里叶分析的应用带来了极大方便;

　　(4) 傅里叶分析具有快速算法——FFT(Fast Fourier Transform),这对实际应用具有非常重要的作用。反过来,FFT 的发展又促进了信号处理对傅里叶分析需求的进一步研究。

　　从本章开始我们将连续时间信号与系统的时域分析转入变换域分析,包括傅里叶变换和拉普拉斯变换,它们分别对应信号与系统的频域分析和复频域分析。本章讨论信号与系统的频域分析,主要包括9节:3.1节和3.2节是周期信号的频谱分析,主要目的是通过周期函数的傅里叶级数展开建立信号的频谱概念,并通过典型周期信号的频谱分析得出周期信号频谱的普遍规律和共同特点。3.3 ~ 3.6节是非周期信号的频谱分析,首先通过对周期函数的周期取极限定义非周期函数的傅里叶变换,进而引入非周期信号的频谱密度概念;其次,为了进行复杂信号的频谱分析(实际这里是频谱密度分析,通常也称为频谱分析),介绍典型信号的傅里叶变换,进一步巩固复杂信号可分解成典型信号进行分析的理念;最后,为了进一步了解信号的时域分析和变换域分析之间的关系,也为了进一步简化计算,介绍傅里叶变换的基本性质,其中由于卷积定理是连接信号与系统时域分析和频域分析的纽带,我们把它从性质中拿出来进行单独介绍,以凸显其特殊地位。3.7节是周期信号的傅里叶变换,目的是把前面介绍的周期信号和非周期信号的分析统一起来,进而也能看出二者之间分析的一致性和差异性。3.8节是在前面信号频域分析的基础上,介绍系统的频域分析方法,建立系统函数的概念,并通过系统函数求解系统响应。3.9节主要是从频谱分析应用的角度,介绍其在通信中的已调信号的频谱,目的是通过该应用例子,使前面介绍的傅里叶变换的抽象数学模型与应用中频谱的具体物理模型达到统一。

3.1　周期信号的频谱分析 —— 傅里叶级数

第1章已经介绍了信号的变换域分解思想,即对于已知的正交基函数,信号分解就是把信号在这组正交基上加权投影展开。在分解过程中,如果选用三角函数集或指数函数集作为分解的基函数集,则周期信号所展成的级数就是傅里叶级数,它们分别称为三角形式的傅里叶级数和指数形式的傅里叶级数。本节将利用傅里叶级数的概念研究周期信号的频谱特性。

3.1.1　三角形式的傅里叶级数

由信号正交分解的思想可知,由于三角函数集 $\{1,\cos(n\omega_1 t),\sin(n\omega_1 t)\}$（$n$ 为正整数）是完备正交函数集,因此在一个周期区间 (t_0,t_0+T_1) 内满足以下正交关系:

$$\int_{t_0}^{t_0+T_1} \cos(n\omega_1 t)\sin(m\omega_1 t)\,\mathrm{d}t = 0$$

$$\int_{t_0}^{t_0+T_1} \cos(n\omega_1 t)\cos(m\omega_1 t)\,\mathrm{d}t = 0 \quad (m \neq n)$$

$$\int_{t_0}^{t_0+T_1} \sin(n\omega_1 t)\sin(m\omega_1 t)\,\mathrm{d}t = 0 \quad (m \neq n)$$

$$\int_{t_0}^{t_0+T_1} \cos^2(n\omega_1 t)\,\mathrm{d}t = \int_{t_0}^{t_0+T_1} \sin^2(m\omega_1 t)\,\mathrm{d}t = \frac{T_1}{2}$$

这里 m 和 n 为正整数。这样对于任意周期为 T_1、角频率为 $\omega_1 = \dfrac{2\pi}{T_1}$、频率为 $f_1 = \dfrac{1}{T_1}$ 的周期信号 $f(t)$,只要满足狄里赫利(Dirichlet)条件,就可以分解为三角函数集中各函数分量的线性组合的形式,即

$$f(t) = \frac{a_0}{2} + a_1\cos(\omega_1 t) + b_1\sin(\omega_1 t) + a_2\cos(2\omega_1 t) + b_2\sin(2\omega_1 t) + \cdots +$$

$$a_n\cos(n\omega_1 t) + b_n\sin(n\omega_1 t) + \cdots =$$

$$\frac{a_0}{2} + \sum_{n=1}^{+\infty}\left[a_n\cos(n\omega_1 t) + b_n\sin(n\omega_1 t)\right] \tag{3.1.1}$$

式(3.1.1)的无穷级数称为周期信号 $f(t)$ 在区间 (t_0,t_0+T_1) 内的三角傅里叶级数。根据正交函数集的正交条件,可计算式中的傅里叶系数 $a_n(n=0,1,2,\cdots)$ 和 $b_n(n=1,2,\cdots)$。

$$a_0 = \frac{2}{T_1}\int_{t_0}^{t_0+T_1} f(t)\,\mathrm{d}t \tag{3.1.2}$$

$$a_n = \frac{2}{T_1}\int_{t_0}^{t_0+T_1} f(t)\cos(n\omega_1 t)\,\mathrm{d}t \tag{3.1.3}$$

$$b_n = \frac{2}{T_1}\int_{t_0}^{t_0+T_1} f(t)\sin(n\omega_1 t)\,\mathrm{d}t \tag{3.1.4}$$

物理上,系数 a_0、a_n 和 b_n 的大小代表了信号在不同频率 $n\omega_1$ 分量上的能量多少,相应的 $n\omega_1$ 也代表了信号包含的频率高低。周期信号 $f(t)$ 在区间 $(t_0, t_0 + T_1)$ 内的平均值

$$\overline{f(t)} = \frac{1}{T_1}\int_{t_0}^{t_0+T_1} f(t)\,\mathrm{d}t = \frac{a_0}{2}$$

代表了信号的直流分量。

式(3.1.1) ～ (3.1.4)表明:任何周期信号只要满足狄里赫利条件就可以分解成直流分量及许多正弦、余弦分量之和,而它们的分解加权系数就是 a_0、a_n 和 b_n。当 $n = 1$ 时,将式 (3.1.1) 中的同频率两项 $a_1\cos(\omega_1 t) + b_1\sin(\omega_1 t)$ 合并成一个频率为 ω_1 的正弦分量 $A_1\cos(\omega_1 t + \varphi_1)$ 或 $A_1\sin(\omega_1 t + \theta_1)$,该项通常称为信号的基波分量,而 $f_1 = \omega_1/2\pi$ 称为基波频率。当 $n > 1$ 时,将式(3.1.1)中的同频率两项 $a_n\cos(n\omega_1 t) + b_n\sin(n\omega_1 t)$ 合并成一个频率为 $n\omega_1$ 的正弦分量 $A_n\cos(n\omega_1 t + \varphi_n)$ 或 $A_n\sin(n\omega_1 t + \theta_n)$,该项通常称为信号的 n 次谐波分量,nf_1 称为 n 次谐波频率。于是式(3.1.1)也可以写成另一种形式

$$f(t) = \frac{A_0}{2} + \sum_{n=1}^{+\infty} A_n\cos(n\omega_1 t + \varphi_n) \tag{3.1.5a}$$

或

$$f(t) = \frac{A_0}{2} + \sum_{n=1}^{+\infty} A_n\sin(n\omega_1 t + \theta_n) \tag{3.1.5b}$$

式中　　A_n——n 次谐波振幅;

　　　　φ_n、θ_n——n 次谐波相位。

比较式(3.1.1)和式(3.1.5),可以得出两式中各参量之间有如下关系:

$$\begin{cases} A_n = \sqrt{a_n^2 + b_n^2} \quad A_0 = a_0 \\ \varphi_n = -\tan^{-1}\dfrac{b_n}{a_n} \quad \theta_n = \dfrac{\pi}{2} + \varphi_n \quad (n = 1,2,\cdots) \\ a_n = A_n\cos\varphi_n \\ b_n = -A_n\sin\varphi_n \end{cases} \tag{3.1.6}$$

由式(3.1.3)、式(3.1.4)和式(3.1.6)可以看出,系数 a_n 和振幅 A_n 是 $n\omega_1$ 的偶函数,系数 b_n 与相位 φ_n 和 θ_n 都是 $n\omega_1$ 的奇函数。显然,正弦、余弦谐波分量的频率必定是基频 $f_1(f_1 = 1/T_1)$ 的整数倍,而直流分量以及基波与各次谐波的幅度、相位的大小取决于周期信号的波形。

必须指出,并非所有周期信号都可以进行傅里叶级数展开。在数学中已经证明被展开的函数 $f(t)$ 应该满足狄里赫利条件:

(1)在一个周期内,信号是绝对可积的,即 $\int_{t_0}^{t_0+T_1} |f(t)|\,\mathrm{d}t < +\infty$;

(2)在一个周期内,函数的极大值和极小值的数目应该是有限的;

(3)在一个周期内,如果有间断点存在,则间断点的数目应该是有限的,而且当 t 从不同方向趋近间断点时,函数应该具有两个不同的有限的极限值。

值得注意的是,狄里赫利条件只是傅里叶级数存在的一个充分条件,并非是必要条件。也就是说,对于某些函数,尽管它们可能不满足该条件,但它们也可能存在傅里叶级数。所幸的是,通常我们遇到的周期函数大都满足这些条件,因此以后除非另有要求,一般不再考虑这一条件。

3.1.2 信号分解的误差分析

在实际进行信号分解时,我们不可能去计算式(3.1.1)或式(3.1.5)中的无限多次谐波分量,而只能用有限项来近似地表示信号$f(t)$。这时必然要引入误差,可表示为

$$f(t) = \frac{a_0}{2} + \sum_{n=1}^{N} \left[a_n\cos(n\omega_1 t) + b_n\sin(n\omega_1 t) \right] + \varepsilon_N(t) = f_N(t) + \varepsilon_N(t)$$

式中 $\varepsilon_N(t)$——误差函数,它代表所有N次以上谐波分量之和。此时

$$\varepsilon_N(t) = f(t) - f_N(t)$$

在实际应用中,人们通常利用$\varepsilon_N(t)$的均方误差作为近似的测度准则,定义为

$$\overline{\varepsilon_N^2(t)} = \frac{1}{T_1}\int_{t_0}^{t_0+T_1} \varepsilon_N^2(t)\,\mathrm{d}t = \overline{f^2(t)} - \left[\left(\frac{a_0}{2}\right)^2 + \frac{1}{2}\sum_{n=1}^{N}(a_n^2 + b_n^2) \right]$$

如果所取的级数项越多,即N值越大,则误差将越小。现在以图3.1.1所示方波信号为例,说明经过傅里叶级数的有限项分解后,与原信号相比所引起的误差影响情况。

方波信号的正半周和负半周是形状完全相同的矩形,其函数可表示为

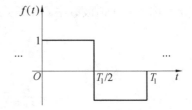

图3.1.1 方波信号

$$f(t) = \begin{cases} 1 & \left(0 < t < \dfrac{T_1}{2}\right) \\[2mm] -1 & \left(\dfrac{T_1}{2} < t < T_1\right) \end{cases}$$

为了把方波信号展开为三角形式的傅里叶级数,就要根据式(3.1.2)~(3.1.4)分别计算分解系数a_0、a_n和b_n。

$$a_0 = \frac{2}{T_1}\int_0^{T_1} f(t)\,\mathrm{d}t = \frac{2}{T_1}\left(\int_0^{T_1/2}\mathrm{d}t - \int_{T_1/2}^{T_1}\mathrm{d}t\right) = 0$$

$$a_n = \frac{2}{T_1}\int_0^{T_1} f(t)\cos(n\omega_1 t)\,\mathrm{d}t = \frac{2}{T_1}\left[\int_0^{T_1/2}\cos(n\omega_1 t)\,\mathrm{d}t - \int_{T_1/2}^{T_1}\cos(n\omega_1 t)\,\mathrm{d}t\right] = 0$$

$$b_n = \frac{2}{T_1}\int_0^{T_1} f(t)\sin(n\omega_1 t)\,\mathrm{d}t = \frac{2}{T_1}\left[\int_0^{T_1/2}\sin(n\omega_1 t)\,\mathrm{d}t - \int_{T_1/2}^{T_1}\sin(n\omega_1 t)\,\mathrm{d}t\right] =$$

$$\frac{2}{T_1 n\omega_1}\left[-\cos(n\omega_1 t)\,\big|_0^{T_1/2} + \cos(n\omega_1 t)\,\big|_{T_1/2}^{T_1} \right] =$$

$$\frac{1}{n\pi}\left[-\cos(n\pi) + 1 + 1 - \cos(n\pi) \right] = \begin{cases} \dfrac{4}{n\pi} & (n\text{ 为奇数}) \\[2mm] 0 & (n\text{ 为偶数}) \end{cases}$$

因此,该方波信号在区间$(0, T_1)$内可表示为

$$f(t) = \frac{4}{\pi}\left[\sin(\omega_1 t) + \frac{1}{3}\sin(3\omega_1 t) + \frac{1}{5}\sin(5\omega_1 t) + \cdots \right]$$

考虑傅里叶级数取不同的有限项时,对信号近似程度的变化情况。

(1)如果只用基波信号近似原始方波信号,则此时

$$f_1(t) \approx \frac{4}{\pi}\sin(\omega_1 t)$$

(2)如果用基波和三次谐波来近似原始方波信号,则此时

$$f_3(t) \approx \frac{4}{\pi}\left[\sin(\omega_1 t) + \frac{1}{3}\sin(3\omega_1 t)\right]$$

（3）如果用基波、三次和五次谐波来近似原始方波信号，则此时

$$f_5(t) \approx \frac{4}{\pi}\left[\sin(\omega_1 t) + \frac{1}{3}\sin(3\omega_1 t) + \frac{1}{5}\sin(5\omega_1 t)\right]$$

以此类推，图 3.1.2(a) 中分别给出了 $N=1$、$N=3$、$N=5$、$N=7$、$N=9$ 情况的近似表示。从图中可以看出，随着取项数的增多（物理上是加入了较多的高频分量），信号的近似程度提高了，合成信号的边沿更加陡峭（也就是说，边沿上有丰富的高频分量），顶部虽然有较多起伏，但更趋于平坦，也就是说更接近原始信号。图3.1.2(b) 给出了这五种情况下的近似误差函数 $\varepsilon_N(t)$ 的波形，可以看到，随着所取傅里叶级数项的增加，误差 $\varepsilon_N(t)$ 的值明显减小了。

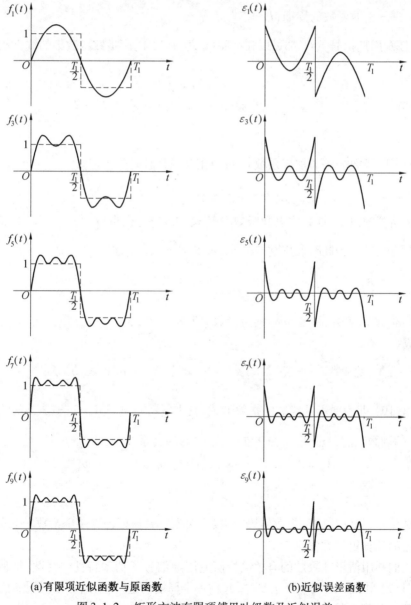

(a)有限项近似函数与原函数　　　　　　　　(b)近似误差函数

图 3.1.2　矩形方波有限项傅里叶级数及近似误差

3.1.3 指数形式的傅里叶级数

信号的三角傅里叶级数形式具有比较明确的物理意义,但运算起来不方便,因此,常常将周期信号 $f(t)$ 分解成指数傅里叶级数的形式。由于指数函数集 $\{e^{jn\omega_1 t}(n = 0, \pm 1, \pm 2, \cdots)\}$ 在区间 $(t_0, t_0 + T_1)$ 内是完备正交函数集,且具有如下关系

$$\begin{cases} \int_{t_0}^{t_0+T_1} (e^{jn\omega_1 t})(e^{jm\omega_1 t})^* dt = 0 \quad (m \neq n) \\ \int_{t_0}^{t_0+T_1} (e^{jn\omega_1 t})(e^{jn\omega_1 t})^* dt = T_1 \end{cases} \tag{3.1.7}$$

式中　　m、n——整数;

T_1——指数函数的周期,$T_1 = \dfrac{2\pi}{\omega_1}$。

因此,任意周期信号 $f(t)$ 都可以在区间 $(t_0, t_0 + T)$ 内用指数函数集的线性组合来分解表示,即

$$f(t) = \cdots + c_{-n}e^{-jn\omega_1 t} + \cdots + c_{-2}e^{-j2\omega_1 t} + c_{-1}e^{-j\omega_1 t} +$$
$$c_0 + c_1 e^{j\omega_1 t} + c_2 e^{j2\omega_1 t} + \cdots + c_n e^{jn\omega_1 t} + \cdots =$$
$$\sum_{n=-\infty}^{+\infty} c_n e^{jn\omega_1 t} \tag{3.1.8}$$

指数傅里叶级数分解的加权系数 c_n 可由正交条件计算

$$c_n = \frac{1}{T_1} \int_{t_0}^{t_0+T_1} f(t) e^{-jn\omega_1 t} dt \tag{3.1.9}$$

从数学运算的角度,指数傅里叶级数分解式(3.1.8)也可以由式(3.1.5)表示的三角傅里叶级数直接导出。此时利用欧拉公式 $\cos\theta = \dfrac{e^{j\theta} + e^{-j\theta}}{2}$,得

$$f(t) = \frac{A_0}{2} + \sum_{n=1}^{+\infty} A_n \cos(n\omega_1 t + \varphi_n) = \frac{A_0}{2} + \sum_{n=1}^{+\infty} \frac{A_n}{2}\left[e^{j(n\omega_1 t + \varphi_n)} + e^{-j(n\omega_1 t + \varphi_n)}\right]$$

因为 A_n 是 $n\omega_1$ 的偶函数,φ_n 是 $n\omega_1$ 的奇函数,即 $A_{-n} = A_n$,$\varphi_{-n} = -\varphi_n$,以及 $A_0 = a_0$、$\varphi_0 = 0$,则上式可写成

$$f(t) = \frac{1}{2}\sum_{n=-\infty}^{+\infty} A_n e^{j(n\omega_1 t + \varphi_n)} = \frac{1}{2}\sum_{n=-\infty}^{+\infty} A_n e^{j\varphi_n} e^{jn\omega_1 t} = \frac{1}{2}\sum_{n=-\infty}^{+\infty} \boldsymbol{A}_n e^{jn\omega_1 t} = \sum_{n=-\infty}^{+\infty} c_n e^{jn\omega_1 t} \tag{3.1.10}$$

式(3.1.10)即为傅里叶级数的指数形式,其中复数 $c_n = \dfrac{1}{2}\boldsymbol{A}_n = \dfrac{1}{2}A_n e^{j\varphi_n}$ 称为傅里叶系数,是 $n\omega_1$ 的函数。容易证明,c_n、$\boldsymbol{A}_n$ 和 a_n、b_n 之间的关系

$$\boldsymbol{A}_n = A_n e^{j\varphi_n} = A_n \cos\varphi_n + jA_n \sin\varphi_n = a_n - jb_n \tag{3.1.11}$$

$$c_n = \frac{1}{2}(a_n - jb_n) \tag{3.1.12}$$

实际应用中,常常是使用指数傅里叶级数,因为它只需要计算一个系数 c_n 或 $\boldsymbol{A}_n$,比三角傅里叶级数的计算更加方便。

最后我们利用傅里叶级数的有关结论研究周期信号的功率特性。为此,把傅里叶级数表达式(3.1.1)和式(3.1.8)两边平方,并在一个周期内进行积分,可以得周期信号 $f(t)$ 的平均功率 P 和傅里叶级数系数的关系为

$$P = \overline{f^2(t)} = \frac{1}{T_1}\int_{t_0}^{t_0+T_1} |f(t)|^2 \mathrm{d}t = \left(\frac{a_0}{2}\right)^2 + \frac{1}{2}\sum_{n=1}^{+\infty}(a_n^2 + b_n^2) = \sum_{n=-\infty}^{+\infty} |c_n|^2 \quad (3.1.13)$$

式(3.1.13)表明,周期信号的平均功率等于傅里叶级数展开各谐波分量有效值的平方和,也即时域和频域的能量守恒。

3.1.4 信号波形的对称性与傅里叶级数分解系数的关系

在把周期信号 $f(t)$ 展开为傅里叶级数时,如果 $f(t)$ 是实函数,且其波形满足某种对称性,那么在傅里叶级数系数中某些项可能为0,其他项的表示也可以得到简化。因此,本节单独介绍信号波形的对称性与傅里叶级数分解系数的关系。一般波形的对称性有两类:一类是信号的整个周期对称,例如偶函数和奇函数;另一类是信号的半个周期对称,例如偶谐函数和奇谐函数。前者决定级数中只可能包含有余弦项或正弦项;而后者决定级数中只可能包含有偶次谐波或奇次谐波。

1. 偶函数

若信号波形相对于纵轴是对称的,即满足

$$f(t) = f(-t)$$

则信号 $f(t)$ 为偶函数,例如图 3.1.3 所示的三角波信号。

由函数的对称关系已经得知,两偶函数或两奇函数的乘积是偶函数,而偶函数和奇函数的乘积是奇函数。于是偶函数的傅里叶级数的系数为

$$a_n = \frac{2}{T_1}\int_{-T_1/2}^{T_1/2} f(t)\cos(n\omega_1 t)\mathrm{d}t = \frac{4}{T_1}\int_0^{T_1/2} f(t)\cos(n\omega_1 t)\mathrm{d}t$$

$$b_n = \frac{2}{T_1}\int_{-T_1/2}^{T_1/2} f(t)\sin(n\omega_1 t)\mathrm{d}t = 0$$

这是由于被积函数为偶函数时,在一对称区间内积分等于在半区间积分的二倍;而被积函数为奇函数时,在一对称区间内积分等于零。因此偶函数的傅里叶级数中将不包含正弦项,只有直流项和余弦项。图 3.1.3 所示三角波的三角傅里叶级数为

$$f(t) = \frac{E}{2} + \frac{4E}{\pi^2}\left[\cos(\omega_1 t) + \frac{1}{9}\cos(3\omega_1 t) + \frac{1}{25}\cos(5\omega_1 t) + \cdots\right] =$$

$$\frac{E}{2} + \frac{4E}{\pi^2}\sum_{n=1}^{+\infty}\frac{1}{n^2}\sin^2\left(\frac{n\pi}{2}\right)\cos(n\omega_1 t)$$

2. 奇函数

若信号波形相对于纵轴是反对称的,即满足

$$f(t) = -f(-t)$$

则信号 $f(t)$ 为奇函数,例如图 3.1.4 所示的锯齿波信号。

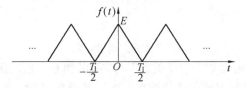

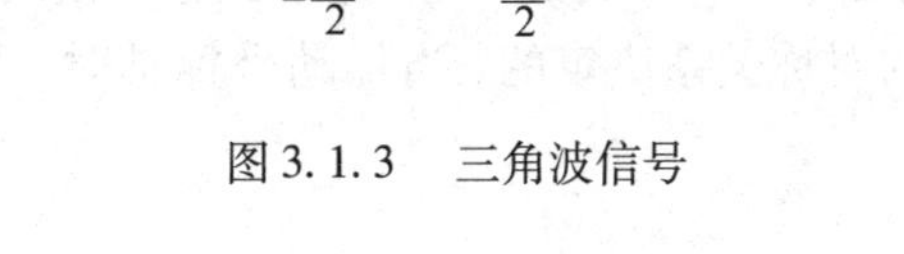

图 3.1.3 三角波信号

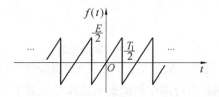

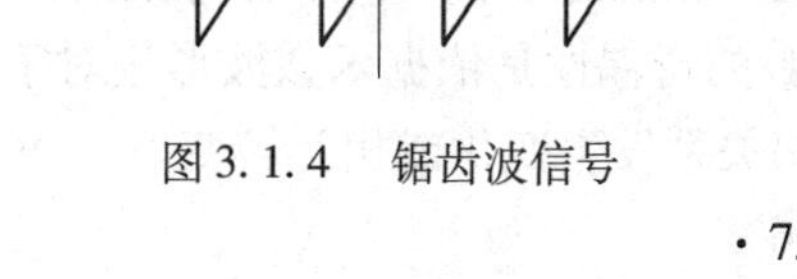

图 3.1.4 锯齿波信号

奇函数的傅里叶级数的系数为

$$a_0 = \frac{2}{T_1}\int_{-T_1/2}^{T_1/2} f(t)\,\mathrm{d}t = 0$$

$$a_n = \frac{2}{T_1}\int_{-T_1/2}^{T_1/2} f(t)\cos(n\omega_1 t)\,\mathrm{d}t = 0$$

$$b_n = \frac{2}{T_1}\int_{-T_1/2}^{T_1/2} f(t)\sin(n\omega_1 t)\,\mathrm{d}t = \frac{4}{T_1}\int_0^{T_1/2} f(t)\sin(n\omega_1 t)\,\mathrm{d}t$$

因此奇函数的傅里叶级数中将不包含直流项和余弦项,只有正弦项。图 3.1.4 所示锯齿波的三角傅里叶级数为

$$f(t) = \frac{E}{\pi}\left[\sin(\omega_1 t) - \frac{1}{2}\sin(2\omega_1 t) + \frac{1}{3}\sin(3\omega_1 t) - \cdots + \frac{(-1)^{n+1}}{n}\sin(n\omega_1 t) + \cdots\right] = \frac{E}{\pi}\sum_{n=1}^{+\infty}\frac{(-1)^{n+1}}{n}\sin(n\omega_1 t)$$

3.偶谐函数

设 $f(t)$ 为周期信号,若将信号波形沿着时间轴平移半个周期,此时波形并不发生变化,即满足关系式

$$f(t) = f\left(t \pm \frac{T_1}{2}\right)$$

这样的函数 $f(t)$ 称为偶谐函数,此函数的每个半周期完全相同,如图 3.1.5 所示。换句话说,这是一个以半周期为间隔重复变化的周期函数。顾名思义,偶谐函数的傅里叶级数中只包含直流分量和偶次谐波分量,而不包含奇次谐波分量。

4.奇谐函数

设 $f(t)$ 为周期信号,若将信号波形沿着时间轴平移半个周期并相对于该轴反转,此时波形并不发生变化,即满足关系式

$$f(t) = -f\left(t \pm \frac{T_1}{2}\right)$$

这样的函数 $f(t)$ 称为奇谐函数,如图 3.1.6 所示。可以看出,奇谐函数必定是周期函数,半周期为正、半周期为负,两个半周期的波形关于纵轴反对称,这种函数的傅里叶级数中只包含奇次谐波分量。

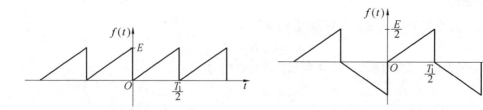

图 3.1.5　偶谐函数　　　　　　图 3.1.6　奇谐函数

值得注意的是:① 不要把"偶函数"与"偶谐函数"、"奇函数"与"奇谐函数"相混淆;② 函数的奇偶性是依据函数波形相对于坐标轴的对称关系决定的,当移动坐标轴时,可以使奇偶关系发生变化或相互转变。

对于具体应用,为了便于傅里叶级数的计算,根据第 2 章介绍的信号的时域运算,还可以在信号上减去或加上某一直流分量,或进行一定的平移,使它们变成对称性的信号。例如图 3.1.7 中描述的三角波信号 $f(t)$,当坐标原点取在 a 点时,则为偶函数;当坐标原点取在 b 点时,仍为偶函数,但减少了一个直流分量 $E/2$;当坐标原点取在 c 点时,则变为奇函数,同时也是奇谐函数;当坐标原点取在 d 点时,在原来的奇函数中又叠加了一个直流分量。

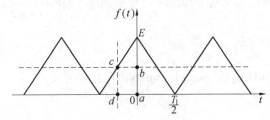

图 3.1.7　三角波函数

3.2　典型周期信号的频谱

由信号时域分析可知,任何复杂信号经过时域运算或分解,都可以表示成典型信号组合的方式。在信号的变换域分析中,这种满足线性叠加原理的分析方法仍然有效,即信号分解成典型信号的线性组合,然后分别对典型信号进行变换域分析,这些典型信号变换域的分析结果相加即为原信号的分析结果。因此本节重点对典型周期信号的频谱进行介绍。

在典型周期信号的频谱分析中,矩形脉冲信号的频谱分析具有十分重要的意义。本节详细介绍此信号的频谱特点和分析方法,而其他的典型周期信号都与此信号具有共性,因而这里只给出其他一些典型周期信号频谱分析的结果。

3.2.1　周期矩形脉冲信号

设周期矩形脉冲信号 $f(t)$ 的脉冲宽度为 τ,脉冲幅度为 E,重复周期为 T_1,如图 3.2.1 所示,此信号在一个周期 $\left(-\dfrac{T_1}{2} \leqslant t \leqslant \dfrac{T_1}{2}\right)$ 内的表达式为

$$f(t) = \begin{cases} E & \left(|t| \leqslant \dfrac{\tau}{2}\right) \\ 0 & \left(|t| > \dfrac{\tau}{2}\right) \end{cases}$$

或

$$f(t) = E\left[u\left(t + \frac{\tau}{2}\right) - u\left(t - \frac{\tau}{2}\right)\right]$$

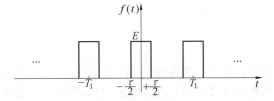

图 3.2.1　周期矩形脉冲信号

利用式(3.1.1),可以把周期矩形脉冲信号 $f(t)$ 展成三角形式的傅里叶级数

$$f(t) = \frac{a_0}{2} + \sum_{n=1}^{+\infty} \left[a_n \cos(n\omega_1 t) + b_n \sin(n\omega_1 t) \right]$$

根据式(3.1.2) ~ (3.1.4),可以求出各分解加权系数,其中余弦分量幅度为

$$a_n = \frac{2}{T_1} \int_{-\frac{T_1}{2}}^{\frac{T_1}{2}} f(t) \cos(n\omega_1 t) \, dt = \frac{2}{T_1} \int_{-\frac{\tau}{2}}^{\frac{\tau}{2}} E \cos\left(n\frac{2\pi}{T_1}t \right) dt = \frac{2E}{n\pi} \sin\left(\frac{n\pi\tau}{T_1} \right) =$$

$$\frac{2E\tau}{T_1} \mathrm{Sa}\left(\frac{n\pi\tau}{T_1} \right) = \frac{E\tau\omega_1}{\pi} \mathrm{Sa}\left(\frac{n\omega_1\tau}{2} \right)$$

$\mathrm{Sa}(t)$ 为第 1 章定义的抽样函数(Sample function),它的形式为

$$\mathrm{Sa}(t) = \frac{\sin t}{t}$$

由于 $f(t)$ 是偶函数,所以正弦分量 $b_n = 0$。

直流分量为

$$\frac{a_0}{2} = \frac{1}{T_1} \int_{-\frac{T_1}{2}}^{\frac{T_1}{2}} f(t) \, dt = \frac{1}{T_1} \int_{-\frac{\tau}{2}}^{\frac{\tau}{2}} E \, dt = \frac{E\tau}{T_1}$$

这样周期矩形脉冲信号的三角形式傅里叶级数分解形式为

$$f(t) = \frac{E\tau}{T_1} + \frac{2E\tau}{T_1} \sum_{n=1}^{+\infty} \mathrm{Sa}\left(\frac{n\pi\tau}{T_1} \right) \cos(n\omega_1 t) \tag{3.2.1a}$$

或

$$f(t) = \frac{E\tau}{T_1} + \frac{E\tau\omega_1}{\pi} \sum_{n=1}^{+\infty} \mathrm{Sa}\left(\frac{n\omega_1\tau}{2} \right) \cos(n\omega_1 t) \tag{3.2.1b}$$

若将 $f(t)$ 展成指数形式傅里叶级数,可由式(3.1.9) 求得系数

$$c_n = \frac{1}{T_1} \int_{-\frac{\tau}{2}}^{\frac{\tau}{2}} E \mathrm{e}^{-jn\omega_1 t} \, dt = \frac{E\tau}{T_1} \mathrm{Sa}\left(\frac{n\omega_1\tau}{2} \right)$$

所以

$$f(t) = \frac{E\tau}{T_1} \sum_{n=-\infty}^{+\infty} \mathrm{Sa}\left(\frac{n\omega_1\tau}{2} \right) \mathrm{e}^{jn\omega_1 t} \tag{3.2.2}$$

对式(3.2.1) 的傅里叶级数,若给定 τ、T_1、E,就可以求出直流分量、基波和各谐波的幅度。它们分别是

$$\frac{a_0}{2} = \frac{E\tau}{T_1}$$

$$a_n = \frac{2E\tau}{T_1} \mathrm{Sa}\left(\frac{n\pi\tau}{T_1} \right)$$

$$b_n = 0$$

将各分量的幅度 $A_n = \sqrt{a_n^2 + b_n^2}$ 和相位 $\varphi_n = -\tan^{-1}\frac{b_n}{a_n}$ 对 $n\omega_1$ 的关系绘成如图 3.2.2 所示的线图,就可以清楚而直观地看出各频率分量的相对大小和相位关系,这种图通常称为信号的**频谱图**,也可以分别称图 3.2.2(a) 和图 3.2.2(b) 为幅度频谱图和相位频谱图。

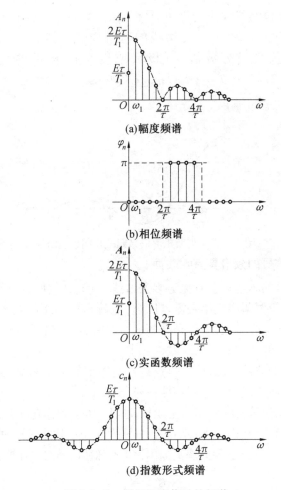

(a)幅度频谱

(b)相位频谱

(c)实函数频谱

(d)指数形式频谱

图 3.2.2　　周期矩形信号的频谱

如果 A_n 为实数,可将幅度谱和相位谱合在一幅图上,如图 3.2.2(c)所示,幅度为正表示相位为零,幅度为负表示相位为 π。但应注意,如果 A_n 不为实数,则必须分画两种图。

图 3.2.2(d)是按指数形式级数的复系数 c_n 画出的频谱,相对于三角形式级数,其特点是谱线在原点两侧对称地分布,每个分量的幅度一分为二,在正、负频率相对应的位置上各为一半,只有把正、负频率上对应的两条谱线加起来才代表一个分量的幅度。应当指出,在复数频谱中出现的负频率完全是数学运算的结果,并没有任何物理意义。

综上分析,我们可以得出周期矩形脉冲信号的频谱具有如下特点。

1. 周期矩形脉冲信号的频谱具有离散性

周期矩形脉冲信号频谱的各谱线将以 ω_1 为间隔出现,当脉冲重复周期 T_1 越大,即 ω_1 越小,谱线越靠近。可以试想,如果周期信号的周期 T_1 趋于无穷大,周期信号将变为非周期信号,其信号的谱线间隔将趋于 0,这样周期信号的离散谱将变为非周期信号的连续谱,这点将在下节傅里叶变换中详细介绍。

2. 周期矩形脉冲信号的频谱具有谐波性

周期矩形脉冲信号频谱的谱线只出现在基频 ω_1 的整数倍的谐波点 $n\omega_1$ 上,其幅度按抽

样函数 $\mathrm{Sa}(n\omega_1\tau/2)$ 的包络线规律变化而变化。当函数变量 $(n\omega_1\tau/2)$ 为 π 的整数倍，即 $\omega = n\omega_1 = m(2\pi/\tau)$ $(m = 1,2,\cdots)$ 时，谱线的包络线经过零点；当 $\omega = n\omega_1 = 0,3\pi/\tau$，$5\pi/\tau,\cdots$ 时，谱线的包络线为极值点（极大或极小），极值的大小分别为 $2E\tau/T_1$，$-0.212(2E\tau/T_1)$，$0.127(2E\tau/T_1)\cdots$，如图3.2.3所示。

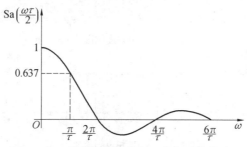

图3.2.3　周期矩形信号归一化频谱包络线

3. 周期矩形脉冲信号的频谱具有收敛性

周期矩形脉冲信号的频谱包含有无穷多条谱线，也就是它可以分解为无穷多个频率分量，但它的主要能量一般要集中在第一零点以内，也就是集中在低频区。随着频率的增高，谱线幅度变化的总趋势呈收敛状，也就是高频成分越来越少，最后趋于0。这一点在实际的分析应用中是非常重要的。

尽管以上离散性、谐波性、收敛性等特点是针对矩形脉冲信号总结的，但以后也将会看到，这些特点基本也适用于任何其他周期性信号。

在具体应用中，如果信号 $f(t)$ 的频谱在 $\omega > B$ 时均为零，则称 $f(t)$ 是**带宽受限**的，其中 $B > 0$ 称为信号的带宽。这样，在允许一定失真的条件下，对于矩形脉冲信号，可以舍弃 $\omega > 2\pi/\tau$ 的频率分量，而把 $\omega = 0 \sim 2\pi/\tau$ 这段频率范围称为矩形脉冲信号的占有频带宽度，于是

$$B = \frac{2\pi}{\tau} \tag{3.2.3a}$$

或

$$B_f = \frac{1}{\tau} \tag{3.2.3b}$$

由式（3.2.3）可见，信号的频带宽度 B 只与脉宽 τ 有关，而且成反比关系。这种信号的**频宽**与**时宽成反比**的性质是信号分析中最基本的特性，它将贯穿于信号与系统分析的全过程。它的物理解释为：如果信号的时宽 τ 较小（窄），说明信号变化较快，包含丰富的高频分量，因此相应的频宽 B 较大（宽），反之亦然。

最后，值得注意的是，在周期矩形信号的频谱分析中，直流、基波和各次谐波的幅度正比于脉冲宽度 τ，反比于脉冲重复的周期 T_1。为了说明在不同脉宽 τ 和不同周期 T_1 情况下周期矩形信号频谱的变化规律，图3.2.4给出了当保持 τ 不变，而 $T_1 = 5\tau$ 和 $T_1 = 10\tau$ 两种情况下信号的频谱。可见如果脉宽 τ 值不变，则其频谱包络线的第一个零点位置不变，而随着 T_1 值增大，各个分量的幅度减小，同时使基波频率 $\omega_1 = \dfrac{2\pi}{T_1}$ 减小，谱线变密。这种情况的极限就是 T_1 趋于无穷大的非周期信号的频谱。图3.2.5给出了当周期 T_1 保持不变，而脉宽 $\tau = \dfrac{T_1}{5}$ 与 $\tau = \dfrac{T_1}{10}$ 两种情况时的频谱。可见如果 T_1 值不变，则其频谱的基波频率 ω_1 不变，谱线的

间隔不变。而随着 τ 值减小,各个分量的幅度减小,同时使包络线的第一个零点位置右移,即信号的第一个零点的宽度增大。这种情况的极限就是 τ 趋近于零的冲激函数的频谱。

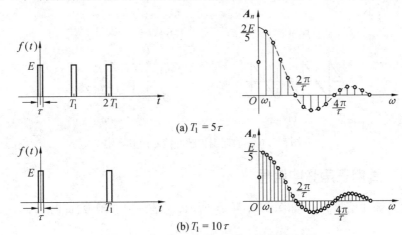

(a) $T_1 = 5\tau$

(b) $T_1 = 10\tau$

图 3.2.4　不同 T_1 值下周期矩形信号的频谱

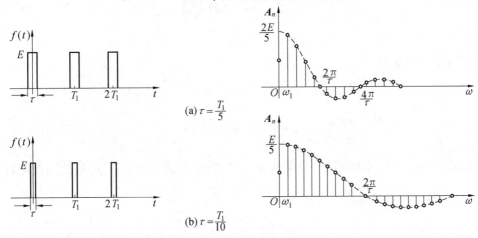

(a) $\tau = \dfrac{T_1}{5}$

(b) $\tau = \dfrac{T_1}{10}$

图 3.2.5　不同 τ 值下周期矩形信号的频谱

下面给出几种其他典型周期信号的傅里叶级数。

3.2.2　周期锯齿脉冲信号

周期锯齿脉冲信号 $f(t)$ 如图 3.2.6(a) 所示,这是一个奇函数,此时

$$a_0 = 0$$

$$a_n = 0$$

$$b_n = \frac{(-1)^{n+1}E}{n\pi}$$

其傅里叶级数为

$$f(t) = \frac{E}{\pi}\left[\sin(\omega_1 t) - \frac{1}{2}\sin(2\omega_1 t) + \frac{1}{3}\sin(3\omega_1 t) - \cdots + \frac{(-1)^{n+1}}{n}\sin(n\omega_1 t) + \cdots\right] =$$

$$\frac{E}{\pi}\sum_{n=1}^{+\infty}\frac{(-1)^{n+1}}{n}\sin(n\omega_1 t)$$

周期锯齿脉冲信号的频谱只包含正弦分量,谐波的幅度以 $\dfrac{1}{n}$ 的规律收敛,其频谱图如图 3.2.6(b) 所示。

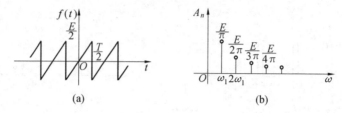

(a)　　　　　　　　　　(b)

图 3.2.6　周期锯齿脉冲信号及其频谱

3.2.3　周期三角脉冲信号

周期三角脉冲信号 $f(t)$ 如图 3.2.7(a) 所示,这是一个偶函数,此时

$$a_0 = E$$

$$a_n = \frac{4E}{\pi^2 n^2}\sin^2\left(\frac{n\pi}{2}\right)$$

$$b_n = 0$$

其傅里叶级数为

$$f(t) = \frac{E}{2} + \frac{4E}{\pi^2}\left[\cos(\omega_1 t) + \frac{1}{9}\cos(3\omega_1 t) + \frac{1}{25}\cos(5\omega_1 t) + \cdots\right] =$$

$$\frac{E}{2} + \frac{4E}{\pi^2}\sum_{n=1}^{+\infty}\frac{1}{n^2}\sin^2\left(\frac{n\pi}{2}\right)\cos(n\omega_1 t)$$

周期三角脉冲信号的频谱只包含直流、基波和奇次谐波频率分量,谐波的幅度以 $\dfrac{1}{n^2}$ 的规律收敛,其频谱图如图 3.2.7(b) 所示。

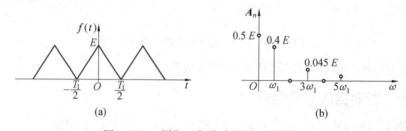

(a)　　　　　　　　　　(b)

图 3.2.7　周期三角脉冲信号及其频谱

3.2.4　周期半波余弦信号

周期半波余弦信号 $f(t)$ 如图 3.2.8(a) 所示,这是一个偶函数,此时

$$a_0 = \frac{2E}{\pi}$$

$$a_n = -\frac{2E}{\pi(n^2-1)}\cos\left(\frac{n\pi}{2}\right)$$

$$b_n = 0$$

其傅里叶级数为

$$f(t) = \frac{E}{\pi} + \frac{E}{2}\Big[\cos(\omega_1 t) + \frac{4}{3\pi}\cos(2\omega_1 t) - \frac{4}{15\pi}\cos(4\omega_1 t) + \cdots\Big] =$$

$$\frac{E}{\pi} - \frac{2E}{\pi}\sum_{n=1}^{+\infty}\frac{1}{n^2-1}\cos\Big(\frac{n\pi}{2}\Big)\cos(n\omega_1 t)$$

周期半波余弦信号的频谱只包含直流、基波和偶次谐波频率分量,谐波的幅度以 $\frac{1}{n^2}$ 的规律收敛,其频谱图如图 3.2.8(b) 所示。

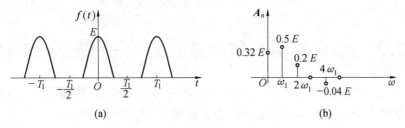

(a)　　　　　　　　　　　　　(b)

图 3.2.8　周期半波余弦信号及其频谱

3.2.5　周期全波余弦信号

若设余弦信号为 $E\cos(\omega_1 t)$,其中 $\omega_1 = \frac{2\pi}{T_1}$,则此时周期全波余弦信号 $f(t)$ 为

$$f(t) = E\,|\cos(\omega_1 t)|$$

如图 3.2.9(a) 所示,这是一个偶函数,而且全波余弦信号 $f(t)$ 的周期 T_0 只有周期余弦信号 $E\cos(\omega_1 t)$ 周期 T_1 的一半,即 $T_0 = \frac{T_1}{2}$,同时频率 $\omega_0 = \frac{2\pi}{T_0} = 2\omega_1$。以周期全波余弦信号参数 ω_0 计算,此时

$$a_0 = \frac{4E}{\pi}$$

$$a_n = \frac{4E\,(-1)^{n+1}}{\pi(4n^2-1)}$$

$$b_n = 0$$

求出傅里叶级数为

$$f(t) = \frac{2E}{\pi} + \frac{4E}{3\pi}\cos(\omega_0 t) - \frac{4E}{15\pi}\cos(2\omega_0 t) + \frac{4E}{35\pi}\cos(3\omega_0 t) - \cdots$$

以使用余弦信号参数 ω_1 表示,则傅里叶级数为

$$f(t) = \frac{2E}{\pi} + \frac{4E}{\pi}\Big[\frac{1}{3}\cos(2\omega_1 t) - \frac{1}{15}\cos(4\omega_1 t) + \frac{1}{35}\cos(6\omega_1 t) - \cdots\Big] =$$

$$\frac{2E}{\pi} + \frac{4E}{\pi}\sum_{n=1}^{+\infty}\frac{(-1)^{n+1}}{4n^2-1}\cos(2n\omega_1 t)$$

可见周期全波余弦信号的频谱包含直流、ω_0 的基波和各次谐波频率分量;或者说,只包含直流和 ω_1 的偶次谐波频率分量。谐波的幅度以 $\frac{1}{n^2}$ 的规律收敛,其频谱图如图 3.2.9(b) 所示。

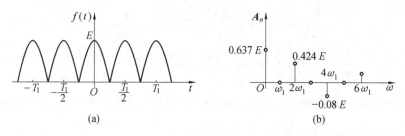

图 3.2.9　周期全波余弦信号及其频谱

3.3　非周期信号的频谱分析 —— 傅里叶变换

根据上一节的讨论,非周期信号可以看作周期趋于无穷大的周期信号,从这一思想出发,可以在周期信号频谱分析的基础上研究非周期信号的频谱分析。

在讨论矩形脉冲信号的频谱时,我们已经指出,当脉冲宽度 τ 不变而增大周期 T_1 时,随着 T_1 的增大,谱线间隔 $\omega_1 = \dfrac{2\pi}{T_1}$ 将越来越密,同时谱线的幅度 $\dfrac{E\tau}{T_1}$ 将越来越小。如果 T_1 趋于无穷大,则周期矩形脉冲信号将演变成非周期的矩形脉冲信号。可以预料,此时谱线会无限密集而演变成连续的频谱(即 ω_1 趋于零),谱线的幅度将趋于零,理论上信号分解的各分量都不存在,无法进行研究了。但是从物理概念上考虑,既然作为信号必然会含有一定的能量,无论信号怎样分解,其所含的能量是不变的(能量守恒),可以看成是无限多个无穷小量的和。而这些无穷小量并不是同样大小的,它们的相对值之间仍存在差别。为了表明这种幅度之间的相对差异,需要引入一个新的概念 —— 频谱密度函数。

3.3.1　从傅里叶级数到傅里叶变换

设周期信号 $f(t)$,展成指数傅里叶级数为

$$f(t) = \sum_{n=-\infty}^{+\infty} c_n e^{jn\omega_1 t}$$

其频谱为

$$c_n = \frac{1}{T_1} \int_{-\frac{T_1}{2}}^{+\frac{T_1}{2}} f(t) e^{-jn\omega_1 t} dt$$

为了避免出现 $T_1 \to +\infty$ 时, $c_n \to 0$ 的情况,对上式两边同乘 T_1 ,则得

$$c_n \cdot T_1 = \frac{2\pi c_n}{\omega_1} = \int_{-\frac{T_1}{2}}^{+\frac{T_1}{2}} f(t) e^{-jn\omega_1 t} dt \tag{3.3.1}$$

对于非周期信号,重复周期 $T_1 \to +\infty$ 时,重复频率 $\omega_1 \to 0$,谱线间隔 $\Delta(n\omega_1) \to d\omega$,而离散频率 $n\omega_1$ 变成连续变量 ω 。在这种极限情况下,虽然 c_n 趋于零,但 $c_n \cdot T_1$ 并不趋于零,而是趋于一个有限值,记作 $F(\omega)$,则可定义为

$$F(\omega) = \lim_{T_1 \to +\infty} c_n \cdot T_1 = \lim_{\omega_1 \to 0} \frac{2\pi c_n}{\omega_1} = \lim_{f_1 \to 0} \frac{c_n}{f_1} \tag{3.3.2}$$

式(3.3.2)中$\dfrac{c_n}{\omega_1}$表示单位频带的频谱值,即频谱密度的概念。因此$F(\omega)$称为函数$f(t)$的频谱密度函数,或简称频谱函数。

这样,在非周期信号的情况下,式(3.3.2)变为

$$F(\omega) = \lim_{T_1 \to +\infty} \int_{-\frac{T_1}{2}}^{+\frac{T_1}{2}} f(t)\,\mathrm{e}^{-jn\omega_1 t}\mathrm{d}t$$

即

$$F(\omega) = \int_{-\infty}^{+\infty} f(t)\,\mathrm{e}^{-j\omega t}\mathrm{d}t \tag{3.3.3}$$

这就是非周期信号$f(t)$的傅里叶变换定义式。$F(\omega)$一般为复函数,可以写成

$$F(\omega) = |F(\omega)|\,\mathrm{e}^{j\varphi(\omega)}$$

式中　$|F(\omega)|$——$F(\omega)$的模,它代表信号中各频率分量的相对大小。

$\varphi(\omega)$是$F(\omega)$的相位函数,它表示信号中各频率分量之间的相位关系。与讨论周期信号的谐波振幅A_n和相位φ_n一样,这里$|F(\omega)|$是频率ω的偶函数,$\varphi(\omega)$是ω的奇函数。

讨论如何用频谱密度函数$F(\omega)$表示时间函数$f(t)$的问题,即傅里叶反变换。我们仍然把问题返回到周期信号的情况。

设周期信号的指数傅里叶级数为

$$f(t) = \sum_{n=-\infty}^{+\infty} c_n \mathrm{e}^{jn\omega_1 t}$$

其中

$$c_n = \frac{1}{T_1}\int_{-\frac{T_1}{2}}^{+\frac{T_1}{2}} f(t)\,\mathrm{e}^{-jn\omega_1 t}\mathrm{d}t$$

将c_n代入前式,可得

$$f(t) = \sum_{n=-\infty}^{+\infty} \frac{1}{T_1}\left[\int_{-\frac{T_1}{2}}^{+\frac{T_1}{2}} f(t)\,\mathrm{e}^{-jn\omega_1 t}\mathrm{d}t\right]\mathrm{e}^{jn\omega_1 t}$$

当T_1趋于无限大时,周期信号变为非周期信号,并且

$$\omega_1 \to \mathrm{d}\omega,\ n\omega_1 \to \omega,\ T_1 = \frac{2\pi}{\omega_1} \to \frac{2\pi}{\mathrm{d}\omega}$$

同时

$$\sum_{n=-\infty}^{+\infty} \to \int_{-\infty}^{+\infty}$$

则傅里叶级数就变成积分形式

$$f(t) = \frac{1}{2\pi}\int_{-\infty}^{+\infty}\left[\int_{-\infty}^{+\infty} f(t)\,\mathrm{e}^{-j\omega t}\mathrm{d}t\right]\mathrm{e}^{j\omega t}\mathrm{d}\omega = \frac{1}{2\pi}\int_{-\infty}^{+\infty} F(\omega)\mathrm{e}^{j\omega t}\mathrm{d}\omega \tag{3.3.4}$$

这就是$F(\omega)$的傅里叶反变换定义式。可以看出,$f(t)$和$F(\omega)$可以互相表示,通常称为傅里叶变换对。通过式(3.3.3)由$f(t)$计算$F(\omega)$称为傅里叶正变换,通过式(3.3.4)由$F(\omega)$求解$f(t)$称为傅里叶反变换。通常傅里叶正/反变换用如下符号表示:

$$F(\omega) = \mathscr{F}[f(t)] = \int_{-\infty}^{+\infty} f(t)\,\mathrm{e}^{-j\omega t}\mathrm{d}t$$

$$f(t) = \mathscr{F}^{-1}[F(\omega)] = \frac{1}{2\pi}\int_{-\infty}^{+\infty} F(\omega) e^{j\omega t} d\omega$$

与周期信号类似,这里也可把式(3.3.4)中的被积函数写成三角函数的形式,即

$$f(t) = \frac{1}{2\pi}\int_{-\infty}^{+\infty} F(\omega) e^{j\omega t} d\omega = \frac{1}{2\pi}\int_{-\infty}^{+\infty} |F(\omega)| e^{j[\omega t + \varphi(\omega)]} d\omega =$$

$$\frac{1}{2\pi}\int_{-\infty}^{+\infty} |F(\omega)| \cos[\omega t + \varphi(\omega)] d\omega +$$

$$j\frac{1}{2\pi}\int_{-\infty}^{+\infty} |F(\omega)| \sin[\omega t + \varphi(\omega)] d\omega$$

由于当$f(t)$为实函数时,$|F(\omega)|$是频率ω的偶函数,$\varphi(\omega)$是ω的奇函数,所以上式可以化简为

$$f(t) = \frac{1}{2\pi}\int_{-\infty}^{+\infty} |F(\omega)| \cos[\omega t + \varphi(\omega)] d\omega =$$

$$\frac{1}{\pi}\int_{0}^{+\infty} |F(\omega)| \cos[\omega t + \varphi(\omega)] d\omega \qquad (3.3.5)$$

由式(3.3.5)可见,非周期信号和周期信号一样,可以分解为许多不同频率的正弦分量之和。不同的是非周期信号的周期趋于无限大,基波频率趋于无限小,因此它包含了从零到无穷大的所有频率分量。同时,由于周期趋于无限大,对任意能量有限信号在各频率点上的分量幅度$|F(\omega)| d\omega/\pi$趋于无限小。所以频谱不能再用幅度表示,而改用密度函数来表示。为了与周期信号的频谱相一致,习惯上也把$|F(\omega)| \sim \omega$与$\varphi(\omega) \sim \omega$的曲线分别称为非周期信号的幅度频谱与相位频谱,它们都是频率ω的连续函数,在形状上与相应的周期信号频谱包络线相同。

应当指出,与周期函数展开为傅里叶级数的条件一样,对非周期函数进行傅里叶变换,也要满足狄里赫利条件。这时,信号的绝对可积条件为

$$\int_{-\infty}^{+\infty} |f(t)| dt < +\infty$$

同时还要指出,狄里赫利条件也是对信号进行傅里叶变换的充分条件而非必要条件。以后我们将会看到,有一些信号虽然并非绝对可积,但借助奇异函数(如冲激函数)的概念,其傅里叶变换也是存在的。

3.3.2　傅里叶变换与傅里叶级数的关系

为了比较傅里叶变换与傅里叶级数在运算上的关系,来讨论一下非周期单脉冲信号的傅里叶变换与周期脉冲序列的傅里叶级数的关系。

已知周期信号$f(t)$的傅里叶级数

$$f(t) = \sum_{n=-\infty}^{+\infty} c_n e^{jn\omega_1 t} \qquad (3.3.6)$$

其中傅里叶系数为

$$c_n = \frac{1}{T_1}\int_{-\frac{T_1}{2}}^{+\frac{T_1}{2}} f(t) e^{-jn\omega_1 t} dt \qquad (3.3.7)$$

从周期脉冲信号 $f(t)$ 中截取一个周期,得到单个脉冲信号 $f_0(t)$,即

$$f(t) = \sum_{k=-\infty}^{+\infty} f_0(t + kT_1) \tag{3.3.8}$$

于是单个脉冲信号 $f_0(t)$ 的傅里叶变换为

$$F_0(\omega) = \int_{-\infty}^{+\infty} f_0(t) e^{-j\omega t} dt = \lim T_1 c_n \tag{3.3.9}$$

比较 c_n 和 $F_0(\omega)$ 的表达式(3.3.7) 和式(3.3.9),可得

$$c_n = \frac{1}{T_1} F_0(\omega) \Big|_{\omega = n\omega_1} \tag{3.3.10}$$

该结果表明:周期脉冲序列的傅里叶级数的系数 c_n 等于单脉冲的傅里叶变换 $F_0(\omega)$ 在 $n\omega_1$ 频率点的值乘以 $\frac{1}{T_1}$,因此利用单脉冲的傅里叶变换可以很方便地求出周期脉冲序列的傅里叶级数的系数。

3.4　典型信号的傅里叶变换

同样,为了便于复杂信号的傅里叶变换分析,本节介绍几种典型非周期信号频谱的求解方法。

3.4.1　矩形脉冲信号

矩形脉冲信号如图 3.4.1 所示,其表达式为

$$f(t) = g_\tau(t) = E\left[u\left(t + \frac{\tau}{2}\right) - u\left(t - \frac{\tau}{2}\right) \right] \tag{3.4.1}$$

式中　　E——脉冲幅度;

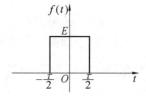

图 3.4.1　矩形脉冲信号

　　　　τ——脉冲宽度。

根据傅里叶变换定义式,可得矩形脉冲信号的频谱函数为

$$F(\omega) = G_\tau(\omega) = \int_{-\infty}^{+\infty} f(t) e^{-j\omega t} dt = \int_{-\frac{\tau}{2}}^{+\frac{\tau}{2}} E e^{-j\omega t} dt = \frac{E}{j\omega}(e^{\frac{j\omega\tau}{2}} - e^{-\frac{j\omega\tau}{2}}) =$$

$$\frac{2E}{\omega} \sin\left(\frac{\omega\tau}{2}\right) = E\tau \text{Sa}\left(\frac{\omega\tau}{2}\right) \tag{3.4.2}$$

而矩形脉冲信号的幅度谱和相位谱分别为

$$|F(\omega)| = E\tau \left| \text{Sa}\left(\frac{\omega\tau}{2}\right) \right|$$

$$\varphi(\omega) = \begin{cases} 0 & \left(\dfrac{4n\pi}{\tau} < |\omega| < \dfrac{2(2n+1)\pi}{\tau}\right) \\ \pi & \left(\dfrac{2(2n+1)\pi}{\tau} < |\omega| < \dfrac{4(n+1)\pi}{\tau}\right) \end{cases} \quad (n = 0, 1, 2, \cdots)$$

图 3.4.2(a) 表示 $F(\omega)$ 的幅度频谱 $|F(\omega)|$,图形对称于纵轴,为 ω 的偶函数;图 3.4.2(b) 表示相位频谱 $\varphi(\omega)$,为 ω 的奇函数。另一方面,由于 $F(\omega)$ 在这里是实函数,通常也可用一条 $F(\omega) \sim \omega$ 曲线同时表示幅度谱 $|F(\omega)|$ 和相位谱 $\varphi(\omega)$,如图 3.4.2(c) 所示。

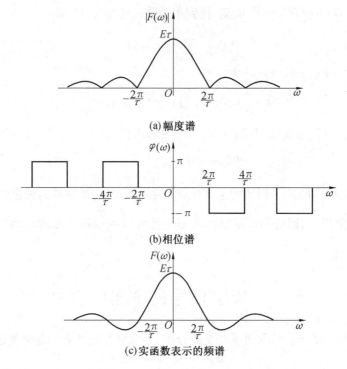

(a) 幅度谱

(b)相位谱

(c)实函数表示的频谱

图 3.4.2　矩形脉冲信号的频谱

由以上讨论可以得到非周期矩形脉冲信号的频谱有以下特点：

（1）矩形脉冲信号的频谱曲线与周期矩形脉冲信号的离散频谱的包络线形状完全相同，都是以抽样信号 $\mathrm{Sa}\left(\dfrac{\omega\tau}{2}\right)$ 的规律变化；

（2）尽管矩形脉冲信号的频谱分布在无限宽的频率范围上，但是其主要的信号能量集中于 $f = 0 \sim \dfrac{1}{\tau}$。因而，通常认为这种信号占有频率范围（频带）$B$ 近似为 $\dfrac{1}{\tau}$，即 $B \approx \dfrac{1}{\tau}$。

值得注意的是，虽然非周期矩形脉冲信号在时域集中于有限的范围内，但它的频谱却分布在无限宽的频率范围上；反之，如果信号的频谱集中在有限的范围内，那么它在时域的分布必将在无限宽的范围上。这里再一次强调，信号在**时域有限、频域无限**或**频域有限、时域无限**的特性在信号分析中具有普遍意义，也是非常重要的概念。

3.4.2　单边指数信号

单边指数信号如图 3.4.3(a) 所示，其表达式为

$$f(t) = \begin{cases} \mathrm{e}^{-at} & (t \geqslant 0; a \text{ 为正实数}) \\ 0 & (t < 0) \end{cases}$$

根据傅里叶变换定义式，单边指数信号的频谱函数为

$$F(\omega) = \int_{-\infty}^{+\infty} f(t)\,\mathrm{e}^{-j\omega t}\mathrm{d}t = \int_{0}^{+\infty} \mathrm{e}^{-at}\,\mathrm{e}^{-j\omega t}\mathrm{d}t = \int_{0}^{+\infty} \mathrm{e}^{-(a+j\omega)t}\mathrm{d}t = \frac{1}{a + j\omega}$$

其幅度谱和相位谱分别为

$$|F(\omega)| = \frac{1}{\sqrt{a^2 + \omega^2}}$$

$$\varphi(\omega) = -\tan^{-1}\frac{\omega}{a}$$

幅度谱和相位谱如图 3.4.3(b) 和(c) 所示。

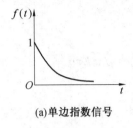　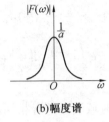　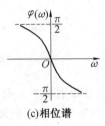

(a)单边指数信号　　　　　　(b)幅度谱　　　　　　　(c)相位谱

图 3.4.3　单边指数信号的波形及频谱

3.4.3　双边指数信号

双边指数信号如图 3.4.4(a) 所示,其表达式为

$$f(t) = e^{-a|t|} \quad (a \text{ 为正实数})$$

根据傅里叶变换定义式,双边指数信号的频谱函数为

$$F(\omega) = \int_{-\infty}^{+\infty} f(t)e^{-j\omega t}dt = \int_{-\infty}^{+\infty} e^{-a|t|}e^{-j\omega t}dt = \int_{-\infty}^{0} e^{at}e^{-j\omega t}dt + \int_{0}^{+\infty} e^{-at}e^{-j\omega t}dt =$$

$$\frac{1}{a - j\omega} + \frac{1}{a + j\omega} = \frac{2a}{a^2 + \omega^2}$$

幅度谱和相位谱分别为

$$|F(\omega)| = \frac{2a}{a^2 + \omega^2}$$

$$\varphi(\omega) = 0$$

信号频谱如图 3.4.4(b) 所示。

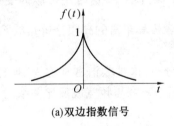

(a)双边指数信号　　　　　　　　(b)信号频谱

图 3.4.4　双边指数信号的波形及频谱

3.4.4　高斯脉冲信号

高斯脉冲又称钟形脉冲,如图 3.4.5(a) 所示,其表达式为

$$f(t) = E e^{-\left(\frac{t}{\tau}\right)^2}$$

根据傅里叶变换定义式,高斯脉冲信号的频谱函数为

$$F(\omega) = \int_{-\infty}^{+\infty} E e^{-\left(\frac{t}{\tau}\right)^2} e^{-j\omega t} dt$$

为了计算该积分,利用广义积分公式

$$\int_{-\infty}^{+\infty} e^{-t^2} dt = \sqrt{\pi}$$

得

$$F(\omega) = E \int_{-\infty}^{+\infty} e^{-\left(\frac{t}{\tau}\right)^2} e^{-\left(\frac{j\omega\tau}{2}\right)^2} e^{\left(\frac{j\omega\tau}{2}\right)^2} e^{-j\omega t} dt =$$

$$E\tau e^{-\frac{\omega^2\tau^2}{4}} \int_{-\infty}^{+\infty} e^{-\left(\frac{t}{\tau} + \frac{j\omega\tau}{2}\right)^2} d\left(\frac{t}{\tau} + \frac{j\omega\tau}{2}\right) = \sqrt{\pi} E\tau e^{-\frac{\omega^2\tau^2}{4}}$$

高斯信号频谱如图 3.4.5(b) 所示。

可见,高斯信号频谱的波形与其时域波形具有相同的形状,同为高斯函数,这一点在信号的时 - 频分析应用中是非常重要的。

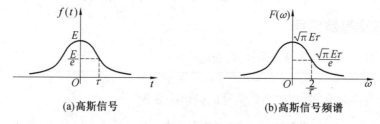

(a)高斯信号   (b)高斯信号频谱

图 3.4.5　高斯脉冲信号的波形及频谱

3.4.5　单位冲激信号

单位冲激信号如图 3.4.6(a) 所示,其傅里叶变换为

$$F(\omega) = \int_{-\infty}^{+\infty} \delta(t) e^{-j\omega t} dt = 1$$

此结果也可以由矩形脉冲取极限得到,即当脉冲宽度 τ 减小时,其矩形脉冲频谱的第一个零点 $\left(\frac{2\pi}{\tau}\right)$ 右移,可以想象,若 $\tau \to 0$,而 $E\tau = 1$ 保持不变,这时矩形脉冲变成冲激信号 $\delta(t)$,其相应频谱的第一个零点将移至无穷远(包含极其丰富的高频分量),故 $F(\omega)$ 必为常数 1。

单位冲激函数的频谱在整个频率范围内均匀分布,这种频谱常常称为"均匀谱"或"白色谱",如图 3.4.6(b) 所示。同时此图也表明了信号时宽与频宽成反比关系的一种极端情况。

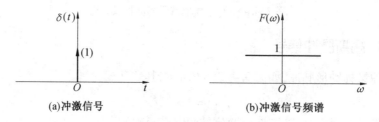

(a)冲激信号   (b)冲激信号频谱

图 3.4.6　单位冲激信号及其频谱

3.4.6 单位直流信号

幅度为 1 的单位直流信号表达式为

$$f(t) = 1 \quad (-\infty < t < +\infty)$$

显然,该信号不满足绝对可积条件,但它的傅里叶变换存在。在求解中可以把它看作双边指数信号 $e^{-a|t|}(a > 0)$ 当 $a \to 0$ 时的极限。因此,单位直流信号的傅里叶变换应该是双边指数信号 $e^{-a|t|}(a > 0)$ 的频谱当 $a \to 0$ 时的极限。

前面双边指数信号已求得

$$\mathscr{F}\left[\,e^{-a|t|}\,\right] = \frac{2a}{a^2 + \omega^2}$$

则单位直流信号的傅里叶变换为

$$F(\omega) = \lim_{a \to 0} \frac{2a}{a^2 + \omega^2} = \begin{cases} 0 & (\omega \neq 0) \\ +\infty & (\omega = 0) \end{cases}$$

表明 $F(\omega)$ 是 ω 的冲激函数,其强度为

$$\lim_{a \to 0} \int_{-\infty}^{+\infty} \frac{2a}{a^2 + \omega^2} \mathrm{d}\omega = \lim_{a \to 0} \int_{-\infty}^{+\infty} \frac{2}{1 + \left(\frac{\omega}{a}\right)^2} \mathrm{d}\left(\frac{\omega}{a}\right) = \lim_{a \to 0} 2\tan^{-1}\left(\frac{\omega}{a}\right) \bigg|_{-\infty}^{+\infty} = 2\pi$$

所以有

$$F(\omega) = 2\pi\delta(\omega)$$

单位直流信号及其频谱如图 3.4.7 所示。

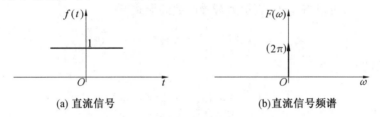

(a) 直流信号　　　　　　　　　　(b)直流信号频谱

图 3.4.7　单位直流信号及其频谱

可见,单位直流信号的频谱是一个冲激信号,其冲激强度为 2π。如果与单位冲激信号的频谱结果相比较可以得出结论:冲激函数与常数(直流)在时域和频域是对偶的,即如果信号在时域为冲激信号,那么在频域的频谱函数为常数;反之,如果信号在时域为直流(常数)信号,那么在频域的频谱函数必为冲激函数。这一特性在下一节中将详细介绍。

3.4.7 符号函数

符号函数 $\mathrm{sgn}(t)$ 表达式为

$$\mathrm{sgn}(t) = \begin{cases} -1 & (t < 0) \\ 1 & (t > 0) \end{cases}$$

显然,该函数也不满足绝对可积条件,可采用与单位直流信号相类似的方法。令

$$\mathrm{sgn}(t) = \lim_{a \to 0}\left[\,e^{-at}u(t) - e^{at}u(-t)\,\right]$$

则

$$F(\omega) = \lim_{a \to 0} \left[\int_0^{+\infty} e^{-at} e^{-j\omega t} dt - \int_{-\infty}^0 e^{at} e^{-j\omega t} dt \right] =$$

$$\lim_{a \to 0} \left[\frac{1}{a + j\omega} - \frac{1}{a - j\omega} \right] = \lim_{a \to 0} \frac{-j2\omega}{a^2 + \omega^2} = \frac{2}{j\omega}$$

其中

$$|F(\omega)| = \frac{2}{|\omega|}$$

$$\varphi(\omega) = \begin{cases} -\pi/2 & (\omega > 0) \\ +\pi/2 & (\omega < 0) \end{cases}$$

符号函数的波形和频谱如图 3.4.8 所示。注意 $F(\omega)$ 的表达式中 $\omega \neq 0$。

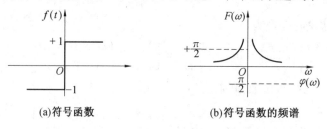

(a)符号函数   (b)符号函数的频谱

图 3.4.8   符号函数的波形和频谱

3.4.8   单位阶跃信号

从单位阶跃信号 $u(t)$ 的定义,可以很容易看出其也不满足绝对可积条件,但它仍存在傅里叶变换。此时,可以将 $u(t)$ 表示为符号函数的形式,即

$$u(t) = \frac{1}{2} + \frac{1}{2}\text{sgn}(t)$$

两边进行傅里叶变换,得

$$\mathscr{F}[u(t)] = \mathscr{F}\left(\frac{1}{2}\right) + \frac{1}{2}\mathscr{F}[\text{sgn}(t)]$$

则 $u(t)$ 的傅里叶变换为

$$F(\omega) = \pi\delta(\omega) + \frac{1}{j\omega}$$

单位阶跃信号的波形和频谱如图 3.4.9 所示。可见,单位阶跃信号的频谱中包含一个冲激函数,这是由于单位阶跃函数中包含直流成分的结果。

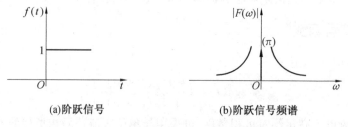

(a)阶跃信号   (b)阶跃信号频谱

图 3.4.9   单位阶跃信号的波形及其频谱

3.5　　傅里叶变换的基本性质

由前面的介绍可知,信号可以有两种分析方法:时域分析和频域分析。为了进一步了解信号的这两种分析之间的相互关系,如信号的时域特性在频域中如何对应,而在频域中的一些运算又在时域中会引起什么效应等等,有必要讨论傅里叶变换的一些重要性质。另外,傅里叶变换的很多性质对简化傅里叶变换或反变换的求解往往也有较多益处,在信号与系统的应用中,它们属于优化问题。

3.5.1　　线性特性

设任意两个信号 $f_1(t)$ 和 $f_2(t)$,其频谱函数分别为 $F_1(\omega)$ 和 $F_2(\omega)$,若 a_1 和 a_2 是两个任意常数,则 $a_1f_1(t)$ 和 $a_2f_2(t)$ 之和的频谱函数为 $a_1F_1(\omega)$ 和 $a_2F_2(\omega)$ 之和。可以表示为

$$f_1(t) \leftrightarrow F_1(\omega)$$
$$f_2(t) \leftrightarrow F_2(\omega)$$

则
$$a_1f_1(t) + a_2f_2(t) \leftrightarrow a_1F_1(\omega) + a_2F_2(\omega) \tag{3.5.1}$$

这一性质由傅里叶变换定义式很容易证明,并可以推广到 N 个信号的情况,即

$$\sum_{i=1}^{N} a_if_i(t) \leftrightarrow \sum_{i=1}^{N} a_iF_i(\omega)$$

由第 1 章讨论可知,线性特性有两个含义:① 齐次性(均匀性),它表明若信号 $f(t)$ 乘以常数 a,则其频谱函数 $F(\omega)$ 也乘以相同的常数 a;② 叠加性(可加性),它表明几个信号之和的频谱等于各个信号频谱之和。

【例 3.5.1】　　求图 3.5.1(a) 所示信号 $f(t)$ 的频谱。

解　　由已知可见,信号 $f(t)$ 可以分解成两个矩形脉冲叠加的形式,即

$$f(t) = g_4(t) + g_2(t)$$

如图 3.5.1(b) 和 (c) 所示。根据傅里叶变换的线性特性和矩形脉冲的傅里叶变换 $\mathscr{F}[g_\tau(t)] = E\tau\mathrm{Sa}\left(\dfrac{\omega\tau}{2}\right)$,可得

$$F(\omega) = 4\mathrm{Sa}(2\omega) + 2\mathrm{Sa}(\omega)$$

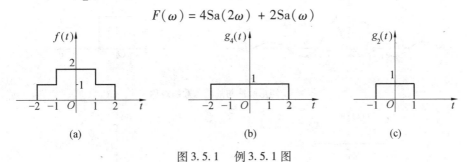

图 3.5.1　　例 3.5.1 图

3.5.2　　对称特性

该性质说明傅里叶变换和反变换之间的对称关系。

若
$$f(t) \leftrightarrow F(\omega)$$

则
$$F(t) \leftrightarrow 2\pi f(-\omega) \tag{3.5.2a}$$

证明

因为

$$f(t) = \frac{1}{2\pi} \int_{-\infty}^{+\infty} F(\omega) e^{j\omega t} d\omega$$

于是

$$f(-t) = \frac{1}{2\pi} \int_{-\infty}^{+\infty} F(\omega) e^{-j\omega t} d\omega$$

将上式中的变量 t 与 ω 互换,可得

$$2\pi f(-\omega) = \int_{-\infty}^{+\infty} F(t) e^{-j\omega t} dt$$

所以

$$F(t) \leftrightarrow 2\pi f(-\omega)$$

特别是,若 $f(t)$ 是偶函数,即 $f(t) = f(-t)$,则式(3.5.2a) 变成

$$F(t) \leftrightarrow 2\pi f(\omega) \tag{3.5.2b}$$

由式(3.5.2a)、式(3.5.2b) 可以看出,在一般情况下,若 $f(t)$ 的频谱为 $F(\omega)$,则为了求得 $F(t)$ 的频谱,可以利用 $f(-\omega)$ 给出。当 $f(t)$ 为偶函数时,这种对称关系得到简化,即如果 $f(t)$ 的频谱为 $F(\omega)$,那么形状为 $F(t)$ 波形的信号,其频谱必为 $2\pi f(\omega)$。此处系数 2π 只影响坐标尺度,而不影响函数特性。

现在给出两个傅里叶正变换和反变换对称特性的例子:矩形脉冲信号的频谱为 $\mathrm{Sa}(\omega)$ 函数,而 $\mathrm{Sa}(t)$ 形脉冲信号的频谱必然为矩形函数。同样,直流信号的频谱为冲激函数,而冲激信号的频谱必然为常数,如图 3.5.2 所示。

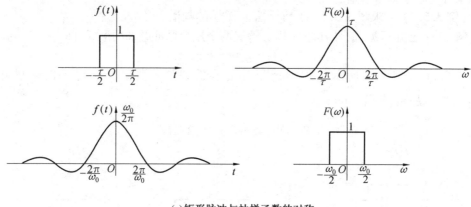

(a)矩形脉冲与抽样函数的对称

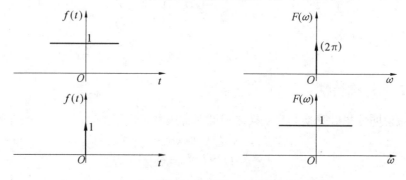

(b)直流信号(常数)与冲激函数的对称

图 3.5.2　傅里叶正变换和反变换的对称特性

3.5.3 尺度变换特性

若
$$f(t) \leftrightarrow F(\omega)$$
则对于实常数 $a \neq 0$ 有

$$f(at) \leftrightarrow \frac{1}{|a|} F\left(\frac{\omega}{a}\right) \tag{3.5.3}$$

证明 由傅里叶变换定义

$$\mathscr{F}[f(at)] = \int_{-\infty}^{+\infty} f(at) \mathrm{e}^{-\mathrm{j}\omega t} \mathrm{d}t$$

令 $x = at$, 当 $a > 0$ 时

$$\mathscr{F}[f(at)] = \frac{1}{a} \int_{-\infty}^{+\infty} f(x) \mathrm{e}^{-\mathrm{j}\frac{\omega}{a}x} \mathrm{d}x = \frac{1}{a} F\left(\frac{\omega}{a}\right)$$

当 $a < 0$ 时

$$\mathscr{F}[f(at)] = \frac{1}{a} \int_{+\infty}^{-\infty} f(x) \mathrm{e}^{-\mathrm{j}\frac{\omega}{a}x} \mathrm{d}x = \frac{-1}{a} \int_{-\infty}^{+\infty} f(x) \mathrm{e}^{-\mathrm{j}\frac{\omega}{a}x} \mathrm{d}x = \frac{-1}{a} F\left(\frac{\omega}{a}\right)$$

综合上述两种情况, 便可得到尺度变换特性表达式为

$$f(at) \leftrightarrow \frac{1}{|a|} F\left(\frac{\omega}{a}\right)$$

式(3.5.3)表明信号在时域中压缩($a > 1$),意味着在频域中信号频带的扩展;反之,信号在时域中扩展($a < 1$),则意味着在频域中信号频带的压缩。图3.5.3示意出矩形脉冲信号波形展缩及其频谱函数相应变化的情况。

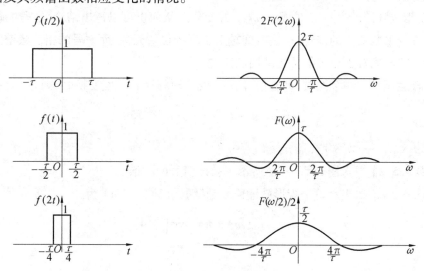

图 3.5.3 尺度变换特性的举例说明

可以想象,在保持能量不变的情况下,如果矩形脉冲信号的宽度 τ 趋近于零,则其频谱宽度必然趋于无穷大,即是一个常数;反之,如果矩形脉冲信号的宽度 τ 趋于无穷大,则其频谱宽度必然趋近于零,即是一个冲激函数。

作为一个特例,在式(3.5.3)中,对于 $a = -1$,则

$$f(-t) \leftrightarrow F(-\omega)$$

表明信号在时域中沿纵轴翻转等效于在频域中频谱也沿纵轴翻转。

3.5.4　时移特性

若

$$f(t) \leftrightarrow F(\omega)$$

则对于常数 t_0，有

$$f(t - t_0) \leftrightarrow e^{-j\omega t_0} F(\omega) \tag{3.5.4a}$$

证明　因为

$$\mathscr{F}[f(t - t_0)] = \int_{-\infty}^{+\infty} f(t - t_0) e^{-j\omega t} dt$$

令

$$x = t - t_0$$

则

$$\mathscr{F}[f(t - t_0)] = \int_{-\infty}^{+\infty} f(x) e^{-j\omega x} e^{-j\omega t_0} dx = e^{-j\omega t_0} \int_{-\infty}^{+\infty} f(x) e^{-j\omega x} dx = e^{-j\omega t_0} F(\omega)$$

所以

$$f(t - t_0) \leftrightarrow e^{-j\omega t_0} F(\omega)$$

同理可得

$$f(t + t_0) \leftrightarrow e^{j\omega t_0} F(\omega) \tag{3.5.4b}$$

由式(3.5.4a)、式(3.5.4b)可以看出，信号 $f(t)$ 在时域中沿时间轴右移（或左移）t_0，即延时（或超前）t_0，则在频域中频谱乘以相位因子 $e^{-j\omega t_0}$（或 $e^{j\omega t_0}$），具体表现为信号的幅度频谱不变，而相位频谱产生 $-\omega t_0$（或 $+\omega t_0$）的变化。从而也可以得出结论：**信号的幅度频谱是由信号波形形状决定的，与信号在时间轴上出现的位置无关；而信号的相位频谱则是信号波形形状和在时间轴上出现的位置共同决定的。**

联合运用以上两个性质，即若信号 $f(t)$ 既有时移又有尺度变换时，则有

$$\mathscr{F}[f(at - b)] = \frac{1}{|a|} e^{-j\frac{b}{a}\omega} F\left(\frac{\omega}{a}\right)$$

式中　a 和 b——实常数，且 $a \neq 0$。

【例3.5.2】　求图3.5.4(a)所示三脉冲信号的频谱。

解　令 $f_0(t)$ 表示单个矩形脉冲信号，其频谱函数 $F_0(\omega)$ 为

$$F_0(\omega) = E\tau \cdot \mathrm{Sa}\left(\frac{\omega\tau}{2}\right)$$

因为

$$f(t) = f_0(t) + f_0(t + T) + f_0(t - T)$$

则由时移特性知 $f(t)$ 的频谱函数 $F(\omega)$ 为

$$F(\omega) = F_0(\omega)(1 + e^{j\omega T} + e^{-j\omega T}) = E\tau \cdot \mathrm{Sa}\left(\frac{\omega\tau}{2}\right)[1 + 2\cos(\omega T)]$$

其频谱如图3.5.4(b)所示。

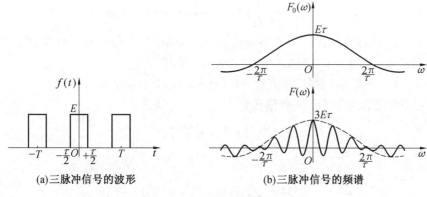

(a)三脉冲信号的波形　　　　　(b)三脉冲信号的频谱

图 3.5.4　三脉冲信号的波形

3.5.5　频移特性

若
$$f(t) \leftrightarrow F(\omega)$$

则
$$f(t)\mathrm{e}^{\mathrm{j}\omega_0 t} \leftrightarrow F(\omega - \omega_0) \quad (\omega_0\text{ 为实数}) \tag{3.5.5a}$$

证明　因为
$$\mathscr{F}[f(t)\mathrm{e}^{\mathrm{j}\omega_0 t}] = \int_{-\infty}^{+\infty} f(t)\mathrm{e}^{\mathrm{j}\omega_0 t}\mathrm{e}^{-\mathrm{j}\omega t}\mathrm{d}t = \int_{-\infty}^{+\infty} f(t)\mathrm{e}^{-\mathrm{j}(\omega-\omega_0)t}\mathrm{d}t$$

所以
$$f(t)\mathrm{e}^{\mathrm{j}\omega_0 t} \leftrightarrow F(\omega - \omega_0)$$

同理可得
$$f(t)\mathrm{e}^{-\mathrm{j}\omega_0 t} \leftrightarrow F(\omega + \omega_0) \tag{3.5.5b}$$

可见,将时间信号 $f(t)$ 乘以因子 $\mathrm{e}^{\mathrm{j}\omega_0 t}$,等效于 $f(t)$ 的频谱 $F(\omega)$ 沿频率轴右移 ω_0,这种频谱搬移技术在通信系统中得到广泛的应用。诸如调幅、变频等过程都是在频谱搬移的基础上完成的。频谱搬移的实现原理是将信号 $f(t)$ 乘以载频信号 $\cos(\omega_0 t)$ 或 $\sin(\omega_0 t)$,如图 3.5.5 所示。

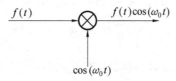

图 3.5.5　频谱搬移的实现原理

下面分析这种相乘作用引起的频谱搬移过程。因为
$$\cos(\omega_0 t) = \frac{1}{2}(\mathrm{e}^{\mathrm{j}\omega_0 t} + \mathrm{e}^{-\mathrm{j}\omega_0 t})$$

$$\sin(\omega_0 t) = \frac{1}{2\mathrm{j}}(\mathrm{e}^{\mathrm{j}\omega_0 t} - \mathrm{e}^{-\mathrm{j}\omega_0 t})$$

那么,可以导出 $f(t)\cos(\omega_0 t)$,$f(t)\sin(\omega_0 t)$ 的频谱函数分别为
$$f(t)\cos(\omega_0 t) \leftrightarrow \frac{1}{2}\big[F(\omega - \omega_0) + F(\omega + \omega_0)\big]$$

$$f(t)\sin(\omega_0 t) \leftrightarrow \frac{1}{2j}\left[F(\omega-\omega_0)-F(\omega+\omega_0)\right]$$

由此可见，若时间信号 $f(t)$ 乘以 $\cos(\omega_0 t)$ 或 $\sin(\omega_0 t)$，等效于将 $f(t)$ 的频谱 $F(\omega)$ 一分为二，即幅度减小一半，并沿频率轴向左和向右各平移 ω_0。

【例 3.5.3】   求矩形调幅信号 $f(t)=g_\tau(t)\cos(\omega_0 t)$ 的频谱函数。

解   已知矩形函数 $g_\tau(t)$ 的频谱函数为

$$G(\omega)=E\tau\mathrm{Sa}\left(\frac{\omega\tau}{2}\right)$$

又

$$f(t)=\frac{1}{2}g_\tau(t)\left(\mathrm{e}^{j\omega_0 t}+\mathrm{e}^{-j\omega_0 t}\right)$$

根据频移特性可得

$$F(\omega)=\frac{1}{2}G(\omega-\omega_0)+\frac{1}{2}G(\omega+\omega_0)=$$

$$\frac{1}{2}E\tau\mathrm{Sa}\left[(\omega-\omega_0)\frac{\tau}{2}\right]+\frac{1}{2}E\tau\mathrm{Sa}\left[(\omega+\omega_0)\frac{\tau}{2}\right]$$

此调幅信号的频谱如图 3.5.6 所示。

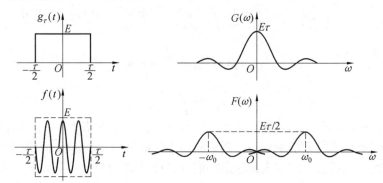

图 3.5.6   矩形调幅信号的波形

3.5.6   奇偶虚实性

在一般情况下，$F(\omega)$ 是复函数，可以把它表示成模与相位或实部与虚部两部分，即

$$F(\omega)=\int_{-\infty}^{+\infty}f(t)\mathrm{e}^{-j\omega t}\mathrm{d}t=|F(\omega)|\mathrm{e}^{j\varphi(\omega)}=R(\omega)+jI(\omega)$$

显然

$$\begin{cases}|F(\omega)|=\sqrt{R^2(\omega)+I^2(\omega)}\\\varphi(\omega)=\tan^{-1}\left[\dfrac{I(\omega)}{R(\omega)}\right]\end{cases} \tag{3.5.6}$$

根据傅里叶正变换定义式可以证明，无论 $f(t)$ 是实数还是复数，都有以下性质：

$$f(-t)\leftrightarrow F(-\omega)$$

$$f^*(-t)\leftrightarrow F^*(\omega)$$

$$f^*(t)\leftrightarrow F^*(-\omega)$$

下面讨论两种特定情况。

1.$f(t)$ 是实函数

$$F(\omega) = \int_{-\infty}^{+\infty} f(t) e^{-j\omega t} dt = \int_{-\infty}^{+\infty} f(t) \cos(\omega t) dt - j\int_{-\infty}^{+\infty} f(t) \sin(\omega t) dt$$

此时

$$\begin{cases} R(\omega) = \int_{-\infty}^{+\infty} f(t) \cos(\omega t) dt \\ I(\omega) = -\int_{-\infty}^{+\infty} f(t) \sin(\omega t) dt \end{cases} \tag{3.5.7}$$

显然，$R(\omega)$ 为频率 ω 的偶函数，$I(\omega)$ 为频率 ω 的奇函数，即满足下列关系：

$$R(\omega) = R(-\omega)$$
$$I(\omega) = -I(-\omega)$$
$$F(-\omega) = F^*(\omega)$$

即当 $f(t)$ 为实函数时，$|F(\omega)|$ 和 $R(\omega)$ 是偶函数，$\varphi(\omega)$ 和 $I(\omega)$ 是奇函数。

若 $f(t)$ 是实偶函数，即 $f(t) = f(-t)$ 时，根据式(3.5.7)得

$$I(\omega) = 0$$
$$F(\omega) = R(\omega) = 2\int_{0}^{+\infty} f(t) \cos(\omega t) dt$$

可见，若 $f(t)$ 是实偶函数，$F(\omega)$ 必为 ω 的实偶函数。

若 $f(t)$ 是实奇函数，即 $f(t) = -f(-t)$ 时，则由式(3.5.7)得

$$R(\omega) = 0$$
$$F(\omega) = jI(\omega) = -2j\int_{0}^{+\infty} f(t) \sin(\omega t) dt$$

可见，若 $f(t)$ 是实奇函数，则 $F(\omega)$ 必为 ω 的虚奇函数。

2.$f(t)$ 是虚函数

设 $f(t) = jg(t)$，$g(t)$ 为实函数，则

$$F(\omega) = \int_{-\infty}^{+\infty} f(t) e^{-j\omega t} dt = \int_{-\infty}^{+\infty} jg(t) e^{-j\omega t} dt =$$

$$\int_{-\infty}^{+\infty} g(t) \sin(\omega t) dt + j\int_{-\infty}^{+\infty} g(t) \cos(\omega t) dt$$

此时

$$\begin{cases} R(\omega) = \int_{-\infty}^{+\infty} g(t) \sin(\omega t) dt \\ I(\omega) = \int_{-\infty}^{+\infty} g(t) \cos(\omega t) dt \end{cases} \tag{3.5.8}$$

这种情况下，$R(\omega)$ 为奇函数，$I(\omega)$ 为偶函数，即满足

$$R(\omega) = -R(-\omega)$$
$$I(\omega) = X(-\omega)$$

而 $|F(\omega)|$ 仍为偶函数，$\varphi(\omega)$ 为奇函数。

3.5.7　微分特性

微分特性包括时域微分特性和频域微分特性。

若当 $|t| \to \infty$ 时, $f(t) \to 0$, 且 $\quad f(t) \leftrightarrow F(\omega)$

则

$$\begin{cases} \dfrac{\mathrm{d}f(t)}{\mathrm{d}t} \leftrightarrow \mathrm{j}\omega F(\omega) \\[3mm] \dfrac{\mathrm{d}^n f(t)}{\mathrm{d}t^n} \leftrightarrow (\mathrm{j}\omega)^n F(\omega) \end{cases} \qquad (3.5.9)$$

证明　因为

$$f(t) = \frac{1}{2\pi} \int_{-\infty}^{+\infty} F(\omega) \mathrm{e}^{\mathrm{j}\omega t} \mathrm{d}\omega$$

将上式两边对 t 求导数,得

$$\frac{\mathrm{d}f(t)}{\mathrm{d}t} = \frac{1}{2\pi} \int_{-\infty}^{+\infty} [\mathrm{j}\omega F(\omega)] \mathrm{e}^{\mathrm{j}\omega t} \mathrm{d}\omega$$

所以

$$\frac{\mathrm{d}f(t)}{\mathrm{d}t} \leftrightarrow \mathrm{j}\omega F(\omega)$$

同理可推得

$$\frac{\mathrm{d}^n f(t)}{\mathrm{d}t^n} \leftrightarrow (\mathrm{j}\omega)^n F(\omega)$$

时域微分特性说明,在时域中 $f(t)$ 对 t 取 n 阶导数,等效于在频域中频谱 $F(\omega)$ 乘以因子 $(\mathrm{j}\omega)^n$,这将是**系统频域分析的重要性质**。

类似的,可以导出频域的微分特性:

若 $\qquad\qquad\qquad\qquad f(t) \leftrightarrow F(\omega)$

则

$$\begin{cases} \dfrac{\mathrm{d}F(\omega)}{\mathrm{d}\omega} \leftrightarrow (-\mathrm{j}t)f(t) \\[3mm] \dfrac{\mathrm{d}^n F(\omega)}{\mathrm{d}\omega^n} \leftrightarrow (-\mathrm{j}t)^n f(t) \end{cases}$$

【例 3.5.4】　求图 3.5.7(a) 所示三角形脉冲信号 $f(t)$ 的傅里叶变换。

解　先求出 $f'(t)$ 的波形,它是两个矩形脉冲信号的和,如图 3.5.7(b) 所示,该波形信号的频谱为

$$\mathscr{F}\left[\frac{\mathrm{d}f(t)}{\mathrm{d}t}\right] = \mathrm{Sa}\left(\frac{\omega\tau}{4}\right)\left[\mathrm{e}^{\frac{\mathrm{j}\omega\tau}{4}} - \mathrm{e}^{-\frac{\mathrm{j}\omega\tau}{4}}\right] = \mathrm{Sa}\left(\frac{\omega\tau}{4}\right)\left[\mathrm{j}2\sin\left(\frac{\omega\tau}{4}\right)\right]$$

由于

$$\mathscr{F}\left[\frac{\mathrm{d}f(t)}{\mathrm{d}t}\right] = \mathrm{j}\omega F(\omega)$$

所以有

$$F(\omega) = \frac{1}{\mathrm{j}\omega}\mathrm{Sa}\left(\frac{\omega\tau}{4}\right)\left[\mathrm{j}2\sin\left(\frac{\omega\tau}{4}\right)\right] = \frac{\tau}{2}\mathrm{Sa}^2\left(\frac{\omega\tau}{4}\right)$$

图 3.5.7(c) 给出了 $F(\omega)$ 的波形。

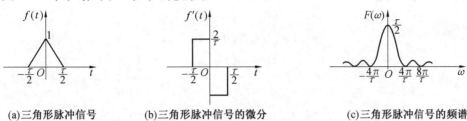

(a)三角形脉冲信号　　　　(b)三角形脉冲信号的微分　　　　(c)三角形脉冲信号的频谱

图 3.5.7　三角形脉冲信号的频谱

3.5.8　积分特性

若
$$f(t) \leftrightarrow F(\omega)$$

则
$$\int_{-\infty}^{t} f(\tau)\mathrm{d}\tau \leftrightarrow \frac{F(\omega)}{\mathrm{j}\omega} + \pi F(0)\delta(\omega) \tag{3.5.10a}$$

证明

$$\mathscr{F}\left[\int_{-\infty}^{t} f(\tau)\mathrm{d}\tau\right] = \int_{-\infty}^{+\infty}\left[\int_{-\infty}^{t} f(\tau)\mathrm{d}\tau\right]\mathrm{e}^{-\mathrm{j}\omega t}\mathrm{d}t = \int_{-\infty}^{+\infty}\left[\int_{-\infty}^{+\infty} f(\tau)u(t-\tau)\mathrm{d}\tau\right]\mathrm{e}^{-\mathrm{j}\omega t}\mathrm{d}t$$

交换上式中的积分次序,并引用延时阶跃信号的傅里叶变换关系式

$$u(t-\tau) \leftrightarrow \left[\pi\delta(\omega) + \frac{1}{\mathrm{j}\omega}\right]\mathrm{e}^{-\mathrm{j}\omega\tau}$$

代入上式得

$$\mathscr{F}\left[\int_{-\infty}^{t} f(\tau)\mathrm{d}\tau\right] = \int_{-\infty}^{+\infty} f(\tau)\left[\int_{-\infty}^{+\infty} u(t-\tau)\mathrm{e}^{-\mathrm{j}\omega t}\mathrm{d}t\right]\mathrm{d}\tau =$$

$$\int_{-\infty}^{+\infty} f(\tau)\left[\pi\delta(\omega) + \frac{1}{\mathrm{j}\omega}\right]\mathrm{e}^{-\mathrm{j}\omega\tau}\mathrm{d}\tau =$$

$$\int_{-\infty}^{+\infty} f(\tau)\pi\delta(\omega)\mathrm{e}^{-\mathrm{j}\omega\tau}\mathrm{d}\tau + \int_{-\infty}^{+\infty} f(\tau)\frac{1}{\mathrm{j}\omega}\mathrm{e}^{-\mathrm{j}\omega\tau}\mathrm{d}\tau =$$

$$\pi F(0)\delta(\omega) + \frac{1}{\mathrm{j}\omega}F(\omega)$$

如果 $F(0) = 0$,上式简化为

$$\mathscr{F}\left[\int_{-\infty}^{t} f(\tau)\mathrm{d}\tau\right] = \frac{F(\omega)}{\mathrm{j}\omega} \tag{3.5.10b}$$

积分特性说明,如果信号的傅里叶变换符合上述条件,且信号积分的频谱函数存在,则它等于信号的频谱函数除以 $\mathrm{j}\omega$。或者说,信号在时域中对时间积分,相当于在频域中该信号的频谱函数除以 $\mathrm{j}\omega$。

和微分特性相类似,上述结论也可以推广:即对函数在时域中进行 n 次积分,相当于在频域中除以 $(\mathrm{j}\omega)^n$,即

$$\underbrace{\int\!\!\!\int\cdots\int}\,f(\tau)\mathrm{d}\tau \leftrightarrow \frac{F(\omega)}{(\mathrm{j}\omega)^n} \tag{3.5.10c}$$

要求 $\omega = 0$ 点除外。

【例3.5.5】 求图3.5.8所示截平斜坡信号的频谱。

$$y(t) = \begin{cases} 0 & (t < 0) \\ t/t_0 & (0 \leqslant t \leqslant t_0) \\ 1 & (t > t_0) \end{cases}$$

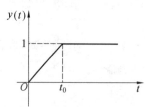 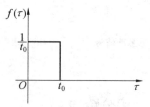

图3.5.8 截平的斜变信号及其导数波形

解 将 $y(t)$ 求导得

$$f(\tau) = \begin{cases} 0 & (\tau < 0) \\ 1/t_0 & (0 \leqslant \tau \leqslant t_0) \\ 0 & (\tau > t_0) \end{cases}$$

$f(\tau)$ 是一个矩形信号,如果对它积分,将得

$$y(t) = \int_{-\infty}^{t} f(\tau) \mathrm{d}\tau$$

根据矩形脉冲的频谱及时移特性,可得 $f(\tau)$ 的频谱 $F(\omega)$ 为

$$F(\omega) = \mathrm{Sa}\left(\frac{\omega t_0}{2}\right) \mathrm{e}^{-\mathrm{j}\frac{\omega t_0}{2}}$$

由于 $F(0) = 1 \neq 0$,故求得 $y(t)$ 的频谱为

$$Y(\omega) = \frac{1}{\mathrm{j}\omega} F(\omega) + \pi F(0)\delta(\omega) = \frac{1}{\mathrm{j}\omega} \mathrm{Sa}\left(\frac{\omega t_0}{2}\right) \mathrm{e}^{-\mathrm{j}\omega\frac{t_0}{2}} + \pi\delta(\omega)$$

3.6 卷积定理

在信号的变换、传输和处理中,常常会遇到卷积积分的计算,例如在第2章介绍的系统零状态响应的求解方法就是卷积积分的典型应用。本节介绍的卷积定理表达的是两个函数在时域(或频域)的卷积积分,对应于频域(或时域)的运算关系。可以说,**卷积定理是连接信号与系统的时域分析和频域(变换域)分析的桥梁**。由于它在信号与系统分析中占有十分重要地位和作用,所以我们把它拿出来单独介绍。卷积定理通常包含了时域卷积定理和频域卷积定理两部分。

3.6.1 时域卷积定理

若
$$f_1(t) \leftrightarrow F_1(\omega), f_2(t) \leftrightarrow F_2(\omega)$$

则
$$f_1(t) * f_2(t) \leftrightarrow F_1(\omega) F_2(\omega)$$

证明 根据第1章卷积的定义,已知

$$f_1(t) * f_2(t) = \int_{-\infty}^{+\infty} f_1(\tau) f_2(t - \tau) \mathrm{d}\tau$$

因此

$$\mathscr{F}[f_1(t) * f_2(t)] = \int_{-\infty}^{+\infty} \left[\int_{-\infty}^{+\infty} f_1(\tau) f_2(t-\tau) \mathrm{d}\tau \right] \mathrm{e}^{-\mathrm{j}\omega t} \mathrm{d}t =$$

$$\int_{-\infty}^{+\infty} f_1(\tau) \left[\int_{-\infty}^{+\infty} f_2(t-\tau) \mathrm{e}^{-\mathrm{j}\omega t} \mathrm{d}t \right] \mathrm{d}\tau =$$

$$\int_{-\infty}^{+\infty} f_1(\tau) F_2(\omega) \mathrm{e}^{-\mathrm{j}\omega\tau} \mathrm{d}\tau =$$

$$F_2(\omega) \int_{-\infty}^{+\infty} f_1(\tau) \mathrm{e}^{-\mathrm{j}\omega\tau} \mathrm{d}\tau = F_1(\omega) F_2(\omega)$$

即

$$f_1(t) * f_2(t) \leftrightarrow F_1(\omega) F_2(\omega) \tag{3.6.1}$$

时域卷积定理表明,两个信号在时域的卷积积分,对应了频域中两个信号频谱的乘积,由此可以把时域的卷积运算转换为频域的乘法运算。

【例 3.6.1】　利用卷积定理计算例 3.5.4 的三角形脉冲信号 $f(t)$ 的傅里叶变换。

解　我们知道,两个完全相同的矩形脉冲信号的卷积可得一个三角形脉冲信号,这里三角形脉冲的宽度为 τ,幅度为 1。为了获得一个这样的卷积结果,可选择一个脉冲宽度为 $\dfrac{\tau}{2}$,幅度为 $\sqrt{\dfrac{2}{\tau}}$ 的矩形脉冲信号,即令

$$g_{\tau/2}(t) = \begin{cases} \sqrt{\dfrac{2}{\tau}} & \left(|\tau| < \dfrac{\tau}{4}\right) \\ 0 & \left(|\tau| > \dfrac{\tau}{4}\right) \end{cases}$$

此时,两个矩形脉冲信号 $g_{\tau/2}(t)$ 的卷积就等于三角形脉冲信号 $f(t)$,即

$$f(t) = g_{\tau/2}(t) * g_{\tau/2}(t)$$

如图 3.6.1(a) 所示。

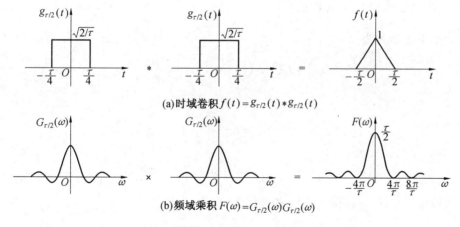

(a) 时域卷积 $f(t) = g_{\tau/2}(t) * g_{\tau/2}(t)$

(b) 频域乘积 $F(\omega) = G_{\tau/2}(\omega) G_{\tau/2}(\omega)$

图 3.6.1　例 3.6.1 图

由于矩形脉冲信号 $g_\tau(t)$ 与其频谱的对应关系为

$$g_\tau(t) \Leftrightarrow E\tau \mathrm{Sa}\left(\frac{\omega\tau}{2}\right)$$

利用尺度特性可得

$$g_{\tau/2}(t) \Leftrightarrow G_{\tau/2}(\omega) = \sqrt{\frac{2}{\tau}} \cdot \frac{\tau}{2} \mathrm{Sa}\left(\frac{\omega\tau}{4}\right) = \sqrt{\frac{\tau}{2}} \mathrm{Sa}\left(\frac{\omega\tau}{4}\right)$$

最后由卷积定理得三角形脉冲信号的频谱函数为

$$F(\omega) = G_{\tau/2}(\omega) G_{\tau/2}(\omega) = \sqrt{\frac{\tau}{2}} \mathrm{Sa}\left(\frac{\omega\tau}{4}\right) \cdot \sqrt{\frac{\tau}{2}} \mathrm{Sa}\left(\frac{\omega\tau}{4}\right) = \frac{\tau}{2} \mathrm{Sa}^2\left(\frac{\omega\tau}{4}\right)$$

如图 3.6.1(b) 所示,此结果与例 3.5.4 的结果完全一致。

3.6.2　频域卷积定理

若

$$f_1(t) \leftrightarrow F_1(\omega), f_2(t) \leftrightarrow F_2(\omega)$$

则

$$f_1(t)f_2(t) \leftrightarrow \frac{1}{2\pi} F_1(\omega) * F_2(\omega) \tag{3.6.2}$$

其中

$$F_1(\omega) * F_2(\omega) = \int_{-\infty}^{+\infty} F_1(u) F_2(\omega - u) \mathrm{d}u$$

证明方法同时域卷积定理类似。频域卷积定理表明,两个信号在时域的乘积,对应于频域中两个信号频谱的卷积。

【例 3.6.2】　已知

$$f(t) = \begin{cases} E\cos\left(\dfrac{\pi t}{\tau}\right) & \left(\mid t \mid \leqslant \dfrac{\tau}{2}\right) \\[2mm] 0 & \left(\mid t \mid > \dfrac{\tau}{2}\right) \end{cases}$$

利用卷积定理求余弦脉冲的频谱。

解　把余弦脉冲 $f(t)$ 看作矩形脉冲 $g_\tau(t)$ 与无穷长余弦函数 $\cos\left(\dfrac{\pi t}{\tau}\right)$ 的乘积,如图 3.6.2 所示,其表达式为

$$f(t) = f_1(t)f_2(t) = g_\tau(t)\cos\left(\frac{\pi t}{\tau}\right)$$

因为

$$F_1(\omega) = E\tau \mathrm{Sa}\left(\frac{\omega\tau}{2}\right)$$

$$F_2(\omega) = \mathscr{F}\left[\cos\left(\frac{\pi t}{\tau}\right)\right] = \pi\delta\left(\omega + \frac{\pi}{\tau}\right) + \pi\delta\left(\omega - \frac{\pi}{\tau}\right)$$

则根据频域卷积定理,可以得到 $f(t)$ 的频谱为

$$F(\omega) = \frac{1}{2\pi} F_1(\omega) * F_2(\omega) = \frac{1}{2\pi} E\tau \mathrm{Sa}\left(\frac{\omega\tau}{2}\right) * \pi\left[\delta\left(\omega + \frac{\pi}{\tau}\right) + \delta\left(\omega - \frac{\pi}{\tau}\right)\right] =$$

$$\frac{E\tau}{2} \mathrm{Sa}\left[\left(\omega + \frac{\pi}{\tau}\right)\frac{\tau}{2}\right] + \frac{E\tau}{2} \mathrm{Sa}\left[\left(\omega - \frac{\pi}{\tau}\right)\frac{\tau}{2}\right]$$

上式化简后得到余弦脉冲的频谱为

$$F(\omega) = \frac{2E\tau}{\pi} \frac{\cos\left(\dfrac{\omega\tau}{2}\right)}{\left[1 - \left(\dfrac{\omega\tau}{\pi}\right)^2\right]}$$

如图 3.6.2 所示。

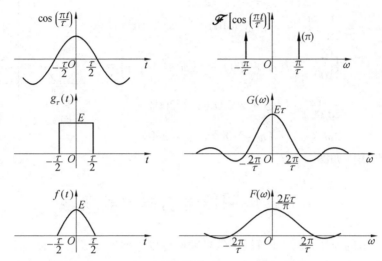

图 3.6.2　利用卷积定理求余弦脉冲的频谱

【例 3.6.3】　试求信号 $f(t) = \mathrm{Sa}^2(100t)$ 的频谱。

解　信号 $\mathrm{Sa}^2(100t)$ 的形式比较复杂,直接计算其频谱比较困难。为此可以将该信号分解为比较简单信号的组合形式 $\mathrm{Sa}^2(100t) = \mathrm{Sa}(100t) \cdot \mathrm{Sa}(100t)$,即该信号在时域上是由两个信号分量相乘的结果。

根据傅里叶变换的频域卷积定理,信号在时域相乘相当于在频域卷积,因而有

$$\mathscr{F}\left[\mathrm{Sa}^2(100t)\right] = \frac{1}{2\pi}\mathscr{F}\left[\mathrm{Sa}(100t)\right] * \mathscr{F}\left[\mathrm{Sa}(100t)\right]$$

为此需先求出 $\mathscr{F}\left[\mathrm{Sa}(100t)\right]$。

对于抽样函数 $\mathrm{Sa}(100t)$,因为其积分困难,很难用傅里叶变换的定义式直接求其频谱,为此可利用傅里叶变换的时域和频域之间的对称性计算。

在时域,关于纵轴对称的矩形脉冲信号是一个基本的信号形式,它的频谱是抽样函数。因而,根据傅里叶变换的对称性,时域的抽样函数的频谱应该是关于纵轴对称的矩形脉冲,而矩形脉冲只有两个参数:脉冲宽度和幅度。因而接下来的问题就是如何确定这两个参数。

由于

$$\mathscr{F}\left[u(t+100) - u(t-100)\right] = 200\mathrm{Sa}(100\omega)$$

可得

$$\frac{1}{200}\mathscr{F}\left[u(t+100) - u(t-100)\right] = \mathrm{Sa}(100\omega)$$

所以

$$\mathscr{F}[\,\mathrm{Sa}(100t)\,] = 2\pi \cdot \frac{1}{200} \cdot [\,u(\omega + 100) - u(\omega - 100)\,] =$$

$$\frac{\pi}{100} \cdot [\,u(\omega + 100) - u(\omega - 100)\,]$$

因而

$$\mathscr{F}[\,\mathrm{Sa}^2(100t)\,] = \frac{1}{2\pi} \cdot \left\{\frac{\pi}{100} \cdot [\,u(\omega + 100) - u(\omega - 100)\,]\right\} *$$

$$\left\{\frac{\pi}{100} \cdot [\,u(\omega + 100) - u(\omega - 100)\,]\right\} =$$

$$\frac{\pi}{20\ 000} \cdot [\,(\omega + 200)u(\omega + 200) -$$

$$2\omega u(\omega) + (\omega - 200)u(\omega - 200)\,]$$

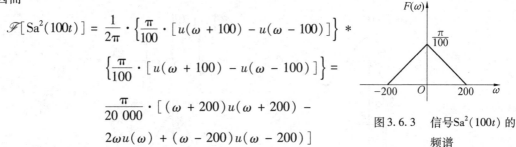

图 3.6.3　信号 $\mathrm{Sa}^2(100t)$ 的频谱

信号的频谱图如图 3.6.3 所示。

3.7　周期信号的傅里叶变换

通过前几节的介绍，我们知道周期信号频谱可以用傅里叶级数表示，非周期信号频谱则可用傅里叶变换表示。为了把周期信号与非周期信号的分析方法统一起来，现在我们来研究周期信号频谱是否可以用傅里叶变换来表示。显然，周期信号不满足绝对可积条件，但是在允许冲激函数存在，并认为它是有意义的前提下，周期信号的傅里叶变换是存在的。本节先借助于频移定理并通过指数函数，导出余弦、正弦信号的频谱函数，然后研究一般周期信号的傅里叶变换。

3.7.1　正弦、余弦信号的傅里叶变换

已知直流信号的傅里叶变换为

$$\mathscr{F}[\,1\,] = 2\pi\delta(\omega) \tag{3.7.1}$$

根据频移特性可得指数 $\mathrm{e}^{\mathrm{j}\omega_0 t}$ 的傅里叶变换为

$$\mathscr{F}[\,\mathrm{e}^{\mathrm{j}\omega_0 t}\,] = 2\pi\delta(\omega - \omega_0) \tag{3.7.2}$$

同理可得

$$\mathscr{F}[\,\mathrm{e}^{-\mathrm{j}\omega_0 t}\,] = 2\pi\delta(\omega + \omega_0) \tag{3.7.3}$$

由欧拉公式

$$\cos(\omega_0 t) = \frac{1}{2}(\mathrm{e}^{\mathrm{j}\omega_0 t} + \mathrm{e}^{-\mathrm{j}\omega_0 t})$$

$$\sin(\omega_0 t) = \frac{1}{2\mathrm{j}}(\mathrm{e}^{\mathrm{j}\omega_0 t} - \mathrm{e}^{-\mathrm{j}\omega_0 t})$$

可以得到

$$\mathscr{F}[\,\cos(\omega_0 t)\,] = \pi[\,\delta(\omega - \omega_0) + \delta(\omega + \omega_0)\,]$$

$$\mathscr{F}[\,\sin(\omega_0 t)\,] = \frac{\pi}{\mathrm{j}}[\,\delta(\omega - \omega_0) - \delta(\omega + \omega_0)\,]$$

可见,正弦、余弦函数的频谱只包含位于 $\pm\omega_0$ 处的冲激函数,如图 3.7.1 所示。

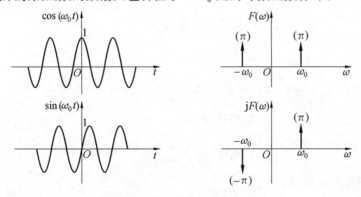

图 3.7.1　余弦和正弦信号的频谱

3.7.2　周期信号的傅里叶变换

设周期信号 $f(t)$ 的重复周期为 T_1,角频率为 ω_1,则其傅里叶级数表示为

$$f(t) = \sum_{n=-\infty}^{+\infty} c_n e^{jn\omega_1 t}$$

将上式两边取傅里叶变换,并根据线性特性

$$\mathscr{F}[f(t)] = \mathscr{F}\Big[\sum_{n=-\infty}^{+\infty} c_n e^{jn\omega_1 t}\Big] = \sum_{n=-\infty}^{+\infty} c_n \mathscr{F}[e^{jn\omega_1 t}]$$

由式(3.7.2)可知

$$\mathscr{F}[e^{jn\omega_1 t}] = 2\pi\delta(\omega - n\omega_1)$$

所以周期信号 $f(t)$ 的傅里叶变换为

$$F(\omega) = \mathscr{F}[f(t)] = 2\pi \sum_{n=-\infty}^{+\infty} c_n \delta(\omega - n\omega_1) \tag{3.7.4}$$

式中　c_n——$f(t)$ 的指数傅里叶级数的系数,即

$$c_n = \frac{1}{T_1}\int_{-\frac{T_1}{2}}^{+\frac{T_1}{2}} f(t) e^{-jn\omega_1 t}\mathrm{d}t$$

式(3.7.4)表明,周期信号 $f(t)$ 的傅里叶变换 $F(\omega)$ 是由一系列冲激函数所组成,这些冲激位于信号的谐波频率$(0, \pm\omega_1, \pm 2\omega_1, \cdots)$ 处,每个冲激的强度等于 $f(t)$ 的指数傅里叶级数系数 c_n 的 2π 倍。显然,周期信号的频谱是离散的,这一点与 3.2 节的结论是一致的。然而,由于傅里叶变换反映的是频谱密度的概念,因此周期信号的傅里叶变换不同于傅里叶级数,这里不是有限值,而是冲激函数,它表明在无穷小的频带范围内取得了无限大的频谱值。

【例 3.7.1】　求周期单位冲激序列的傅里叶级数与傅里叶变换。

解　设周期冲激序列以 $\delta_{T_1}(t)$ 表示,则

$$\delta_{T_1}(t) = \sum_{n=-\infty}^{+\infty} \delta(t - nT_1)$$

式中　T_1——重复周期,$\omega_1 = \dfrac{2\pi}{T_1}$。

将 $\delta_{T_1}(t)$ 展成傅里叶级数

$$\delta_{T_1}(t) = \sum_{n=-\infty}^{+\infty} c_n e^{jn\omega_1 t} \tag{3.7.5}$$

其中

$$c_n = \frac{1}{T_1}\int_{-\frac{T_1}{2}}^{\frac{T_1}{2}}\delta_{T_1}(t)e^{-jn\omega_1 t}dt = \frac{1}{T_1}\int_{-\frac{T_1}{2}}^{\frac{T_1}{2}}\delta(t)e^{-jn\omega_1 t}dt = \frac{1}{T_1}$$

将 c_n 代入式(3.7.5),有 $\delta_{T_1}(t)$ 的傅里叶级数

$$\delta_{T_1}(t) = \frac{1}{T_1}\sum_{n=-\infty}^{+\infty} e^{jn\omega_1 t}$$

再求 $\delta_{T_1}(t)$ 的傅里叶变换,即

$$F(\omega) = \mathscr{F}[\delta_{T_1}(t)] = 2\pi\sum_{n=-\infty}^{+\infty} c_n\delta(\omega-n\omega_1) = \omega_1\sum_{n=-\infty}^{+\infty}\delta(\omega-n\omega_1) \tag{3.7.6}$$

图 3.7.2 分别给出了周期冲激序列用傅里叶级数和傅里叶变换表示的情况,此处为了比较分析,同时也给出了单个冲激信号的傅里叶变换。

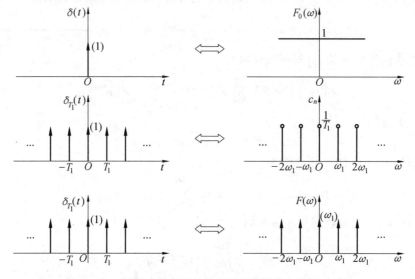

图 3.7.2　周期冲激序列的傅里叶级数系数与傅里叶变换

【例 3.7.2】 已知周期矩形脉冲信号 $f(t)$ 的幅度为 E、脉冲宽度为 τ、周期为 T_1,如图 3.7.3 所示,求周期矩形脉冲信号的傅里叶级数与傅里叶变换。

解　设 $f_0(t)$ 是单个矩形脉冲信号,则其傅里叶变换 $F_0(\omega)$ 为

$$F_0(\omega) = \int_{-\infty}^{+\infty} f_0(t)e^{-j\omega t}dt = E\tau\text{Sa}\left(\frac{\omega\tau}{2}\right)$$

而周期矩形脉冲信号

$$f(t) = \sum_{k=-\infty}^{+\infty} f_0(t+kT_1)$$

其傅里叶系数 c_n 为

$$c_n = \frac{1}{T_1}\int_{-\frac{T_1}{2}}^{+\frac{T_1}{2}} f_0(t)e^{-jn\omega_1 t}dt = \frac{1}{T_1}F_0(\omega)\Big|_{\omega=n\omega_1} = \frac{E\tau}{T_1}\text{Sa}\left(\frac{n\omega_1\tau}{2}\right) \tag{3.7.7}$$

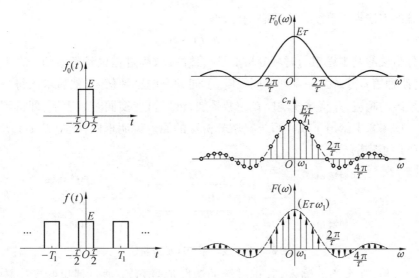

图 3.7.3 周期矩形脉冲信号的傅里叶级数系数与傅里叶变换

则 $f(t)$ 的傅里叶级数为

$$f(t) = \sum_{n=-\infty}^{+\infty} c_n \mathrm{e}^{\mathrm{j}n\omega_1 t} = \frac{E\tau}{T_1} \sum_{n=-\infty}^{+\infty} \mathrm{Sa}\left(\frac{n\omega_1 \tau}{2}\right) \mathrm{e}^{\mathrm{j}n\omega_1 t}$$

$f(t)$ 的傅里叶变换为

$$F(\omega) = 2\pi \sum_{n=-\infty}^{+\infty} c_n \delta(\omega - n\omega_1) = E\tau\omega_1 \sum_{n=-\infty}^{+\infty} \mathrm{Sa}\left(\frac{n\omega_1 \tau}{2}\right) \delta(\omega - n\omega_1) \qquad (3.7.8)$$

为了比较分析,图 3.7.3 同时给出了单矩形脉冲信号及其傅里叶变换、周期矩形脉冲信号及其傅里叶级数和傅里叶变换的示意图。

可以看出,非周期单脉冲信号的频谱是连续函数,而周期信号的频谱是离散函数。对于 $F(\omega)$ 来说,它包含间隔为 ω_1 的冲激序列,其强度的包络线的形状与单脉冲频谱的形状相同。上述结论也可以由例 3.5.2 定性地看出来,图 3.5.4 已经画出了三脉冲信号的频谱。显然,当脉冲数目增多时,频谱更加向 $n\omega_1 \left(\omega_1 = \frac{2\pi}{T_1}\right)$ 处聚集;当脉冲数目为无限多时,它将变成周期脉冲信号,此时频谱在 $n\omega_1$ 处聚集成冲激函数。

3.8 系统的频域分析及响应

第 2 章讨论了连续系统的时域分析,主要是求解系统的响应。本节在前面连续信号频域分析的基础上,重点讨论连续系统的频域分析,也就是从频域的角度,如何求解系统的响应。再一次强调,第 2 章和本章的系统分析方法,都是基于线性系统的叠加性和均匀性,以及非时变系统的时不变性。

3.8.1 频域分析原理

第 2 章讨论的用时域分析法求解系统的零状态响应,其过程是首先将激励信号分解为许多冲激函数,然后求每一个冲激函数的系统响应,最后将所有的冲激函数响应相叠加,运

用卷积积分的方法求得系统的零状态响应,即

$$r_{zs}(t) = h(t) * e(t) \tag{3.8.1}$$

频域分析法的基本思想与时域分析法是一致的,求解过程也是类似的。在频域分析法中,首先将激励信号分解为一系列不同幅度、不同频率的正弦信号,然后求出每一正弦信号单独通过系统的响应,并将这些响应在频域叠加,最后再变换回时域表示,即得到系统的零状态响应。图 3.8.1 给出了线性系统频域分析法的原理说明框图,其中 $E(\omega)$、$R(\omega)$ 分别为 $e(t)$、$r(t)$ 的频谱函数。

图 3.8.1 线性系统频域分析法

具体做法是,在系统的输入端,把系统的激励信号 $e(t)$ 通过傅里叶变换转换到频域 $E(\omega)$,在输出端,则将频域的输出响应 $R(\omega)$ 转换回时域 $r(t)$,而中间的所有运算都是在频域进行的。现在的问题就是它们在频域是如何计算的,为此设 $H(\omega)$ 表示系统冲激响应 $h(t)$ 的傅里叶变换,即

$$H(\omega) = \mathscr{F}[h(t)]$$

或

$$h(t) = \mathscr{F}^{-1}[H(\omega)]$$

根据傅里叶变换的时域卷积定理,由式(3.8.1) 可得出

$$R(\omega) = H(\omega)E(\omega) \tag{3.8.2}$$

式中 　$H(\omega)$—— 系统的**系统函数**,它与系统的单位冲激响应是一对傅里叶变换对。

从物理概念来说,如果系统激励信号的频谱密度函数为 $E(\omega)$,则系统响应信号的频谱密度函数就为 $H(\omega)E(\omega)$。也就是说,通过系统 $H(\omega)$ 的作用改变了激励信号的频谱 $E(\omega)$,系统的功能就是对激励信号的各频率分量幅度进行加权,并对每个频率分量都产生各自的相位移,而加权值的大小和相位移的多少完全取决于系统函数 $H(\omega)$。

例如对于频率分量 ω_0,则有

$$R(\omega_0) = H(\omega_0)E(\omega_0) = |H(\omega_0)|e^{j\varphi_h(\omega_0)}|E(\omega_0)|e^{j\varphi_e(\omega_0)} =$$
$$|R(\omega_0)|e^{j\varphi_r(\omega_0)} \tag{3.8.3}$$

其中

$$|R(\omega_0)| = |H(\omega_0)||E(\omega_0)|$$
$$\varphi_r(\omega_0) = \varphi_h(\omega_0) + \varphi_e(\omega_0)$$

3.8.2 非周期信号激励下系统的响应

在频域进行系统分析和在时域进行系统分析时一样,也可以将系统响应分为零输入响应和零状态响应两部分,即

$$r(t) = r_{zi}(t) + r_{zs}(t)$$

零输入响应的求解与时域分析法相同,即

当特征根只有 n 个单根时

$$r_{\mathrm{zi}}(t) = \sum_{i=1}^{n} C_i \mathrm{e}^{\alpha_i t}$$

当特征根中 α_1 为一个 K 重根时

$$r_{\mathrm{zi}}(t) = \sum_{i=1}^{K} C_i t^{i-1} \mathrm{e}^{\alpha_1 t} + \sum_{i=K+1}^{n} C_i \mathrm{e}^{\alpha_i t}$$

因此,这里只讨论零状态响应的求解方法。

根据以上的分析,使用频域分析法计算系统零状态响应一般可归纳为下列几个步骤。

1. 将输入激励信号分解为正弦信号加权和的形式

对激励信号 $e(t)$ 进行傅里叶变换 $E(\omega)$,并将其表示为无穷多频率分量之和

$$e(t) = \frac{1}{2\pi} \int_{-\infty}^{+\infty} E(\omega) \mathrm{e}^{\mathrm{j}\omega t} \mathrm{d}\omega = \int_{-\infty}^{+\infty} \left[\frac{E(\omega)\mathrm{d}\omega}{2\pi} \right] \mathrm{e}^{\mathrm{j}\omega t} \tag{3.8.4}$$

即在 $\mathrm{d}\omega$ 频率范围内该分量为 $\left[\dfrac{E(\omega)\mathrm{d}\omega}{2\pi} \right] \mathrm{e}^{\mathrm{j}\omega t}$,而频率分量复振幅的相对值就是信号 $e(t)$ 的傅里叶变换 $E(\omega)$

$$E(\omega) = \int_{-\infty}^{+\infty} e(t) \mathrm{e}^{-\mathrm{j}\omega t} \mathrm{d}t$$

而各频率分量的复振幅是在基函数 $\mathrm{e}^{\mathrm{j}\omega t}$ 上的加权值 $\left[\dfrac{E(\omega)\mathrm{d}\omega}{2\pi} \right]$。

2. 确定系统的系统函数 $H(\omega)$

系统函数定义为系统输出与输入信号的复振幅之比,即

$$H(\omega) = \frac{\dfrac{R(\omega)\mathrm{d}\omega}{2\pi}}{\dfrac{E(\omega)\mathrm{d}\omega}{2\pi}} = \frac{R(\omega)}{E(\omega)} \tag{3.8.5}$$

对于具体网络系统,$H(\omega)$ 可以使用电路的基本定理进行计算。对于线性非时变系统,系统描述的数学模型为

$$a_n \frac{\mathrm{d}^n r(t)}{\mathrm{d}t^n} + a_{n-1} \frac{\mathrm{d}^{n-1} r(t)}{\mathrm{d}t^{n-1}} + \cdots + a_1 \frac{\mathrm{d}r(t)}{\mathrm{d}t} + a_0 r(t) =$$

$$b_m \frac{\mathrm{d}^m e(t)}{\mathrm{d}t^m} + b_{m-1} \frac{\mathrm{d}^{m-1} e(t)}{\mathrm{d}t^{m-1}} + \cdots + b_1 \frac{\mathrm{d}e(t)}{\mathrm{d}t} + b_0 e(t)$$

对上式两边取傅里叶变换,并利用时域微分性质,可得

$$\left[a_n (\mathrm{j}\omega)^n + a_{n-1} (\mathrm{j}\omega)^{n-1} + \cdots + a_1(\mathrm{j}\omega) + a_0 \right] R(\omega) =$$

$$\left[b_m (\mathrm{j}\omega)^m + b_{m-1} (\mathrm{j}\omega)^{m-1} + \cdots + b_1(\mathrm{j}\omega) + b_0 \right] E(\omega)$$

于是系统响应的傅里叶变换为

$$R(\omega) = \frac{b_m (\mathrm{j}\omega)^m + b_{m-1} (\mathrm{j}\omega)^{m-1} + \cdots + b_1(\mathrm{j}\omega) + b_0}{a_n (\mathrm{j}\omega)^n + a_{n-1} (\mathrm{j}\omega)^{n-1} + \cdots + a_1(\mathrm{j}\omega) + a_0} E(\omega) = H(\omega) E(\omega)$$

即系统函数为

$$H(\omega) = \frac{R(\omega)}{E(\omega)} = \frac{b_m(j\omega)^m + b_{m-1}(j\omega)^{m-1} + \cdots + b_1(j\omega) + b_0}{a_n(j\omega)^n + a_{n-1}(j\omega)^{n-1} + \cdots + a_1(j\omega) + a_0}$$

值得注意,对于 $H(\omega)$ 有两点说明:

(1) $H(\omega)$ 是描述系统的重要参数,它与系统本身的特性有关,而与激励无关,系统由于 $H(\omega)$ 的作用将导致输出信号相对于输入信号在幅度和相位两个方面发生变化;

(2) 若令系统的输入激励信号 $e(t) = \delta(t)$,则系统的零状态响应即为冲激响应 $h(t)$。由于 $\mathscr{F}[\delta(t)] = 1$,故有 $\mathscr{F}[r(t)] = \mathscr{F}[h(t)] = H(\omega)$。因此,$H(\omega)$ 也就是系统冲激响应的傅里叶变换,$h(t)$ 和 $H(\omega)$ 从时域和频域两个侧面描述了同一个系统的特性。

3. 求系统各频率分量响应

对于频率为 ω 的分量来说,其响应的复振幅应为

$$\left[\frac{R(\omega)\mathrm{d}\omega}{2\pi}\right] = H(\omega)\left[\frac{E(\omega)\mathrm{d}\omega}{2\pi}\right]$$

对于激励中所有频率分量,上述关系都是成立的,因此响应 $r(t)$ 的频谱函数为

$$R(\omega) = H(\omega)E(\omega) \tag{3.8.6}$$

4. 从频域返回到时域,各频率分量响应相加得系统总响应

求 $R(\omega)$ 的傅里叶反变换可得 $r(t)$,即

$$r(t) = \int_{-\infty}^{+\infty} \frac{R(\omega)\mathrm{d}\omega}{2\pi}\mathrm{e}^{j\omega t} = \frac{1}{2\pi}\int_{-\infty}^{+\infty} H(\omega)E(\omega)\mathrm{e}^{j\omega t}\mathrm{d}\omega$$

【例 3.8.1】 已知图 3.8.2(a) 所示的 RC 低通网络系统,其中激励电压 $e(t) = Eu(t)$,如图 3.8.2(c) 所示,求电容器上的响应 $v_C(t)$。

解 (1) 求输入激励信号 $e(t)$ 的频谱

$$E(\omega) = E\left[\pi\delta(\omega) + \frac{1}{j\omega}\right]$$

其幅度频谱如图 3.8.2(d) 所示。

(2) 求系统函数

$$H(\omega) = \frac{\dfrac{1}{j\omega C}}{R + \dfrac{1}{j\omega C}} = \frac{\dfrac{1}{RC}}{j\omega + \dfrac{1}{RC}} = \frac{\alpha}{j\omega + \alpha}$$

其中,$\alpha = \dfrac{1}{RC}$ 为衰减系数,系统函数特性如图 3.8.2(b) 所示,这是一个低通滤波系统。

(3) 求输出响应函数的频谱

$$V_C(\omega) = H(\omega)E(\omega) = \frac{\alpha}{j\omega + \alpha}E\left[\pi\delta(\omega) + \frac{1}{j\omega}\right] = \frac{\alpha\pi E\delta(\omega)}{j\omega + \alpha} + \frac{\alpha E}{j\omega(j\omega + \alpha)} =$$

$$\pi E\delta(\omega) + \frac{\alpha E}{j\omega(j\omega + \alpha)} = \pi E\delta(\omega) + \frac{E}{j\omega} - \frac{E}{j\omega + \alpha}$$

其幅度频谱如图 3.8.2(f) 所示。

（4）求 $V_C(\omega)$ 的傅里叶反变换得 $v_C(t)$

$$v_C(t) = \mathscr{F}^{-1}[V_C(\omega)] = \mathscr{F}^{-1}\left[\pi E\delta(\omega) + \frac{E}{\mathrm{j}\omega} - \frac{E}{\mathrm{j}\omega + \alpha}\right] = E(1 - \mathrm{e}^{-\alpha t})u(t)$$

其响应函数时域波形如图 3.8.2(e) 所示。

可见，输入激励信号经过低通滤波系统后，高频信息明显衰减了，表现在时域的上升沿明显变得平滑了。

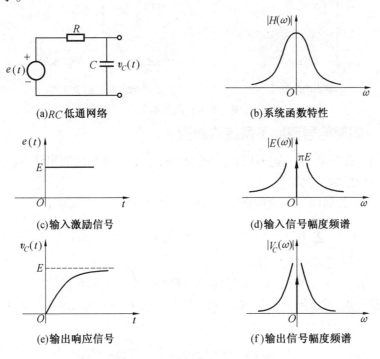

(a) RC 低通网络　　　　(b) 系统函数特性

(c) 输入激励信号　　　　(d) 输入信号幅度频谱

(e) 输出响应信号　　　　(f) 输出信号幅度频谱

图 3.8.2　RC 低通网络系统

【例 3.8.2】　在例 3.8.1 中若输入激励信号 $e(t) = E[u(t) - u(t - \tau)]$，如图 3.8.3(a) 所示，试求系统的响应 $v_C(t)$。

解　由于

$$E(\omega) = \mathscr{F}[e(t)] = E\left[\pi\delta(\omega) + \frac{1}{\mathrm{j}\omega}\right] - E\left[\pi\delta(\omega) + \frac{1}{\mathrm{j}\omega}\right]\mathrm{e}^{-\mathrm{j}\omega\tau} = \frac{E}{\mathrm{j}\omega}[1 - \mathrm{e}^{-\mathrm{j}\omega\tau}]$$

其幅度频谱如图 3.8.3(b) 所示。根据例 3.8.1 中的 $H(\omega)$，输出电压 $v_C(t)$ 的频谱为

$$V_C(\omega) = H(\omega)E(\omega) = \frac{\alpha}{\mathrm{j}\omega + \alpha}\frac{E}{\mathrm{j}\omega}(1 - \mathrm{e}^{\mathrm{j}\omega\tau}) = E\left(\frac{1}{\mathrm{j}\omega} - \frac{1}{\alpha + \mathrm{j}\omega}\right)(1 - \mathrm{e}^{\mathrm{j}\omega\tau}) =$$

$$\frac{E}{\mathrm{j}\omega}(1 - \mathrm{e}^{-\mathrm{j}\omega\tau}) - \frac{E}{\alpha + \mathrm{j}\omega}(1 - \mathrm{e}^{-\mathrm{j}\omega\tau})$$

其幅度频谱如图 3.8.3(d) 所示。所以输出响应为

$$v_C(t) = \mathscr{F}^{-1}[V_C(\omega)] = E[u(t) - u(t - \tau)] - E[\mathrm{e}^{-\alpha t}u(t) - \mathrm{e}^{-\alpha(t-\tau)}u(t - \tau)] =$$

$$E(1 - \mathrm{e}^{-\alpha t})u(t) - E[1 - \mathrm{e}^{-\alpha(t-\tau)}]u(t - \tau)$$

其对应的时域波形如图 3.8.3(c) 所示。

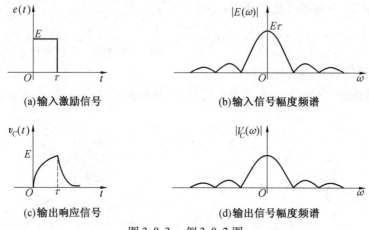

(a)输入激励信号 (b)输入信号幅度频谱

(c)输出响应信号 (d)输出信号幅度频谱

图 3.8.3　例 3.8.2 图

3.8.3　周期信号激励下系统的响应

上面讨论了非周期信号通过线性系统的响应,本节研究利用傅里叶变换方法求周期信号通过线性系统的响应问题。

设激励 $e(t)$ 是周期为 T_1 的周期信号,$e_0(t)$ 为 $e(t)$ 的一个周期,二者之间的关系为

$$e(t) = \sum_{n=-\infty}^{+\infty} e_0(t - nT_1) = e_0(t) * \sum_{n=-\infty}^{+\infty} \delta(t - nT_1) = e_0(t) * \delta_{T_1}(t) \qquad (3.8.7)$$

式中　$\delta_{T_1}(t)$ —— 均匀冲激序列。

可见,周期信号 $e(t)$ 等于 $e_0(t)$ 与均匀冲激序列 $\delta_{T_1}(t)$ 的卷积。

根据卷积定理,欲求周期信号 $e(t)$ 的傅里叶变换 $E(\omega)$,可先求 $e_0(t)$ 和 $\delta_{T_1}(t)$ 的傅里叶变换,即

$$E_0(\omega) = \mathscr{F}[e_0(t)] = \int_{-\infty}^{+\infty} e_0(t)\,\mathrm{e}^{-\mathrm{j}\omega t}\mathrm{d}t \qquad (3.8.8)$$

$$\mathscr{F}[\delta_{T_1}(t)] = \frac{2\pi}{T_1} \sum_{n=-\infty}^{+\infty} \delta(\omega - n\omega_1) = \omega_1 \delta_{\omega_1}(\omega) \qquad (3.8.9)$$

式中　$\omega_1 = \dfrac{2\pi}{T_1}$;

$\delta_{\omega_1}(\omega)$ —— 间隔为 ω_1 的冲激序列。

所以周期信号 $e(t)$ 的频谱函数为

$$E(\omega) = \mathscr{F}[e_0(t)] \cdot \mathscr{F}[\delta_{T_1}(t)] = E_0(\omega) \cdot \frac{2\pi}{T_1} \sum_{n=-\infty}^{+\infty} \delta(\omega - n\omega_1) =$$

$$E_0(\omega) \cdot \omega_1 \delta_{\omega_1}(\omega) \qquad (3.8.10)$$

可见,周期信号的频谱是离散谱,由一系列冲激函数组成,其冲激强度由 $e_0(t)$ 的傅里叶变换 $E_0(\omega)$ 决定。

若设系统函数为 $H(\omega)$,根据上面的分析可得系统响应的频谱函数为

$$R(\omega) = H(\omega)E(\omega) = H(\omega)E_0(\omega)\omega_1 \sum_{n=-\infty}^{+\infty} \delta(\omega - n\omega_1) =$$

$$\omega_1 \sum_{n=-\infty}^{+\infty} H(n\omega_1)E_0(n\omega_1)\delta(\omega - n\omega_1) \qquad (3.8.11)$$

由式(3.8.11)可以看到,输出响应的频谱也是离散谱,是由一系列与周期激励信号频谱相同的冲激函数组成,并且各冲激函数的强度,被系统函数 $H(n\omega_1)$ 加权。

将式(3.8.11)进行傅里叶反变换,可得到输出响应 $r(t)$,即

$$r(t) = \frac{1}{2\pi}\int_{-\infty}^{+\infty} R(\omega) e^{j\omega t} d\omega = \frac{\omega_1}{2\pi}\int_{-\infty}^{+\infty}\Big[\sum_{n=-\infty}^{+\infty} H(n\omega_1) E_0(n\omega_1)\delta(\omega - n\omega_1)\Big] e^{j\omega t} d\omega =$$

$$\frac{1}{T_1}\sum_{n=-\infty}^{+\infty} H(n\omega_1) E_0(n\omega_1) e^{jn\omega_1 t}\int_{-\infty}^{+\infty}\delta(\omega - n\omega_1) d\omega =$$

$$\frac{1}{T_1}\sum_{n=-\infty}^{+\infty} H(n\omega_1) E_0(n\omega_1) e^{jn\omega_1 t} \tag{3.8.12}$$

式(3.8.12)表示了输出响应的时间函数,呈傅里叶级数的形式。

【例3.8.3】 已知图3.8.4(a)所示 RC 低通滤波系统,求图3.8.4(b)所示周期三角信号 $e(t)$ 通过该系统的响应电压 $r(t)$,其中 $R = 1\ \Omega, C = 1\ F$。

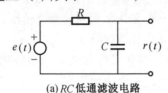

(a) RC 低通滤波电路

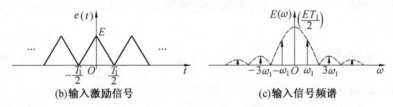

(b)输入激励信号　　　　　　　(c)输入信号频谱

图 3.8.4　周期三角信号及其响应

解　根据已知 RC 电路,系统的频率特性为

$$H(\omega) = \frac{\dfrac{1}{j\omega C}}{R + \dfrac{1}{j\omega C}} = \frac{1}{j\omega + 1}$$

激励信号的单周期函数 $e_0(t)$ 的傅里叶变换为

$$E_0(\omega) = \frac{ET_1}{2}\mathrm{Sa}^2\Big(\frac{\omega T_1}{4}\Big)$$

所以可得输出响应

$$r(t) = \frac{1}{T_1}\sum_{n=-\infty}^{+\infty} H(n\omega_1) E_0(n\omega_1) e^{jn\omega_1 t} = \frac{1}{T_1}\sum_{n=-\infty}^{+\infty}\frac{1}{jn\omega_1 + 1}\frac{ET_1}{2}\mathrm{Sa}^2\Big(\frac{n\omega_1 T_1}{4}\Big) e^{jn\omega_1 t} =$$

$$\frac{E}{2}\sum_{n=-\infty}^{+\infty}\frac{1}{\sqrt{(n\omega_1)^2 + 1}}\mathrm{Sa}^2\Big(\frac{n\pi}{2}\Big) e^{j[n\omega_1 t - \tan^{-1}(n\omega_1)]}$$

由此可以画出输出响应的幅度频谱和相位频谱。

从以上的例子可看出,由于输入激励 $e(t)$ 的傅里叶变换 $E(\omega)$ 中出现了冲激,因而计算起来比较麻烦,在第 4 章中,我们将用拉普拉斯变换可使这一计算大为简化。

3.9 已调信号的频谱

在无线电通信系统中,为了实现电信号的传输需要将待传送信号的频谱搬移到较高的频率范围,这种频谱搬移的过程称为信号的调制。

在具体实现过程中,调制通常是利用待传送的低频信号(又称调制信号)去控制一个高频振荡信号(又称载波)的振幅、频率或初始相位等参数之中的任意一个来达到的,它们也分别称为幅度调制、频率调制和相位调制,而频率调制和相位调制又统称为角度调制。

信号需要调制的原因主要有两方面:一方面,由电磁波辐射理论可知,只有当发射天线的尺寸等于信号波长的1/10或更大些时,信号才能有效地通过天线发射出去,也就是说要求发射信号的频率与天线尺寸相匹配。例如声音、图像等形成的电信号的频率通常很低,所以要求的天线尺寸应达到几十公里甚至几百公里,这显然是难以实现的。另一方面,既使能把低频信号发射出去,因为多个用户都在几乎相同的频率范围,因此也会造成不同用户所用的低频信号之间的相互干扰,使之无法分辨接收。

利用调制过程可以将每一个信号的频谱搬移到互不重叠的不同频率范围,使在接收信号时,各用户之间互不相干。这个问题的解决使得在一个信道中可以传输多个信号,即实现了信道的所谓"多路复用"。作为傅里叶变换进行谱分析在通信中应用的例子,本节主要介绍已调信号的频谱。

3.9.1 调幅信号

由前所述,调幅就是正弦载波的幅度被信号 $e(t)$ 调制,实现过程如图 3.9.1 所示。

1. 调幅信号的频谱

为了分析调幅信号的频谱,设未经调制的高频振荡为

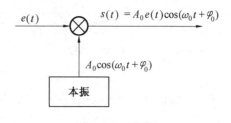

图 3.9.1 调幅

$$s_0(t) = A_0 \cos(\omega_0 t + \varphi_0) \qquad (3.9.1)$$

其中振幅 A_0、频率 ω_0 和初始相位 φ_0 均为常数。

对于连续时间信号 $e(t)$,用信号 $e(t)$ 与载波简单地相乘即可得到已调信号

$$s(t) = A_0 e(t) \cos(\omega_0 t + \varphi_0) \qquad (3.9.2)$$

已调信号 $s(t)$ 的频谱可以由傅里叶变换的频移特性得到。首先,假设信号 $e(t)$ 是带宽为 B 的带宽受限信号,即

$$|E(\omega)| = 0 \quad (|\omega| > B) \qquad (3.9.3)$$

这里 $E(\omega)$ 是 $e(t)$ 的傅里叶变换。如果再设 $\omega_0 > B$,即载波的频率大于信号的带宽,这通常是很容易做到的,则已调信号 $s(t)$ 的傅里叶变换为

$$S(\omega) = \frac{A_0}{2}[E(\omega + \omega_0) + E(\omega - \omega_0)] \qquad (3.9.4)$$

可见,通过调制把信号 $e(t)$ 的频谱 $S(\omega)$ 向上搬移到 $(\omega_0 - B, \omega_0 + B)$ 的频率范围内(对于负频率是 $(-\omega_0 - B, -\omega_0 + B)$)。例如,如果 $E(\omega)$ 的形状如图 3.9.2(a) 所示,则已

调信号 $S(\omega)$ 的频谱如图 3.9.2(b) 所示,在频谱 $E(\omega - \omega_0)$ 中,从 $\omega_0 - B$ 到 ω_0 的频谱称为**下边带**,从 ω_0 到 $\omega_0 + B$ 的频谱称为**上边带**。每个边带都包含信号 $e(t)$ 的所有频率成分,即全部信息,并且信号 $e(t)$ 可分别由上边带或下边带完全恢复。

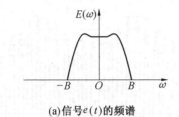

(a)信号 $e(t)$ 的频谱

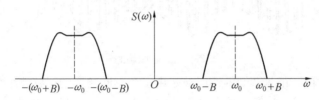

(b)已调信号 $s(t)$ 的频谱

图 3.9.2　调幅信号频谱搬移原理

在某些调幅传输方式中,如调幅广播,已调信号也往往表示为

$$s(t) = A_0 [1 + me(t)] \cos(\omega_0 t + \varphi_0) \tag{3.9.5}$$

式中　m—— 正的常数,称为调幅系数(或调制指数)。

对于所有的 t、m 应该满足 $[1 + me(t)] > 0$,即 $0 < m \le 1$($e(t)$ 是归一化的),这样可保证已调信号 $s(t)$ 的包络和信号 $e(t)$ 的波形相同。在这种调幅方式中,也要保证载波频率 ω_0 远大于信号 $e(t)$ 的带宽 B。此时,已调信号的频谱为

$$S(\omega) = \pi A_0 [\delta(\omega + \omega_0) + \delta(\omega - \omega_0)] + \frac{mA_0}{2} [E(\omega + \omega_0) + E(\omega - \omega_0)] \tag{3.9.6}$$

在 $\omega = \pm \omega_0$ 处的频率分量,是由已调信号 $A_0 [1 + me(t)] \cos(\omega_0 t + \varphi_0)$ 中载波 $A_0 \cos(\omega_0 t + \varphi_0)$ 的出现而引起的。这样,在这种调制方式中,发送信号的频谱包括载波和上、下边带。相对而言,已调信号 $A_0 e(t) \cos(\omega_0 t + \varphi_0)$ 的频谱中只包含上、下边带,抑制了载波分量,所以这种调制方式通常称为抑制载波的双边带 DSB – SC(Double-Side Band-Suppressed Carrier) 传输,而前者称为双边带 DSB(Double-Side Band) 传输。与 DSB 相比,DSB – SC 的优点是不需要发送载波,因而可以用较小的功率发送信号 $e(t)$。

2. 单音频调制

如果调制信号 $e(t) = \cos(\Omega t + \varphi)$ 为单一频率正弦波信号的情况,则称为单音频调制或正弦调制,如图 3.9.3 所示。此时调幅信号为

$$s(t) = A_0 [1 + m\cos(\Omega t + \varphi)] \cos(\omega_0 t + \varphi_0) \tag{3.9.7}$$

利用三角函数关系,式(3.9.7) 可以化为

$$s(t) = A_0 \cos(\omega_0 t + \varphi_0) + \frac{m}{2} A_0 \cos[(\omega_0 + \Omega)t + \varphi_0 + \varphi] +$$

$$\frac{m}{2} A_0 \cos[(\omega_0 - \Omega)t + \varphi_0 - \varphi] \tag{3.9.8}$$

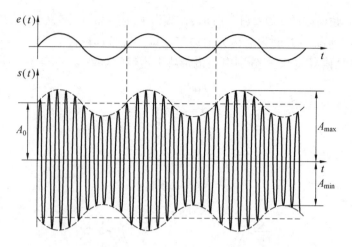

图 3.9.3　正弦调制

由式(3.9.8)可见,正弦调制的调幅波是由三个不同频率的正弦波组合而成的,其中第一项为载波分量,频率为 ω_0;第二项和第三项称为边频分量,其中频率为 $\omega_0 + \Omega$ 的分量为上边频,频率为 $\omega_0 - \Omega$ 的分量为下边频。边频分量对称地排列于载频分量的两侧,如图3.9.4所示。由图中还可以看出,这种调幅波的占有频带宽度为调制频率的两倍

$$B = 2\Omega \tag{3.9.9}$$

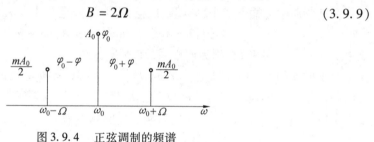

图 3.9.4　正弦调制的频谱

3. 非正弦周期信号调制

当调制信号是一个非正弦周期信号时,可以展成傅里叶级数的形式

$$e(t) = \sum_{n=1}^{+\infty} E_n \cos(\Omega_n t + \varphi_n) \tag{3.9.10}$$

则调幅波可以表示为

$$a(t) = A_0 \left[1 + \sum_{n=1}^{+\infty} m_n \cos(\Omega_n t + \varphi_n) \right] \cos(\omega_0 t + \varphi_0) \tag{3.9.11}$$

式中　m_n——部分调幅系数,各部分调幅系数之和等于调幅系数 m。

同样,利用三角函数关系,式(3.9.11)可以变为

$$a(t) = A_0 \cos(\omega_0 t + \varphi_0) + \sum_{n=1}^{+\infty} \frac{m_n}{2} A_0 \cos\left[(\omega_0 + \Omega_n)t + \varphi_0 + \varphi_n \right] +$$

$$\sum_{n=1}^{+\infty} \frac{m_n}{2} A_0 \cos\left[(\omega_0 - \Omega_n)t + \varphi_0 - \varphi_n \right] \tag{3.9.12}$$

式(3.9.12)表示的调幅波的频谱如图3.9.5(a)所示。为了便于比较,图中也同时给出了调制信号 $e(t)$ 的频谱,如图3.9.5(b)所示。

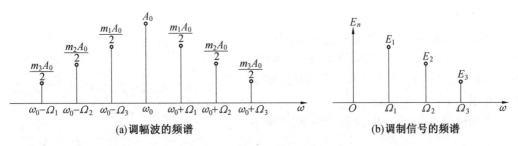

图 3.9.5　调幅波及调制信号的频谱

由式(3.9.12)和图 3.9.5(a)可以看出,经非正弦周期信号调制的调幅波,包含一个载波分量和无数对上下边频分量。所有的上下边频分量组成了两个频带,对称地排列于载频分量的两旁。从图中还可以看出,调幅波边带的频谱结构与调制信号的频谱结构相同,只是频谱搬移了一个位置,有一个等于载频的频率位移。根据调制信号频带宽度的概念,可以得出以下结论:调幅波的能量主要集中于载频附近。它的有效频带宽度 B 是调制信号频带宽度的两倍,即

$$B = 2\Omega_m \tag{3.9.13}$$

式中　Ω_m—— 调制信号频谱中的最高频率。

3.9.2　调角信号

设未调制的载波信号为

$$s_0(t) = A_0\cos(\omega_0 t + \varphi_0) = A_0\cos[\Theta(t)]$$

式中　$\Theta(t)$—— 总相角,$\Theta(t) = \omega_0 t + \varphi_0$。

对于调频信号,载波角频率增量 $\Delta\omega(t)$ 随调制信号 $e(t)$ 成线性变化,即

$$\omega(t) = \omega_0 + \Delta\omega(t) = \omega_0 + K_f e(t) \tag{3.9.14}$$

式中　K_f—— 比例系数。

此时调频信号总相角为

$$\Theta(t) = \omega_0 t + K_f\int_0^t e(\tau)\mathrm{d}\tau + \varphi_0 \tag{3.9.15}$$

则调频信号表示为

$$s(t) = A_0\cos\left[\omega_0 t + K_f\int_0^t e(\tau)\mathrm{d}\tau + \varphi_0\right] \tag{3.9.16}$$

设调制信号为单一频率的正弦波,即

$$e(t) = E\cos(\Omega t)$$

则式(3.9.16)可以写成

$$s_f(t) = A_0\cos[\omega_0 t + m_f\sin(\Omega t) + \varphi_0] \tag{3.9.17}$$

式中　m_f—— 调频指数,$m_f = \dfrac{K_f E}{\Omega}$。

根据贝塞尔函数的理论,式(3.9.17)可以展开为

$$s_f(t) = A_0\sum_{n=-\infty}^{+\infty} J_n(m_f)\cos[(\omega_0 + n\Omega)t + \varphi_0] \tag{3.9.18}$$

式中　$J_n(m_f)$—— 第一类 n 阶贝塞尔函数。

由式(3.9.18)可见,用单一频率正弦波作为调制信号的调频波,其频谱中包含有载频和无穷多对上下边频,它们的幅度取决于各阶贝塞尔函数值 $J_n(m_f)$。图3.9.6是调频信号频谱的示意图。

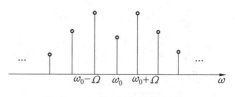

图 3.9.6　调频信号的频谱

调相信号的频谱分析过程与调频信号相似。

理论分析表明,调角信号的占有频带宽度比调幅信号要宽得多。对单一频率正弦波作为调制信号时,调频信号占有频带宽度为

$$B = 2(m_f + 1)\Omega \tag{3.9.19}$$

当调频指数 m_f 较大时,上式可近似为

$$B = 2m_f\Omega$$

可见调频信号频带是调幅信号频带的 m_f 倍。

3.10　本章小结

本章从频域的角度介绍了信号与系统的分析方法。首先从周期信号的傅里叶级数入手,介绍了其求解方法。从信号频域分析的角度,它有明确的物理意义——信号的频谱分析。为此,以典型的矩形脉冲信号为例,总结了周期信号频谱的普遍特性:离散性、谐波性和收敛性。其次,在周期信号分析的基础上,令周期信号的周期趋于无穷大,从而定义了非周期信号的傅里叶变换,并引出了频谱密度的概念(为方便通常也称为频谱函数),此时的频谱具有连续性。通过介绍傅里叶变换的基本性质和定理,建立了信号时域特性和频谱特性之间的关系。再次,为了把周期信号与非周期信号的分析统一起来,介绍了周期信号的傅里叶变换。由于傅里叶变换具有密度特性,所以相对傅里叶级数而言,此时的傅里叶变换呈现为冲激强度。接着,从频域的角度,介绍了任意输入激励信号经过系统后,产生系统输出响应信号的频域求解过程,其中引入的系统函数的概念是非常重要的。最后,以信号调制为例,介绍了信号频谱分析在通信系统中的具体应用,巩固信号频谱搬移的概念。

本章特别要注意两个概念。第一,信号在**时域的周期性与在频域的离散性**相对应,信号在**时域的非周期性与在频域的连续性**相对应。也就是说,如果信号在时域是周期的,那么它的频谱一定是离散的,如果信号在时域是非周期的,那么它的频谱一定是连续的。我们将会看到,这个特性反之也是成立的,即如果信号在时域是离散的,那么它的频谱一定是周期的。第二,信号的**时宽**与**频宽**成反比。实际上,它们的乘积为常数,它在信号时–频分析中称为 Heisenberg 测不准原理。这个概念可以引申到,如果信号在时域是有限信号,那么它的频谱一定是无限的,反之,如果信号在频域是有限的,那么它们在时域就是无限的。我们将会看到,理想滤波器在频域是有限的函数,那么它对应的时域特性就是无限的,而从能量的角度,任何物理现象不可能是无始无终的无限信号,因此理想滤波器是一个物理上不可实现的系统。这个结论在信号与系统分析中是非常重要的。

本章结构如图3.10.1所示。

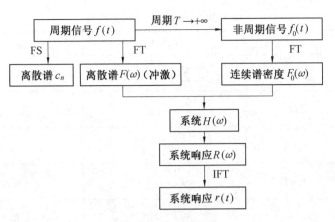

图 3.10.1　本章结构

为了便于应用,一些常用函数的傅里叶变换对和傅里叶变换的性质见表 3.10.1 和表 3.10.2。

表 3.10.1　常用函数傅里叶变换对

序号	$f(t)$	$F(\omega)$	说　明
1	1	$2\pi\delta(\omega)$	$-\infty < t < +\infty$
2	$e^{-j\omega_0 t}$	$2\pi\delta(\omega + \omega_0)$	ω_0 任意实数
3	$\delta(t)$	1	
4	$\delta(t - t_0)$	$e^{-j\omega t_0}$	t_0 任意实数
5	$u(t)$	$\pi\delta(\omega) + \dfrac{1}{j\omega}$	
6	$u(t) - 0.5$	$\dfrac{1}{j\omega}$	
7	$e^{-\alpha t}u(t)$	$\dfrac{1}{j\omega + \alpha}$	$\alpha > 0$
8	$g_\tau(t)$	$\tau\mathrm{Sa}\left(\dfrac{\omega\tau}{2}\right)$	$g_\tau(t) = u(t + \tau/2) - u(t - \tau/2)$
9	$\tau\mathrm{Sa}\left(\dfrac{\tau t}{2}\right)$	$2\pi g_\tau(\omega)$	
10	$e^{-\left(\frac{t}{\tau}\right)^2}$	$\sqrt{\pi}\,\tau e^{-\left(\frac{\omega\tau}{2}\right)^2}$	$-\infty < t < +\infty$
11	$\cos(\omega_0 t)$	$\pi\left[\delta(\omega + \omega_0) + \delta(\omega - \omega_0)\right]$	
12	$\sin(\omega_0 t)$	$j\pi\left[\delta(\omega + \omega_0) - \delta(\omega - \omega_0)\right]$	

表 3.10.2　傅里叶变换的性质

性质	$f(t)$	$F(\omega)$	说　明
线性	$\sum_{i=1}^{N} a_i f_i(t)$	$\sum_{i=1}^{N} a_i F_i(\omega)$	a_i 常数, $N > 1$ 整数
对称性	$F(t)$	$2\pi f(-\omega)$	
尺度	$f(at)$	$\dfrac{1}{|a|}F\left(\dfrac{\omega}{a}\right)$	$a \neq 0$
翻转	$f(-t)$	$F(-\omega)$	$a = -1$
时移	$f(t-t_0)$	$F(\omega)e^{-j\omega t_0}$	t_0 常数
频　移	$f(t)e^{j\omega_0 t}$	$F(\omega - \omega_0)$	ω_0 常数
	$f(t)\cos(\omega_0 t)$	$\dfrac{1}{2}[F(\omega + \omega_0) + F(\omega - \omega_0)]$	
	$f(t)\sin(\omega_0 t)$	$\dfrac{j}{2}[F(\omega + \omega_0) - F(\omega - \omega_0)]$	
时域微分	$\dfrac{d^n}{dt^n}f(t)$	$(j\omega)^n F(\omega)$	
频域微分	$(-jt)^n f(t)$	$\dfrac{d^n}{d\omega^n}F(\omega)$	
时域积分	$\displaystyle\int_{-\infty}^{t} f(\tau)d\tau$	$\dfrac{F(\omega)}{j\omega} + \pi F(0)\delta(\omega)$	
时域卷积	$f_1(t) * f_2(t)$	$F_1(\omega)F_2(\omega)$	
频域乘积	$f_1(t)f_2(t)$	$\dfrac{1}{2\pi}F_1(\omega) * F_2(\omega)$	

习　　题

3.1　已知如图 3.1 所示的周期矩形信号,分别求其三角形式和指数形式傅里叶级数,并画出相应的频谱图。

3.2　求如图 3.2 所示周期锯齿信号的傅里叶级数,并画出相应的频谱图。

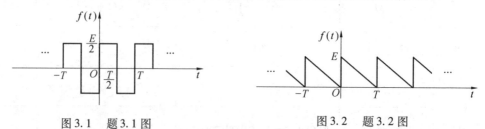

图 3.1　题 3.1 图　　　　　　　　　　图 3.2　题 3.2 图

3.3　求如图 3.3 所示半波正弦信号的傅里叶级数,并画出相应的频谱图。

3.4　已知正弦信号经过对称限幅后输出信号如图 3.4 所示,求其基波、二次谐波和三次谐波的有效值。

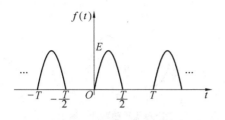

图 3.3   题 3.3 图

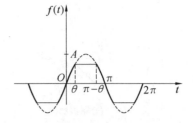

图 3.4   题 3.4 图

3.5   已知周期矩形信号 $f_1(t)$ 和 $f_2(t)$ 的波形如图 3.5 所示,$f_1(t)$ 的参数为 $\tau = 0.5\ \mu s$,$T = 1\ \mu s$,$E = 1\ V$;$f_2(t)$ 的参数为 $\tau = 1.5\ \mu s$,$T = 3\ \mu s$,$E = 3\ V$。分别求:

1.$f_1(t)$ 的谱线间隔和带宽,频率单位以 kHz 表示;

2.$f_2(t)$ 的谱线间隔和带宽;

3.$f_1(t)$ 与 $f_2(t)$ 的基波幅度之比;

4.$f_1(t)$ 的基波与 $f_2(t)$ 的三次谐波幅度之比。

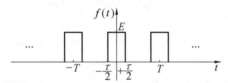

图 3.5   题 3.5 图

3.6   已知周期信号如图 3.6 所示。

1. 求指数傅里叶级数;

2. 试画出其幅度频谱和相位频谱;

3. 试画出 $N = 1$、$N = 5$ 和 $N = 30$ 的有限项信号波形。

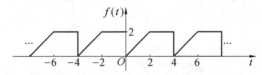

图 3.6   题 3.6 图

3.7   已知周期函数 $f(t)$ 的 $\frac{1}{4}$ 周期($0 \sim \frac{\pi}{4}$)的波形,如图 3.7 所示。根据下列各种情况的要求,画出 $f(t)$ 在一个周期($-\frac{\pi}{2} \sim \frac{\pi}{2}$)内的波形。

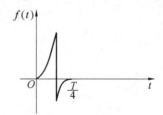

图 3.7   题 3.7 图

1.$f(t)$ 是偶函数,只含有偶次谐波;

2.$f(t)$ 是偶函数,只含有奇次谐波;

3.$f(t)$ 是偶函数,含有偶次和奇次谐波;

4.$f(t)$ 是奇函数,只含有偶次谐波;

5.$f(t)$ 是奇函数,只含有奇次谐波;

6.$f(t)$ 是奇函数,含有偶次和奇次谐波。

3.8   求图 3.8 所示锯齿脉冲和单周正弦脉冲的傅里叶变换。

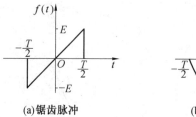

(a)锯齿脉冲　　　　　　　　　(b)单周正弦脉冲

图 3.8　题 3.8 图

3.9　求下列傅里叶变换的反变换。

1. $F(\omega) = \delta(\omega - \omega_0)$

2. $F(\omega) = u(\omega + \omega_0) - u(\omega - \omega_0)$

3. $F(\omega) = \begin{cases} \omega_0 & (\,|\omega| \leqslant \omega_0) \\ 0 & (其他) \end{cases}$

3.10　已知 $f_2(t)$ 由 $f_1(t)$ 变换所得,如图 3.9 所示。$\mathscr{F}[f_1(t)] = F_1(\omega)$,试写出 $f_2(t)$ 的傅里叶变换。

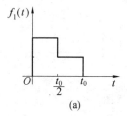

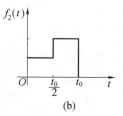

(a)　　　　　　　　　　　(b)

图 3.9　题 3.10 图

3.11　求图 3.10 所示 $F(\omega)$ 的傅里叶反变换 $f(t)$。

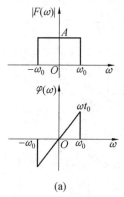

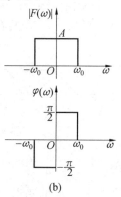

(a)　　　　　　　　　　　(b)

图 3.10　题 3.11 图

3.12　已知 $\mathscr{F}[f(t)] = F(\omega)$,利用傅里叶变换的性质求下列信号的傅里叶变换。

1. $tf(2t)$

2. $(t - 2)f(-2t)$

3. $f(2t - 5)$

4. $t\,\dfrac{\mathrm{d}f(t)}{\mathrm{d}t}$

3.13　利用频移、延时等特性,求图 3.11 所示信号的频谱函数。

3.14　利用傅里叶变换的对称性等,求下列信号的傅里叶变换,并粗略画出其频谱图。

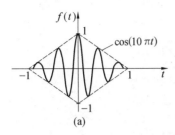

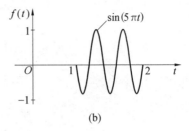

图 3.11 题 3.13 图

1. $f(t) = \dfrac{\sin[2\pi(t-2)]}{\pi(t-2)}$

2. $f(t) = \dfrac{2a}{t^2 + a^2}$

3. $f(t) = \left(\dfrac{\sin(2\pi t)}{2\pi t}\right)^2$

3.15 试分别用下列方法求图 3.12 所示信号的频谱函数。

1. 利用时域积分性质；

2. 将 $f(t)$ 看作门函数 $g(t)$ 与单位阶跃函数的卷积。

3.16 已知 $f_1(t)$ 的傅里叶变换 $F_1(\omega)$，周期信号 $f_2(t)$ 与 $f_1(t)$ 有如图 3.13 所示关系，试求 $f_2(t)$ 的傅里叶变换 $F_2(\omega)$。

图 3.12 题 3.15 图

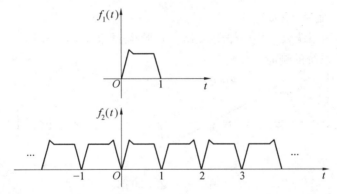

图 3.13 题 3.16 图

3.17 试求图 3.14 所示周期函数的傅里叶变换 $F(\omega)$。

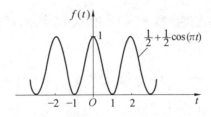

图 3.14 题 3.17 图

3.18 试求图 3.15(a) 所示信号的傅里叶变换，并根据该结果求图 3.15(b) 所示周期信号的傅里叶级数。

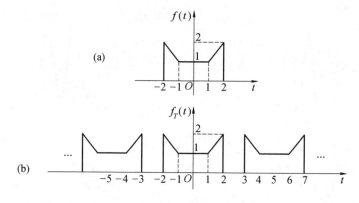

图 3.15　题 3.18 图

3.19　已知信号 $f(t)$ 的傅里叶变换为

$$F(\omega) = \frac{1}{j}\left[\text{sinc}\left(\frac{2\omega}{\pi} - \frac{1}{2}\right) - \text{sinc}\left(\frac{2\omega}{\pi} + \frac{1}{2}\right) \right]$$

试求傅里叶反变换 $f(t)$。

若周期信号 $f_T(t)$ 表示如下：

$$f_T(t) = \sum_{k=-\infty}^{+\infty} f(t - 16k)$$

求 $f_T(t)$ 的傅里叶变换 $F_T(\omega)$。

3.20　已知某系统频率特性如图 3.16(a) 所示，试求在如图 3.16(b) 所示的周期激励信号 $e(t)$ 作用下系统的响应。

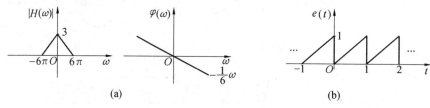

图 3.16　题 3.20 图

3.21　已知系统函数 $H(\omega) = \dfrac{1}{j\omega + 2}$，激励信号 $e(t) = e^{-3t}u(t)$，试利用傅里叶分析法求响应 $r(t)$。

3.22　已知信号的频谱密度函数 $F(\omega)$ 如图 3.17 所示，试求信号 $f(t)$。

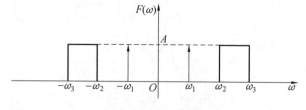

图 3.17　题 3.22 图

3.23　一个线性非时变连续时间系统，其系统函数 $H(\omega)$ 如图 3.18(a) 所示。已知系统能把图 3.18(b) 所示的锯齿波信号变为图 3.18(c) 所示的方波信号，即激励锯齿波信号的响应为方波信号。求 $H(\omega)$ 中的常数 a 和 b。

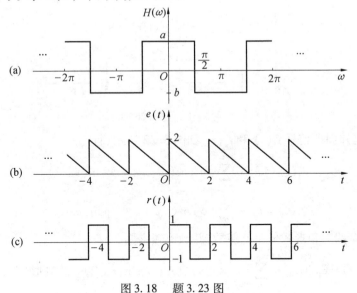

图 3.18　题 3.23 图

3.24　一个线性非时变连续时间系统,其系统函数为 $H(\omega) = \begin{cases} 1 & (2 \leqslant |\omega| \leqslant 7) \\ 0 & (其他) \end{cases}$

试求当激励信号 $e(t)$ 分别为下列各式时的系统响应 $r(t)$:

1. $e(t) = 2 + 3\cos(3t) - 5\sin(6t - 30°) + 4\cos(13t - 20°)$　$(-\infty < t < +\infty)$

2. $e(t) = 1 + \sum\limits_{n=1}^{+\infty} \dfrac{1}{n}\cos(2nt)$　$(-\infty < t < +\infty)$

3. $e(t)$ 如图 3.19 所示。

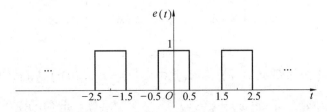

图 3.19　题 3.24 图

3.25　已知激励信号 $e(t)$ 为周期锯齿波,如图 3.20(a) 所示。经 RC 低通网络传输,如图 3.20(b) 所示,试写出响应 $r(t)$ 的傅里叶变换式 $R(\omega)$。

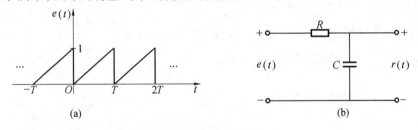

图 3.20　题 3.25 图

3.26 求如图 3.21 所示信号 $f(t)$ 的傅里叶变换 $F(\omega)$。

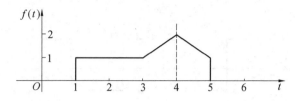

图 3.21 题 3.26 图

3.27 已知周期信号 $f_1(t)$ 和 $f_2(t)$ 如图 3.22 所示,且

$$f_1(t) = a_0 + \sum_{n=1}^{+\infty} \left[a_n\cos(n\omega_1 t) + b_n\sin(n\omega_1 t) \right]$$

$$f_2(t) = c_0 + \sum_{n=1}^{+\infty} \left[c_n\cos(n\omega_1 t) + d_n\sin(n\omega_1 t) \right]$$

1. 求 $f_1(t)$ 的三角形式傅里叶级数,并画出频谱图;

2. 画出 $f(t) = a_0 + c_0 + \sum_{n=1}^{+\infty} \left[a_n\cos(n\omega_1 t) + d_n\sin(n\omega_1 t) \right]$ 的波形。

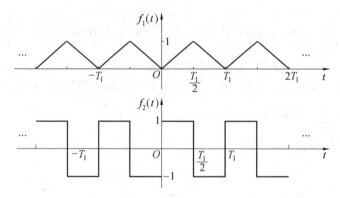

图 3.22 题 3.27 图

3.28 已知某系统如图 3.23(a) 所示,其中 $h_1(t) = \cos(100t)$,$h_2(t)$ 的频谱为

$$H_2(\omega) = \mathrm{jsgn}(\omega) = \begin{cases} \mathrm{j} & (\omega > 0) \\ -\mathrm{j} & (\omega < 0) \end{cases}, h_3(t) = \sin(100t)$$

若输入信号 $e(t)$ 的频谱如图 3.23(b) 所示,求系统的输出 $r(t)$。

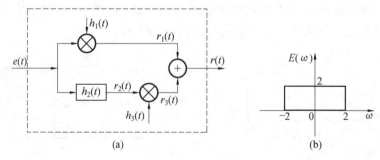

(a)   (b)

图 3.23 题 3.28 图

3.29　图 3.24 所示为正交幅度调制原理框图,可以实现正交多路复用。两路载波信号的载频 ω_c 相同,但相位相差 90°。两路调制信号 $x_1(t)$ 和 $x_2(t)$ 都为带限信号,且最高频率为 ω_m。若 $\omega_c > \omega_m$,试证明:$y_1(t) = x_1(t)$,$y_2(t) = x_2(t)$。

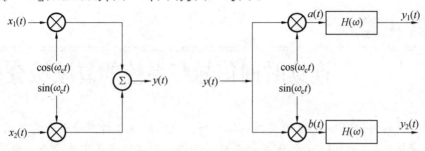

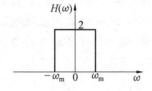

图 3.24　题 3.29 图

第4章

连续时间信号与系统的复频域分析

由第 3 章的讨论可知,傅里叶变换在信号与系统的频域分析中是十分有效的。但在应用傅里叶变换时,信号 $f(t)$ 必须满足狄里赫利条件。而实际应用中的许多信号,例如阶跃信号 $u(t)$、斜坡信号 $tu(t)$ 等,它们并不满足这一条件,但它们却存在傅里叶变换。此时,我们不能直接从定义计算它们的傅里叶变换,而只能间接地通过其他函数取极限的方法求得,并且其变换式中常常会含有冲激函数,使分析计算相当麻烦。此外,还有一类信号,如单边指数信号 $e^{at}u(t)(a>0)$ 等,它们根本不存在傅里叶变换。也就是说,傅里叶变换对这类信号的应用受到了限制。另外,在系统分析时,利用傅里叶变换分析法只能确定系统的零状态响应,这对具有初始状态的系统求其响应也是十分不便的。因此,有必要寻求更有效而简便的方法,这样人们将傅里叶变换推广到拉普拉斯变换(简称拉氏变换)。

我们将会看到,拉普拉斯变换完全可以避免傅里叶变换的上述问题,是分析连续、线性、非时变系统的更有效工具。相对傅里叶变换的频域分析,拉普拉斯变换把线性非时变系统的时域模型变换到复频域,在复频域运算后再还原为时间函数响应。从数学的角度,拉普拉斯变换分析方法是求解常系数线性微分方程的工具,它的优点主要表现在:

(1) 相对傅里叶变换,拉普拉斯变换的求解步骤更加简化,同时可以给出微分方程的特解和齐次解,也就是系统的全响应,而且初始条件会自动地包含在变换式里。

(2) 拉普拉斯变换可以把时域的"微分"和"积分"运算,转换为复频域的"乘法"和"除法"运算,也即把微积分方程变换为代数方程。

(3) 拉普拉斯变换把时域中两个函数的卷积运算转换为变换域中两个函数的乘法运算,即满足卷积定理。在此基础上建立系统函数的概念,并且可利用系统函数零点、极点分布来简明、直观地表达系统性能的许多规律。

本章共分 7 节,4.1 节从傅里叶变换入手,介绍拉普拉斯变换的定义式、收敛域和典型信号的变换,目的是通过对比分析给出拉普拉斯变换的物理解释;4.2 节介绍拉普拉斯变换的基本性质,除了使复杂信号的拉普拉斯变换可以简化外,还可以建立信号在时域和复频域的对应关系;4.3 节重点介绍拉普拉斯反变换,这是由于在实际的系统分析中,需要把变换域的分析结果变换回时域以满足人们的习惯性要求;4.4 节着重讨论线性非时变系统的拉普拉斯变换分析法,目的是从复频域的角度说明如何求解系统的零输入响应和零状态响应,并引入系统函数的概念;4.5 节和 4.6 节主要通过系统函数的极点和零点分布分析,建立其与系统的时域特性、频域特性和稳定性等之间的关系;4.7 节给出系统的 s 域模拟框图,目的是使其与时域的模拟框图相对应,达到时域分析和 s 域分析的统一。

4.1　拉普拉斯变换

4.1.1　从傅里叶变换到拉普拉斯变换

由第 3 章傅里叶变换可知,当信号 $f(t)$ 满足狄里赫利条件时,可以构成一对傅里叶变换,即

$$F(\omega) = \int_{-\infty}^{+\infty} f(t)\,\mathrm{e}^{-\mathrm{j}\omega t}\mathrm{d}t \tag{4.1.1}$$

$$f(t) = \frac{1}{2\pi}\int_{-\infty}^{+\infty} F(\omega)\,\mathrm{e}^{\mathrm{j}\omega t}\mathrm{d}\omega \tag{4.1.2}$$

在实际应用中,有些信号 $f(t)$ 不能满足绝对可积的条件,这是由于当时间 $t \to +\infty$ 或 $t \to -\infty$ 的过程中,信号 $f(t)$ 不趋于零。

为了使所求的信号 $f(t)$ 满足绝对可积的变换条件,如果用一个实指数函数 $\mathrm{e}^{-\sigma t}$ 去乘信号 $f(t)$,这样只要 σ 的数值选择的足够大,就可以解决信号 $f(t)\mathrm{e}^{-\sigma t}$ 的绝对可积问题,通常 $\mathrm{e}^{-\sigma t}$ 称为收敛因子。

例如,对于信号

$$f(t) = \begin{cases} \mathrm{e}^{at} & (t \geqslant 0) \\ \mathrm{e}^{bt} & (t < 0) \end{cases}$$

式中　a、b——正实数,且 $b > a$。

只要选择 $b > \sigma > a$,就能保证当 $t \to +\infty$ 和 $t \to -\infty$ 时,信号 $f(t)\mathrm{e}^{-\sigma t}$ 均趋于零。

由于 $f(t)\mathrm{e}^{-\sigma t}$ 满足了绝对可积条件,可对其进行傅里叶变换

$$\mathscr{F}[f(t)\mathrm{e}^{-\sigma t}] = \int_{-\infty}^{+\infty}[f(t)\mathrm{e}^{-\sigma t}]\mathrm{e}^{-\mathrm{j}\omega t}\mathrm{d}t = \int_{-\infty}^{+\infty} f(t)\mathrm{e}^{-(\sigma+\mathrm{j}\omega)t}\mathrm{d}t \tag{4.1.3}$$

它是 $\sigma + \mathrm{j}\omega$ 的函数,可写成

$$F(\sigma + \mathrm{j}\omega) = \int_{-\infty}^{+\infty} f(t)\mathrm{e}^{-(\sigma+\mathrm{j}\omega)t}\mathrm{d}t \tag{4.1.4}$$

将此式与傅里叶变换式(4.1.1)进行比较,可以看出,二者不同之处只在于把变量 $\mathrm{j}\omega$ 换成 $\sigma + \mathrm{j}\omega$。如果令 $s = \sigma + \mathrm{j}\omega$,则式(4.1.4)变为

$$F(s) = \int_{-\infty}^{+\infty} f(t)\mathrm{e}^{-st}\mathrm{d}t \tag{4.1.5}$$

$F(s)$ 的傅里叶反变换为

$$f(t)\mathrm{e}^{-\sigma t} = \mathscr{F}^{-1}[F(\sigma + \mathrm{j}\omega)] = \frac{1}{2\pi}\int_{-\infty}^{+\infty} F(\sigma + \mathrm{j}\omega)\mathrm{e}^{\mathrm{j}\omega t}\mathrm{d}\omega \tag{4.1.6}$$

将上式两边乘以 $\mathrm{e}^{\sigma t}$,得到

$$f(t) = \frac{1}{2\pi}\int_{-\infty}^{+\infty} F(\sigma + \mathrm{j}\omega)\mathrm{e}^{(\sigma+\mathrm{j}\omega)t}\mathrm{d}\omega \tag{4.1.7}$$

因为 $s = \sigma + \mathrm{j}\omega$,则 $\mathrm{d}s = \mathrm{j}\mathrm{d}\omega$,当 $\omega = \pm\infty$ 时,$s = \sigma \pm \mathrm{j}\infty$,于是式(4.1.7)变为

$$f(t) = \frac{1}{2\pi\mathrm{j}}\int_{\sigma-\mathrm{j}\infty}^{\sigma+\mathrm{j}\infty} F(s)\mathrm{e}^{st}\mathrm{d}s \tag{4.1.8}$$

式(4.1.5)和式(4.1.8)构成了一对拉普拉斯变换。两式中的 $f(t)$ 称为"原函数",

$F(s)$ 称为"像函数"。已知 $f(t)$ 求 $F(s)$ 可由式(4.1.5)取得拉普拉斯变换,常用符号 $\mathscr{L}[f(t)]$ 表示;反之,利用式(4.1.8)由 $F(s)$ 求 $f(t)$ 时称为拉普拉斯反变换,常用符号 $\mathscr{L}^{-1}[F(s)]$ 表示,即

$$F(s) = \mathscr{L}[f(t)] \tag{4.1.9}$$

$$f(t) = \mathscr{L}^{-1}[F(s)] \tag{4.1.10}$$

有时也可以表示为

$$f(t) \leftrightarrow F(s)$$

从物理意义上讲,傅里叶变换是把信号 $f(t)$ 分解为无限多个频率为 ω、复振幅为 $\dfrac{F(\omega)}{2\pi}\mathrm{d}\omega$ 的复指数分量 $\mathrm{e}^{\mathrm{j}\omega t}$ 的加权和,即

$$f(t) = \frac{1}{2\pi}\int_{-\infty}^{+\infty} F(\omega)\mathrm{e}^{\mathrm{j}\omega t}\mathrm{d}\omega = \int_{-\infty}^{+\infty} \frac{F(\omega)\cdot\mathrm{d}\omega}{2\pi}\cdot\mathrm{e}^{\mathrm{j}\omega t} = \int_{-\infty}^{+\infty} \frac{1}{2}\cdot\frac{|F(\omega)|\cdot\mathrm{d}\omega}{\pi}\cdot\mathrm{e}^{\mathrm{j}\varphi(\omega)}\cdot\mathrm{e}^{\mathrm{j}\omega t}$$

其中每一对 $+\omega$ 和 $-\omega$ 分量,组成一个等幅的正弦振荡,即

$$\frac{1}{2}\cdot\frac{|F(\omega)|\cdot\mathrm{d}\omega}{\pi}\cdot\mathrm{e}^{\mathrm{j}[\omega t+\varphi(\omega)]} + \frac{1}{2}\cdot\frac{|F(\omega)|\cdot\mathrm{d}\omega}{\pi}\cdot\mathrm{e}^{-\mathrm{j}[\omega t+\varphi(\omega)]} =$$

$$\frac{|F(\omega)|\cdot\mathrm{d}\omega}{\pi}\cdot\cos[\omega t+\varphi(\omega)]$$

这些振荡的振幅 $\dfrac{|F(\omega)|\cdot\mathrm{d}\omega}{\pi}$ 均为无穷小量。

相对傅里叶变换,拉普拉斯变换则是把信号 $f(t)$ 分解为无限多个复频率为 $s = \sigma+\mathrm{j}\omega$、复振幅为 $\dfrac{F(s)}{2\pi\mathrm{j}}\mathrm{d}s$ 的复指数分量 e^{st} 的加权和,即

$$f(t) = \frac{1}{2\pi\mathrm{j}}\int_{\sigma-\mathrm{j}\infty}^{\sigma+\mathrm{j}\infty} F(s)\mathrm{e}^{st}\mathrm{d}s = \int_{\sigma-\infty}^{\sigma+\mathrm{j}\infty} \frac{1}{2\mathrm{j}}\cdot\frac{|F(s)|\cdot\mathrm{d}s}{\pi}\cdot\mathrm{e}^{\mathrm{j}\varphi(\omega)}\cdot\mathrm{e}^{\sigma t}\cdot\mathrm{e}^{\mathrm{j}\omega t}$$

像函数中每一对 $+\omega$ 和 $-\omega$ 的指数分量组成一个变幅的正弦振荡,即

$$\frac{1}{2\mathrm{j}}\cdot\frac{|F(s)|\cdot\mathrm{d}s}{\pi}\cdot\mathrm{e}^{\sigma t}\cdot\mathrm{e}^{\mathrm{j}[\omega t+\varphi(\omega)]} + \frac{1}{2\mathrm{j}}\cdot\frac{|F(s)|\cdot\mathrm{d}s}{\pi}\cdot\mathrm{e}^{\sigma t}\cdot\mathrm{e}^{-\mathrm{j}[\omega t+\varphi(\omega)]} =$$

$$\frac{|F(s)|\cdot\mathrm{d}\omega}{\pi}\cdot\mathrm{e}^{\sigma t}\cdot\cos[\omega t+\varphi(\omega)]$$

这些振荡的振幅 $\dfrac{|F(s)|\cdot\mathrm{d}\omega}{\pi}\cdot\mathrm{e}^{\sigma t}$ 也是一个无穷小量,且按指数规律随时间变化。

由以上讨论可以看出,傅里叶变换和拉普拉斯变换的主要差别在于:傅里叶变换是将时域函数 $f(t)$ 变换为频域函数 $F(\omega)$,或作相反变换,时域中的变量 t 和频域中的变量 ω 都是实数;而拉普拉斯变换是将时域函数 $f(t)$ 变换为复变函数 $F(s)$,或作相反变换,时域变量 t 虽是实数,但 $F(s)$ 的变量 s 却是复数。与 ω 相比较,变量 s 可称为"复频率",$F(s)$ 可看成是 $f(t)$ 的复频谱。概括来说,傅里叶变换建立了时域和频域(ω 域)间的联系,而拉普拉斯变换则建立了时域和复频域(s 域)间的联系,当取 $\sigma = 0$ 时,$s = \mathrm{j}\omega$,则拉普拉斯变换就变为傅里叶变换。从这一点,拉普拉斯变换又称为广义傅里叶变换,而傅里叶变换是拉普拉斯变换的一个特例。

在电子技术或任何其他工程应用中,一般所定义的信号大都是因果信号,如果信号的起

始时刻设为零,于是在 $t < 0$ 时,$f(t) = 0$,则式(4.1.5)可写成

$$F(s) = \int_{0}^{+\infty} f(t)e^{-st}dt \qquad (4.1.11a)$$

式(4.1.11a)称为信号 $f(t)$ 的单边拉普拉斯变换,与之对应,式(4.1.5)称为双边拉普拉斯变换。

值得注意,我们所讨论的单边拉普拉斯变换是从零点开始积分的,对于某些在 $t = 0$ 时产生跳变的函数 $f(t)$,根据第2章的讨论我们知道,其导数 $\dfrac{df(t)}{dt}$ 将出现冲激函数项,为便于研究在 $t = 0$ 点发生的跳变现象,规定单边拉普拉斯变换的定义式积分下限从 0^- 开始

$$F(s) = \int_{0^-}^{+\infty} f(t)e^{-st}dt \qquad (4.1.11b)$$

这样定义的好处是把 $t = 0$ 处冲激函数的作用考虑在变换之中,当利用拉普拉斯变换方法求解微分方程时,可以直接引用已知的起始状态 $f(0^-)$ 而求得全部结果,无需专门计算由 0^- 至 0^+ 的跳变;否则,若取积分下限从 0^+ 开始,对于 t 从 0^- 至 0^+ 发生的变化还需另行处理。以上两种规定分别称为拉普拉斯变换的 0^- 系统或拉普拉斯变换的 0^+ 系统,今后,未加标注之 $t = 0$,均指 $t = 0^-$。

对于反变换,由于 $F(\omega)$ 仍包含有 $-\omega$ 与 $+\omega$ 两部分分量,那么 $F(s)$ 就包含有 $\sigma - j\omega$ 与 $\sigma + j\omega$ 两部分分量,所以式(4.1.8)的积分限并不改变。所以反变换有

$$f(t) = \left[\frac{1}{2\pi j}\int_{\sigma-j\infty}^{\sigma+j\infty} F(s)e^{st}ds\right]u(t)$$

在此强调一下,在以后的实际信号与系统分析中,我们主要应用的是单边拉普拉斯变换。

4.1.2　拉普拉斯变换的收敛域

由以上讨论可知,当信号 $f(t)$ 乘以收敛因子 $e^{-\sigma t}$ 后,就有可能满足绝对可积条件。然而,是否一定满足,还要看 $f(t)$ 的性质与 σ 值的相对关系而定。也就是说,对于某一信号 $f(t)$,通常并不是所有的 σ 值都能使 $f(t)e^{-\sigma t}$ 为有限值,即并不是对所有的 σ 值 $f(t)$ 都存在拉普拉斯变换,而只有在 σ 值的一定范围内,$f(t)e^{-\sigma t}$ 是收敛的,$f(t)$ 存在拉普拉斯变换。通常把使 $f(t)e^{-\sigma t}$ 满足绝对可积条件的 σ 值的范围称为拉普拉斯变换的收敛域。在收敛域内,信号 $f(t)$ 的拉普拉斯变换存在,在收敛域外,信号的拉普拉斯变换不存在。

对于有始信号 $f(t)$,若存在下列关系

$$\lim_{t \to +\infty} f(t)e^{-\sigma t} = 0 \quad (\sigma > \sigma_0) \qquad (4.1.12)$$

则称 $\sigma > \sigma_0$ 为收敛条件,并且根据 σ_0 值可将 s 平面划分为两个区域,如图4.1.1所示。通过 σ_0 的垂直线是收敛域的边界,称为收敛轴,σ_0 称为收敛坐标。凡满足式(4.1.12)的函数称为“指数阶函数”,就是说此类函数 $f(t)$ 若具有发散特性可借助于指数函数的衰减,使之成为收敛函数。因此,它们的收敛域都位于收敛轴的右侧。

【例4.1.1】　判断单个脉冲信号 $f(t)$ 的收敛域。

解　单个脉冲信号是一个能量有限信号,此时

$$\lim_{t \to +\infty} f(t)e^{-\sigma t} = 0 \quad (\sigma > \sigma_0)$$

对 σ_0 没有要求,即全平面收敛。因为任何有界的有限时宽信号,其能量均为有限值。

【例 4.1.2】 判断单位阶跃信号 $u(t)$ 的收敛域。

解
$$\lim_{t \to +\infty} u(t) \mathrm{e}^{-\sigma t} = 0 \quad (\sigma > \sigma_0)$$

收敛坐标 $\sigma_0 = 0$,即 s 平面的右半平面为收敛域,如图 4.1.2 所示。

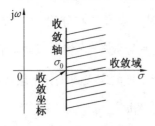
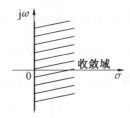

图 4.1.1　收敛区的划分图　　　图 4.1.2　单位阶跃信号的收敛域

【例 4.1.3】 判断如图 4.1.3 所示线性增长信号 t 及 t^n 的收敛域。

解
$$\lim_{t \to +\infty} t \mathrm{e}^{-\sigma t} = 0 \quad (\sigma > 0)$$
$$\lim_{t \to +\infty} t^n \mathrm{e}^{-\sigma t} = 0 \quad (\sigma > 0)$$

收敛坐标 σ_0 均为零。

【例 4.1.4】 判断指数函数 e^{at} 的收敛域。

解
$$\lim_{t \to +\infty} \mathrm{e}^{at} \mathrm{e}^{-\sigma t} = \lim_{t \to +\infty} \mathrm{e}^{(a-\sigma)t} = 0 \quad (\sigma > a)$$

收敛坐标 $\sigma_0 = a$,如图 4.1.4 所示。

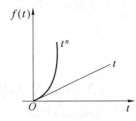
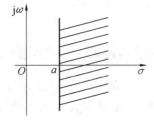

图 4.1.3　线性增长信号　　　　图 4.1.4　指数函数的收敛域

　　实际中遇到的信号大多都是指数阶函数。只要 σ 值取的足够大,式(4.1.11) 总能得到满足,也就是说,实际信号的单边拉普拉斯变换总是存在的。而对于那些随时间增长的速度比指数函数快的信号,如 $\mathrm{e}^{t^2} u(t)$、$t \mathrm{e}^{t^2} u(t)$、$t^t u(t)$ 等,不论 σ 取何值,式(4.1.11) 都不能满足,此时拉普拉斯变换不存在。然而这些信号在实用中很少遇到,因此不再讨论。

　　再讨论双边拉普拉斯变换的收敛域。根据信号分析的线性叠加原理,双边拉普拉斯变换可以看成是两个单边拉普拉斯变换的叠加,例如

$$f(t) = \begin{cases} f_1(t) & (t > 0) \\ f_2(t) & (t < 0) \end{cases}$$

则

$$F(s) = \int_{-\infty}^{+\infty} f(t) \mathrm{e}^{-st} \mathrm{d}t = \int_{-\infty}^{0} f_2(t) \mathrm{e}^{-st} \mathrm{d}t + \int_{0}^{+\infty} f_1(t) \mathrm{e}^{-st} \mathrm{d}t$$

其中第二项就是单边拉普拉斯变换式;而在第一项的积分中,若将 t 换成 $-t$,则得

$$F(s) = \int_0^{+\infty} f_2(-t) \mathrm{e}^{st} \mathrm{d}t + \int_0^{+\infty} f_1(t) \mathrm{e}^{-st} \mathrm{d}t$$

故双边拉普拉斯变换的收敛域有两个有限边界：

当 $t > 0$ 时，$f_1(t)$ 变换对应收敛域的左边界，以 σ_+ 表示；

当 $t < 0$ 时，$f_2(t)$ 变换对应收敛域的右边界，以 σ_- 表示。

如果 $\sigma_- > \sigma_+$，两部分变换有公共收敛域，则双边拉普拉斯变换存在；如果 $\sigma_- < \sigma_+$，两部分变换无公共收敛域，则双边拉普拉斯变换不存在。

【例 4.1.5】 求 $f(t)$ 的双边拉普拉斯变换的收敛域。

$$f(t) = \begin{cases} f_1(t) = 1 & (t > 0) \\ f_2(t) = \mathrm{e}^t & (t < 0) \end{cases}$$

解

$$\int_{-\infty}^{+\infty} f(t) \mathrm{e}^{-\sigma t} \mathrm{d}t = \int_0^{+\infty} f_2(-t) \mathrm{e}^{\sigma t} \mathrm{d}t + \int_0^{+\infty} f_1(t) \mathrm{e}^{-\sigma t} \mathrm{d}t = \int_0^{+\infty} \mathrm{e}^{-t} \mathrm{e}^{\sigma t} \mathrm{d}t + \int_0^{+\infty} \mathrm{e}^{-\sigma t} \mathrm{d}t =$$

$$\int_0^{+\infty} \mathrm{e}^{(\sigma-1)t} \mathrm{d}t + \int_0^{+\infty} \mathrm{e}^{-\sigma t} \mathrm{d}t$$

可以看出，第一项的收敛边界 $\sigma_- = 1$，第二项的收敛边界为 $\sigma_+ = 0$，故收敛域为 $0 < \sigma < 1$，如图 4.1.5 所示。在此范围内，$f(t) \mathrm{e}^{-\sigma t}$ 满足收敛条件，双边拉普拉斯变换存在；对 σ 的其他值，双边变换不存在。

由于本书只讨论单边拉普拉斯变换，所以其收敛域必定存在，故在以后的讨论中就不再说明函数的拉普拉斯变换是否收敛的问题。

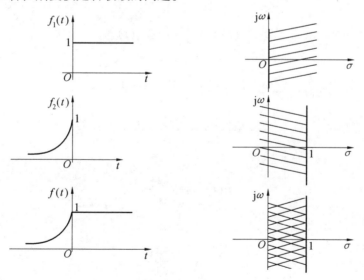

图 4.1.5 双边函数的收敛域

4.1.3 常用函数的拉普拉斯变换

同样，为了便于对复杂信号进行复频域分析，下面按照拉普拉斯变换的定义来推导典型常用函数的拉普拉斯变换。

1. 单位阶跃函数

单位阶跃信号 $f(t) = u(t)$ 的拉普拉斯变换为

$$\mathscr{L}[u(t)] = \int_0^{+\infty} e^{-st} dt = -\frac{e^{-st}}{s}\bigg|_0^{+\infty} = \frac{1}{s} \tag{4.1.13}$$

即

$$u(t) \leftrightarrow \frac{1}{s}$$

2. 指数函数

指数信号 $f(t) = e^{-at}u(t)$ 的拉普拉斯变换为

$$\mathscr{L}[e^{-at}] = \int_0^{+\infty} e^{-at} e^{-st} dt = -\frac{e^{-(a+s)t}}{a+s}\bigg|_0^{+\infty} = \frac{1}{a+s} \quad (\sigma > -a) \tag{4.1.14}$$

即

$$e^{-at}u(t) \leftrightarrow \frac{1}{s+a}$$

显然,若令式(4.1.14)中的常数 a 等于零,也可得出式(4.1.13)的结果。

3. 幂函数 $t^n u(t)$（n 是正整数）

$$\mathscr{L}[t^n u(t)] = \int_0^{+\infty} t^n e^{-st} dt$$

用分部积分法,得

$$\int_0^{+\infty} t^n e^{-st} dt = -\frac{t^n}{s} e^{-st}\bigg|_0^{+\infty} + \frac{n}{s}\int_0^{+\infty} t^{n-1} e^{-st} dt = \frac{n}{s}\int_0^{+\infty} t^{n-1} e^{-st} dt$$

所以

$$\mathscr{L}[t^n u(t)] = \frac{n}{s}\mathscr{L}[t^{n-1}u(t)]$$

以此类推,得

$$\mathscr{L}[t^n u(t)] = \frac{n}{s}\mathscr{L}[t^{n-1}u(t)] = \frac{n}{s}\frac{n-1}{s}\mathscr{L}[t^{n-2}u(t)] =$$

$$\frac{n}{s} \cdot \frac{n-1}{s} \cdot \cdots \cdot \frac{2}{s} \cdot \frac{1}{s} \cdot \frac{1}{s} = \frac{n!}{s^{n+1}} \tag{4.1.15}$$

即

$$t^n u(t) \quad \leftrightarrow \quad \frac{n!}{s^{n+1}}$$

特别是,当 $n = 1$ 时

$$\mathscr{L}[tu(t)] = \frac{1}{s^2}$$

而 $n = 2$ 时

$$\mathscr{L}[t^2 u(t)] = \frac{2}{s^3}$$

4. 单位冲激函数

根据单位冲击函数 $\delta(t)$ 的定义及其抽样性

$$\mathscr{L}[\delta(t)] = \int_{0^-}^{+\infty} \delta(t) e^{-st} dt = 1 \tag{4.1.16}$$

即

$$\delta(t) \leftrightarrow 1$$

如果冲激出现在 $t = t_0$ 时刻$(t_0 > 0)$,有

$$\mathscr{L}[\delta(t - t_0)] = \int_0^{+\infty} \delta(t - t_0) \mathrm{e}^{-st} \mathrm{d}t = \mathrm{e}^{-st_0} \qquad (4.1.17)$$

5. 正弦函数 $\sin(\omega t) u(t)$

根据欧拉公式

$$\sin(\omega t) = \frac{1}{2\mathrm{j}}(\mathrm{e}^{\mathrm{j}\omega t} - \mathrm{e}^{-\mathrm{j}\omega t})$$

再根据指数函数的拉普拉斯变换式,有

$$\mathscr{L}[\sin(\omega t) u(t)] = \mathscr{L}\left[\frac{1}{2\mathrm{j}}(\mathrm{e}^{\mathrm{j}\omega t} - \mathrm{e}^{-\mathrm{j}\omega t}) u(t)\right] = \frac{1}{2\mathrm{j}}\left(\frac{1}{s - \mathrm{j}\omega} - \frac{1}{s + \mathrm{j}\omega}\right) = \frac{\omega}{s^2 + \omega^2}$$

即

$$\sin(\omega t) u(t) \leftrightarrow \frac{\omega}{s^2 + \omega^2}$$

同理可求得

$$\mathscr{L}[\cos(\omega t) u(t)] = \frac{s}{s^2 + \omega^2}$$

4.2　拉普拉斯变换的基本性质

虽然由拉普拉斯变换的定义式可以求得一些常用信号的拉普拉斯变换,但是,在实际应用中常常不去作这种积分运算,而是利用拉普拉斯变换的一些基本性质得出它们的变换式,这种方法在傅里叶变换分析中也曾被采用。本节将要看到,对于拉普拉斯变换,在掌握了一些性质之后,运用有关定理,可以很方便地求得典型信号的变换式。

1. 线性

设任意两个信号 $f_1(t)$ 和 $f_2(t)$,其拉普拉斯变换分别为 $F_1(s)$ 和 $F_2(s)$,若 a_1 和 a_2 是两个任意常数,则 $a_1 f_1(t)$ 和 $a_2 f_2(t)$ 之和的拉普拉斯变换为 $a_1 F_1(s)$ 和 $a_2 F_2(s)$ 之和。可以表示为

若

$$f_1(t) \leftrightarrow F_1(s)$$
$$f_2(t) \leftrightarrow F_2(s)$$

则

$$a_1 f_1(t) + a_2 f_2(t) \leftrightarrow a_1 F_1(s) + a_2 F_2(s) \qquad (4.2.1)$$

根据拉普拉斯变换的定义很容易证明上述结论,这里从略。拉普拉斯变换的上述线性性质可推广到 N 个函数的情形,即

$$\sum_{i=1}^{N} a_i f_i(t) \leftrightarrow \sum_{i=1}^{N} a_i F_i(s)$$

2. 时域平移

若
$$f(t) \leftrightarrow F(s)$$

则
$$f(t - t_0)u(t - t_0) \leftrightarrow F(s)e^{-st_0} \quad (t_0 > 0) \tag{4.2.2}$$

证明

$$\mathscr{L}[f(t - t_0)u(t - t_0)] = \int_0^{+\infty} [f(t - t_0)u(t - t_0)]e^{-st}dt = \int_{t_0}^{+\infty} f(t - t_0)e^{-st}dt$$

令 $\tau = t - t_0$，则有 $t = \tau + t_0$，代入上式得

$$\mathscr{L}[f(t - t_0)u(t - t_0)] = \int_0^{+\infty} f(\tau)e^{-st_0}e^{-s\tau}d\tau = e^{-st_0}F(s)$$

该性质表明:若信号的波形延迟 t_0，则它的拉普拉斯变换就乘以 e^{-st_0}。例如对于延迟 t_0 时间的单位阶跃函数 $u(t - t_0)$，其变换为 $\dfrac{e^{-st_0}}{s}$。

【例 4.2.1】 求图 4.2.1(a) 所示矩形脉冲的拉普拉斯变换。矩形脉冲 $f(t)$ 的宽度为 t_0，幅度为 E。

解 矩形脉冲 $f(t)$ 可以分解为阶跃信号 $Eu(t)$ 与延迟阶跃信号 $Eu(t - t_0)$ 之差,如图 4.2.1(b) 与(c) 所示,即

$$f(t) = Eu(t) - Eu(t - t_0)$$

已知
$$\mathscr{L}[Eu(t)] = \frac{E}{s}$$

由延时定理得

$$\mathscr{L}[Eu(t - t_0)] = e^{-st_0}\frac{E}{s}$$

所以

$$\mathscr{L}[f(t)] = \mathscr{L}[Eu(t) - Eu(t - t_0)] = \frac{E}{s}(1 - e^{-st_0})$$

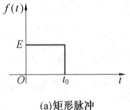 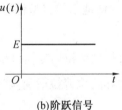 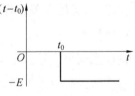

(a)矩形脉冲　　　　　　　(b)阶跃信号　　　　　　　(c)延迟阶跃信号

图 4.2.1　矩形脉冲分解为两个阶跃信号之差

3. 复频域平移

若
$$f(t) \leftrightarrow F(s)$$

则
$$f(t)e^{s_0 t} \leftrightarrow F(s - s_0) \tag{4.2.3}$$

证明

$$\mathscr{L}[f(t)e^{s_0 t}] = \int_0^{+\infty} f(t)e^{-(s - s_0)t}dt = F(s - s_0)$$

该性质表明:时间函数乘以 $e^{s_0 t}$，相当于变换式在 s 域内平移 s_0。

【例 4.2.2】　求 $e^{-at}\sin(\omega t)$ 和 $e^{-at}\cos(\omega t)$ 的拉普拉斯变换。

解　已知

$$\mathscr{L}[\sin(\omega t)] = \frac{\omega}{s^2 + \omega^2}$$

由 s 域平移定理得

$$\mathscr{L}[e^{-at}\sin(\omega t)] = \frac{\omega}{(s + a)^2 + \omega^2}$$

同理,因

$$\mathscr{L}[\cos(\omega t)] = \frac{s}{s^2 + \omega^2}$$

故有

$$\mathscr{L}[e^{-at}\cos(\omega t)] = \frac{s + a}{(s + a)^2 + \omega^2}$$

4. 尺度变换特性

若

$$f(t) \leftrightarrow F(s)$$

则

$$f(at) \leftrightarrow \frac{1}{a}F\left(\frac{s}{a}\right) \quad (a > 0) \tag{4.2.4}$$

证明

$$\mathscr{L}[f(at)] = \int_0^{+\infty} f(at)e^{-st}dt$$

令 $\tau = at$,则上式变成

$$\mathscr{L}[f(at)] = \int_0^{+\infty} f(\tau)e^{-\left(\frac{s}{a}\right)\tau}d\left(\frac{\tau}{a}\right) = \frac{1}{a}\int_0^{+\infty} f(\tau)e^{-\left(\frac{s}{a}\right)\tau}d\tau = \frac{1}{a}F\left(\frac{s}{a}\right)$$

【例 4.2.3】　已知 $\mathscr{L}[f(t)] = F(s)$,若 $a > 0$、$t_0 > 0$,求 $\mathscr{L}[f(at - t_0)u(at - t_0)]$。

解　该题既包括尺度特性,又包括时域平移特性。可从两个角度分别计算:

第一种方法是,先由时域平移特性求得

$$\mathscr{L}[f(t - t_0)u(t - t_0)] = F(s)e^{-st_0}$$

再由尺度特性可得

$$\mathscr{L}[f(at - t_0)u(at - t_0)] = \frac{1}{a}F\left(\frac{s}{a}\right)e^{-\frac{s}{a}t_0}$$

第二种方法是,先由尺度特性求得

$$\mathscr{L}[f(at)u(at)] = \frac{1}{a}F\left(\frac{s}{a}\right)$$

再由时域平移特性可得

$$\mathscr{L}\left\{f\left[a\left(t - \frac{t_0}{a}\right)\right]u\left[a\left(t - \frac{t_0}{a}\right)\right]\right\} = \frac{1}{a}F\left(\frac{s}{a}\right)e^{-s\frac{t_0}{a}}$$

也即

$$\mathscr{L}[f(at - t_0)u(at - t_0)] = \frac{1}{a}F\left(\frac{s}{a}\right)e^{-\frac{s}{a}t_0}$$

5. 卷积定理

若

$$f_1(t) \leftrightarrow F_1(s)$$

$$f_2(t) \leftrightarrow F_2(s)$$

则
$$f_1(t) * f_2(t) \leftrightarrow F_1(s) F_2(s) \tag{4.2.5}$$

证明 因为

$$f_1(t) * f_2(t) = \int_0^{+\infty} f_1(\tau) f_2(t-\tau) \mathrm{d}\tau$$

所以

$$\mathscr{L}[f_1(t) * f_2(t)] = \int_0^{+\infty} \left[\int_0^{+\infty} f_1(\tau) f_2(t-\tau) \mathrm{d}\tau \right] \mathrm{e}^{-st} \mathrm{d}t =$$

$$\int_0^{+\infty} f_1(\tau) \left[\int_0^{+\infty} f_2(t-\tau) \mathrm{e}^{-st} \mathrm{d}t \right] \mathrm{d}\tau =$$

$$\int_0^{+\infty} f_1(\tau) F_2(s) \mathrm{e}^{-s\tau} \mathrm{d}\tau = F_1(s) F_2(s)$$

此式为时域卷积定理,同理可得 s 域卷积定理(也可称为时域相乘定理)

$$\mathscr{L}[f_1(t) f_2(t)] = \frac{1}{2\pi \mathrm{j}} [F_1(s) * F_2(s)] = \frac{1}{2\pi \mathrm{j}} \int_{\sigma - \mathrm{j}\infty}^{\sigma + \mathrm{j}\infty} F_1(\rho) F_2(s-\rho) \mathrm{d}\rho \tag{4.2.6}$$

在此强调,这里的卷积定理与傅里叶变换中介绍的卷积定理同等重要,它是连接信号与系统时域分析和复频域分析的桥梁。

6. 时域微分

若
$$f(t) \leftrightarrow F(s)$$

则
$$\frac{\mathrm{d}f(t)}{\mathrm{d}t} \leftrightarrow sF(s) - f(0^-) \tag{4.2.7}$$

值得注意的是,这里的 $t=0$ 取的是 0^-。这主要是考虑当 $f(t)$ 在 $t=0$ 处不连续时,$\dfrac{\mathrm{d}f(t)}{\mathrm{d}t}$ 在 $t=0$ 处有冲激 $\delta(t)$ 的存在。

证明

$$\mathscr{L}\left[\frac{\mathrm{d}f(t)}{\mathrm{d}t} \right] = \int_{0^-}^{+\infty} \frac{\mathrm{d}f(t)}{\mathrm{d}t} \mathrm{e}^{-st} \mathrm{d}t = f(t) \mathrm{e}^{-st} \Big|_{0^-}^{+\infty} + s \int_{0^-}^{+\infty} f(t) \mathrm{e}^{-st} \mathrm{d}t =$$

$$sF(s) - f(0^-)$$

上述对一阶导数的微分定理可以推广到高阶导数。类似地,对 $\dfrac{\mathrm{d}^2 f(t)}{\mathrm{d}t^2}$ 的拉普拉斯变换以分部积分展开得

$$\mathscr{L}\left[\frac{\mathrm{d}^2 f(t)}{\mathrm{d}t^2} \right] = \mathrm{e}^{-st} \frac{\mathrm{d}f(t)}{\mathrm{d}t} \Big|_0^{+\infty} + s \int_0^{+\infty} \frac{\mathrm{d}f(t)}{\mathrm{d}t} \mathrm{e}^{-st} \mathrm{d}t = -f'(0) + s[sF(s) - f(0)] =$$

$$s^2 F(s) - sf(0) - f'(0) \tag{4.2.8}$$

式中 $f'(0)$——$\dfrac{\mathrm{d}f(t)}{\mathrm{d}t}$ 在 0^- 时刻的取值。

重复以上过程,可导出一般公式如下:

$$\mathscr{L}\left[\frac{\mathrm{d}^n f(t)}{\mathrm{d}t^n} \right] = s^n F(s) - \sum_{r=0}^{n-1} s^{n-r-1} f^{(r)}(0) \tag{4.2.9}$$

式中 $f^{(r)}(0)$——r 阶导数 $\dfrac{\mathrm{d}^r f(t)}{\mathrm{d}t^r}$ 在 0^- 时刻的取值。

特别是,当$f(t)$为有始信号,$f^{(r)}(0)$均为零时,式(4.2.7)、式(4.2.8)和式(4.2.9)变为

$$\mathscr{L}\left[\frac{\mathrm{d}f(t)}{\mathrm{d}t}\right] = sF(s)$$

$$\mathscr{L}\left[\frac{\mathrm{d}^2 f(t)}{\mathrm{d}t^2}\right] = s^2 F(s)$$

$$\mathscr{L}\left[\frac{\mathrm{d}^n f(t)}{\mathrm{d}t^n}\right] = s^n F(s)$$

该性质是系统进行复频域分析的重要基础。

【例4.2.4】　已知流经电感的电流$i_L(t)$的拉普拉斯变换为$\mathscr{L}[i_L(t)] = I_L(s)$,求电感电压$v_L(t)$的拉普拉斯变换。

解　因为

$$v_L(t) = L\frac{\mathrm{d}i_L(t)}{\mathrm{d}t}$$

所以

$$V_L(s) = \mathscr{L}[v_L(t)] = \mathscr{L}\left[L\frac{\mathrm{d}i_L(t)}{\mathrm{d}t}\right] = sLI_L(s) - Li_L(0)$$

这里$i_L(0)$是电流$i_L(t)$的起始值。如果$i_L(0) = 0$,得到

$$V_L(s) = sLI_L(s)$$

7. 时域积分

若　　　　　　　　　　　　$f(t) \leftrightarrow F(s)$

则　　　　　　　$$\int_{-\infty}^{t} f(\tau)\mathrm{d}\tau \leftrightarrow \frac{F(s)}{s} + \frac{f^{(-1)}(0)}{s}$$　　　　(4.2.10)

式中　　$f^{(-1)}(0) = \int_{-\infty}^{0} f(\tau)\mathrm{d}\tau$——$f(t)$积分式在$t = 0$的取值。

类似地,考虑积分式在$t = 0$处可能有跳变,这里取0^-值,即$f^{(-1)}(0^-)$。

证明　由于

$$\mathscr{L}\left[\int_{-\infty}^{t} f(\tau)\mathrm{d}\tau\right] = \mathscr{L}\left[\int_{-\infty}^{0} f(\tau)\mathrm{d}\tau + \int_{0}^{t} f(\tau)\mathrm{d}\tau\right]$$

而其中第一项为常量,即

$$\int_{-\infty}^{0} f(\tau)\mathrm{d}\tau = f^{(-1)}(0^-)$$

所以

$$\mathscr{L}\left[\int_{-\infty}^{0} f(\tau)\mathrm{d}\tau\right] = \frac{f^{(-1)}(0^-)}{s}$$

第二项可借助分部积分求得

$$\mathscr{L}\left[\int_{0}^{t} f(\tau)\mathrm{d}\tau\right] = \int_{0}^{+\infty}\left[\int_{0}^{t} f(\tau)\mathrm{d}\tau\right]\mathrm{e}^{-st}\mathrm{d}t = \left[-\frac{\mathrm{e}^{-st}}{s}\int_{0}^{t} f(\tau)\mathrm{d}\tau\right]_{0}^{+\infty} + \frac{1}{s}\int_{0}^{+\infty} f(t)\mathrm{e}^{-st}\mathrm{d}t = \frac{1}{s}F(s)$$

所以

$$\mathscr{L}\left[\int_{-\infty}^{t} f(\tau)\mathrm{d}\tau\right] = \frac{F(s)}{s} + \frac{f^{(-1)}(0^-)}{s}$$

特别是,如果函数的积分区间是从零开始,而不是从$-\infty$开始,则式(4.2.10)变为

$$\mathscr{L}\left[\int_0^t f(\tau)\,\mathrm{d}\tau\right] = \frac{1}{s}F(s)$$

【例 4.2.5】 已知流经电容的电流 $i_C(t)$ 的拉普拉斯变换为 $\mathscr{L}[i_C(t)] = I_C(s)$,求电容电压 $v_C(t)$ 的变换式。

解 因为

$$v_C(t) = \frac{1}{C}\int_{-\infty}^t i_C(\tau)\,\mathrm{d}\tau$$

所以

$$V_C(s) = \mathscr{L}\left[\frac{1}{C}\int_{-\infty}^t i_C(\tau)\,\mathrm{d}\tau\right] = \frac{I_C(s)}{Cs} + \frac{i_C^{(-1)}(0^-)}{Cs} = \frac{I_C(s)}{Cs} + \frac{v_C(0)}{s}$$

式中

$$i_C^{(-1)}(0^-) = \int_{-\infty}^0 i_C(\tau)\,\mathrm{d}\tau$$

它的物理意义是电容两端的起始电荷量,而 $v_C(0)$ 是起始电压。

如果 $i_C(0^-) = 0$(电容初始无电荷),得到

$$V_C(s) = \frac{I_C(s)}{sC}$$

8. 复频域微分

若

$$f(t) \leftrightarrow F(s)$$

则

$$\frac{\mathrm{d}F(s)}{\mathrm{d}s} \leftrightarrow -tf(t)$$

$$\frac{\mathrm{d}^n F(s)}{\mathrm{d}s^n} \leftrightarrow (-t)^n f(t) \tag{4.2.11}$$

证明 根据定义

$$F(s) = \int_0^{+\infty} f(t)\mathrm{e}^{-st}\,\mathrm{d}t$$

则

$$\frac{\mathrm{d}F(s)}{\mathrm{d}s} = \frac{\mathrm{d}}{\mathrm{d}s}\int_0^{+\infty} f(t)\mathrm{e}^{-st}\,\mathrm{d}t = \int_0^{+\infty} f(t)\frac{\mathrm{d}}{\mathrm{d}s}\mathrm{e}^{-st}\,\mathrm{d}t =$$

$$\int_0^{+\infty}[-tf(t)]\mathrm{e}^{-st}\,\mathrm{d}t = \mathscr{L}[-tf(t)]$$

同理可推出

$$\frac{\mathrm{d}^n F(s)}{\mathrm{d}s^n} = \int_0^{+\infty}(-t)^n f(t)\mathrm{e}^{-st} = \mathscr{L}[(-t)^n f(t)]$$

或可以写成

$$\mathscr{L}[tf(t)] = -\frac{\mathrm{d}F(s)}{\mathrm{d}s}$$

$$\mathscr{L}[t^n f(t)] = (-1)^n \frac{\mathrm{d}^n F(s)}{\mathrm{d}s^n}$$

【例 4.2.6】 求函数 te^{-at} 的拉普拉斯变换。

解 已知

$$\mathscr{L}[\,e^{-at}\,] = \frac{1}{s+a}$$

由复频域微分性质,可得

$$\mathscr{L}[\,te^{-at}\,] = -\frac{d}{ds}\left(\frac{1}{s+a}\right) = \frac{1}{(s+a)^2}$$

同理也可得出

$$\mathscr{L}[\,t^n e^{-at}\,] = (-1)^n \frac{d^n}{ds^n}\left(\frac{1}{s+a}\right) = \frac{n!}{(s+a)^{n+1}}$$

9. 复频域积分

若
$$f(t) \leftrightarrow F(s)$$

则
$$\int_s^{+\infty} F(\rho)\,d\rho \leftrightarrow \frac{f(t)}{t} \tag{4.2.12}$$

证明

$$\int_s^{+\infty} F(\rho)\,d\rho = \int_s^{+\infty}\left[\int_0^{+\infty} f(t)e^{-\rho t}\,dt\right]d\rho = \int_0^{+\infty} f(t)\left[\int_s^{+\infty} e^{-\rho t}\,d\rho\right]dt =$$

$$\int_0^{+\infty} f(t)\frac{e^{-st}}{t}\,dt = \mathscr{L}\left[\frac{f(t)}{t}\right]$$

10. 初值定理

若 $f(t) \leftrightarrow F(s)$,且 $\lim\limits_{s\to+\infty} sF(s)$ 存在,则 $f(t)$ 的初值为

$$f(0^+) = \lim_{t\to 0^+} f(t) = \lim_{s\to+\infty} sF(s) \tag{4.2.13}$$

证明

由时域微分性质可知

$$sF(s) - f(0^-) = \mathscr{L}\left[\frac{df(t)}{dt}\right] = \int_{0^-}^{+\infty}\frac{df(t)}{dt}e^{-st}\,dt = \int_{0^-}^{0^+}\frac{df(t)}{dt}e^{-st}\,dt + \int_{0^+}^{+\infty}\frac{df(t)}{dt}e^{-st}\,dt =$$

$$f(0^+) - f(0^-) + \int_{0^+}^{+\infty}\frac{df(t)}{dt}e^{-st}\,dt$$

所以

$$sF(s) = f(0^+) + \int_{0^+}^{+\infty}\frac{df(t)}{dt}e^{-st}\,dt$$

当 $s \to +\infty$ 时,上式右端第二项的极限为

$$\lim_{s\to+\infty}\left[\int_{0^+}^{+\infty}\frac{df(t)}{dt}e^{-st}\,dt\right] = \int_{0^+}^{+\infty}\frac{df(t)}{dt}\left[\lim_{s\to+\infty}e^{-st}\right]dt = 0$$

因此,有

$$\lim_{s\to+\infty} sF(s) = f(0^+)$$

初值定理表明,信号在时域 $t = 0^+$ 时的值可通过 $F(s)$ 乘以 s,再取 $s \to +\infty$ 的极限得出。其条件是 $\lim\limits_{s\to+\infty} sF(s)$ 必须存在,即 $F(s)$ 必须为真分式。若 $f(t)$ 包含冲激函数 $k\delta(t)$,则 $F(s)$ 不是真分式,将其分解为 $F(s) = k + F_0(s)$,式中 $F_0(s)$ 为真分式,初值定理应表示为

$$f(0^+) = \lim_{s\to+\infty}\left[sF(s) - ks\right]$$

或

$$f(0^+) = \lim_{s \to +\infty} sF_0(s)$$

11. 终值定理

若 $f(t) \leftrightarrow F(s)$,且 $\lim\limits_{t \to +\infty} f(t)$ 存在,则 $f(t)$ 的终值为

$$f(+\infty) = \lim_{t \to +\infty} f(t) = \lim_{s \to 0} sF(s) \qquad (4.2.14)$$

证明

由时域微分性质

$$sF(s) - f(0^-) = \int_{0^-}^{+\infty} \frac{\mathrm{d}f(t)}{\mathrm{d}t} e^{-st} \mathrm{d}t$$

令 $s \to 0$,上式变为

$$\lim_{s \to 0} sF(s) - f(0^-) = \lim_{s \to 0} \int_{0^-}^{+\infty} \frac{\mathrm{d}f(t)}{\mathrm{d}t} e^{-st} \mathrm{d}t = f(+\infty) - f(0^-)$$

所以

$$f(+\infty) = \lim_{s \to 0} sF(s)$$

终值定理表明,通过 $F(s)$ 乘以 s 取 $s \to 0$ 的极限可直接求得 $f(t)$ 的终值,而不必求 $F(s)$ 的反变换,其条件是必须保证 $\lim\limits_{t \to +\infty} f(t)$ 存在。这个条件相当于在复频域中,$F(s)$ 的极点都位于 s 平面的左半部和 $F(s)$ 在原点仅有单极点。

当所分析的系统较为复杂时,初值与终值定理的方便之处将显得突出,因为它不需要作反变换,即可直接求出原函数的初值和终值。对于某些反馈系统的研究,例如锁相环路系统的稳定性分析就是这样。

4.3 拉普拉斯反变换

由第 3 章得知,信号与系统频域分析的基本过程是:首先对信号进行傅里叶变换分解;然后各分解分量经过系统,并产生变换域的响应;最后对变换域的响应进行反变换,即得系统的时域响应。拉普拉斯变换分析方法也是基于这种原理。在具体计算中,当由像函数 $F(s)$ 求原时间函数 $f(t)$ 时,如果涉及的信号是简单典型信号,那么应用典型信号拉普拉斯变换表,以及上节讨论的拉普拉斯变换的性质便可计算反变换。然而在实际应用中,特别是系统的响应,它们并非都是简单信号,因此我们需要对复杂信号的一般求解方法进一步讨论。

求解拉普拉斯反变换通常有两种方法:部分分式展开法和围线积分法。前者是将复杂像函数分解为多个典型函数之和,然后分别求取或查表即可求得原函数,这种方法适用于 $F(s)$ 为有理函数的情况;后者则是利用留数定理复变函数积分,它的适用范围更广。

4.3.1 部分分式展开法

分析集总参数的线性非时变系统时,常常遇到的像函数是 s 的有理函数,一般具有两个多项式之比的形式

$$F(s) = \frac{B(s)}{A(s)} = \frac{b_m s^m + b_{m-1} s^{m-1} + \cdots + b_0}{a_n s^n + a_{n-1} s^{n-1} + \cdots + a_0} \qquad (4.3.1)$$

式中　　系数 a_i 和 b_i——为实数；

　　　　m 和 n——正整数。

如果分子多项式 $B(s)$ 的阶次低于分母多项式 $A(s)$ 的阶次，即 $m < n$，则式 (4.3.1) 为真分式。若 $m \geqslant n$，则可用长除法将 $F(s)$ 化成多项式与真分式之和，即

$$F(s) = \frac{B(s)}{A(s)} = B_0 + B_0 s + \cdots + B_{m-n} s^{m-n} + \frac{B_0(s)}{A(s)} = F_0(s) + \frac{B_0(s)}{A(s)} \qquad (4.3.2)$$

其中 $F_0(s)$ 为 s 的多项式，其拉普拉斯反变换是冲激函数及其各阶导数；$\dfrac{B_0(s)}{A(s)}$ 为真分式，它们可直接求得。例如

$$F(s) = \frac{3s^3 - 2s^2 - 7s + 1}{s^2 + s^1 - 1}$$

经长除后得到

$$F(s) = 3s - 5 + \frac{s - 4}{s^2 + s^1 - 1}$$

前两项的拉普拉斯反变换分别为

$$\mathscr{L}^{-1}[3s] = 3\delta'(t)$$

$$\mathscr{L}^{-1}[5] = 5\delta(t)$$

本节重点讨论真分式的拉普拉斯反变换情况，可将其分成三种情况来分析。

1. $A(s) = 0$ 的根都是实根且无重根

为了便于分解，将 $F(s)$ 的分母多项式 $A(s)$ 写成以下形式：

$$A(s) = a_n(s - p_1)(s - p_2) \cdots (s - p_n) \qquad (4.3.3)$$

式中　　$p_1, p_2, \cdots, p_n$——$A(s) = 0$ 方程式的根，即当 s 等于任一根值时，$A(s)$ 等于零，$F(s)$ 等于无限大。通常 $p_1, p_2, \cdots, p_n$ 称为 $F(s)$ 的"极点"。

当 $p_1, p_2, \cdots, p_n$ 均为实数，且不相等时，$F(s)$ 可以表示为

$$F(s) = \frac{B(s)}{a_n(s - p_1)(s - p_2) \cdots (s - p_n)} = \frac{K_1}{s - p_1} + \frac{K_2}{s - p_2} + \frac{K_3}{s - p_3} + \cdots + \frac{K_n}{s - p_n}$$

$$(4.3.4)$$

可求得反变换

$$f(t) = \mathscr{L}^{-1}\left[\frac{K_1}{s - p_1}\right] + \mathscr{L}^{-1}\left[\frac{K_2}{s - p_2}\right] + \mathscr{L}^{-1}\left[\frac{K_3}{s - p_3}\right] + \cdots + \mathscr{L}^{-1}\left[\frac{K_n}{s - p_n}\right] =$$

$$K_1 e^{p_1 t} + K_2 e^{p_2 t} + K_3 e^{p_3 t} + \cdots + K_n e^{p_n t} \qquad (4.3.5)$$

如何确定各分式的系数 $K_1, K_2, \cdots, K_n$ 之值。为求得 K_1，可以用 $(s - p_1)$ 乘式 (4.3.4) 两端，则有

$$(s - p_1)F(s) = K_1 + \frac{(s - p_1)K_2}{s - p_2} + \frac{(s - p_1)K_3}{s - p_3} + \cdots + \frac{(s - p_1)K_n}{s - p_n} \qquad (4.3.6)$$

如果令 $s = p_1$，并代入式 (4.3.6) 得

$$K_1 = (s - p_1)F(s)\big|_{s = p_1} \qquad (4.3.7)$$

同理可以求得任意极点 p_i 所对应的系数 K_i

$$K_i = (s - p_i)F(s)\big|_{s=p_i} \tag{4.3.8}$$

【例 4.3.1】 已知像函数 $F(s) = \dfrac{10(s+2)(s+5)}{s(s+1)(s+3)}$，求其原函数 $f(t)$。

解 将 $F(s)$ 展开为部分分式形式

$$F(s) = \frac{K_1}{s} + \frac{K_2}{s+1} + \frac{K_3}{s+3}$$

分别求 K_1、K_2、K_3：

$$K_1 = sF(s)\big|_{s=0} = \frac{10\cdot 2 \cdot 5}{1\cdot 3} = \frac{100}{3}$$

$$K_2 = (s+1)F(s)\big|_{s=-1} = \frac{10(-1+2)(-1+5)}{(-1)(-1+3)} = -20$$

$$K_3 = (s+3)F(s)\big|_{s=-3} = \frac{10(-3+2)(-3+5)}{(-3)(-3+1)} = -\frac{10}{3}$$

所以

$$F(s) = \frac{100}{3s} - \frac{20}{s+1} - \frac{10}{3(s+3)}$$

故

$$f(t) = \mathscr{L}^{-1}[F(s)] = \left[\frac{100}{3} - 20e^{-t} - \frac{10}{3}e^{-3t}\right]u(t)$$

【例 4.3.2】 已知像函数 $F(s) = \dfrac{s^3 + 5s^2 + 9s + 7}{(s+1)(s+2)}$，求其原函数 $f(t)$。

解 由于 $F(s)$ 不是真分式，用分子除以分母(长除法)得到

$$F(s) = s + 2 + \frac{s+3}{(s+1)(s+2)}$$

式中最后一项满足 $m < n$ 的真分式要求，可按部分分式展开方法分解得到

$$F(s) = s + 2 + \frac{2}{s+1} - \frac{1}{s+2}$$

所以

$$f(t) = \delta'(t) + 2\delta(t) + [2e^{-t} - e^{-2t}]u(t)$$

2. $A(s) = 0$ 的根包含有共轭复根的情况

这种情况仍可采用上述实数极点求分解系数的方法，当然，计算要麻烦些，但根据共轭复数的特点可以有一些简化的求解方法。

例如，考虑下面函数的分解

$$F(s) = \frac{B(s)}{A_0(s)[(s+\alpha)^2 + \beta^2]} = \frac{B(s)}{A_0(s)(s+\alpha-\mathrm{j}\beta)(s+\alpha+\mathrm{j}\beta)} \tag{4.3.9}$$

式中一对共轭极点出现在 $-\alpha \pm \mathrm{j}\beta$ 处；$A_0(s)$ 表示分母多项式中这对共轭极点之外的其余部分，引入符号 $F_0(s) = \dfrac{B(s)}{A_0(s)}$，则式(4.3.9)变为

$$F(s) = \frac{F_0(s)}{(s+\alpha-\mathrm{j}\beta)(s+\alpha+\mathrm{j}\beta)} = \frac{K_1}{s+\alpha-\mathrm{j}\beta} + \frac{K_2}{s+\alpha+\mathrm{j}\beta} + \cdots \tag{4.3.10}$$

引用式(4.3.8)，求得 K_1、K_2

$$K_1 = (s + \alpha - \mathrm{j}\beta) F(s)\big|_{s=-\alpha+\mathrm{j}\beta} = \frac{F_0(-\alpha + \mathrm{j}\beta)}{2\mathrm{j}\beta}$$

$$K_2 = (s + \alpha + \mathrm{j}\beta) F(s)\big|_{s=-\alpha-\mathrm{j}\beta} = \frac{F_0(-\alpha - \mathrm{j}\beta)}{-2\mathrm{j}\beta}$$

不难看出,K_1 与 K_2 呈共轭关系,如果假设

$$K_1 = R + \mathrm{j}I$$

则

$$K_2 = R - \mathrm{j}I = K_1^*$$

如果把式(4.3.10) 中共轭复数极点有关部分的反变换以 $f_c(t)$ 表示,则

$$f_c(t) = \mathscr{L}^{-1}\left[\frac{K_1}{s+\alpha-\mathrm{j}\beta} + \frac{K_2}{s+\alpha+\mathrm{j}\beta}\right] = \mathrm{e}^{-\alpha t}(K_1 \mathrm{e}^{\mathrm{j}\beta t} + K_1^* \mathrm{e}^{-\mathrm{j}\beta t}) =$$

$$2\mathrm{e}^{-\alpha t}[R\cos(\beta t) - I\sin(\beta t)] \tag{4.3.11}$$

由式(4.3.11) 可见,对应一对共轭复根的时间函数,只需求一个系数就可以确定。

【例 4.3.3】 求下面函数的反变换

$$F(s) = \frac{s^2 + 3}{(s^2 + 2s + 5)(s + 2)}$$

解 将 $F(s)$ 部分分式展开为

$$F(s) = \frac{s^2 + 3}{(s + 1 + \mathrm{j}2)(s + 1 - \mathrm{j}2)(s + 2)} = \frac{K_0}{s + 2} + \frac{K_1}{s + 1 - \mathrm{j}2} + \frac{K_2}{s + 1 + \mathrm{j}2}$$

分别求系数 K_0、K_1、K_2

$$K_0 = (s + 2) F(s)\big|_{s=-2} = \frac{7}{5}$$

$$K_1 = \frac{s^2 + 3}{(s + 1 + \mathrm{j}2)(s + 2)}\bigg|_{s=-1+\mathrm{j}2} = \frac{-1 + \mathrm{j}2}{5}$$

$$K_2 = K_1^*$$

也即 $R = -\dfrac{1}{5}, I = \dfrac{2}{5}$,借助式(4.3.11) 得到 $F(s)$ 的反变换

$$f(t) = \frac{7}{5}\mathrm{e}^{-2t}u(t) - 2\mathrm{e}^{-t}\left[\frac{1}{5}\cos(2t) + \frac{2}{5}\sin(2t)\right]u(t)$$

根据以上的讨论可知,凡是具有共轭极点的像函数 $F(s)$,其原函数 $f(t)$ 中必然含有正弦或余弦项。因此,我们可以在 $A_0(s)$ 中按照正弦或余弦的像函数形式配成完全平方的形式,这种方法往往会更方便。

【例 4.3.4】 求下面函数的反变换

$$F(s) = \frac{s + \gamma}{(s + \alpha)^2 + \beta^2}$$

解 显然,此函数式具有共轭复数极点,不必用部分分式展开系数的方法,为了与正弦或余弦的像函数形式相匹配,将 $F(s)$ 改写为

$$F(s) = \frac{s + \gamma}{(s + \alpha)^2 + \beta^2} = \frac{s + \alpha}{(s + \alpha)^2 + \beta^2} - \frac{\alpha - \gamma}{\beta} \cdot \frac{\beta}{(s + \alpha)^2 + \beta^2}$$

容易得到

$$f(t) = \mathrm{e}^{-\alpha t}\cos(\beta t)u(t) - \frac{\alpha - \gamma}{\beta}\mathrm{e}^{-\alpha t}\sin(\beta t)u(t)$$

3. $A(s) = 0$ 的根为重根

考虑下面函数的分解

$$F(s) = \frac{B(s)}{A(s)} = \frac{B(s)}{(s - p_1)^k A_0(s)} \qquad (4.3.12)$$

式中,在 $s = p_1$ 处,分母多项式 $A(s)$ 有 k 重根,也即 k 阶极点。将 $F(s)$ 展开为

$$F(s) = \frac{K_{11}}{(s - p_1)^k} + \frac{K_{12}}{(s - p_1)^{k-1}} + \cdots + \frac{K_{1k}}{(s - p_1)} + \frac{B_0(s)}{A_0(s)} \qquad (4.3.13)$$

这里 $\dfrac{B_0(s)}{A_0(s)}$ 表示展开式中与极点 p_1 无关的其余部分。为求出 K_{11},将式(4.3.13)两边同乘以 $(s - p_1)^k$,则有

$$K_{11} = (s - p_1)^k F(s) \big|_{s = p_1} \qquad (4.3.14)$$

然而,要求得 $K_{12}, K_{13}, \cdots, K_{1k}$ 系数,不能再采用类似求 K_{11} 的方法,因为这样做将导致分母中出现"0"值,而得不出结果。为解决这一矛盾,引入符号

$$F_0(s) = (s - p_1)^k F(s)$$

于是

$$F_0(s) = K_{11} + K_{12}(s - p_1) + \cdots + K_{1k}(s - p_1)^{k-1} + \frac{B_0(s)}{A_0(s)}(s - p_1)^k \qquad (4.3.15)$$

对式(4.3.15)求一阶微分得到

$$\frac{\mathrm{d}}{\mathrm{d}s} F_0(s) = K_{12} + 2K_{13}(s - p_1) + \cdots + K_{1k}(k - 1)(s - p)^{k-2} + \cdots \qquad (4.3.16)$$

很明显,可以给出

$$K_{12} = \frac{\mathrm{d}}{\mathrm{d}s} F_0(s) \bigg|_{s = p_1}$$

同理可求

$$K_{13} = \frac{1}{2} \frac{\mathrm{d}^2}{\mathrm{d}s^2} F_0(s) \bigg|_{s = p_1}$$

其一般形式为

$$K_{1i} = \frac{1}{(i - 1)!} \cdot \frac{\mathrm{d}^{i-1}}{\mathrm{d}s^{i-1}} F_0(s) \bigg|_{s = p_1} \qquad (4.3.17)$$

【例 4.3.5】 求下面函数的反变换

$$F(s) = \frac{s - 2}{s(s + 1)^3}$$

解 将 $F(s)$ 写成展开式

$$F(s) = \frac{K_{11}}{(s + 1)^3} + \frac{K_{12}}{(s + 1)^2} + \frac{K_{13}}{s + 1} + \frac{K_2}{s}$$

容易求得

$$K_2 = s F(s) \big|_{s = 0} = -2$$

为求出与重根有关的各系数,令

$$F_0(s) = (s + 1)^3 F(s) = \frac{s - 2}{s}$$

引用式(4.3.17)得到

$$K_{11} = \frac{s-2}{s}\Big|_{s=-1} = 3$$

$$K_{12} = \frac{\mathrm{d}}{\mathrm{d}s}\Big(\frac{s-2}{s}\Big)\Big|_{s=-1} = 2$$

$$K_{13} = \frac{1}{2}\frac{\mathrm{d}^2}{\mathrm{d}s^2}\Big(\frac{s-2}{s}\Big)\Big|_{s=-1} = 2$$

于是有

$$F(s) = \frac{3}{(s+1)^3} + \frac{2}{(s+1)^2} + \frac{2}{(s+1)} - \frac{2}{s}$$

反变换为

$$f(t) = \Big[\frac{3}{2}t^2\mathrm{e}^{-t} + 2t\mathrm{e}^{-t} + 2\mathrm{e}^{-t} - 2\Big]u(t)$$

4.3.2　围线积分法

已知拉普拉斯反变换式为

$$f(t) = \frac{1}{2\pi\mathrm{j}}\int_{\sigma-\mathrm{j}\infty}^{\sigma+\mathrm{j}\infty} F(s)\mathrm{e}^{st}\mathrm{d}s \quad (t \geqslant 0) \tag{4.3.18}$$

根据复变函数理论中的留数定理可知,若函数 $f(z)$ 在区域 D 内除有限个奇点外处处解析,C 为 D 内包围诸多奇点的一条正向简单封闭曲线,则有

$$\oint_C f(z)\mathrm{d}z = 2\pi\mathrm{j}\sum \mathrm{Res}[f(z),z_i]$$

现在以 $F(s)\mathrm{e}^{st}$ 作为封闭曲线积分的被积函数,则有

$$\frac{1}{2\pi\mathrm{j}}\oint_C F(s)\mathrm{e}^{st}\mathrm{d}s = \sum_{i=1}^{n} \mathrm{Res}[F(s)\mathrm{e}^{st},p_i] \tag{4.3.19}$$

式中　　$F(s)\mathrm{e}^{st}$ —— 被积函数;

　　　　C —— 闭合曲线;

　　　　p_i ——C 内的被积函数的极点。

为应用留数定理计算拉普拉斯反变换的积分,可把积分限从 $\sigma_0 - \mathrm{j}\infty$ 到 $\sigma_0 + \mathrm{j}\infty$ 补足一条积分路径以构成一条闭合围线。现取积分路径是半径为无限大的圆弧,如图 4.3.1 所示,这样闭合围线积分

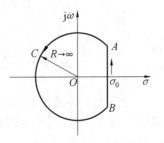

图 4.3.1　$F(s)$ 的围线积分路径

$$\frac{1}{2\pi\mathrm{j}}\oint_{ACBA} F(s)\mathrm{e}^{st}\mathrm{d}s = \frac{1}{2\pi\mathrm{j}}\int_{\sigma_0-\mathrm{j}\infty}^{\sigma_0+\mathrm{j}\infty} F(s)\mathrm{e}^{st}\mathrm{d}s + \frac{1}{2\pi\mathrm{j}}\int_{\widehat{ACB}} F(s)\mathrm{e}^{st}\mathrm{d}s$$

根据复变函数中的约当辅助定理,在补充的路径 $\widehat{ACB}$ 上能满足

$$\int_{\widehat{ACB}} F(s)\mathrm{e}^{st}\mathrm{d}s = 0$$

则式(4.3.19)积分式等于围线中被积函数 $F(s)\mathrm{e}^{st}$ 所有极点的留数之和,可表示为

$$\mathscr{L}^{-1}[F(s)] = \sum_{极点}[F(s)\mathrm{e}^{st} \text{ 的留数}] \tag{4.3.20}$$

如果在极点 $s = p_i$ 处的留数为 r_i,并设 $F(s)\mathrm{e}^{st}$ 在围线中共有 n 个极点,则

$$\mathscr{L}^{-1}[F(s)] = \sum_{i=1}^{n} r_i$$

若 p_i 为一阶极点,则

$$r_i = [(s - p_i)F(s)e^{st}]|_{s=p_i} \qquad (4.3.21)$$

若 p_i 为 k 阶极点,则

$$r_i = \frac{1}{(k-1)!}\left[\frac{d^{k-1}}{ds^{k-1}}(s-p_i)^k F(s)e^{st}\right]\Bigg|_{s=p_i} \qquad (4.3.22)$$

　　将以上结果与部分分式展开方法相比较,不难看出,两种方法所得结果是一致的。具体来说,对一阶极点而言,部分分式的系数与留数的差别仅在于因子 e^{st} 的有无,经反变换后的部分分式就与留数相同了。对高阶极点而言,由于留数公式中含有因子 e^{st},在取其导数时,所得不止一项,也与部分分式展开法结果相同。

　　从以上分析可以看出,当 $F(s)$ 为有理分式时,利用部分分式分解的方法求其反变换,无需应用留数定理。如果 $F(s)$ 为无理函数时,利用留数定理求反变换更容易。

【例 4.3.6】　已知 $F(s) = \dfrac{s+2}{s(s+3)(s+1)^2}$,试用围线积分法求拉普拉斯反变换。

　　解　$F(s)e^{st}$ 有四个极点,分别是单极点 $p_1 = 0$ 和 $p_2 = -3$,二重极点 $p_3 = -1$,$F(s)e^{st}$ 在各极点处的留数分别为

$$r_1 = [(s-p_1)F(s)e^{st}]_{s=p_1} = \frac{s+2}{(s+3)(s+1)^2}e^{st}\Bigg|_{s=0} = \frac{2}{3}$$

$$r_2 = [(s-p_2)F(s)e^{st}]_{s=p_2} = \frac{s+2}{s(s+1)^2}e^{st}\Bigg|_{s=-3} = \frac{1}{12}e^{-3t}$$

$$r_3 = \frac{1}{(k-1)!}\left[\frac{d^{k-1}}{ds^{k-1}}(s-p_3)^k F(s)e^{st}\right]_{s=p_3} = \left[\frac{d}{ds}\left(\frac{s+2}{s(s+3)}e^{st}\right)\right]_{s=-1} =$$

$$\left[\left(\frac{-(s^2+4s+6)}{s^2(s+3)^2}e^{st}\right) + \left(\frac{s+2}{s(s+3)}e^{st}\cdot t\right)\right]_{s=-1} = -\frac{3}{4}e^{-t} - \frac{1}{2}te^{-t}$$

所以

$$f(t) = \mathscr{L}^{-1}[F(s)] = \left[\frac{2}{3} + \frac{1}{12}e^{-3t} - \frac{3}{4}e^{-t} - \frac{1}{2}te^{-t}\right]u(t)$$

4.4　系统的拉普拉斯变换域分析法

　　由第 3 章讨论系统的频域分析可知,它的基本思想是把任意激励信号分解成无限多个等幅正弦分量,然后分别求线性系统对其中每一个正弦激励的响应分量,最后将各个响应分量相加得到系统的总响应。频域分析法的不足之处在于,为了求时域响应所必需的傅里叶反变换要完成从负无穷大到正无穷大频率范围的积分,这个积分通常比较困难。本节介绍的拉普拉斯变换法,即复频域分析法,可以克服频域分析法的不足,运算非常简单。因此,拉普拉斯变换法是分析线性非时变系统的一个重要而有效的方法。

4.4.1　复频域分析原理

　　拉普拉斯变换法与傅里叶变换法的基本原理是一致的。为了求任意激励信号作用下系

统的响应,首先将激励信号分解成基本单元信号。不同的是此处以指数函数 e^{st} 为基元信号,其中 $s = \sigma + j\omega$ 为复变量,称为复频率。这些基本单元信号,分别作用于线性非时变系统所引起的响应,也是同一复频率的指数形式的响应分量,最后将各基元信号的响应分量进行叠加(即进行拉普拉斯反变换)就得到系统总响应。由于使用复频率 s 作为变换域的自变量,因此拉普拉斯变换法又称为复频域分析法。

由时域分析可知,对于一个复杂的线性非时变系统,激励信号 $e(t)$ 与响应信号 $r(t)$ 之间的关系可以用常系数 n 阶线性微分方程来描述

$$\sum_{i=0}^{n} a_i r^{(i)}(t) = \sum_{j=0}^{m} b_j e^{(j)}(t) \tag{4.4.1}$$

设系统的初始状态为 $r(0^-), r'(0^-), \cdots, r^{(n-1)}(0^-)$,且 $\mathscr{L}[r(t)] = R(s)$。根据拉普拉斯变换的时域微分性质,响应信号 $r(t)$ 各阶导数的拉普拉斯变换为

$$\mathscr{L}[r^{(i)}(t)] = s^i R(s) - \sum_{k=0}^{i-1} s^{i-1-k} r^{(k)}(0^-) \quad (i = 1, \cdots, n) \tag{4.4.2}$$

如果激励信号 $e(t)$ 为有始信号,且 $\mathscr{L}[e(t)] = E(s)$,$e(t)$ 设为 $t = 0$ 时接入,则在 $t = 0^-$ 时 $e(t)$ 及其各阶导数都为0,即 $e^{(j)}(0^-) = 0 (j = 0, 1, 2, \cdots, m)$,于是激励信号 $e(t)$ 及其各阶导数的拉普拉斯变换为

$$\mathscr{L}[e^{(j)}(t)] = s^j E(s) \quad (j = 0, 1, \cdots, m) \tag{4.4.3}$$

取式(4.4.1)两边的拉普拉斯变换,并利用式(4.4.2)和式(4.4.3)的结果,得

$$a_0 R(s) + \sum_{i=1}^{n} a_i \left[s^i R(s) - \sum_{k=0}^{i-1} s^{i-1-k} r^{(k)}(0^-) \right] = \sum_{j=0}^{m} b_j s^j E(s) \tag{4.4.4}$$

即

$$\left[\sum_{i=0}^{n} a_i s^i \right] R(s) = \sum_{i=1}^{n} a_i \left[\sum_{k=0}^{i-1} s^{i-1-k} r^{(k)}(0^-) \right] + \left[\sum_{j=0}^{m} b_j s^j \right] E(s) \tag{4.4.5}$$

进一步可得

$$R(s) = \frac{\sum_{i=1}^{n} a_i \left[\sum_{k=0}^{i-1} s^{i-1-k} r^{(k)}(0^-) \right]}{\left[\sum_{i=0}^{n} a_i s^i \right]} + \frac{\left[\sum_{j=0}^{m} b_j s^j \right]}{\left[\sum_{i=0}^{n} a_i s^i \right]} E(s) \tag{4.4.6}$$

由式(4.4.6)可以看出,第一项仅与系统的初始状态有关而与系统输入激励无关,因此是系统的零输入响应 $r_{zi}(t)$ 的像函数 $R_{zi}(s)$;第二项仅与系统输入激励有关而与系统的初始状态无关,因此是系统的零状态响应 $r_{zs}(t)$ 的像函数 $R_{zs}(s)$。于是式(4.4.6)可以写成

$$R(s) = R_{zi}(s) + R_{zs}(s) \tag{4.4.7}$$

经过拉普拉斯反变换,即可得系统的时域全响应

$$r(t) = r_{zi}(t) + r_{zs}(t) \tag{4.4.8}$$

注意,拉普拉斯变换法与频域分析法和时域分析法同是基于线性叠加原理的。

【例4.4.1】 已知某线性非时变系统的输入输出微分方程为

$$r''(t) + 3r'(t) + 2r(t) = 2e'(t) + 6e(t)$$

输入激励信号为 $e(t) = u(t)$,系统的初始状态为 $r(0^-) = 2, r'(0^-) = 1$。试用拉普拉斯变换法求系统的零输入响应、零状态响应和全响应。

解 对微分方程进行拉普拉斯变换,有

$$s^2 R(s) - sr(0^-) - r'(0^-) + 3sR(s) - 3r(0^-) + 2R(s) = 2sE(s) + 6E(s)$$

即

$$(s^2 + 3s + 2)R(s) - [sr(0^-) + r'(0^-) + 3r(0^-)] = (2s + 6)E(s)$$

可解得

$$R(s) = \frac{sr(0^-) + r'(0^-) + 3r(0^-)}{s^2 + 3s + 2} + \frac{2s + 6}{s^2 + 3s + 2}E(s) =$$

$$\frac{2s + 7}{s^2 + 3s + 2} + \frac{2(s + 3)}{s^2 + 3s + 2} \cdot \frac{1}{s} = R_{zi}(s) + R_{zs}(s)$$

经拉普拉斯反变换得

$$r(t) = \underbrace{(5e^{-t} - 3e^{-2t})u(t)}_{\text{零输入响应}} + \underbrace{(3 - 4e^{-t} + e^{-2t})u(t)}_{\text{零状态响应}} = (3 + e^{-t} - 2e^{-2t})u(t)$$

4.4.2 s 域等效电源及零输入响应

由以上的讨论可知,在描述系统模型时,不仅可用时域微分方程描述,也可以用拉普拉斯变换的 s 域模型来描述。本节以计算系统的零输入响应为例,研究这种 s 域的求解方法 —— 等效电源法。该方法的主要原理是:把含有电容和电感的系统初始条件 $v_C(0)$、$i_L(0)$ 等转换为等效电源,将每一个等效电源看作是系统的激励信号,分别求其零输入响应,再将其结果相加,即得到系统的零输入响应。下面将对初始条件转换为等效电源的电容和电感的情况详细介绍。

在任意时刻,电容两端电压 $v_C(t)$ 与流过它的电流 $i_C(t)$ 之间的关系是

$$v_C(t) = \frac{1}{C}\int_{-\infty}^{t} i_C(\tau)\,d\tau = \frac{1}{C}\int_{0^-}^{t} i_C(\tau)\,d\tau + v_C(0^-)u(t) \tag{4.4.9}$$

式中 $v_C(0^-)$—— 电容电压的初始值,等于

$$v_C(0^-) = \frac{1}{C}\int_{-\infty}^{0^-} i_C(\tau)\,d\tau \tag{4.4.10}$$

为了计算其在变换域中的等效形式,将式(4.4.9)两端取拉普拉斯变换,得

$$V_C(s) = \frac{1}{sC}I_C(s) + \frac{v_C(0^-)}{s} \tag{4.4.11}$$

式(4.4.11)还可以写成

$$I_C(s) = sCV_C(s) - Cv_C(0^-) \tag{4.4.12}$$

如果以图 4.4.1(a)表示两端初始电压为 $v_C(0^-)$ 的电容支路,则根据式(4.4.11)和式(4.4.12)可以得出图 4.4.1(b)和 4.4.1(c)所示的等效串联阶跃电压源和等效并联冲激电流源。

同样,在任意时刻,电感两端的电压与通过它的电流之间的关系是

$$v_L(t) = L\frac{di_L(t)}{dt} \tag{4.4.13}$$

将式(4.4.13)两端取拉普拉斯变换,得

$$V_L(s) = sLI_L(s) - Li_L(0^-) \tag{4.4.14}$$

式(4.4.14)也可以写成

$$I_L(s) = \frac{1}{sL}V_L(s) + \frac{i_L(0^-)}{s} \qquad\qquad (4.4.15)$$

如果以图 4.4.1(d) 表示具有初始电流为 $i_L(0)$ 的电感支路,则根据式(4.4.14)和式(4.4.15)可以得出图 4.4.1(e) 和 4.4.1(f) 所示的等效串联冲激电压源和等效并联阶跃电流源。

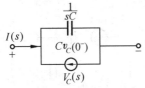

(a) 初始电压为 $v_C(0^-)$ 的电容

(b) 电容的等效串联阶跃电压源

(c) 电容的等效并联冲激电流源

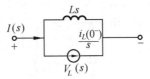

(d) 初始电流为 $i_L(0)$ 的电感

(e) 电感的等效串联冲激电压源

(f) 电感的等效并联阶跃电流源

图 4.4.1　将初始条件转换为等效电源

这样,一旦确定了系统的等效电源模型,就可以求解系统的零输入响应了。下面以具体例子来介绍这种求解方法。

【例 4.4.2】　如图 4.4.2(a) 所示电路,元件参数 $L = \frac{1}{2}$ H, $C = 1$ F, $R = 1\ \Omega$,初始状态 $v_C(0^-) = 1$ V, $i_L(0^-) = 1$ A。试求系统的零输入响应 $v_R(t)$。

解　画出等效 s 域模型如图 4.4.2(b) 所示。设回路电流为 $I(s)$,可列写系统方程

$$\left(R + sL + \frac{1}{sC}\right)I(s) = \frac{v_C(0^-)}{s} + Li_L(0^-)$$

解得

$$I(s) = \frac{\dfrac{v_C(0^-)}{s} + Li_L(0^-)}{R + sL + \dfrac{1}{sC}}$$

而

$$V_R(s) = RI(s) = R\,\frac{\dfrac{v_C(0^-)}{s} + Li_L(0^-)}{R + sL + \dfrac{1}{sC}} = \frac{\dfrac{1}{s} + 0.5}{1 + 0.5s + \dfrac{1}{s}} = \frac{s + 2}{s^2 + 2s + 2} =$$

$$\frac{s + 1}{(s + 1)^2 + 1} + \frac{1}{(s + 1)^2 + 1}$$

所以

$$v_R(t) = \mathscr{L}^{-1}[V_R(s)] = (\mathrm{e}^{-t}\cos t + \mathrm{e}^{-t}\sin t)u(t) = \mathrm{e}^{-t}(\cos t + \sin t)u(t)\ \mathrm{V}$$

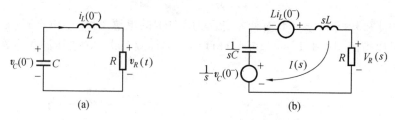

图 4.4.2   例 4.4.2 图

【例 4.4.3】   如图 4.4.3(a) 所示电路,元件参数 $L = \dfrac{1}{2}$ H,$C = 1$ F,$R_1 = 0.2\ \Omega$,$R_2 = 1\ \Omega$,初始状态 $v_C(0^-) = 1$ V,$i_L(0^-) = 2$ A。试求零输入响应电压 $v_C(t)$ 及 $v_L(t)$。

解   由于电容与电感的等效 s 域模型有电压源型和电流源型两种,因此我们可以分别作出两种 s 域电路模型,由此得到求解该系统响应的两种方法。

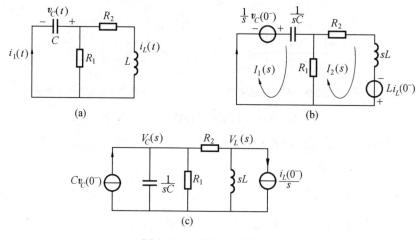

图 4.4.3   例 4.4.3 图

方法一:先画出电压源型等效 s 域模型,如图 4.4.3(b) 所示。设两个回路电流为 $I_1(s)$ 和 $I_2(s)$,则回路方程为

$$\begin{cases} \left(\dfrac{1}{sC} + R_1\right)I_1 s - R_1 I_2(s) = \dfrac{v_C(0^-)}{s} \\ -R_1 I_1(s) + (R_1 + R_2 + sL)I_2(s) = Li_L(0^-) \end{cases}$$

即

$$\begin{cases} \left(0.2 + \dfrac{1}{s}\right)I_1(s) - 0.2 I_2(s) = \dfrac{1}{s} \\ -0.2 I_1(s) + (1.2 + 0.5s)I_2(s) = 1 \end{cases}$$

解得

$$\begin{cases} I_1(s) = \dfrac{7s + 12}{s^2 + 7s + 12} \\ I_2(s) = \dfrac{2(s + 6)}{s^2 + 7s + 12} \end{cases}$$

而

$$\begin{cases} V_C(s) = -\dfrac{I_1(s)}{sC} + \dfrac{v_C(0_-)}{s} = \dfrac{s}{s^2 + 7s + 12} = \dfrac{-3}{s+3} + \dfrac{4}{s+4} \\[3mm] V_L(s) = sLI_2(s) - Li_L(0_-) = \dfrac{-s-12}{s^2 + 7s + 1} = \dfrac{-9}{s+3} + \dfrac{8}{s+4} \end{cases}$$

所以零输入响应

$$\begin{cases} v_C(t) = -3e^{-3t} + 4e^{-4t} \quad (t \geqslant 0) \\[2mm] v_L(t) = -9e^{-3t} + 8e^{-4t} \quad (t \geqslant 0) \end{cases}$$

方法二：先画出电流源型复频域模型，如图 4.4.3(c) 所示。两个节点电压正好分别为 $V_C(s)$ 和 $V_L(s)$，则节点方程为

$$\begin{cases} \left(sC + \dfrac{1}{R_1} + \dfrac{1}{R_2}\right) V_C(s) - \dfrac{1}{R_2} V_L(s) = Cv_C(0^-) \\[3mm] -\dfrac{1}{R_2} V_C(s) + \left(\dfrac{1}{R_2} + \dfrac{1}{sL}\right) V_L(s) = -\dfrac{i_L(0^-)}{s} \end{cases}$$

即

$$\begin{cases} (s+6) V_C(s) - V_L(s) = 1 \\[2mm] -V_C(s) + (1 + 2s) V_L(s) = -\dfrac{2}{s} \end{cases}$$

解得

$$\begin{cases} V_C(s) = \dfrac{s}{s^2 + 7s + 12} = \dfrac{-3}{s+3} + \dfrac{4}{s+4} \\[3mm] V_L(s) = \dfrac{-s-12}{s^2 + 7s + 1} = \dfrac{-9}{s+3} + \dfrac{8}{s+4} \end{cases}$$

所以

$$\begin{cases} v_C(t) = -3e^{-3t} + 4e^{-4t} \quad (t \geqslant 0) \\[2mm] v_L(t) = -9e^{-3t} + 8e^{-4t} \quad (t \geqslant 0) \end{cases}$$

显然，用两种 s 域模型求得的结果是相同的。

4.4.3　系统函数及系统零状态响应

我们知道，在系统不存在零输入响应的情况下，即系统初始状态为零，仅由输入信号引起的响应即为零状态响应。由系统的时域分析可知，如果已知激励信号 $e(t)$ 以及系统的冲激响应 $h(t)$，那么系统的零状态响应 $r(t)$（省略了下标）为这两个函数的卷积积分，即

$$r(t) = h(t) * e(t) \tag{4.4.16}$$

根据拉普拉斯变换的卷积定理，可得

$$R(s) = H(s)E(s) \tag{4.4.17}$$

这就是在复频域求解系统零状态响应的表达式，其中

$$H(s) = \frac{R(s)}{E(s)} \tag{4.4.18}$$

定义为复频域中的系统函数，它是系统零状态响应和激励信号的拉普拉斯变换域之比。

考虑系统对输入为冲激函数 $\delta(t)$ 的响应是冲激响应 $h(t)$，而此时 $E(s) = \mathscr{L}[\delta(t)] = 1$，故

根据式(4.4.17)可得

$$h(t) = \mathscr{L}^{-1}[H(s)] \qquad (4.4.19a)$$

$$H(s) = \mathscr{L}[h(t)] \qquad (4.4.19b)$$

由式(4.4.19)可见,系统的冲激响应 $h(t)$ 和系统函数 $H(s)$ 是一对拉普拉斯变换,根据此式可以很容易从系统函数 $H(s)$ 求得系统冲激响应 $h(t)$,反之亦可。

综上所述,从复频域分析的角度,一般求解系统零状态响应可按以下四个步骤进行:

(1)将激励信号 $e(t)$ 分解成为无穷多个指数分量之和,即进行拉普拉斯变换

$$E(s) = \mathscr{L}[e(t)]$$

(2)根据已知系统,求解系统的系统函数 $H(s)$,即

$$H(s) = \frac{R(s)}{E(s)}$$

(3)根据激励信号的拉普拉斯变换和系统函数求系统响应的像函数,即

$$R(s) = H(s)E(s)$$

(4)将各响应分量叠加,即求系统响应 $R(s)$ 的拉普拉斯反变换,

$$r(t) = \mathscr{L}^{-1}[R(s)]$$

以上求解零状态响应的过程,可用图4.4.4来描述。

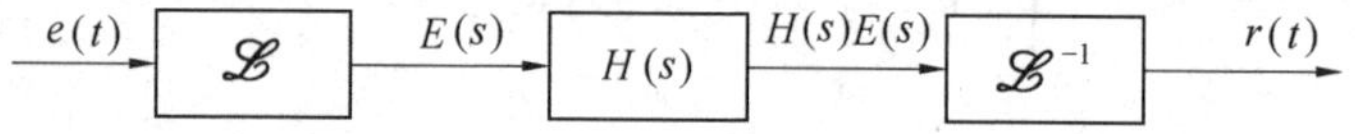

$$e(t) \rightarrow \boxed{\mathscr{L}} \xrightarrow{E(s)} \boxed{H(s)} \xrightarrow{H(s)E(s)} \boxed{\mathscr{L}^{-1}} \xrightarrow{r(t)}$$

图4.4.4　利用拉普拉斯变换求解零状态响应

【例4.4.4】　已知输入信号 $e(t) = e^{-t}u(t)$,系统函数 $H(s) = \dfrac{s+5}{s^2+5s+6}$,求系统的响应 $r(t)$,并指出自由响应分量和强迫响应分量、瞬态响应分量和稳态响应分量。

解　根据题意,该题是由输入激励和系统函数来求零状态响应 $r_{zs}(t)$。

首先求输入信号 $e(t)$ 的像函数

$$E(s) = \mathscr{L}[e^{-t}u(t)] = \frac{1}{s+1}$$

再根据 $R(s) = H(s)E(s)$,得

$$R(s) = \frac{s+5}{(s^2+5s+6)(s+1)} = \frac{2}{s+1} + \frac{-3}{s+2} + \frac{1}{s+3}$$

对 $R(s)$ 进行拉普拉斯反变换,得

$$r_{zs}(t) = \mathscr{L}^{-1}[R(s)] = [2e^{-t} - 3e^{-2t} + e^{-3t}]u(t)$$

其中第一项 $2e^{-t}$ 与激励信号 $e(t)$ 具有相同的函数形式,为强迫响应分量;第二项 $-3e^{-2t}$ 和第三项 e^{-3t} 均由系统函数的极点形成,为自由响应分量。当 t 趋于无穷大时,这三项都趋于零,因此它们都是暂态响应分量,本题中的稳态响应分量为零。

【例4.4.5】　已知系统如图4.4.5(a)所示,当 $t<0$ 时,开关位于"1"端,系统的状态已经稳定,$t=0$ 时开关从"1"端打到"2"端,分别求响应 $v_C(t)$ 与 $v_R(t)$,并画出相应的波形。

解　(1)首先求 $v_C(t)$。

①列写系统微分方程

$$RC\frac{\mathrm{d}v_C(t)}{\mathrm{d}t} + v_C(t) = Eu(t)$$

由于 $t = 0^-$ 时,电容已充有电压 $-E$,当从 0^- 到 0^+ 变化时电容电压没有变化,则有

$$v_C(0^+) = v_C(0^-) = -E$$

② 求取微分方程的拉普拉斯变换

$$RC[sV_C(s) - v_C(0)] + V_C(s) = \frac{E}{s}$$

解得

$$V_C(s) = \frac{\frac{E}{s} + RCv_C(0)}{1 + RCs} = \frac{E(\frac{1}{RC} - s)}{s(s + \frac{1}{RC})} = E\left[\frac{1}{s} - \frac{2}{s + \frac{1}{RC}}\right]$$

③ 求 $V_C(s)$ 的反变换

$$v_C(t) = E\left[1 - 2\mathrm{e}^{-\frac{t}{RC}}\right]u(t)$$

波形如图 4.4.5(b) 所示。

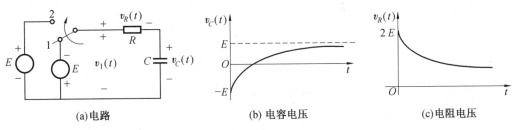

| (a)电路 | (b) 电容电压 | (c)电阻电压 |

图 4.4.5　例 4.4.5 的波形

(2) 下面再求 $v_R(t)$。请注意,这里遇到待求函数从 0^- 到 0^+ 发生跳变的情况。

① 列写系统微分方程

$$\frac{1}{RC}\int v_R(t)\mathrm{d}t + v_R(t) = v_1(t)$$

即

$$\frac{1}{RC}v_R(t) + \frac{\mathrm{d}v_R(t)}{\mathrm{d}t} = \frac{\mathrm{d}v_1(t)}{\mathrm{d}t}$$

而当从 0^- 到 0^+ 变化时电阻电压发生变化

$$v_R(0^-) = 0$$
$$v_R(0^+) = 2E$$

此时系统如果按 0^- 条件进行分析,这时有

$$\frac{\mathrm{d}v_1(t)}{\mathrm{d}t} = 2E\delta(t)$$

② 求取拉普拉斯变换

$$\frac{1}{RC}V_R(s) + sV_R(s) = 2E$$

得

$$V_R(s) = \frac{2E}{s + \frac{1}{RC}}$$

③ 求 $V_R(s)$ 的反变换

$$v_R(t) = 2E\mathrm{e}^{-\frac{t}{RC}} \cdot u(t)$$

波形如图 4.4.5(c) 所示。

值得注意的是，如果按 0^+ 条件代入，当取拉普拉斯变换时，在等式左端 $sV_R(s)$ 项之后应出现 $-2E$，与此同时，对 $v_1(t)$ 求导也从 0^+ 计算，于是有 $\dfrac{\mathrm{d}v_1(t)}{\mathrm{d}t} = 0$，这时可得到同样结果。

由于在一般系统分析中，0^- 条件往往已给定，选用 0^- 系统将使分析过程更简捷。

【例4.4.6】 已知如图 4.4.6(a) 所示电路中，$C = 1\ \text{F}$，$R = 1\ \Omega$，初始状态 $v_C(0^-) = 1\ \text{V}$，激励信号 $v_s(t) = (1 + \mathrm{e}^{-3t})u(t)\ \text{V}$，试求响应电压 $v_C(t)$。

解 该题可以用 s 域模型直接求解，其等效 s 域模型如图 4.4.6(b) 所示，则列写 s 模型为

$$V_C(s) = \frac{1}{sC}I(s) + \frac{v_C(0^-)}{s}$$

而由 KVL 可得

$$RI(s) + \frac{1}{sC}I(s) = V_s(s) - \frac{v_C(0^-)}{s}$$

即

$$I(s) = \frac{V_s(s) - \dfrac{v_C(0^-)}{s}}{R + \dfrac{1}{sC}}$$

其中

$$V_s(s) = \mathscr{L}[v_s(t)] = \frac{1}{s} + \frac{1}{s+3}$$

进而得

$$V_C(s) = \frac{1}{sC} \cdot \frac{V_s(s) - \dfrac{v_C(0^-)}{s}}{R + \dfrac{1}{sC}} + \frac{v_C(0^-)}{s} = \frac{\dfrac{V_s(s)}{RC}}{s + \dfrac{1}{RC}} + \frac{v_C(0^-)}{s + \dfrac{1}{RC}} = V_{Czs}(s) + V_{Czi}(s)$$

其中

$$V_{Czs}(s) = \frac{\dfrac{V_s(s)}{RC}}{s + \dfrac{1}{RC}} = \frac{\dfrac{1}{s} + \dfrac{1}{s+3}}{s+1} = \frac{2s+3}{s(s+1)(s+3)} = \frac{1}{s} - \frac{0.5}{s+1} - \frac{0.5}{s+3}$$

$$V_{Czi}(s) = \frac{v_C(0^-)}{s + \dfrac{1}{RC}} = \frac{1}{s+1}$$

因此

$$v_{Czs}(t) = (1 - 0.5\mathrm{e}^{-t} - 0.5\mathrm{e}^{-3t})u(t)$$

$$v_{Czi}(t) = \mathrm{e}^{-t} \quad (t \geqslant 0)$$

全响应为

$$v_C(t) = v_{Czs}(t) + v_{Czi}(t) = 1 + 0.5e^{-t} - 0.5e^{-3t} \quad (t \geqslant 0)$$

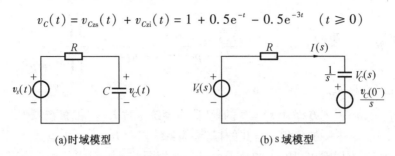

(a)时域模型　　　　　　　　　　　　　　(b) s 域模型

图 4.4.6　例 4.4.6 图

可见,运用 s 域模型方法既可求零输入响应也可求零状响应,而且当所分析的系统具有较多结点式回路时,此方法比列写微分方程再取变换的方法要明显简单。

值得注意的是,在求解系统的零输入响应时,系统的特征根应该是根据系统齐次微分方程直接推导出来的。如果直接利用系统函数的极点作为全部特征根,可能忽略 $H(s)$ 中出现的零、极点(下一节将详细介绍)相互对消的情况,从而丢掉了相应的特征根。

4.5　系统的零、极点分布与系统特性

由前面讨论可知,系统函数建立了系统激励与响应之间的关系。而利用系统函数的零点、极点分布可以简单、直观地表达系统性能的许多规律。系统的时域、频域特性以及稳定性等都可以通过系统函数的零、极点特征表现出来。另外,从系统分析的角度,人们往往不关心组成系统内部的结构和参数,而只关心其外部特性,从零、极点特性来考查和处理这类问题。本节将对系统函数零、极点分布对系统时域、频域特性、系统稳定性等的影响进行介绍。

4.5.1　系统函数的零点与极点

前面已引入系统函数的概念,它定义为系统零状态响应的拉普拉斯变换与激励信号的拉普拉斯变换之比,以 $H(s)$ 表示。本节讨论如何获得系统函数以及它的零点、极点分布。

我们知道,线性非时变系统的输入激励和输出响应之间的关系可以描述为

$$\sum_{i=0}^{n} a_i r^{(i)}(t) = \sum_{j=0}^{m} b_j e^{(j)}(t)$$

在系统为零状态条件下,其拉普拉斯变换为

$$\left[\sum_{i=0}^{n} a_i s^i \right] R(s) = \left[\sum_{j=0}^{m} b_j s^j \right] E(s)$$

则系统函数为

$$H(s) = \frac{R(s)}{E(s)} = \frac{\left[\sum\limits_{j=0}^{m} b_j s^j \right]}{\left[\sum\limits_{i=0}^{n} a_i s^i \right]} \tag{4.5.1}$$

对于由集总参数元件构成的线性系统,它的系统函数 $H(s)$ 为 s 的有理函数,并以多项式之比的形式出现,其分子多项式和分母多项式皆可分解为因子形式,此时式(4.5.1)变为

$$H(s) = \frac{B(s)}{A(s)} = H_0 \frac{(s - z_1)(s - z_2) \cdots (s - z_m)}{(s - p_1)(s - p_2) \cdots (s - p_n)} = H_0 \frac{\prod\limits_{j=1}^{m}(s - z_j)}{\prod\limits_{i=1}^{n}(s - p_i)} \tag{4.5.2}$$

式中　H_0——一常数；

　　$p_1, p_2, \cdots, p_n$——方程 $A(s) = 0$ 的根，称为系统函数 $H(s)$ 的极点；

　　$z_1, z_2, \cdots, z_m$——方程 $B(s) = 0$ 的根，称为系统函数 $H(s)$ 的零点。

由式(4.5.2)可以看出，$H(s)$ 的分子分母具有相同的函数形式。当一个系统函数的全部极点、零点以及 H_0 确定之后，这个系统函数也就可以完全确定。由于 H_0 只是一个比例常数，对 $H(s)$ 的函数形式没有影响，所以一个系统随变量 s 变化的特性可以完全由它的极点和零点表示。我们把系统函数的极点和零点标注在 s 平面中，就成为极点、零点分布图，简称极零图。

例如，若

$$H(s) = \frac{s\left[(s-1)^2 + 1\right]}{(s+1)^2(s^2+4)} = \frac{s(s-1+j1)(s-1-j1)}{(s+1)^2(s+j2)(s-j2)} \tag{4.5.3}$$

那么，它的极点位于

$$\begin{cases} s = -1 & (二阶) \\ s = -j2 & (一阶) \\ s = +j2 & (一阶) \end{cases}$$

而其零点位于

$$\begin{cases} s = 0 & (一阶) \\ s = 1 + j1 & (一阶) \\ s = 1 - j1 & (一阶) \end{cases}$$

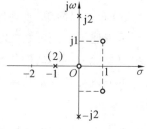

将此系统函数的零、极点图绘于图4.5.1中的 s 平面内，用符号圆圈"○"表示零点，"×"表示极点。在同一位置画两个相同的符号表示为二阶，例如 $s = -1$ 处有二阶极点。

图4.5.1　$H(s)$ 零、极点图示例（(2)表示二阶极点）

【例4.5.1】　已知某线性非时变系统激励信号 $e(t) = (e^{-t} + e^{-3t})u(t)$，系统响应信号为 $r(t) = (2e^{-t} - 2e^{-4t})u(t)$，求：(1) 系统的单位冲激响应 $h(t)$；(2) 系统微分方程；(3) 画出系统极、零点图。

解　(1) 因为系统单位冲激响应 $h(t)$ 和系统函数 $H(s)$ 是一对拉普拉斯变换，即

$$h(t) = \mathscr{L}^{-1}\left[H(s)\right]$$

而

$$H(s) = \frac{R(s)}{E(s)}$$

为此，需要求 $R(s)$ 和 $E(s)$，它们分别为

$$R(s) = \frac{6}{(s+1)(s+4)}$$

$$E(s) = \frac{2(s+2)}{(s+1)(s+3)}$$

进而整理为

$$H(s) = \frac{3(s+3)}{(s+2)(s+4)} = \frac{3}{2}\left[\frac{1}{(s+2)} + \frac{1}{(s+4)}\right]$$

所以,经过拉普拉斯反变换得

$$h(t) = 3/2(e^{-2t} + e^{-4t})u(t)$$

（2）又因为

$$H(s) = \frac{R(s)}{E(s)} = \frac{3s+9}{s^2+6s+8}$$

所以可得

$$(s^2 + 6s + 8)R(s) = (3s + 9)E(s)$$

两边经过拉普拉斯反变换得

$$r''(t) + 6r'(t) + 8r(t) = 3e'(t) + 9e(t)$$

（3）因为 $H(s)$ 有两个极点 $p_1 = -2$ 和 $p_2 = -4$，一个零点 $z_2 = -3$，所以系统的极点、零点图如图 4.5.2 所示。

值得说明的是,从网络分析的角度,系统函数也称为网络函数,可以由系统的网络结构直接确定,而没有必要首先确定冲激响应或输入 – 输出方程。

在实际系统中,按照所研究的激励和响应是否属于同一端口,可以将系统函数分为两大类。第一类是激励与响应是同一端口,这时系统函数称为策动点函数或输入函数。当激励为电流源 $I_i(s)$，响应为同一端口上的电压 $V_i(s)$ 时,系统函数即为策动点阻抗函数或输入阻抗函数 $Z_i(s) = \dfrac{V_i(s)}{I_i(s)}$。当激励为电压源 $V_i(s)$，响应为流入同一端口的电流 $I_i(s)$ 时,系统函数即为策动点导纳函数或输入导纳函数 $Y_i(s) = \dfrac{I_i(s)}{V_i(s)}$。显然阻抗函数 $Z_i(s)$ 和导纳函数 $Y_i(s)$ 互为倒量。第二类是激励与响应不在同一端口,这时系统函数称为转移函数或传输函数,如图 4.5.3 所示。按照激励和响应是电压或是电流,表 4.5.1 给出了四种类型的系统函数。在一般的系统分析中,对于这些名称往往不加区分,统称为系统函数或转移函数。

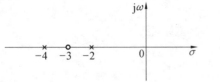

图 4.5.2　$H(s)$ 的零点、极点图　　　图 4.5.3　策动点函数与转移函数

表 4.5.1　系统函数的名称

激励与响应的位置	激励	响应	系统函数名称
在同一端口	电流	电压	策动点阻抗
（策动点函数）	电压	电流	策动点导纳
在不同端口 （转移函数）	电流	电压	转移阻抗
	电压	电流	转移导纳
	电压	电压	转移电压比（电压传输函数）
	电流	电流	转移电流比（电流传输函数）

4.5.2　系统函数零、极点分布与时域响应特性

由于系统函数 $H(s)$ 与系统的单位冲激响应 $h(t)$ 是一对拉普拉斯变换式,我们先看系统函数 $H(s)$ 的零、极点分布对单位冲激响应 $h(t)$ 波形的影响。

根据式(4.5.2),线性非时变系统的系统函数可以表示为部分分式的形式,即

$$H(s) = H_0 \frac{\prod_{j=1}^{m}(s - z_j)}{\prod_{i=1}^{n}(s - p_i)} \tag{4.5.4}$$

因为

$$h(t) = \mathscr{L}^{-1}[H(s)] \tag{4.5.5}$$

那么,系统函数的每个极点将决定一项对应的时间函数。例如,对于具有 n 个一阶极点 p_1, $p_2,\cdots,p_n$ 的系统函数 $H(s)$,其单位冲激响应为

$$h(t) = \mathscr{L}^{-1}\left[\sum_{i=1}^{n}\frac{K_i}{s - p_i}\right] = \sum_{i=1}^{n}K_i e^{p_i t} \tag{4.5.6}$$

也就是说,如果我们知道 $H(s)$ 在 s 平面中零、极点的分布情况,就可以预言该系统在时域 $h(t)$ 的波形特性。现在根据极点在 s 平面的不同位置,研究几种典型情况的极点分布与时域波形的对应关系。

1. 若极点位于 s 平面坐标原点

此时系统函数为 $H(s) = \dfrac{1}{s}$,极点 $p = 0$,则对应的冲激响应 $h(t) = \mathscr{L}^{-1}\left[\dfrac{1}{s}\right] = u(t)$ 为阶跃函数,如图 4.5.4 所示。

图 4.5.4　极点位于 s 平面坐标原点

2. 若极点位于 s 平面的实轴上

此时系统函数为 $H(s) = \dfrac{1}{s \pm a}$,极点 $p_{1,2} = \mp a$,则对应的冲激响应 $h(t) = e^{\mp at}$ 具有指数函数形式。进一步,若极点 $p = -a < 0$ 位于 s 平面左半平面,则 $h(t) = e^{-at}$ 为指数衰减形式;若极点 $p = a > 0$ 位于 s 平面右半平面,则 $h(t) = e^{+at}$ 为指数增长形式,如图 4.5.5 所示。

3. 对于虚轴上的共轭极点

此时系统函数为 $H(s) = \dfrac{\omega}{s^2 + \omega^2}$,极点 $p_{1,2} = \pm j\omega$,则对应的冲激响应 $h(t) = \sin(\omega t)$ 给出等幅振荡,如图 4.5.6 所示。

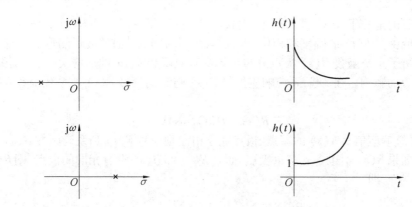

图 4.5.5　极点位于 s 平面的实轴

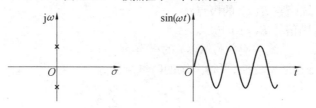

图 4.5.6　虚轴上的共轭极点

4. 对于 s 平面非虚轴上的共轭极点

此时系统函数为 $H(s) = \dfrac{\omega}{(s \pm a)^2 + \omega^2}$，极点 $p_{1,2} = \pm a \pm j\omega$，则对应的冲激响应 $h(t) =$ $e^{\mp at}\sin(\omega t)$ 具有指数包络的振荡函数形式。进一步，若共轭极点位于 s 平面左半平面 $p_{1,2} =$ $-a \pm j\omega$，则冲激响应对应于衰减振荡 $h(t) = e^{-at}\sin(\omega t)$；若共轭极点位于 s 平面右半平面 $p_{1,2} = a \pm j\omega$，则冲激响应对应于增幅振荡 $h(t) = e^{+at}\sin(\omega t)$，如图 4.5.7 所示。

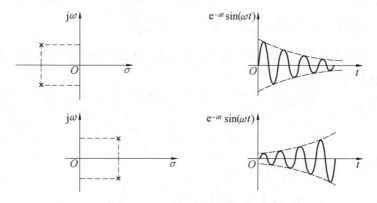

图 4.5.7　非虚轴上的共轭极点

5. 若 $H(s)$ 具有多重极点

则所对应的时间函数可能具有 $t, t^2, t^3, \cdots$ 与指数相乘的形式，t 的幂次由极点阶数决定。例如，对于位于 s 平面左半平面实轴上的二阶极点，此时系统函数为 $H(s) = \dfrac{1}{(s+a)^2}$，极点 $p_{1,2} = -a$，则对应的冲激响应函数形式为 $h(t) = te^{-at}$。

值得注意的是关于 $H(s)$ 零点分布,由式(4.5.6)可见它只影响 $H(s)$ 分解的系数 K_i,所以只影响时域函数 $h(t)$ 的幅度和相位,也就是说,对时间 t 平面的波形的形式没有影响。

以上分析了系统函数 $H(s)$ 极点分布与系统时域函数 $h(t)$ 的对应关系,下面继续讨论它对系统响应的影响。在 s 域,系统响应信号 $R(s)$ 与激励信号 $E(s)$ 和系统函数 $H(s)$ 之间的关系为

$$R(s) = H(s)E(s)$$

显然,系统响应信号 $R(s)$ 的零点、极点完全由激励信号 $E(s)$ 和系统函数 $H(s)$ 的零点、极点决定。如果 $R(s)$ 不包含有多重极点,而且 $E(s)$ 和 $H(s)$ 没有相同的极点,则 $R(s)$ 可以用部分分式展开,即

$$R(s) = \sum_{i=1}^{n} \frac{K_i}{s - p_i} + \sum_{k=1}^{u} \frac{K_k}{s - p_k} \tag{4.5.7}$$

式中 p_i—— 系统函数 $H(s)$ 的极点;

p_k—— 激励信号 $E(s)$ 的极点。

它们一起决定了系统响应信号 $R(s)$ 的极点。

对其进行拉普拉斯反变换,可得系统的时域响应为

$$r(t) = \sum_{i=1}^{n} K_i e^{p_i t} + \sum_{k=1}^{u} K_k e^{p_k t} \tag{4.5.8}$$

不难看出,系统的响应信号 $r(t)$ 由两部分组成,第一部分由系统函数 $H(s)$ 的极点所形成,对应系统的自由响应 $r_h(t)$;第二部分则由系统的激励信号 $E(s)$ 的极点形成,对应系统的强迫响应 $r_p(t)$。

值得注意的是,尽管系统的自由响应 $r_h(t)$ 的函数形式是由系统本身特性所决定的(系统函数 $H(s)$ 的极点 p_i 所决定),与系统的激励函数形式无关,但其系数 K_i 却同时与 $E(s)$ 和 $H(s)$ 有关。也就是说,系统的自由响应时间函数的形式仅由 $H(s)$ 决定,但它的幅度和相位却同时受 $E(s)$ 和 $H(s)$ 的影响。同样,系统的强迫响应时间函数的形式仅取决于 $E(s)$,而其幅度和相位同时与 $E(s)$ 和 $H(s)$ 有关。

4.5.3   系统函数零、极点分布与频率响应特性

系统的频率响应特性是指系统在正弦信号激励下稳态响应随信号频率的变化情况。为此,设系统函数为 $H(s)$,正弦激励信号 $e(t)$ 为

$$e(t) = E_m \sin(\omega_0 t) \tag{4.5.9}$$

其拉普拉斯变换为

$$E(s) = \frac{E_m \omega_0}{s^2 + \omega_0^2} \tag{4.5.10}$$

于是,系统响应的拉普拉斯变换 $R(s)$ 为

$$R(s) = E(s) \cdot H(s) = \frac{E_m \omega_0}{s^2 + \omega_0^2} \cdot H(s)$$

如果系统函数 $H(s)$ 的极点 $p_1, p_2, \cdots, p_n$ 都为单阶极点,则

$$R(s) = \frac{K_{-j\omega_0}}{s + j\omega_0} + \frac{K_{j\omega_0}}{s - j\omega_0} + \frac{K_1}{s - p_1} + \frac{K_2}{s - p_2} + \cdots + \frac{K_n}{s - p_n} \tag{4.5.11}$$

式中 $K_1, K_2, \cdots, K_n$—— 部分分式分解各项系数,而

$$K_{-j\omega_0} = (s + j\omega_0)R(s) \mid_{s = -j\omega_0} = \frac{E_m \omega_0 H(-\omega_0)}{-2j\omega_0} = \frac{E_m H_0 e^{-j\varphi_0}}{-2j}$$

$$K_{j\omega_0} = (s - j\omega_0)R(s)\mid_{s=j\omega_0} = \frac{E_m\omega_0 H(\omega_0)}{2j\omega_0} = \frac{E_m H_0 e^{j\varphi_0}}{2j}$$

这里引用了符号:

$$H(\omega_0) = H_0 e^{j\varphi_0}$$

$$H(-\omega_0) = H_0 e^{-j\varphi_0}$$

从而可以求得式(4.5.11)前两项为

$$\frac{K_{-j\omega_0}}{s + j\omega_0} + \frac{K_{j\omega_0}}{s - j\omega_0} = \frac{E_m H_0}{2j}\left(-\frac{e^{-j\varphi_0}}{s + j\omega_0} + \frac{e^{j\varphi_0}}{s - j\omega_0}\right) \qquad (4.5.12)$$

其反变换为

$$\mathscr{L}^{-1}\left[\frac{K_{-j\omega_0}}{s + j\omega_0} + \frac{K_{j\omega_0}}{s - j\omega_0}\right] = \frac{E_m H_0}{2j}\left[-e^{-j\varphi_0}e^{-j\omega_0 t} + e^{j\varphi_0}e^{j\omega_0 t}\right] =$$

$$E_m H_0 \sin(\omega_0 t + \varphi_0) \qquad (4.5.13)$$

则系统的完全响应为

$$r(t) = \mathscr{L}^{-1}[R(s)] = E_m H_0 \sin(\omega_0 t + \varphi_0) + K_1 e^{p_1 t} + K_2 e^{p_2 t} + \cdots + K_n e^{p_n t} \qquad (4.5.14)$$

对于稳定系统,系统函数 $H(s)$ 极点 $p_1, p_2, \cdots, p_n$ 的实部必小于零,式(4.5.14)中各指数项均为指数衰减函数,当 $t \to +\infty$ 时,它们都趋于零,所以系统的稳态响应 $r_{ss}(t)$ 就是式中的第一项,即

$$r_{ss}(t) = E_m H_0 \sin(\omega_0 t + \varphi_0) \qquad (4.5.15)$$

可见,在频率为 ω_0 的正弦激励信号作用之下,**系统的稳态响应仍为同频率的正弦信号**,但幅度乘以系数 H_0、相位移动 φ_0,H_0 和 φ_0 由系统函数 $H(s)$ 在 ω_0 处的取值所决定

$$H(s)\mid_{s=j\omega_0} = H(\omega_0) = H_0 e^{j\varphi_0} \qquad (4.5.16)$$

当正弦激励信号的频率 ω 改变时,将变量 ω 代入 $H(s)$ 之中,即可得到频率响应特性

$$H(s)\mid_{s=j\omega} = H(\omega) = \mid H(\omega)\mid e^{j\varphi(\omega)} \qquad (4.5.17)$$

式中　$\mid H(\omega)\mid$ —— 幅频响应特性;

　　$\varphi(\omega)$ —— 相频响应特性(或相移特性)。

为便于分析,同样常将式(4.5.17)的结果绘制频响曲线,这时横坐标是变量 ω,纵坐标分别为 $\mid H(\omega)\mid$ 或 $\varphi(\omega)$。

再讨论如何利用系统函数的零点、极点分布,来确定系统的频率响应。为此,设系统函数 $H(s)$ 的表达式为

$$H(s) = H_0 \frac{(s - z_1)(s - z_2)\cdots(s - z_m)}{(s - p_1)(s - p_2)\cdots(s - p_n)} = H_0 \frac{\prod_{j=1}^{m}(s - z_j)}{\prod_{i=1}^{n}(s - p_i)} \qquad (4.5.18)$$

取 $s = j\omega$,也即在 s 平面中 s 沿虚轴移动,得到

$$H(\omega) = H_0 \frac{\prod_{j=1}^{m}(j\omega - z_j)}{\prod_{i=1}^{n}(j\omega - p_i)} \qquad (4.5.19)$$

可以看出,频率特性取决于 $H(\omega)$ 零、极点的分布,即取决于 z_j、p_i 的位置,而式(4.5.19)中的 H_0 是常数,对于频率特性的研究无关紧要。分母中任一因子 $j\omega - p_i$ 相当于

由极点 p_i 引向虚轴上某点 $j\omega$ 的一个矢量;分子中任一因子 $j\omega - z_j$ 相当于由零点 z_j 引至虚轴上某点 $j\omega$ 的一个矢量。在图4.5.8中示意画出由零点 z_1 和极点 p_1 与 $j\omega$ 点连接构成的两个矢量,图中 N_1、M_1 分别表示矢量的模,ψ_1、θ_1 分别表示矢量的辐角。

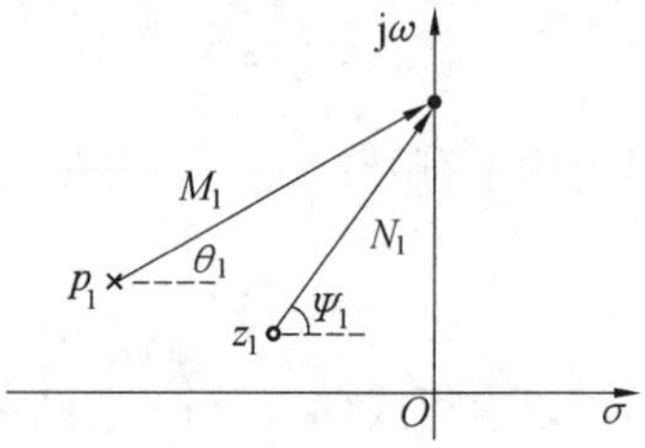

对于任意零点 z_j、极点 p_i,相应的复数因子(矢量)都可以表示为

$$j\omega - z_j = N_j e^{j\psi_j} \quad (4.5.20)$$

$$j\omega - p_i = M_i e^{j\theta_i} \quad (4.5.21)$$

图 4.5.8　$j\omega - z_1$ 和 $j\omega - p_1$ 矢量

式中　N_j、M_i—— 表示两个矢量的模;

ψ_j、θ_i—— 它们的辐角。

于是,式(4.5.19)可以表示为

$$H(\omega) = H_0 \frac{N_1 e^{j\psi_1} N_2 e^{j\psi_2} \cdots N_m e^{j\psi_m}}{M_1 e^{j\theta_1} M_2 e^{j\theta_2} \cdots M_n e^{j\theta_n}} =$$

$$H_0 \frac{N_1 N_2 \cdots N_m}{M_1 M_2 \cdots M_n} e^{j[(\psi_1+\psi_2+\cdots+\psi_m)-(\theta_1+\theta_2+\cdots+\theta_n)]} = |H(\omega)| e^{j\varphi(\omega)} \quad (4.5.22)$$

式中

$$|H(\omega)| = H_0 \frac{N_1 N_2 \cdots N_m}{M_1 M_2 \cdots M_n} = H_0 \frac{\prod_{j=1}^{m} N_j}{\prod_{i=1}^{n} M_i} \quad (4.5.23)$$

$$\varphi(\omega) = (\psi_1 + \psi_2 + \cdots + \psi_m) - (\theta_1 + \theta_2 + \cdots + \theta_n) = \sum_{j=1}^{m} \psi_j - \sum_{i=1}^{n} \theta_i \quad (4.5.24)$$

当 ω 沿虚轴移动时,各复数因子(矢量)的模和辐角都随之而变化,于是得出幅频特性曲线和相频特性曲线,这种方法也称为 s 平面的几何分析法。

【例4.5.2】　研究图4.5.9所示 RC 高通滤波网络的频率特性。

$$H(\omega) = \frac{V_2(\omega)}{V_1(\omega)}$$

解　写出系统函数表达式

$$H(s) = \frac{V_2(s)}{V_1(s)} = \frac{R}{R + \dfrac{1}{sC}} = \frac{s}{s + \dfrac{1}{RC}}$$

它有一个零点在坐标原点,而极点位于 $-\dfrac{1}{RC}$ 处,也即 $z_1 = 0$,$p_1 = -\dfrac{1}{RC}$,零、极点在 s 平面分布如图4.5.10所示。

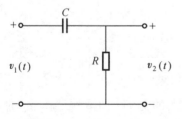

图 4.5.9　RC 高通滤波网络

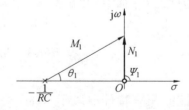

图 4.5.10　RC 高通滤波网络的 s 平面分析

将 $H(s)\mid_{s=j\omega}=H(\omega)$ 以矢量因子 $N_1 e^{j\psi_1}$、$M_1 e^{j\theta_1}$ 表示为

$$H(\omega)=\frac{N_1 e^{j\psi_1}}{M_1 e^{j\theta_1}}=\frac{N_1}{M_1}e^{j(\psi_1-\theta_1)}$$

则有

$$|H(\omega)|=\frac{N_1}{M_1}$$

$$\varphi(\omega)=\psi_1-\theta_1$$

现在分析当 ω 从 0 沿虚轴向 $+\infty$ 增长时，$H(\omega)$ 如何随之而变化。当 $\omega=0$ 时，$N_1=0$、$M_1=\dfrac{1}{RC}$，所以 $\dfrac{N_1}{M_1}=0$，也即 $|H(\omega)|=0$。此时因为 $\theta_1=0$、$\psi_1=90°$，所以 $\varphi(\omega)=90°$；当 $\omega=\dfrac{1}{RC}$ 时，$N_1=\dfrac{1}{RC}$、$M_1=\dfrac{\sqrt{2}}{RC}$，而 $\theta_1=45°$、$\psi_1=90°$，所以 $|H(\omega)|=\dfrac{1}{\sqrt{2}}$、$\varphi(\omega)=45°$，此点为高通滤波网络的截止频率点。最后，当 ω 趋于 $+\infty$ 时，$N_1/M_1\to1$、$\theta_1\to90°$，所以 $|H(\omega)|\to1$、$\varphi(\omega)\to0°$。按照上述分析绘出幅频特性 $|H(\omega)|\sim\omega$ 与相频特性 $\varphi(\omega)\sim\omega$ 曲线如图 4.5.11 所示。

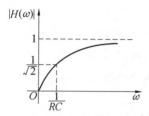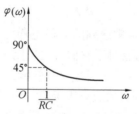

图 4.5.11　RC 高通滤波网络的频响特性

【例 4.5.3】　研究图 4.5.12 所示 RC 低通滤波网络的频响特性。

$$H(\omega)=\frac{V_2(\omega)}{V_1(\omega)}$$

解　写出系统函数表达式

$$H(s)=\frac{V_2(s)}{V_1(s)}=\frac{1}{RC}\cdot\frac{1}{\left(s+\dfrac{1}{RC}\right)}$$

该系统有一个极点位于 $-\dfrac{1}{RC}$ 处，如图 4.5.13 所示。$H(\omega)$ 表达式为

$$H(\omega)=\frac{1}{RC}\frac{1}{M_1 e^{j\theta_1}}=\frac{1}{RC}\frac{1}{M_1}e^{-j\theta_1}$$

则有

$$|H(\omega)|=\frac{1}{RC}\frac{1}{M_1}$$

$$\varphi(\omega)=-\theta_1$$

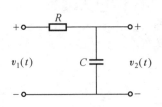

图 4.5.12　RC 低通滤波网络

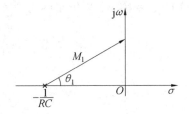

图 4.5.13　RC 低通滤波网络的 s 平面分析

仿照例 4.5.1 的分析,容易得出频响曲线如图 4.5.14 所示,这是一个低通网络,截止频率位于 $\omega = \dfrac{1}{RC}$ 处。

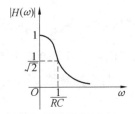

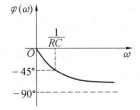

图 4.5.14　RC 低通滤波网络的频响特性

对于一阶系统,经常遇到的电路还有简单的 RL 电路以及含有多个电阻而仅含有一个储能元件的 RC、RL 电路,对于它们都可采用类似的方法进行分析。只要系统函数的零、极点分布相同,就会具有一致的时域、频域特性。从系统的观点来看,要抓住系统特性的一般规律,必须从零、极点分布的观点入手研究。

【例 4.5.4】　研究图 4.5.15 所示 RLC 并联振荡网络的频率响应特性。

$$H(\omega) = \frac{V(\omega)}{I(\omega)}$$

解　写出系统函数表达式

$$H(s) = \frac{V(s)}{I(s)} = \frac{1}{\dfrac{1}{R} + \dfrac{1}{sL} + sC} = \frac{1}{C}\frac{s}{s^2 + \dfrac{1}{RC}s + \dfrac{1}{LC}} = \frac{1}{C}\frac{s}{(s - p_1)(s - p_2)}$$

其中

$$p_{1,2} = -\alpha \pm \sqrt{\alpha^2 - \omega_0^2} = -\alpha \pm j\omega_d$$

$$H_0 = \frac{1}{C}$$

$$\alpha = \frac{1}{2RC}$$

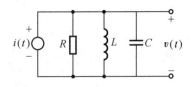

图 4.5.15　RLC 并联振荡网络

$$\omega_0 = \frac{1}{\sqrt{LC}}$$

$$\omega_d = \sqrt{\omega_0^2 - \alpha^2}$$

可见,该系统具有一个零点和两个共轭极点,如图 4.5.16 所示。$H(\omega)$ 表达式为

$$H(\omega) = H_0 \frac{N_1 e^{j90°}}{M_1 e^{j\theta_1} M_2 e^{j\theta_2}} = H_0 \frac{N_1}{M_1 M_2} e^{j(90° - \theta_1 - \theta_2)}$$

则有

$$|H(\omega)| = H_0 \frac{N_1}{M_1 M_2}$$

$$\varphi(\omega) = 90° - \theta_1 - \theta_2$$

由上述分析绘出幅频特性 $|H(\omega)| \sim \omega$ 与相频特性 $\varphi(\omega) \sim \omega$ 曲线如图 4.5.17 所示。

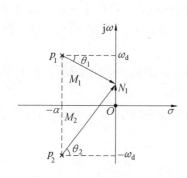

图 4.5.16　RLC 并联振荡网络的
s 平面分析

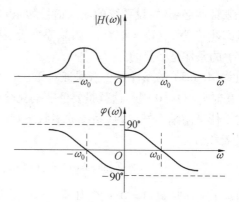

图 4.5.17　RLC 并联振荡网络的频响特性

　　一般而言,由同一种类型储能元件构成的二阶系统(如含有两个电容或两个电感),它们的两个极点都落在实轴上,即不出现共轭复数极点,是非谐振系统。系统函数的一般形式为 $H_0 \dfrac{(s - z_1)(s - z_2)}{(s - p_1)(s - p_2)}$，其中 z_1、z_2 是两个零点,p_1、p_2 是两个极点。 也可出现 $H_0 \dfrac{s - z_1}{(s - p_1)(s - p_2)}$ 或 $H_0 \dfrac{1}{(s - p_1)(s - p_2)}$ 等形式。由于零点数目以及零点、极点位置的不同,它们可以分别构成低通、高通、带通、带阻等滤波特性。就其 s 平面几何分析方法来看,与一阶系统的方法类似,不需建立新概念。

　　此外含有电容、电感两类储能元件的二阶系统可以具有谐振特性,在无线电技术中,常利用它们的这一性能构成带通、带阻滤波网络。

4.6　系统的因果性与稳定性

4.6.1　系统的因果性

　　如果当 $t < 0$ 时,系统的激励信号 $e(t)$ 等于零,相应的系统零状态响应 $r_{zs}(t)$ 在 $t < 0$ 时也等于零,这样的系统称为因果系统;否则,即为非因果系统。因果系统可以描述为

若 $\qquad\qquad\qquad\qquad e(t) = 0 \quad (t < 0) \qquad\qquad\qquad\qquad$ (4.6.1)

则 $\qquad\qquad\qquad\qquad r_{zs}(t) = 0 \quad (t < 0) \qquad\qquad\qquad\qquad$ (4.6.2)

　　因果系统没有预知未来的能力,只有在激励加入之后,才能有响应输出。也就是说,激励是产生响应的原因,响应是激励引起的后果,这种特性就称为**因果性**。

　　从系统函数的角度,连续因果系统的充分必要条件是系统的单位冲激响应满足

$$h(t) = 0 \quad (t < 0) \qquad\qquad (4.6.3)$$

或者说系统的系统函数 $H(s)$ 的收敛域为

$$\sigma > \sigma_0 \tag{4.6.4}$$

即为以收敛坐标 σ_0 为界的右边平面，换言之，系统函数 $H(s)$ 的极点都位于以 σ_0 为收敛轴的左边平面。

下面证明连续因果系统的上述充分必要条件。

先来证明**必要性**：设系统的输入信号为 $e(t) = \delta(t)$，显然在 $t < 0$ 时 $e(t) = 0$，这时系统的零状态响应为 $r_{zs}(t) = h(t)$。如果系统是因果的，则必有 $t < 0$ 时 $h(t) = 0$。因此式 (4.6.3) 的条件是必要的。

但式 (4.6.3) 的条件是否能保证对于在 $t < 0$，$e(t) = 0$ 时的所有激励信号 $e(t)$，都能满足 $t < 0$ 时 $r_{zs}(t) = 0$ 呢？这就是要证明的**充分性**。

对于任意激励信号 $e(t)$，系统的零状态响应 $r_{zs}(t)$ 等于系统单位冲激响应 $h(t)$ 与激励 $e(t)$ 的卷积，即

$$r_{zs}(t) = h(t) * e(t) = \int_{-\infty}^{t} h(\tau) e(t - \tau) \mathrm{d}\tau \tag{4.6.5}$$

考虑 $t < 0$ 时 $e(t) = 0$，同时如果 $h(t)$ 满足式 (4.6.3)，则式 (4.6.5) 的积分为

$$r_{zs}(t) = \int_{0}^{t} h(\tau) e(t - \tau) \mathrm{d}\tau \tag{4.6.6}$$

即 $t < 0$ 时，$r_{zs}(t) = 0$。式 (4.6.3) 的充分条件得到验证。

最后强调，任何以时间为变量的实际物理系统都是因果系统，而非因果系统在物理上是不可实现的。但需要指出的是，如果自变量不是时间而是空间位置等（如成像系统的自变量），因果性就失去了意义。

4.6.2　系统的稳定性

在研究和设计各类系统中，经常要考虑系统的稳定性。它是系统自身的性质之一，系统是否稳定与激励信号 $e(t)$ 无关，而只依赖于系统函数 $H(s)$。根据研究问题的不同类型和不同角度，系统稳定性的定义也具有不同的形式，本节给出稳定系统的一般性定义。

对于一个系统 $H(s)$，如果对任意的有界输入信号 $e(t)$，其零状态响应 $r_{zs}(t)$ 也是有界的，则称此系统 $H(s)$ 为**稳定系统**。

上述定义可以由以下数学表达式来加以说明。对于所有的激励信号 $e(t)$，如果

$$| e(t) | \leqslant M_e \tag{4.6.7}$$

其零状态响应 $r_{zs}(t)$ 满足

$$| r_{zs}(t) | \leqslant M_r \tag{4.6.8}$$

则称该系统 $H(s)$ 是稳定的。式中 M_e、M_r 为有界正值。

按此定义，对各种可能的激励信号 $e(t)$，逐个检验式 (4.6.7) 与式 (4.6.8) 来判断系统稳定性将过于烦琐，也是不现实的，为此导出判定稳定系统的充分必要条件是

$$\int_{-\infty}^{+\infty} | h(t) | \mathrm{d}t \leqslant M \tag{4.6.9}$$

式中，M——有界正值。

或者说，若对应系统函数 $H(s)$ 的冲激响应 $h(t)$ 绝对可积，则系统是稳定的。下面对此条件给出证明性解释。

对于任意有界输入信号 $e(t)$，系统的零状态响应为

$$r_{zs}(t) = \int_{-\infty}^{+\infty} h(\tau) e(t - \tau) \mathrm{d}\tau \tag{4.6.10}$$

此式满足

$$| r_{zs}(t) | \leqslant \int_{-\infty}^{+\infty} | h(\tau) | \cdot | e(t - \tau) | \mathrm{d}\tau \tag{4.6.11}$$

代入式(4.6.7)的条件得到

$$| r_{zs}(t) | \leqslant M_e \int_{-\infty}^{+\infty} | h(\tau) | \mathrm{d}\tau \tag{4.6.12}$$

如果 $h(t)$ 满足式(4.6.9),也即 $h(t)$ 绝对可积,则

$$| r(t) | \leqslant M_e \cdot M$$

若取 $M_e \cdot M = M_r$ 就是式(4.6.8),从而判定条件式(4.6.9)的充分性得到证明。下面再研究该条件的必要性。

如果 $\int_{-\infty}^{+\infty} | h(t) | \mathrm{d}t$ 无界,则至少有一个有界的输入信号 $e(t)$ 产生无界的输出响应 $r_{zs}(t)$。如果试选具有如下特性的激励信号 $e(t)$

$$e(-t) = \mathrm{sgn}\left[h(t) \right] = \begin{cases} -1 & (h(t) < 0) \\ 0 & (h(t) = 0) \\ 1 & (h(t) > 0) \end{cases}$$

这表明 $e(-t)h(t) = | h(t) |$,响应 $r_{zs}(t)$ 的表达式为

$$r_{zs}(t) = \int_{-\infty}^{+\infty} h(\tau) e(t - \tau) \mathrm{d}\tau$$

$$r_{zs}(0) = \int_{-\infty}^{+\infty} h(\tau) e(-\tau) \mathrm{d}\tau = \int_{-\infty}^{+\infty} | h(\tau) | \mathrm{d}\tau$$

此式表明,若 $\int_{-\infty}^{+\infty} | h(\tau) | \mathrm{d}\tau$ 无界,则 $r_{zs}(0)$ 也无界,即式(4.6.9)的必要性得证。

在以上分析中并未涉及系统的因果性,这表明无论因果稳定系统或非因果稳定系统都要满足式(4.6.9)的条件。对于因果系统,式(4.6.9)可变为

$$\int_{0}^{+\infty} | h(t) | \mathrm{d}t \leqslant M \tag{4.6.13}$$

再讨论系统函数 $H(s)$ 的零、极点分布与系统稳定性的关系。

我们知道,系统函数 $H(s)$ 在右半平面以及在虚轴上的极点,所对应的 $h(t)$ 中的分量随 t 的增长而增大或幅度不随时间而变化,所有这些函数的绝对值的积分为无限大,即都不满足式(4.6.9)给出的稳定系统条件。只有 $H(s)$ 在左半平面的极点,其所对应的冲激响应分量有 e^{-at},$\mathrm{e}^{-at}\sin(\omega t)$,$\cdots$ 形式,可以证明,它们都满足式(4.6.9)给出的稳定系统条件。所以,如果系统函数 $H(s)$ 的极点都在左半平面(不包括虚轴),则其冲激响应的各分量都是按指数衰减的,其绝对值的积分是有界的。这样的因果系统是稳定的。

以上结论表明,在 ω 轴上的一阶极点也将使系统不稳定。但在研究网络时发现,无源的 LC 网络的系统函数在 ω 轴上有一阶极点,而把无源网络看作稳定系统通常是方便的。因此,有时也把在 ω 轴上有一阶极点的系统归入稳定系统类。系统函数 $H(s)$ 在 ω 轴上有一阶极点的系统可称为临界稳定系统。

【例4.6.1】 已知两因果系统的系统函数 $H_1(s) = \dfrac{1}{s}$,$H_2(s) = \dfrac{s}{s^2 + \omega_0^2}$,激励信号分别为

$e_1(t) = u(t)$,$e_2(t) = \sin(\omega_0 t) u(t)$,求两种情况的响应 $r_{1zs}(t)$ 和 $r_{2zs}(t)$,并讨论系统稳定性。

解 由已知条件,容易求得激励信号的拉普拉斯变换分别为 $\dfrac{1}{s}$ 和 $\dfrac{\omega_0}{s^2 + \omega_0^2}$,则系统响应的拉普拉斯变换分别为

$$R_1(s) = \frac{1}{s} \cdot \frac{1}{s} = \frac{1}{s^2}$$

$$R_2(s) = \frac{\omega_0}{s^2 + \omega_0^2} \cdot \frac{s}{s^2 + \omega_0^2}$$

对应时域表达式为

$$r_{1zs}(t) = tu(t)$$

$$r_{2zs}(t) = \frac{1}{2} t\sin(\omega_0 t) u(t)$$

在本例中,激励信号 $u(t)$ 和 $\sin(\omega_0 t) u(t)$ 都是有界信号,却都产生无界的信号输出,因而,两个系统都属不稳定系统。当然,也可检验 $h_1(t) = u(t)$ 和 $h_2(t) = \cos(\omega_0 t) u(t)$ 都未能满足绝对可积条件,于是可得出同样结论。若从系统函数极点分布来看,$H_1(s)$ 和 $H_2(s)$ 都具有虚轴上的一阶极点,属临界稳定类型。

4.7 线性系统的 s 域模拟

在第 2 章介绍了线性系统的时域模拟,与之对应,线性系统也可以在 s 域模拟。图4.7.1 和图 4.7.2 分别给出了加法器、标量乘法器和积分器在 s 域的表现形式。

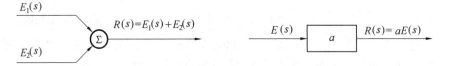

图 4.7.1   s 域的加法器和标量乘法器

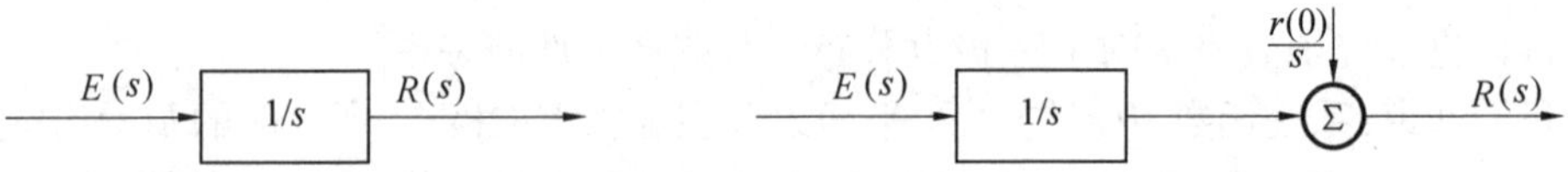

图 4.7.2   s 域的积分器

这样,对于一般的 n 阶系统的微分方程

$$\frac{\mathrm{d}^n r(t)}{\mathrm{d}t^n} + a_{n-1}\frac{\mathrm{d}^{n-1} r(t)}{\mathrm{d}t^{n-1}} + \cdots + a_1 \frac{\mathrm{d}r(t)}{\mathrm{d}t} + a_0 r(t) =$$

$$b_m \frac{\mathrm{d}^m e(t)}{\mathrm{d}t^m} + b_{m-1}\frac{\mathrm{d}^{m-1} e(t)}{\mathrm{d}t^{m-1}} + \cdots + b_1 \frac{\mathrm{d}e(t)}{\mathrm{d}t} + b_0 e(t)$$

其拉普拉斯变换为

$$s^n R(s) + a_{n-1}s^{(n-1)} R(s) + \cdots + a_1 s R(s) + a_0 R(s) =$$

$$b_m s^m E(s) + b_{m-1}s^{(m-1)} E(s) + \cdots + b_1 s E(s) + b_0 E(s)$$

其系统 s 域模拟图的结构如图 4.7.3 所示。

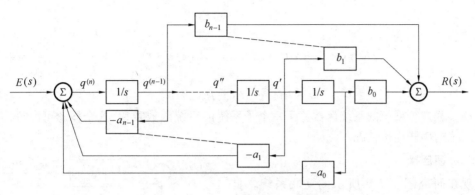

图 4.7.3　标准 n 阶系统的 s 域模拟

在实际应用中,一个系统可能由许多互联的子系统组成,每个子系统可以用一个系统函数来表示,它们一起构成系统的总体模拟图。这样系统的总系统函数也可以通过简化模拟图来确定。

1. 并联连接

两个线性非时变系统的并联连接如图 4.7.4 所示,其中 $H_1(s)$ 和 $H_2(s)$ 分别是两个子系统的系统函数。

由图 4.7.4 可见,并联连接的系统输出为

$$R(s) = R_1(s) + R_2(s) \quad (4.7.1)$$

而

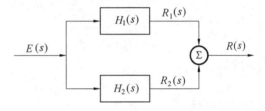

图 4.7.4　两个线性非时变系统的并联连接

$$R_1(s) = H_1(s)E(s)$$
$$R_2(s) = H_2(s)E(s)$$

代入式(4.7.1),得

$$R(s) = H_1(s)E(s) + H_2(s)E(s) = [H_1(s) + H_2(s)]E(s) \quad (4.7.2)$$

因此

$$H(s) = H_1(s) + H_2(s) \quad (4.7.3)$$

即并联连接系统的系统函数等于每个子系统的系统函数之和,这个概念可以推广到 N 个子系统的并联连接情况。

2. 串联连接

两个线性非时变系统的串联连接如图 4.7.5 所示,同样 $H_1(s)$ 和 $H_2(s)$ 分别是两个子系统的系统函数。

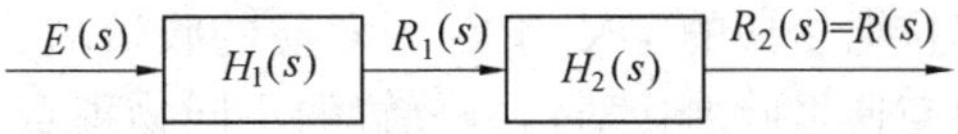

图 4.7.5　两个线性非时变系统的串联连接

由图 4.7.5 可见,串联连接的系统输出为

$$R(s) = R_2(s) = H_2(s)R_1(s) \quad (4.7.4)$$

而

$$R_1(s) = H_1(s)E(s)$$

代入式(4.7.4),得

$$R(s) = H_1(s)H_2(s)E(s) = [H_1(s)H_2(s)]E(s) \quad (4.7.5)$$

因此

$$H(s) = H_1(s)H_2(s) \quad (4.7.6)$$

即串联连接系统的系统函数等于每个子系统的系统函数乘积,这个概念可以推广到 N 个子系统的串联连接情况。

3. 反馈连接

现在研究图 4.7.6 所示的互联系统。此时,第一个子系统 $H_1(s)$ 的输出,通过第二个子系统 $H_2(s)$ 反馈到输入端,这种连接称为**反馈连接**。

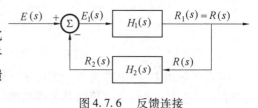

图 4.7.6　反馈连接

由图 4.7.6 可见,反馈连接的系统输出为

$$R(s) = R_1(s) = H_1(s)E_1(s) \quad (4.7.7)$$

而

$$E_1(s) = E(s) - R_2(s) = E(s) - H_2(s)R(s)$$

代入式(4.7.7),得

$$R(s) = H_1(s)[E(s) - H_2(s)R(s)]$$

重新整理可得

$$[1 + H_1(s)H_2(s)]R(s) = H_1(s)E(s) \quad (4.7.8)$$

即

$$R(s) = \frac{H_1(s)}{[1 + H_1(s)H_2(s)]}E(s)$$

因此

$$H(s) = \frac{H_1(s)}{[1 + H_1(s)H_2(s)]} \quad (4.7.9)$$

4.8　本章小结

本章针对信号与系统频域分析中存在的问题(即傅里叶分析时信号必须满足狄里赫利条件的局限性,而在实际应用中,一些信号特别是奇异信号,它们在信号与系统分析中起着至关重要的作用,尽管它们不满足狄里赫利条件,却存在傅里叶变换),从复频域的角度介绍了信号与系统的复频域分析方法,从而可以解决频域方法不能解决的这类问题。本章首先从傅里叶变换引出拉普拉斯变换的定义,介绍了对应的收敛域,通过引入复频率的概念,比较分析了拉普拉斯变换与傅里叶变换对信号分解的不同物理意义。其次,详细介绍了拉普拉斯变换,特别是拉普拉斯反变换,并结合具体实际范例,介绍了拉普拉斯变换的基本性质和应用,最重要的是建立了信号时域和复频域的对应关系,特别是卷积定理把时域分析和频域分析联系在一起。最后,从复频域的角度,介绍了求解系统响应的过程,并详细介绍了系统函数的概念和应用意义。具体来说,就是通过系统函数的极点和零点分布分析,建立了其与系统的时域特性、频域特性、稳定性等之间的关系。

本章也有两点需要注意,第一,拉普拉斯变换的非单值性,即同一个拉普拉斯变换函数,由于收敛域的不同,对应的时域信号形式可能不同;第二,在系统分析中,由于激励信号的极、零点和系统函数的极、零点的相互作用,可能导致系统响应的极、零点发生变化,从而影响其收敛域的变化,特别是会影响系统零输入响应的计算。

本章结构如图 4.8.1 所示。

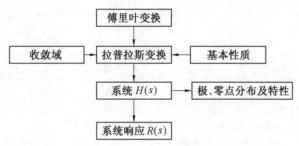

图 4.8.1　本章的结构

一些常用函数的拉普拉斯变换对和拉普拉斯变换的性质见表 4.8.1 和表 4.8.2。

表 4.8.1　常用函数的拉普拉斯变换对

序号	$f(t)(t>0)$	$F(s)=\mathscr{L}[f(t)]$	说　明
1	$\delta(t)$	1	
	$\delta(t-t_0)$	e^{-st_0}	t_0 任意常数
2	$u(t)$	$\dfrac{1}{s}$	
	$u(t)-u(t-t_0)$	$\dfrac{1-\mathrm{e}^{-st_0}}{s}$	t_0 任意常数
3	e^{-at}	$\dfrac{1}{s+a}$	
4	t^n	$\dfrac{n!}{s^{n+1}}$	n 是正整数
5	$\sin(\omega t)$	$\dfrac{\omega}{s^2+\omega^2}$	
6	$\cos(\omega t)$	$\dfrac{s}{s^2+\omega^2}$	
7	$\mathrm{e}^{-at}\sin(\omega t)$	$\dfrac{\omega}{(s+a)^2+\omega^2}$	
8	$\mathrm{e}^{-at}\cos(\omega t)$	$\dfrac{s+a}{(s+a)^2+\omega^2}$	
9	$t\mathrm{e}^{-at}$	$\dfrac{1}{(s+a)^2}$	
10	$t^n\mathrm{e}^{-at}$	$\dfrac{n!}{(s+a)^{n+1}}$	n 是正整数
11	$t\sin(\omega t)$	$\dfrac{2\omega s}{(s^2+\omega^2)^2}$	
12	$t\cos(\omega t)$	$\dfrac{s^2-\omega^2}{(s^2+\omega^2)^2}$	
13	$\sinh(at)$	$\dfrac{a}{s^2-a^2}$	
14	$\cosh(at)$	$\dfrac{s}{s^2-a^2}$	

表 4.8.2　拉普拉斯变换的性质

性质	$f(t)$	$F(s)$	说　　明
线性	$\displaystyle\sum_{i=1}^{N} a_i f_i(t)$	$\displaystyle\sum_{i=1}^{N} a_i F_i(s)$	a_i 常数，$N > 1$ 整数
时移	$f(t - t_0)u(t - t_0)$	$F(s)\,\mathrm{e}^{-st_0}$	t_0 常数
复频移	$f(t)\mathrm{e}^{s_0 t}$	$F(s - s_0)$	s_0 常数
尺度	$f(at)$	$\dfrac{1}{a}F\left(\dfrac{s}{a}\right)$	$a > 0$
时域卷积	$f_1(t) * f_2(t)$	$F_1(s)F_2(s)$	
时域乘积	$f_1(t)f_2(t)$	$\dfrac{1}{2\pi\mathrm{j}}F_1(s) * F_2(s)$	
时域微分	$\dfrac{\mathrm{d}}{\mathrm{d}t}f(t)$	$sF(s) - f(0^-)$	
	$\dfrac{\mathrm{d}^n}{\mathrm{d}t^n}f(t)$	$s^n F(s) - \displaystyle\sum_{r=0}^{n-1} s^{n-r-1}f^{(r)}(0)$	
时域积分	$\displaystyle\int_{-\infty}^{t} f(\tau)\,\mathrm{d}\tau$	$\dfrac{F(s)}{s} + \dfrac{f^{(-1)}(0)}{s}$	
复频域微分	$(-t)^n f(t)$	$\dfrac{\mathrm{d}^n}{\mathrm{d}s^n}F(s)$	
复频域积分	$\dfrac{f(t)}{t}$	$\displaystyle\int_{s}^{+\infty} F(\tau)\,\mathrm{d}\tau$	
初值定理	$\displaystyle\lim_{t \to 0^+} f(t)$	$\displaystyle\lim_{s \to +\infty} sF(s)$	
终值定理	$\displaystyle\lim_{t \to +\infty} f(t)$	$\displaystyle\lim_{s \to 0} sF(s)$	

习　　题

4.1　求下列函数的拉普拉斯变换。

1. $(1 - \mathrm{e}^{-\alpha t})u(t)$

2. $2\delta(t) - 3\mathrm{e}^{-7t}u(t)$

3. $\mathrm{e}^{-(t+\alpha)}\cos(\omega t)u(t)$

4. $t^3\cos(3t)u(t)$

5. $\dfrac{1}{t}(1 - \mathrm{e}^{-\alpha t})u(t)$

6. $\dfrac{\sin(\alpha t)}{t}u(t)$

7. $t^2 u(t - 1)$

8. $\mathrm{e}^{-t}[u(t) - u(t - 2)]$

4.2　若已知 $\mathscr{L}[f(t)] = F(s)$，求下列函数的拉普拉斯变换。

1. $\mathrm{e}^{-\frac{t}{\alpha}}f\left(\dfrac{t}{\alpha}\right)$

2. $\mathrm{e}^{-\alpha t}f\left(\dfrac{t}{\alpha}\right)$

4.3　求下列函数的拉普拉斯反变换。

1. $\dfrac{1}{s(s^2 + 5)}$

2. $\dfrac{1}{s^2 + 3s + 2}$

3. $\dfrac{4s + 5}{s^2 + 5s + 6}$

4. $\dfrac{s + 3}{(s + 1)^3(s + 2)}$

5. $\ln\left(\dfrac{s}{s+9}\right)$　　　　　6. $\dfrac{se^{-\pi s}}{s^2+5s+6}$

7. $\left(\dfrac{1-e^{-s}}{s}\right)^2$　　　　　8. $\dfrac{1-e^{-(s+1)}}{(s+1)(1-e^{-2s})}$

4.4　求下列函数拉普拉斯反变换的初值与终值。

1. $\dfrac{s+6}{(s+2)(s+5)}$　　　　　2. $\dfrac{1}{(s+3)^3}$

3. $\dfrac{1}{s}+\dfrac{1}{s+1}$　　　　　4. $\dfrac{s+3}{(s+1)^3(s+2)}$

4.5　用拉普拉斯变换法计算下列微分方程的解。

1. $\dfrac{dr(t)}{dt}-2r(t)=e(t),r(0^-)=1,e(t)=u(t)$

2. $\dfrac{dr(t)}{dt}+10r(t)=e(t),r(0^-)=1,e(t)=4\sin(2t)u(t)$

3. $\dfrac{d^2r(t)}{dt^2}+6\dfrac{dr(t)}{dt}+8r(t)=e(t),r(0^-)=0,r'(0^-)=1,e(t)=u(t)$

4. $\dfrac{d^2r(t)}{dt^2}+6\dfrac{dr(t)}{dt}+9r(t)=e(t),r(0^-)=0,r'(0^-)=0,e(t)=\sin(2t)u(t)$

4.6　已知激励信号 $e(t)=e^{-t}$，零状态响应 $r(t)=\dfrac{1}{2}e^{-t}-e^{-2t}+e^{3t}$，求此系统的冲激响应 $h(t)$。

4.7　已知系统阶跃响应 $g(t)=1-e^{-2t}$，为使其响应为 $r(t)=1-e^{-2t}-te^{-2t}$，求激励信号 $e(t)$。

4.8　已知电路如图 4.1 所示，初始条件为零，激励信号为指数衰减形式 $e(t)=e^{-2t}u(t)$，求电阻两端的电压 $v_R(t)$，并指出自由响应和强迫响应分量、暂态响应和稳态响应分量。

4.9　在图 4.2 所示的电路中，初始条件为零，已知 $e(t)=40\sin tu(t)$，求电感两端的电压 $v_L(t)$，并指出自由响应和强迫响应分量，其中 $R_1=R_2=4\ \Omega,C=4\ F,L=1\ H$。

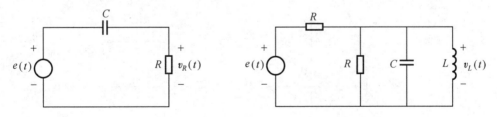

图 4.1　题 4.8 图　　　　　图 4.2　题 4.9 图

4.10　在图 4.3 所示的电路中，已知 $R=120\ \Omega,C=10\ \mu F,L=0.1\ H$，电感中的初始电流 $i_L(0)=0.5\ A$，电容上初始电压 $v_C(0)=30\ V$，激励电压 $e(t)=100u(t)\ V$，试求电路中的电流 $i(t)$ 和电容上的电压 $v_C(t)$。

4.11　在图 4.4 所示的电路中，已知 $R_1=R_2=1\ \Omega,C=0.5\ F,L=0.5\ H$，电路初始状态为零，试求：

1. 电压转移函数和冲激响应；

2. 若输入信号 $e(t)=5u(t-2)V$，求响应 $v_C(t)$；

3. 若输入信号 $e(t) = 10\sin(2t)u(t)\,\mathrm{V}$，求响应 $v_C(t)$。

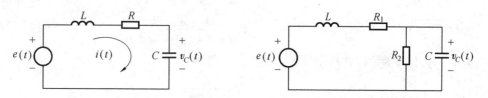

图 4.3　题 4.10 图　　　　　　　　图 4.4　题 4.11 图

4.12　输入激励信号 $e_1(t) = e^{-t}u(t)$ 加到线性非时变连续时间系统，系统具有非零的初始条件 $r(0)$ 和 $r'(0)$，得到 $t \geqslant 0$ 时的响应为 $r_1(t) = 3t + 2 - e^{-t}$；第二个输入激励信号 $e_2(t) = e^{-2t}u(t)$ 在同样初始条件 $r(0)$ 和 $r'(0)$ 下加到系统，得到 $t \geqslant 0$ 时的响应为 $r_2(t) = t + 2 - e^{-2t}$。试计算 $r(0)$ 和 $r'(0)$ 以及系统的冲激响应 $h(t)$。

4.13　已知电路如图 4.5(a) 所示，激励信号为周期矩形脉冲 $(\tau \ll T)$，如图 4.5(b) 所示，试求电阻两端响应电压 $v_R(t)$ 的稳态响应。

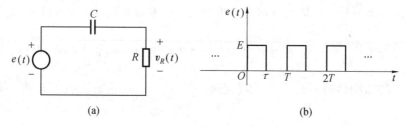

(a)　　　　　　　　　　　　(b)

图 4.5　题 4.13 图

4.14　已知某系统的系统函数 $H(s)$ 的极点位于 $s = -3$ 处，零点在 $s = -\alpha$ 处，又已知 $H(+\infty) = 1$。在此系统的阶跃响应中，包含一项为 Ke^{-3t}，试问：若 α 从 0 变到 5，相应的 K 如何随之变化。

4.15　已知系统函数零、极点分布如图 4.6 所示，$H(+\infty) = 5$，试求系统函数 $H(s)$。

4.16　已知系统函数零、极点分布如图 4.7 所示，试求其幅频特性和相频特性。

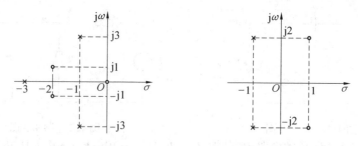

图 4.6　题 4.15 图　　　　　　　图 4.7　题 4.16 图

4.17　若系统函数 $H(s)$ 零、极点分布如图 4.8 所示，试分析它们分别是低通、高通、带通、带阻哪种滤波网络。

4.18　已知系统微分方程为

$$\frac{\mathrm{d}^2 r(t)}{\mathrm{d}t^2} + 4\frac{\mathrm{d}r(t)}{\mathrm{d}t} + 3r(t) = \frac{\mathrm{d}e(t)}{\mathrm{d}t} + 2e(t)$$

试求：1. 系统函数；

2. 系统的单位阶跃响应；

3. 判断系统的稳定性；

4. 系统的初始储能为 0，若使系统响应为 $r(t) = 2e^{-(t-2)}u(t-2) + e^{-2t}\cos tu(t)$，试求激励信号 $e(t)$。

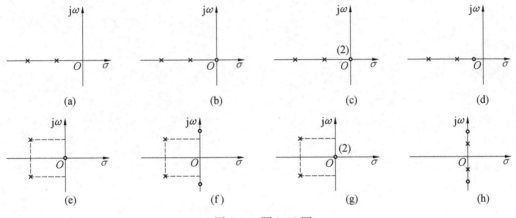

图 4.8 题 4.17 图

4.19 已知某线性非时变连续时间系统的激励信号为 $e(t) = \left[1 - \dfrac{1}{2}e^{-2t}\right]u(t)$，零状态响应为 $r(t) = [1 - e^{-2t} - te^{-2t}]u(t)$。

1. 试求系统的阶跃响应 $g(t)$；

2. 列写系统的微分方程。

4.20 已知某连续线性非时变系统是因果系统，其系统函数的零、极点分布如图 4.9(a) 所示，当输入信号 $e(t)$ 如图 4.9(b) 时，系统输出的直流分量为 1。

1. 试求该系统的系统函数 $H(s)$；

2. 当输入信号 $e(t) = e^{-2t}u(t)$ 时，系统的输出响应 $r(t)$。

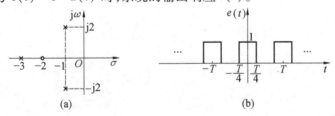

图 4.9 题 4.20 图

4.21 信号 $e(t)$ 和 $r(t)$ 如图 4.10 所示，$e(t)$ 的拉普拉斯变换为 $E(s) = \dfrac{e^{-s}}{s^2}(1 - e^{-s} - se^{-s})$，求 $r(t)$ 的拉普拉斯变换。

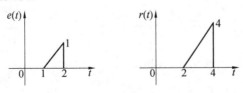

图 4.10 题 4.21 图

4.22　已知某二阶线性时不变系统函数 $H(s)$ 的零点 $z = 1$,极点为 $p = -1$,且冲激响应初值 $h(0^+) = 2$,试求:

1. 系统函数 $H(s)$;

2. 若激励 $e(t) = 3\sin(\sqrt{3}\,t)u(t)$,求系统稳态响应 $y_s(t)$。

第5章

连续时间信号离散化及恢复

前面各章主要研究的都是连续时间的信号与系统,它们的突出特点是比较直观、物理概念比较明确。但在实际应用过程中,特别是随着计算机技术的发展,通常是以离散信号或数字信号替换原来的连续信号,进而进行数字信号的加工或操作。这就需要对连续时间信号进行抽样和量化,从而实现其离散化。连续信号的离散化通常是以 A/D(模数转换器)来实现的,主要表现为两个过程:时间离散化称为抽样,这时信号在时间轴上是离散的,但在幅值上却是连续的,通常称为抽样信号,用$f_s(t)$表示;如果对抽样信号的幅值也进一步离散化,此时信号在时间轴和幅值上都是离散的,通常称为数字信号,用$f(nT_s)$表示,简单表示为$f(n)$。

相对于连续信号处理,数字信号处理有许多优越之处,这将在以后相关课程中介绍。经过数字信号处理后的信号,再进行上述过程的逆变换又可以恢复出原连续信号,这个过程通常是以 D/A(数模转换器)来实现,从而完成数字信号和模拟信号之间的相互转换。

为了从理论上说明这种模数 – 数模相互转换的可行性,本章分为5节进行讨论。5.1节主要介绍抽样信号$f_s(t)$及其频谱$F_s(\omega)$(傅里叶变换),主要目的是建立$F_s(\omega)$与原连续信号$f(t)$的频谱$F(\omega)$之间的关系;5.2节介绍抽样定理,它是连接连续与离散的桥梁,目的是了解需要满足什么样的抽样条件,才能使抽样信号保留原信号$f(t)$的全部信息。或反过来说,如果对连续信号进行抽样时不满足抽样定理,那么将无法无失真地恢复原信号;5.3节介绍理想滤波器,目的是建立滤波器的概念(它是电子通信领域的重要技术),进而为进一步的信号恢复提供支撑;5.4节介绍系统的无失真传输,目的是从更广泛的角度研究信号经过系统,什么样的条件才能保证无失真;5.5节是连续信号的恢复,目的是了解通过怎样的操作,可以从抽样信号$f_s(t)$中无失真地恢复出原连续信号$f(t)$。

5.1　抽样信号及其频谱

所谓"抽样"就是利用抽样脉冲序列$p(t)$从连续信号$f(t)$中"抽取"一系列的离散样值,这些离散样值组成的信号通常称为"抽样信号",以$f_s(t)$表示,图5.1.1给出了这样的抽样过程。

值得注意的是,连续信号经过抽样作用后即得抽样信号。这种抽样信号只是对时间进行了离散化,其幅度仍然是连续的物理量。它并不是通常意义上的数字信号,所谓的数字信号还需要再经过量化和编码的过程(即幅度离散化),如图5.1.2所示。

信号可以从时域和频域两个角度描述,关于抽样,同样可以从时域和频域两个角度考虑,本节分别介绍。

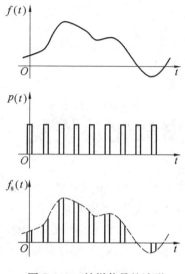

图 5.1.1 抽样信号的波形

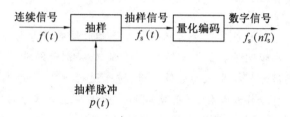

图 5.1.2 抽样及数字化过程方框图

5.1.1 时域抽样

在时域,抽样过程是通过抽样脉冲序列 $p(t)$ 与连续信号 $f(t)$ 相乘来完成的,如图 5.1.3 所示。

可以表示为

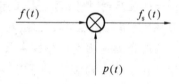

图 5.1.3 时域抽样过程

$$f_s(t) = f(t) \cdot p(t) \qquad (5.1.1)$$

由于 $p(t)$ 是周期序列,所以可以计算 $p(t)$ 的傅里叶变换为

$$P(\omega) = 2\pi \sum_{n=-\infty}^{+\infty} c_n \delta(\omega - n\omega_s) \qquad (5.1.2)$$

其中

$$c_n = \frac{1}{T_s} \int_{-\frac{T_s}{2}}^{\frac{T_s}{2}} p(t) e^{-jn\omega_s t} dt \qquad (5.1.3)$$

式中　　ω_s——抽样角频率,$\omega_s = 2\pi f_s = \dfrac{2\pi}{T_s}$;

　　　　T_s——抽样周期。

如果设连续信号 $f(t)$ 的频谱为 $F(\omega)$,则根据频域卷积定理可知,抽样信号 $f_s(t)$ 的傅里叶变换为

$$F_s(\omega) = \frac{1}{2\pi} F(\omega) * P(\omega) = \frac{1}{2\pi} F(\omega) * \left[2\pi \sum_{n=-\infty}^{+\infty} c_n \delta(\omega - n\omega_s) \right] =$$

$$\sum_{n=-\infty}^{+\infty} c_n F(\omega - n\omega_s) \qquad (5.1.4)$$

式(5.1.4)表明:连续信号 $f(t)$ 在时域被抽样后,其抽样信号 $f_s(t)$ 的频谱 $F_s(\omega)$ 是由

连续信号 $f(t)$ 频谱 $F(\omega)$ 以抽样频率 ω_s 为间隔周期重复而得到的,在此过程中幅度被抽样脉冲 $p(t)$ 的傅里叶变换 $P(\omega)$ 的系数 c_n 加权。因为 c_n 只是 n(而不是 ω)的函数,所以 $F(\omega)$ 在重复过程中不会使形状发生变化。

式(5.1.4)中加权系数 c_n 取决于抽样脉冲序列的形状,下面讨论两种典型情况。

1. 矩形脉冲抽样

此时, $p(t)$ 为周期矩形脉冲,令它的脉冲幅度为 E,脉冲宽度为 τ,抽样样值间隔为 T_s(抽样角频率 $\omega_s = \dfrac{2\pi}{T_s}$)。由于 $f_s(t) = f(t)p(t)$,所以抽样信号 $f_s(t)$ 在抽样期间的脉冲顶部不是平的,而是随 $f(t)$ 的变化而变化,如图 5.1.4(a)所示,这种抽样通常称为"自然抽样"。由式(5.1.3)可以求出抽样脉冲的傅里叶系数 c_n

$$c_n = \frac{1}{T_s}\int_{-\frac{T_s}{2}}^{+\frac{T_s}{2}} p(t)\,\mathrm{e}^{-\mathrm{j}n\omega_s t}\,\mathrm{d}t = \frac{1}{T_s}\int_{-\frac{\tau}{2}}^{+\frac{\tau}{2}} E\,\mathrm{e}^{-\mathrm{j}n\omega_s t}\,\mathrm{d}t = \frac{E\tau}{T_s}\mathrm{Sa}\left[\frac{n\omega_s\tau}{2}\right]$$

代入式(5.1.4),便得到矩形抽样信号的频谱为

$$F_s(\omega) = \frac{E\tau}{T_s}\sum_{n=-\infty}^{+\infty} \mathrm{Sa}\left[\frac{n\omega_s\tau}{2}\right] F(\omega - n\omega_s) \tag{5.1.5}$$

显然,在这种情况下,抽样信号的频谱 $F_s(\omega)$ 在以抽样频率 ω_s 为周期重复 $F(\omega)$ 的过程中,幅度以抽样脉冲频谱 $\mathrm{Sa}\left[\dfrac{n\omega_s\tau}{2}\right]$ 的规律变化,如图 5.1.4(b)所示。

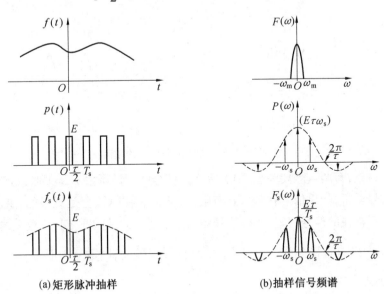

(a)矩形脉冲抽样　　　　(b)抽样信号频谱

图 5.1.4　矩形抽样信号及其频谱

2. 冲激抽样

若抽样脉冲 $p(t)$ 是冲激序列 $\delta_{T_s}(t)$,这种抽样通常称为"冲激抽样"或"理想抽样",其抽样过程如图 5.1.5(a)所示。因为

$$p(t) = \delta_{T_s}(t) = \sum_{n=-\infty}^{+\infty} \delta(t - nT_s)$$

$$f_s(t) = f(t)\delta_{T_s}(t)$$

由式(5.1.3)求出 $\delta_T(t)$ 的傅里叶系数为

$$c_n = \frac{1}{T_s}\int_{-\frac{T_s}{2}}^{+\frac{T_s}{2}} \delta_{T_s}(t) \mathrm{e}^{-jn\omega_s t}\mathrm{d}t = \frac{1}{T_s}\int_{-\frac{T_s}{2}}^{+\frac{T_s}{2}} \delta(t) \mathrm{e}^{-jn\omega_s t}\mathrm{d}t = \frac{1}{T_s}$$

代入式(5.1.4),得冲激抽样信号的频谱为

$$F_s(\omega) = \frac{1}{T_s}\sum_{n=-\infty}^{+\infty} F(\omega - n\omega_s) \tag{5.1.6}$$

式(5.1.6)表明:由于冲激抽样序列的傅里叶系数 c_n 是常数,所以 $F(\omega)$ 是以 ω_s 为周期等幅地重复,如图5.1.5(b)所示。

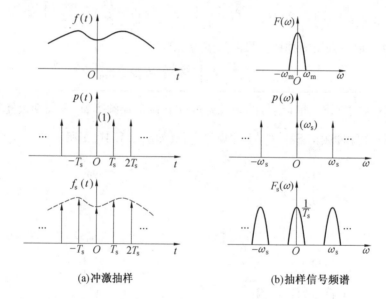

(a)冲激抽样   (b)抽样信号频谱

图5.1.5 冲激抽样信号的频谱

由以上讨论,有两点需要注意:(1)原连续信号的频谱函数 $F(\omega)$ 假设是有限带宽。根据前面的信号分析,如果信号在频域是有限的,那么它在时域会是无限的,这就意味着它是一个物理上不存在的信号;(2)抽样信号频谱函数 $F_s(\omega)$ 是以周期 ω_s 重复的, ω_s 的大小与时域抽样间隔 T_s 有直接关系 $\omega_s = \dfrac{2\pi}{T_s}$ 。如果抽样间隔大,则重复周期 ω_s 小,反之抽样间隔小,重复周期大。

设想如果原始信号的频带宽度不是有限的,或者抽样间隔较大(重复周期较小),都可能导致抽样信号频谱周期重复过程中的频谱混叠(将在5.2中介绍)。

5.1.2 频域抽样

已知连续频谱函数 $F(\omega)$,对应的时间函数为 $f(t)$ 。若 $F(\omega)$ 在频域中被间隔为 ω_1 的冲激序列 $\delta_{\omega_1}(\omega)$ 抽样,可以用研究时域抽样的方法得到抽样后的频谱函数 $F_1(\omega)$ 所对应的

时间函数 $f_1(t)$ 与 $f(t)$ 的关系。

若频域抽样过程满足

$$F_1(\omega) = F(\omega)\delta_{\omega_1}(\omega) \tag{5.1.7}$$

其中

$$\delta_{\omega_1}(\omega) = \sum_{n=-\infty}^{+\infty} \delta(\omega - n\omega_1)$$

由式

$$\delta_{T_1}(t) = \sum_{n=-\infty}^{+\infty} \delta(t - nT_1)$$

得知

$$\mathscr{F}\left[\sum_{n=-\infty}^{+\infty} \delta(t - nT_1)\right] = \omega_1 \sum_{n=-\infty}^{+\infty} \delta(\omega - n\omega_1) \quad \left(\omega_1 = \frac{2\pi}{T_1}\right) \tag{5.1.8}$$

式(5.1.8) 可写为反变换形式

$$\mathscr{F}^{-1}[\delta_{\omega_1}(\omega)] = \mathscr{F}^{-1}\left[\sum_{n=-\infty}^{+\infty} \delta(\omega - n\omega_1)\right] = \frac{1}{\omega_1}\sum_{n=-\infty}^{+\infty} \delta(t - nT_1) = \frac{1}{\omega_1}\delta_{T_1}(t) \tag{5.1.9}$$

根据时域卷积定理,可知

$$\mathscr{F}^{-1}[F_1(\omega)] = \mathscr{F}^{-1}[F(\omega)] * \mathscr{F}^{-1}[\delta_{\omega_1}(\omega)]$$

即

$$f_1(t) = f(t) * \frac{1}{\omega_1}\sum_{n=-\infty}^{+\infty} \delta(t - nT_1) = \frac{1}{\omega_1}\sum_{n=-\infty}^{+\infty} f(t - nT_1) \tag{5.1.10}$$

式(5.1.10) 表明:若 $f(t)$ 的频谱 $F(\omega)$ 被间隔为 ω_1 的冲激序列在频域中抽样,则在时域中等效于 $f(t)$ 以 $T_1\left(=\dfrac{2\pi}{\omega_1}\right)$ 为周期而重复,如图 5.1.6 所示。

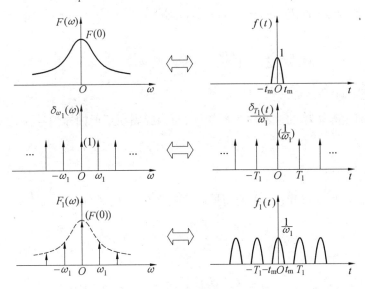

图 5.1.6　频谱抽样所对应的信号波形

通过时域与频域的抽样特性讨论,可知傅里叶变换的又一条重要性质,即**信号的时域与频域呈抽样(离散)与周期(重复)的对应关系**。具体解释或描述就是,时域周期信号的频谱是离散的(时域周期、频域离散),时域抽样信号的频谱是周期的(时域离散、频域周期),反过来这种关系也成立。

【例5.1.1】 大致画出图5.1.7(a)所示周期矩形脉冲信号冲激抽样后信号的频谱。已知周期矩形脉冲为$f_1(t)$,它的脉幅为E,脉宽为τ,周期为T_1,其傅里叶变换为$F_1(\omega)$。若$f_1(t)$被间隔为T_s的冲激序列所抽样,其抽样后的抽样信号为$f_s(t)$,其傅里叶变换为$F_s(\omega)$。

解 该例将从联合利用频域抽样和时域抽样特性来求解。

先从单脉冲入手,设矩形单脉冲$f_0(t)$如图5.1.7(b)所示,其以T_1为周期重复便构成周期信号$f_1(t)$,即

$$f_1(t) = \sum_{n=-\infty}^{+\infty} f_0(t - nT_1)$$

根据频域抽样特性可知:$f_1(t)$的傅里叶变换$F_1(\omega)$是由$F_0(\omega)$经过间隔为$\omega_1\left(=\dfrac{2\pi}{T_1}\right)$冲激抽样而得。而$f_0(t)$的傅里叶变换为

$$F_0(\omega) = E\tau \mathrm{Sa}\left(\frac{\omega\tau}{2}\right)$$

其波形如图5.1.7(c)所示。

再由式(5.1.7)和式(5.1.10)知

$$F_1(\omega) = \omega_1 F_0(\omega) \cdot \delta_{\omega_1}(\omega) = \omega_1 E\tau \mathrm{Sa}\left(\frac{\omega\tau}{2}\right) \sum_{n=-\infty}^{+\infty} \delta(\omega - n\omega_1) =$$

$$\omega_1 E\tau \sum_{n=-\infty}^{+\infty} \mathrm{Sa}\left(\frac{n\omega_1\tau}{2}\right) \delta(\omega - n\omega_1)$$

结果如图5.1.7(d)所示。

若$f_1(t)$被间隔为T_s的冲激序列所抽样,便构成周期矩形抽样信号为$f_s(t)$,即

$$f_s(t) = f_1(t) \cdot \delta_{T_s}(t)$$

如图5.1.7(e)所示。

根据时域抽样特性可知:$f_s(t)$的傅里叶变换$F_s(\omega)$是$F_1(\omega)$以$\omega_s\left(=\dfrac{2\pi}{T_s}\right)$为间隔重复而得。

由式(5.1.6)知

$$F_s(\omega) = \frac{1}{T_s} \sum_{m=-\infty}^{+\infty} F_1(\omega - m\omega_s) = \frac{\omega_1 E\tau}{T_s} \sum_{m=-\infty}^{+\infty} \left[\sum_{n=-\infty}^{+\infty} \mathrm{Sa}\left(\frac{n\omega_1\tau}{2}\right) \delta(\omega - m\omega_s - n\omega_1) \right]$$

结果如图5.1.7(f)所示。

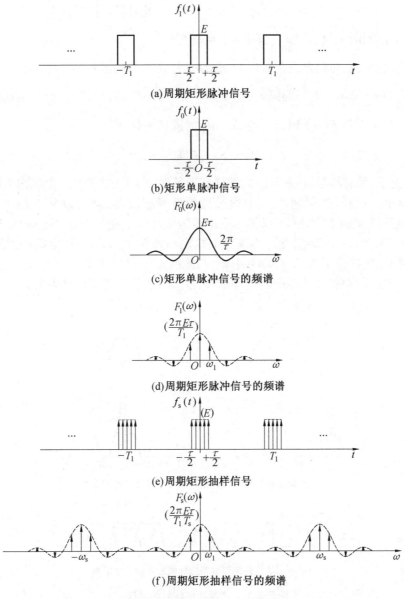

(a)周期矩形脉冲信号

(b)矩形单脉冲信号

(c)矩形单脉冲信号的频谱

(d)周期矩形脉冲信号的频谱

(e)周期矩形抽样信号

(f)周期矩形抽样信号的频谱

图 5.1.7　周期矩形抽样信号及频谱

5.2　抽样定理

抽样定理在信号处理及传输理论方面占有十分重要的地位,它讨论的是连续信号被抽样后,如何保留原信号 $f(t)$ 的全部信息问题,可以说它是连接连续时间信号与系统和离散时间信号与系统的桥梁。同样,抽样定理也对应有时域抽样定理和频域抽样定理。

5.2.1　时域抽样定理

时域抽样定理表明:一个频带受限的信号 $f(t)$,如果它的频谱只占据 $-\omega_m \sim +\omega_m$ 的有限范围,则信号 $f(t)$ 可以用等间隔的抽样值唯一表示,此时最低抽样频率必须满足 $f_s \geqslant 2f_m$,或者说抽样时间间隔必须小于 $\dfrac{1}{2f_m}$(其中 $\omega_m = 2\pi f_m$)。

为了证明此定理,可以参看图 5.2.1。假设信号 $f(t)$ 的频谱 $F(\omega)$ 限制在 $-\omega_m \sim +\omega_m$ 内,如图 5.2.1(a)所示。若以间隔 T_s(重复频率 $\omega_s = \dfrac{2\pi}{T_s}$)对 $f(t)$ 进行抽样,则抽样后,信号 $f_s(t)$ 的频谱 $F_s(\omega)$ 是 $F(\omega)$ 以 ω_s 为重复周期的周期函数,即

$$F_s(\omega) = \sum_{n=-\infty}^{+\infty} c_n F(\omega - n\omega_s) \tag{5.2.1}$$

在此情况下,只有满足 $\omega_s \geqslant 2\omega_m$ 的抽样定理条件,$F_s(\omega)$ 才不会产生频谱的混叠,如图 5.2.1(b)所示。这样,如果将 $F_s(\omega)$ 通过理想低通滤波器,就可以从 $F_s(\omega)$ 中恢复出 $F(\omega)$。也就是说,抽样信号 $f_s(t)$ 保留了原连续信号 $f(t)$ 的全部信息,完全可以用 $f_s(t)$ 唯一表示 $f(t)$。如果 $\omega_s < 2\omega_m$,此时不满足抽样定理条件,$F_s(\omega)$ 将产生频谱的混叠,如图 5.2.1(c)所示,此时将不能从 $F_s(\omega)$ 中恢复出 $F(\omega)$,也即不能完全用 $f_s(t)$ 唯一表示 $f(t)$。这就是说,取样的时间间隔过长,即取样速率太慢,将会造成信息丢失。

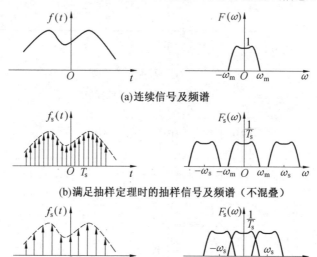

(a)连续信号及频谱

(b)满足抽样定理时的抽样信号及频谱(不混叠)

(c)不满足抽样定理时的抽样信号及频谱(混叠)

图 5.2.1　冲激抽样信号的频谱

通过以上的讨论可见,为了使抽样信号 $f_s(t)$ 保留原信号 $f(t)$ 的全部信息,要求 $f_s(t)$ 的频谱 $F_s(\omega)$ 不产生混叠现象,此时必须满足

$$\omega_s \geqslant 2\omega_m \tag{5.2.2a}$$

即

$$\omega_s = 2\pi f_s \geqslant 2\omega_m = 2 \times 2\pi f_m \tag{5.2.2b}$$

所以

$$T_s = \frac{1}{f_s} \leqslant \frac{1}{2f_m} \tag{5.2.3}$$

式(5.2.3)表示的关系称为时域抽样定理。通常把最低允许的抽样频率 $f_s = 2f_m$ 称为"奈奎斯特(Nyquist)频率",把最大允许的抽样间隔 $T_m = \dfrac{\pi}{\omega_m} = \dfrac{1}{2f_m}$ 称为"奈奎斯特间隔"。

【例 5.2.1】　已知 $f(t)$ 为带限信号,最高频率为 ω_{m},其频谱 $F(\omega)$ 如图 5.2.2(a) 所示。(1) 求 $f(4t)$ 和 $f(t/4)$ 的信号最高频率和 Nyquist 间隔(最大允许的抽样间隔) T_{s};
(2) 如果用序列 $\delta_T(t) = \displaystyle\sum_{n=-\infty}^{+\infty} \delta\left(t - n\dfrac{T_{\mathrm{s}}}{2}\right)$($T_{\mathrm{s}}$ 为信号 $f(t)$ 的 Nyquist 间隔)对信号 $f(t)$ 进行抽样,得到抽样信号 $f_{\mathrm{s}}(t)$,求 $f_{\mathrm{s}}(t)$ 的频谱 $F_{\mathrm{s}}(\omega)$,并画出频谱图;(3) 若用同一个抽样序列 $\delta_T(t)$ 对信号 $f(4t)$ 进行抽样,画出抽样信号的频谱。

解　(1) 已知 $f(t) \leftrightarrow F(\omega)$ 为傅里叶变换对,由抽样定理得

$$T_{\mathrm{s}} = \frac{2\pi}{\omega_{\mathrm{s}}} = \frac{\pi}{\omega_{\mathrm{m}}}$$

设 ω_{m}^4、$\omega_{\mathrm{m}}^{1/4}$ 分别表示 $f(4t)$、$f(t/4)$ 的最高频率,$T_{\max}^4$、$T_{\max}^{1/4}$ 分别表示 $f(4t)$、$f(t/4)$ 的最大允许抽样时间间隔。则根据傅里叶变换的尺度特性,可得

$$f(4t) \leftrightarrow \frac{1}{4}F\left(\frac{\omega}{4}\right) ,\ \omega_{\mathrm{m}}^4 = 4\omega_{\mathrm{m}}$$

$$f(t/4) \leftrightarrow 4F(4\omega) ,\ \omega_{\mathrm{m}}^{1/4} = \omega_{\mathrm{m}}/4$$

因此

$$T_{\max}^4 = \frac{2\pi}{\omega_{\mathrm{s}}^4} = \frac{\pi}{\omega_{\mathrm{m}}^4} = \frac{\pi}{4\omega_{\mathrm{m}}}$$

$$T_{\max}^{1/4} = \frac{2\pi}{\omega_{\mathrm{s}}^{1/4}} = \frac{\pi}{\omega_{\mathrm{m}}^{1/4}} = \frac{4\pi}{\omega_{\mathrm{m}}}$$

(2) 因为 $f_{\mathrm{s}}(t) = f(t) \cdot \delta_T(t)$,得

$$F_{\mathrm{s}}(\omega) = \frac{1}{2\pi}F(\omega) * \mathscr{F}[\delta_T(t)] = \frac{2\omega_{\mathrm{s}}}{2\pi}\sum_{n=-\infty}^{+\infty} F(\omega - n \cdot 2\omega_{\mathrm{s}}) = \frac{2\omega_{\mathrm{m}}}{\pi}\sum_{n=-\infty}^{+\infty} F(\omega - n \cdot 4\omega_{\mathrm{m}})$$

$F_{\mathrm{s}}(\omega)$ 的频谱如图 5.2.2(b) 所示。

(3) 根据(1) 和(2) 的计算结果,可推导

$$F_{\mathrm{s}}^4(\omega) = \frac{\omega_{\mathrm{m}}}{2\pi}\sum_{n=-\infty}^{+\infty} F\left(\frac{\omega}{4} - n \cdot \omega_{\mathrm{m}}\right)$$

$F_{\mathrm{s}}^4(\omega)$ 的频谱如图 5.2.2(c) 所示。

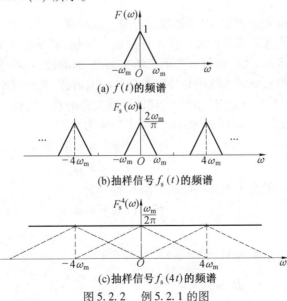

(a) $f(t)$ 的频谱

(b) 抽样信号 $f_{\mathrm{s}}(t)$ 的频谱

(c) 抽样信号 $f_{\mathrm{s}}(4t)$ 的频谱

图 5.2.2　例 5.2.1 的图

5.2.2　频域抽样定理

根据时域与频域的对称性,可以由时域抽样定理直接推论出频域抽样定理。频域抽样定理的内容是:若信号 $f(t)$ 是时间受限信号,它集中在 $-T_m \sim +T_m$ 的时间内,若在频域中以不大于 $\dfrac{1}{2T_m}$ 的频率间隔对 $f(t)$ 的频谱 $F(\omega)$ 进行抽样,则抽样后的频谱 $F_1(\omega)$ 可以唯一地表示原信号。

在时域中,为了使波形不会发生混叠,则必须满足

$$T_1 \geqslant 2T_m \tag{5.2.4a}$$

即

$$T_1 = \frac{2\pi}{\omega_1} \geqslant 2T_m \tag{5.2.4b}$$

所以

$$f_1 \leqslant \frac{1}{2T_m} \tag{5.2.5}$$

由以上讨论可见,抽样定理解决了上节讨论的两个问题的第二个问题,即解决了抽样信号频谱函数 $F_s(\omega)$ 的重复周期 ω_s 应该满足的条件。但第一个问题仍然受到限制,即原连续信号的频谱函数 $F(\omega)$ 假设是有限带宽的。

在实际应用中,涉及的信号往往都是有限的(或有始的),这就意味着它的频谱可能是无限的。为了应用抽样定理把连续信号转换成离散信号,又需要把信号的频谱尽量限制在一个有限的范围内,这就是下下节要介绍的滤波概念,也就是说在对连续信号抽样之前,往往需要进行低通滤波,使信号限制在低通滤波器的截止频率范围之内。

5.3　理想滤波器的分析

上一节我们提及,为了从抽样信号 $f_s(t)$ 的频谱 $F_s(\omega)$ 中恢复原连续信号 $f(t)$,可以将 $F_s(\omega)$ 通过一个理想低通滤波器,本节详细讨论滤波器问题。

滤波器是指能够实现对信号的某些频率分量进行加强、对某些频率分量进行削弱的系统。按其完成的功能不同,滤波器可分为低通滤波器、高通滤波器、带通滤波器、带阻滤波器等。而理想滤波器是指其滤波系统的特性理想化的滤波器,即某些频率分量完全通过,某些频率分量完全抑制,图 5.3.1 分别示出了上述四种滤波器的幅频特性。

理想低通滤波器如图 5.3.1(a) 所示,其频率特性为

$$\mid H(\omega) \mid = \begin{cases} 1 & (\mid \omega \mid < \omega_c) \\ 0 & (\mid \omega \mid > \omega_c) \end{cases} \tag{5.3.1}$$

理想高通滤波器如图 5.3.1(b) 所示,其频率特性为

$$\mid H(\omega) \mid = \begin{cases} 0 & (\mid \omega \mid < \omega_c) \\ 1 & (\mid \omega \mid > \omega_c) \end{cases} \tag{5.3.2}$$

理想带通滤波器如图 5.3.1(c) 所示,其频率特性为

$$\mid H(\omega) \mid = \begin{cases} 1 & (\omega_{c_1} < \mid \omega \mid < \omega_{c_2}) \\ 0 & (其他) \end{cases} \tag{5.3.3}$$

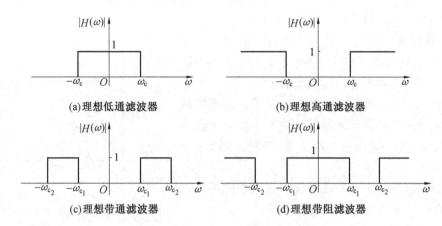

图 5.3.1　理想滤波器幅频特性

理想带阻滤波器如图 5.3.1(d) 所示,其频率特性为

$$| H(\omega) | = \begin{cases} 0 & (\omega_{c_1} < |\omega| < \omega_{c_2}) \\ 1 & (其他) \end{cases} \tag{5.3.4}$$

以上讨论理想滤波器只考虑了理想滤波器的幅频特性,还没有考虑滤波器的相频特性。下一节我们将会看到,为了避免在滤波过程中产生相位失真,一个滤波系统在它的通带内应该具有线性相位特性,即滤波器的相频特性为

$$\varphi(\omega) = - \omega t_0 \tag{5.3.5}$$

式中　t_0——延迟时间。

图 5.3.2 示出了理想低通滤波器的相频特性 $\varphi(\omega)$。

本节只重点介绍理想低通滤波器,其他理想滤波器可以采用同样分析方法。按照定义,一个理想低通滤波器允许低于截止频率 ω_c 的所有频率分量无失真地通过,而对于高于 ω_c 的所有频率分量能够完全抑制。它的频率特性表示为

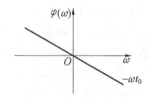

图 5.3.2　理想低通滤波器的相频特性

$$H(\omega) = | H(\omega) | e^{j\varphi(\omega)} \tag{5.3.6}$$

我们知道,系统函数与单位冲激响应是一对傅里叶变换或拉普拉斯变换,通过分析其冲激响应可以了解它的时域特性。为此,下面进一步分析作为系统函数的理想低通滤波器的冲激响应和阶跃响应。

5.3.1　理想低通滤波器的冲激响应

理想低通滤波器的冲激响应可由其频率特性 $H(\omega)$ 的傅里叶反变换求得

$$h(t) = \mathscr{F}^{-1} [H(\omega)] = \frac{1}{2\pi} \int_{-\infty}^{+\infty} H(\omega) e^{j\omega t} d\omega = \frac{1}{2\pi} \int_{-\omega_c}^{+\omega_c} e^{-j\omega t_0} e^{j\omega t} d\omega =$$

$$\frac{1}{2\pi} \frac{e^{j\omega(t-t_0)}}{j(t-t_0)} \bigg|_{-\omega_c}^{\omega_c} = \frac{\omega_c}{\pi} \frac{\sin [\omega_c(t-t_0)]}{\omega_c(t-t_0)} = \frac{\omega_c}{\pi} Sa[\omega_c(t-t_0)] \tag{5.3.7}$$

其波形如图 5.3.3 所示。这是一个峰值位于 t_0 时刻的 $Sa(t)$ 函数,可以看出:

(1) 输入冲激信号 $\delta(t)$ 是在 $t = 0$ 时刻作用于系统的,如果与此时的输入信号 $\delta(t)$ 相比,系统的冲激响应 $h(t)$ 在 $t = t_0$ 时刻才达到最大值,这表明系统具有延时作用;

(2) 冲激响应 $h(t)$ 比输入冲激 $\delta(t)$ 的波形展宽了许多,这表示冲激信号 $\delta(t)$ 的高频

分量被理想低通滤波器 $H(\omega)$ 滤除掉了；

（3）在输入信号 $\delta(t)$ 作用于系统之前，即 $t < 0$ 时，$h(t) \neq 0$，这表明理想低通滤波器是一个非因果系统，因此它是一个物理上不可实现的系统。

由此可以推出：判断一个物理上是否是可实现系统的准则，从时域的角度就是其响应不能发生在激励之前，也就是 $h(t)$ 必须具有因果系统特性，即 $t < 0$ 时，$h(t) = 0$。

可以证明，物理上可实现系统的频域条件是幅频特性 $|H(\omega)|$ 必须满足下面的关系式：

$$\int_{-\infty}^{+\infty} \frac{|\ln|H(\omega)||}{1 + \omega^2} \mathrm{d}\omega < + \infty \qquad (5.3.8)$$

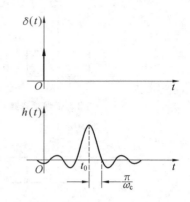

图 5.3.3　理想低通滤波器的冲激响应

其中 $|H(\omega)|$ 必须是平方可积的，即

$$\int_{-\infty}^{+\infty} |H(\omega)|^2 \mathrm{d}\omega < + \infty \qquad (5.3.9)$$

式（5.3.8）通常称为**佩利 - 维纳**准则。如果 $H(\omega)$ 不满足上述条件，则系统是不可实现的。

进一步讨论，如果系统函数的幅值在任意有限的带宽内为零，即 $|H(\omega)| = 0$，则在此区间内皆因 $|\ln|H(\omega)|| \rightarrow + \infty$，而式（5.3.8）的积分为无穷大，因此系统在物理上无法实现。对于物理上可实现的系统，只允许 $|H(\omega)|$ 在某些离散频率点上为零，而不允许在一个有限宽的频带内为零。很明显，理想滤波器（包括理想高通、低通、带通、带阻滤波器）在实际上都是不可实现的。值得注意的是，有关理想滤波器的研究并不因其无法实现而失去价值，实际的滤波器分析与设计往往需要理想滤波器的理论做指导。

例如，图 5.3.4 表示一个由 RLC 网络组成的低通滤波器，该滤波器的系统函数为

$$H(\omega) = \frac{V_o(\omega)}{V_i(\omega)} = \frac{\dfrac{1}{1/R + \mathrm{j}\omega C}}{\mathrm{j}\omega L + \dfrac{1}{1/R + \mathrm{j}\omega C}} = \frac{1}{1 - \omega^2 LC + \mathrm{j}\omega L/R}$$

若取 $R = \sqrt{\dfrac{L}{C}}$，并定义 $\omega_c = \dfrac{1}{\sqrt{LC}}$，则上式可写为

$$H(\omega) = \frac{1}{1 - \left(\dfrac{\omega}{\omega_c}\right)^2 + \mathrm{j}\dfrac{\omega}{\omega_c}} = |H(\omega)| e^{\mathrm{j}\varphi(\omega)}$$

其中

$$|H(\omega)| = \frac{1}{\sqrt{\left(1 - \left(\dfrac{\omega}{\omega_c}\right)^2\right)^2 + \left(\dfrac{\omega}{\omega_c}\right)^2}}$$

$$\varphi(\omega) = - \tan^{-1}\left[\frac{\dfrac{\omega}{\omega_c}}{1 - \left(\dfrac{\omega}{\omega_c}\right)^2}\right]$$

幅频特性 $|H(\omega)| \sim \omega$ 和相频特性 $\varphi(\omega) \sim \omega$ 的关系如图 5.3.5 所示。

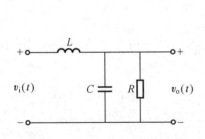

图 5.3.4　RLC 网络组成的低通滤波器

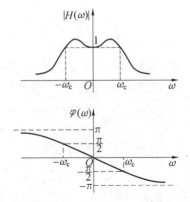

图 5.3.5　对应图 5.3.4 的频率响应

为了求得冲激响应,可将 $H(\omega)$ 写为

$$H(\omega) = \frac{2\omega_c}{\sqrt{3}} \cdot \frac{\dfrac{\sqrt{3}}{2}\omega_c}{\left(\dfrac{\omega_c}{2} + \mathrm{j}\omega\right)^2 + \left(\dfrac{\sqrt{3}}{2}\omega_c\right)^2}$$

由此可求得冲激响应

$$h(t) = \mathscr{F}^{-1}\left[H(\omega)\right] = \frac{2\omega_c}{\sqrt{3}} \mathrm{e}^{-\frac{\omega_c t}{2}} \sin\left(\frac{\sqrt{3}}{2}\omega_c t\right) u(t)$$

图 5.3.6 所示为 $h(t)$ 的波形。

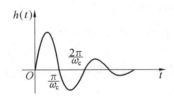

　　由此图可以看到,冲激响应波形与图 5.3.3 所示波形相似,但起始时间是从 $t = 0$ 开始的,因为这是一个物理上可实现的系统。

图 5.3.6　对应图 5.3.5 的冲激响应

5.3.2　理想低通滤波器的阶跃响应

　　同样,阶跃函数是一个很有实用意义的信号,它与冲激信号存在着微分的关系,下面研究理想低通滤波器对阶跃信号的响应。

　　已知理想低通滤波的系统函数为

$$H(\omega) = \begin{cases} \mathrm{e}^{-\mathrm{j}\omega t_0} & (-\omega_c < \omega < \omega_c) \\ 0 & (\omega \text{ 为其他值}) \end{cases} \tag{5.3.10}$$

阶跃信号的傅里叶变换为

$$E(\omega) = \mathscr{F}\left[u(t)\right] = \pi\delta(\omega) + \frac{1}{\mathrm{j}\omega}$$

于是系统响应的频谱为

$$G(\omega) = H(\omega)E(\omega) = \left[\pi\delta(\omega) + \frac{1}{\mathrm{j}\omega}\right]\mathrm{e}^{-\mathrm{j}\omega t_0} \quad (-\omega_c < \omega < \omega_c) \tag{5.3.11}$$

　　由傅里叶反变换可得系统的阶跃响应

$$g(t) = \mathscr{F}^{-1}[G(\omega)] = \frac{1}{2\pi}\int_{-\infty}^{+\infty}\left[\pi\delta(\omega) + \frac{1}{j\omega}\right]e^{-j\omega t_0}e^{j\omega t}d\omega = \frac{1}{2} + \frac{1}{2\pi}\int_{-\omega_c}^{+\omega_c}\frac{e^{j\omega(t-t_0)}}{j\omega}d\omega =$$

$$\frac{1}{2} + \frac{1}{2\pi}\int_{-\omega_c}^{+\omega_c}\frac{\cos[\omega(t-t_0)]}{j\omega}d\omega + \frac{1}{2\pi}\int_{-\omega_c}^{+\omega_c}\frac{\sin[\omega(t-t_0)]}{\omega}d\omega \qquad (5.3.12)$$

由于式(5.3.12)右边第二项的被积函数为奇函数,所以在一个对称的区间内积分为零,第三项的被积函数为偶函数,因而有

$$g(t) = \frac{1}{2} + \frac{1}{\pi}\int_0^{+\omega_c}\frac{\sin[\omega(t-t_0)]}{\omega}d\omega = \frac{1}{2} + \frac{1}{\pi}\int_0^{+\omega_c(t-t_0)}\frac{\sin x}{x}dx$$

这里,引用了符号置换被积分变量

$$x = \omega(t - t_0)$$

而函数 $\frac{\sin x}{x}$ 的积分称为"正弦积分",以符号 $\text{Si}(y)$ 表示

$$\text{Si}(y) = \int_0^y \frac{\sin x}{x}dx \qquad (5.3.13)$$

图 5.3.7 给出了 $\frac{\sin x}{x}$ 与 $\text{Si}(y)$ 函数的波形。这样理想低通滤波器的阶跃响应为

$$g(t) = \frac{1}{2} + \frac{1}{\pi}\text{Si}[\omega_c(t-t_0)] \qquad (5.3.14)$$

图 5.3.8 给出了理想低通滤波器的阶跃响应。由于阶跃信号中有一个跳变点,这种信号随着时间的急剧变化意味着信号中含有丰富高频分量。当阶跃信号作用于理想低通滤波器后,可以看出,理想滤波器的作用使阶跃响应有了时间延迟,如果从 $g(t) = \frac{1}{2}$ 计算,则延时为 t_0,而且阶跃响应并不是在 $t = t_0$ 时发生跃变,而是存在一个上升时间 $t_r = 2\frac{\pi}{\omega_c} = \frac{1}{B}$,这就是我们想要的结论:**阶跃响应的上升时间与系统的截止频率(或带宽)成反比**。具体可以解释为:如果低通滤波器的截止频率(或带宽)ω_c 较大,意味着将会有较多的高频分量通过系统,表现在时域就是信号跳变较快,即上升时间较短。反之,如果低通滤波器的截止频率(或带宽)ω_c 较小,意味着将会有较多的高频分量被抑制,表现在时域就是信号跳变较慢,即上升时间较长。此外,由于在 $t < 0$ 时,$g(t) \neq 0$,同样表明这是一个非因果系统。

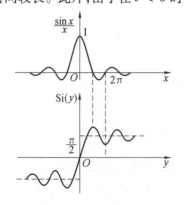

图 5.3.7 $\frac{\sin x}{x}$ 函数与 $\text{Si}(y)$ 函数

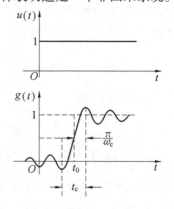

图 5.3.8 理想低通滤波器的阶跃响应

利用上述结果,很容易计算矩形脉冲信号通过理想低通滤波器的响应。

设激励矩形脉冲信号为

$$e(t) = u(t) - u(t - \tau)$$

应用叠加原理和延时特性,借助式(5.3.14)的结果可得系统的响应为

$$r(t) = \frac{1}{\pi}\text{Si}[\omega_c(t - t_0)] - \frac{1}{\pi}\text{Si}[\omega_c(t - t_0 - \tau)]$$

矩形脉冲信号及其响应的波形如图 5.3.9 所示。必须注意,这里画出的是 $\frac{2\pi}{\omega_c} \ll \tau$,即 $\omega_c \gg \frac{2\pi}{\tau}$ 的情形。此时意味着,滤波器的带宽远大于信号的带宽(第一个零点),系统响应中保留了原信号的大部分低频信息,损失了一小部分高频信息。如果 $\frac{2\pi}{\omega_c}$ 与 τ 接近或大于 τ,则 $r(t)$ 会出现不同程度的失真,甚至是严重失真。

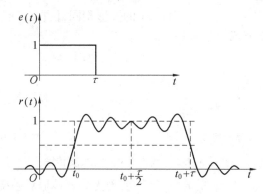

图 5.3.9　矩形脉冲信号通过理想低通滤波器

5.4　系统的无失真传输

由前面的讨论可知,对于一个给定的线性非时变系统,在输入激励信号 $e(t)$ 的作用下,将会产生输出响应信号 $r(t)$,如图 5.4.1 所示。线性非时变系统的功能就像是一个滤波器,信号通过系统后,某些频率分量保持不变,某些频率分量被加强或削弱。系统的这种功能,在时域分析和频域分析中可以分别表示为

$$r(t) = h(t) * e(t)$$
$$R(\omega) = H(\omega)E(\omega)$$

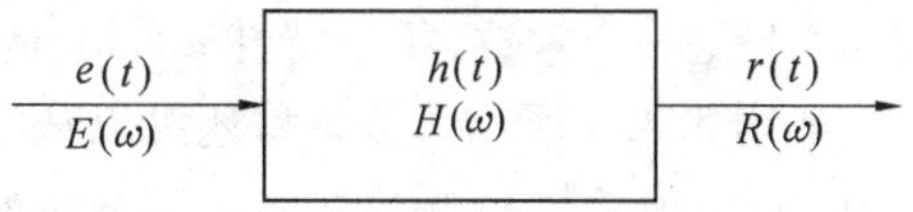

这就是说,信号通过系统以后,有可能会改变原来的形状,成为新的波形。若从频域的角度,系统改变了原有信号的频谱结构,而组成了

图 5.4.1　线性时不变系统

新的频谱。显然这种波形或频谱的改变,将直接取决于系统本身的系统函数 $H(\omega)$。信号的每个频率分量经过传输以后,受到不同程度的幅度影响和相位移位,即信号经过系统后可能产生一定程度的所谓失真。

线性系统引起的失真主要是由两方面的因素造成的,一是系统对信号中各频率分量的幅度产生不同程度的衰减,使响应各频率分量的相对幅度产生变化,引起幅度失真;另一个

是系统对各频率分量产生的相移不与频率成正比,使响应的各频率分量在时间轴上的相对位置产生变化,引起相位失真。

应该指出,线性系统的幅度失真与相位失真都不产生新的频率分量,称为线性失真;而对于非线性系统将会在所传输的信号中产生出新的频率分量,这就是非线性失真。

在信号的传输或处理中,一般情况下人们希望系统的响应波形和激励波形是相同的或造成的失真越小越好,这样信号所承载的信息不会丢失或尽量少丢失。现在我们就根据失真产生的原因,来研究信号无失真传输条件。

无失真是指响应信号与激励信号相比,只是幅度大小与位置出现时间不同,而无波形上的变化。为此,设激励信号为 $e(t)$,响应信号为 $r(t)$,则无失真传输的时域条件意味着

$$r(t) = Ke(t - t_0) \tag{5.4.1}$$

式中　　K—— 常数;

　　　　t_0—— 滞后时间。

当满足此条件时,响应 $r(t)$ 和激励 $e(t)$ 的波形相同,仅在时间上滞后 t_0,幅度上有系数 K 倍的变化,如图 5.4.2 所示。

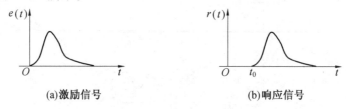

(a)激励信号　　　　　　　　　　　(b)响应信号

图 5.4.2　线性系统的无失真传输

继续讨论为满足式(5.4.1)的时域条件,实现无失真传输对系统函数 $H(\omega)$ 的要求。

设激励 $e(t)$ 与响应 $r(t)$ 的傅里叶变换分别为 $E(\omega)$ 和 $R(\omega)$,则由傅里叶变换的延时定理,根据式(5.4.1)有

$$R(\omega) = KE(\omega)e^{-j\omega t_0} \tag{5.4.2}$$

由于

$$R(\omega) = H(\omega)E(\omega)$$

所以实现无失真传输的频域条件为

$$H(\omega) = \left| H(\omega) \right| e^{j\varphi(\omega)} = Ke^{-j\omega t_0} \tag{5.4.3a}$$

式(5.4.3a)表明,欲使信号在通过线性系统时不产生失真,要求系统的幅频特性 $|H(\omega)|$ 是一个常数,相位特性 $\varphi(\omega)$ 是一个通过原点的直线,这就是无失真传输的频域条件,如图 5.4.3 所示。该条件还可以从物理概念上得到直观的解释。由于系统函数的幅度 $|H(\omega)|$ 为常数 K,响应中各频率分量幅度的相对大小将与激励信号相一致,因而没有幅度失真。而要保证没有相位失真,必须使响应中各频率分量与激励中各对应分量滞后同样的时间,这一要求反映到相位特性上即是一条通过原点的直线。

另外,式(5.4.3a)说明了为满足无失真传输对系统函数 $H(\omega)$ 的要求,这是对频域方面的要求。如果用时域特性表示,即对式(5.4.3a)作傅里叶反变换,可得系统的冲激响应

$$h(t) = K\delta(t - t_0) \tag{5.4.3b}$$

此结果表明,当信号通过线性系统时,为了不产生失真,冲激响应也应该是冲激函数,而只是时间延时了 t_0。

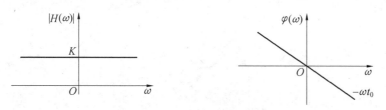

图 5.4.3 无失真传输系统的幅度和相位特性

举例说明:设激励信号 $e(t)$ 波形如图 5.4.4(a)所示,它由基波与二次谐波两个频率分量组成,表达式为

$$e(t) = E_1\sin(\omega_1 t) + E_2\sin(2\omega_1 t) \tag{5.4.4}$$

响应 $r(t)$ 的表达式为

$$r(t) = KE_1\sin(\omega_1 t - \varphi_1) + KE_2\sin(2\omega_1 t - \varphi_2) =$$
$$KE_1\sin\left[\omega_1\left(t - \frac{\varphi_1}{\omega_1}\right)\right] + KE_2\sin\left[2\omega_1\left(t - \frac{\varphi_2}{2\omega_1}\right)\right] \tag{5.4.5}$$

为了使基波与二次谐波得到相同的延迟时间,以保证不产生相位失真,应有

$$\frac{\varphi_1}{\omega_1} = \frac{\varphi_2}{2\omega_1} = t_0 = 常数 \tag{5.4.6}$$

因此,各谐波分量的相移必须满足以下关系:

$$\frac{\varphi_1}{\varphi_2} = \frac{\omega_1}{2\omega_1} \tag{5.4.7}$$

这个关系很容易推广到其他高次谐波频率,于是可以得出结论:为使信号传输时不产生相位失真,信号通过线性系统时谐波的相移必须与其频率成正比,也即系统的相位特性应该是一条通过原点的直线,写为

$$\varphi(\omega) = -\omega t_0 \tag{5.4.8}$$

这正是式(5.4.3)和图 5.4.3 得到的结果,显然信号通过系统的延迟时间 t_0,即为相位特性的斜率,即

$$\frac{\mathrm{d}\varphi(\omega)}{\mathrm{d}\omega} = -t_0 \tag{5.4.9}$$

如果式(5.4.9)中 $t_0 = 0$,也就是说相频特性是一条斜率为零的直线,即横坐标轴,此时,该系统对任何频率的信号都不产生相移,信号的延迟时间为零,这种系统称为**即时系统**,纯电阻元件构成的系统就属此类。对于包含有电抗元件的系统,如果适当选择元件参数和连接方式,也可使系统不产生相移,对任何频率信号的延迟时间均为零。

图 5.4.4(b)给出了无失真传输的 $r(t)$ 波形,图 5.4.4(c)则给出了有相位失真的情况,可以看出,$r_1(t)$ 与 $e(t)$ 相比波形产生了变化。

总之,无失真条件表明,系统函数的幅频特性应当在无限大的频宽中保持常数,显然这种要求在实际中是不可能实现的。但是由于在实际信号中,能量总是随着频率增大而减小,因此实际系统只要具有足够大的带宽,以保证包含绝大多数能量的频率分量能够通过,就可以获得较满意的无失真传输。对于系统函数的相频特性的要求也可以做类似的处理。只要求在一定的频率范围内,相移特性为一直线就行了。

另一方面,在实际应用中,与无失真传输这一要求相反的另一种情况是有意识地利用系统引起失真来形成某种特定波形,这时,系统函数 $H(\omega)$ 则应根据所需具体要求来设计。

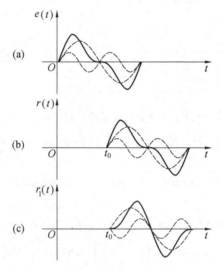

图 5.4.4　无失真传输与有相位失真传输波形比较

5.5　连续时间信号的恢复

在前面的抽样定理和理想低通滤波器讨论时，我们曾经说明由抽样信号恢复原连续信号的原理：若频带受限信号 $f(t)$ 的频谱为 $F(\omega)$，经冲激序列 $\delta_{T_1}(t)$ 抽样后的抽样信号 $f_s(t)$ 的频谱为 $F_s(\omega)$，在满足抽样定理条件 $f_s \geqslant 2f_m$ 下，$F_s(\omega)$ 是 $F(\omega)$ 以 ω_s 为周期重复，而且不会产生混叠。

而为了恢复原连续信号 $f(t)$，我们可以利用理想低通滤波器 $H(\omega)$ 取出 $F_s(\omega)$ 在 $\omega = 0$ 两侧的一个周期内频率分量，即取出 $F(\omega)$ 进行反变换，就可以无失真地恢复 $f(t)$。

5.5.1　任意信号经过理想低通滤波器的响应

为了研究如何通过理想低通滤波器从抽样信号中恢复原连续信号，我们先介绍任意信号经过理想低通滤波器的响应。

对于给定的理想低通滤波器 $H(\omega)$，如果其输入信号为 $e(t)$，则其输出响应 $r(t)$ 可以利用

$$R(\omega) = H(\omega)E(\omega) \tag{5.5.1}$$

来计算。若设

$$e(t) = \mathrm{Sa}(t) \quad (-\infty < t < +\infty) \tag{5.5.2}$$

则由傅里叶变换的对偶性，可得输入信号的频谱为矩形脉冲

$$E(\omega) = \pi g_2(\omega) \tag{5.5.3a}$$

即宽度为 2、幅度为 π 的矩形脉冲。由于 $\omega > 1$ 时

$$|E(\omega)| = 0$$

所以输入信号 $e(t)$ 的带宽 $B = 1$。此时，输入信号的频谱 $E(\omega)$ 可以表示为

$$E(\omega) = \pi G_{2B}(\omega) \tag{5.5.3b}$$

又已知理想低通滤波的系统函数为

$$H(\omega) = \begin{cases} e^{-j\omega t_0} & (|\omega| < \omega_c) \\ 0 & (|\omega| > \omega_c) \end{cases} \tag{5.5.4a}$$

可以表示为

$$H(\omega) = G_{2\omega_c}(\omega) e^{-j\omega t_0} \tag{5.5.4b}$$

则由式(5.5.1)、式(5.5.3)和式(5.5.4),可得

$$R(\omega) = G_{2\omega_c}(\omega) e^{-j\omega t_0} \cdot \pi G_2(\omega) = G_{2\omega_c}(\omega) e^{-j\omega t_0} \cdot \pi G_{2B}(\omega) \tag{5.5.5}$$

如果 $2\omega_c > 2B = 2$,或 $\omega_c > B = 1$,则

$$G_{2\omega_c}(\omega) \cdot G_{2B}(\omega) = G_{2B}(\omega) \tag{5.5.6}$$

于是得输出响应信号的频谱为

$$R(\omega) = \pi G_{2B}(\omega) e^{-j\omega t_0} = \pi G_2(\omega) e^{-j\omega t_0} \tag{5.5.7}$$

由傅里叶变换的时移特性得

$$r(t) = \text{Sa}(t - t_0) = e(t - t_0) \quad (-\infty < t < +\infty) \tag{5.5.8}$$

式(5.5.8)表明,如果理想低通滤波器的宽度 ω_c 足够大,使它大于输入信号的带宽 B,即 $\omega_c > B$,此时输入信号的所有频率成分都将可以通过滤波器,即 $R(\omega) = E(\omega) e^{-j\omega t_0}$,其输出响应只是输入信号的简单时移 $r(t) = e(t - t_0)$,而时移的多少取决于滤波器的相位特性(线性相位的斜率)。

如果 $2\omega_c \leqslant 2B = 2$,或 $\omega_c \leqslant B = 1$,则

$$G_{2\omega_c}(\omega) \cdot G_{2B}(\omega) = G_{2\omega_c}(\omega) \tag{5.5.9}$$

于是输出响应信号频谱为

$$R(\omega) = \pi G_{2\omega_c}(\omega) e^{-j\omega t_0} = \pi H(\omega) \tag{5.5.10}$$

因此得

$$r(t) = \pi h(t) = \omega_c \text{Sa}[\omega_c(t - t_0)] \quad (-\infty < t < +\infty) \tag{5.5.11}$$

在这种情况下,理想低通滤波器的宽度 ω_c 不够大,使输入信号的频率成分没能全部通过滤波器,而是滤除了部分高频成分,从而产生了相对输入信号的失真。

尽管以上讨论的结论是以一个特定的输入信号进行介绍的,但它的基本原理对所有带宽受限的信号都是适用的,而且其结论具有普遍意义。

【例 5.5.1】 已知具有零相移的理想低通滤波器为 $H(\omega) = \begin{cases} 1 & (|\omega| < \dfrac{\omega_c}{2}) \\ 0 & (|\omega| > \dfrac{\omega_c}{2}) \end{cases}$,滤波器

的输入信号 $e(t) = \dfrac{\sin\left(\dfrac{\omega_c t}{2}\right)}{\pi t}$。试分别求 $H_1(\omega) = H\left(\dfrac{\omega}{2}\right)$、$H_2(\omega) = H(\omega)$ 和 $H_3(\omega) = H(2\omega)$ 的冲激响应 $h_1(t)$、$h_2(t)$ 和 $h_3(t)$,以及 $e(t)$ 经过 $H_1(\omega)$、$H_2(\omega)$ 和 $H_3(\omega)$ 的输出信号 $r_1(t)$、$r_2(t)$ 和 $r_3(t)$。

解　由于 $H(\omega)$ 与 $h(t)$ 是一对傅里叶变换对,可得

$$h(t) = \frac{1}{2\pi} \int_{-\infty}^{+\infty} H(\omega) \mathrm{e}^{\mathrm{j}\omega t} \mathrm{d}\omega = \frac{1}{2\pi} \int_{-\omega_c/2}^{+\omega_c/2} \mathrm{e}^{\mathrm{j}\omega t} \mathrm{d}\omega = \frac{\omega_c}{2\pi} \mathrm{Sa}\left(\frac{\omega_c t}{2}\right)$$

利用傅里叶变换的尺度特性，由

$$H_1(\omega) = H\left(\frac{\omega}{2}\right)$$

$$H_2(\omega) = H(\omega)$$

$$H_3(\omega) = H(2\omega)$$

可求得

$$h_1(t) = 2h(2t) = \frac{\omega_c}{\pi} \mathrm{Sa}(\omega_c t)$$

$$h_2(t) = h(t) = \frac{\omega_c}{2\pi} \mathrm{Sa}\left(\frac{\omega_c t}{2}\right)$$

$$h_3(t) = \frac{1}{2} h\left(\frac{t}{2}\right) = \frac{\omega_c}{4\pi} \mathrm{Sa}\left(\frac{\omega_c t}{4}\right)$$

又由于

$$R(\omega) = H(\omega) E(\omega)$$

而根据傅里叶变换的对偶性：若 $f(t) \leftrightarrow F(\omega)$，则 $F(t) \leftrightarrow 2\pi f(-\omega)$，得

$$E(\omega) = \mathscr{F}[e(t)] = \mathscr{F}\left[\frac{\sin\left(\frac{\omega_c t}{2}\right)}{\pi t}\right] = \mathscr{F}\left[\frac{\omega_c}{2\pi} \frac{\sin\left(\frac{\omega_c t}{2}\right)}{\frac{\omega_c t}{2}}\right] = \mathscr{F}\left[\frac{\omega_c}{2\pi} \mathrm{Sa}\left(\frac{\omega_c t}{2}\right)\right] =$$

$$\begin{cases} 1 & \left(|\omega| \leqslant \dfrac{\omega_c}{2}\right) \\[2mm] 0 & \left(|\omega| > \dfrac{\omega_c}{2}\right) \end{cases}$$

由 $H_1(\omega)$、$H_2(\omega)$、$H_3(\omega)$ 和 $E(\omega)$ 相乘，可得

$$R_1(\omega) = H_1(\omega) E(\omega) = E(\omega)$$

$$R_2(\omega) = H_2(\omega) E(\omega) = H_2(\omega) = H(\omega)$$

$$R_3(\omega) = H_3(\omega) E(\omega) = H_3(\omega)$$

因此

$$r_1(t) = e(t) = \frac{\sin\left(\frac{\omega_c t}{2}\right)}{\pi t}$$

$$r_2(t) = h(t) = \frac{\omega_c}{2\pi} \mathrm{Sa}\left(\frac{\omega_c t}{2}\right)$$

$$r_3(t) = h_3(t) = \frac{\omega_c}{4\pi} \mathrm{Sa}\left(\frac{\omega_c t}{4}\right)$$

【例 5.5.2】 已知周期信号 $e(t)$ 如图 5.5.1(a) 所示，如果该信号经过理想低通滤波器

$$H(\omega) = \begin{cases} 1 & (|\omega| \leqslant \pi) \\ 0 & (|\omega| > \pi) \end{cases}$$

如图 5.5.1(b) 所示,求滤波后系统的响应 $r(t)$。

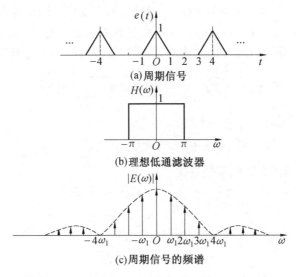

(a) 周期信号

(b) 理想低通滤波器

(c) 周期信号的频谱

图 5.5.1   例 5.5.2 图

解   根据

$$R(\omega) = H(\omega)E(\omega)$$

需要先求周期信号 $e(t)$ 的频谱,即求其傅里叶变换。由第 3 章的介绍可得

$$E(\omega) = 2\pi \sum_{n=-\infty}^{+\infty} c_n \delta(\omega - n\omega_1)$$

其中

$$\omega_1 = \frac{2\pi}{T} = \frac{2\pi}{4} = \frac{\pi}{2}$$

$$c_n = \frac{1}{4}\mathrm{Sa}^2\left(\frac{\pi n}{4}\right) \quad (c_n \text{ 为信号 } e(t) \text{ 的傅里叶级数的系数})$$

则 $e(t)$ 的频谱为

$$E(\omega) = 2\pi \sum_{n=-\infty}^{+\infty} \frac{1}{4}\mathrm{Sa}^2\left(\frac{\pi n}{4}\right)\delta\left(\omega - n\frac{\pi}{2}\right) = \frac{\pi}{2}\sum_{n=-\infty}^{+\infty}\mathrm{Sa}^2\left(\frac{\pi n}{4}\right)\delta\left(\omega - \frac{\pi n}{2}\right)$$

如图 5.5.1(c) 所示。

根据 $E(\omega)$ 和 $H(\omega)$ 的图形,注意 $\omega_1 = \frac{2\pi}{T} = \frac{2\pi}{4} = \frac{\pi}{2}$,可得它们的乘积为

$$R(\omega) = \frac{2}{\pi}\delta(\omega + \pi) + \frac{4}{\pi}\delta\left(\omega + \frac{\pi}{2}\right) + \frac{\pi}{2}\delta(\omega) + \frac{4}{\pi}\delta\left(\omega - \frac{\pi}{2}\right) + \frac{2}{\pi}\delta(\omega - \pi)$$

因此

$$r(t) = \frac{1}{4} + \frac{4}{\pi^2}\cos\left(\frac{\pi}{2}t\right) + \frac{2}{\pi^2}\cos(\pi t)$$

5.5.2   由抽样信号恢复连续信号

上述从频域分析的角度求理想低通滤波器响应的分析方法可以引入到从抽样信号恢复原连续信号。我们知道,抽样信号的频谱 $F_s(\omega)$ 是原连续信号的频谱 $F(\omega)$ 以抽样频率 ω_s

为周期重复。如果信号 $f(t)$ 的频谱 $F(\omega)$ 的带宽 $B = \omega_m$(ω_m 为输入信号的最高频率),则当 $\omega_s \geqslant 2\omega_m$ 时,$F_s(\omega)$ 将无重叠地重复 $F(\omega)$。此时,如果设计的理想低通滤波器的截止频率 ω_c 能够满足 $\omega_s - B > \omega_c > B = \omega_m$,则 $F_s(\omega)$ 中的频率成分只有 $F(\omega)$ 通过滤波器,因此滤波器的输出等于 $f(t)$,即可以无失真地从 $f_s(t)$ 中恢复 $f(t)$。整个过程如图 5.5.2 所示。

图 5.5.2　抽样信号的恢复

如果设理想低通滤波器的频率特性为

$$H(\omega) = \begin{cases} T_s & (-\omega_c < \omega < \omega_c) \\ 0 & (|\omega| > \omega_c) \end{cases} \tag{5.5.12}$$

为以下分析方便,取相位特性为零,这时

$$F(\omega) = F_s(\omega)H(\omega) \tag{5.5.13}$$

图 5.5.3(a) 给出从频域恢复 $F(\omega)$,进而可以计算 $f(t)$ 的解释说明。

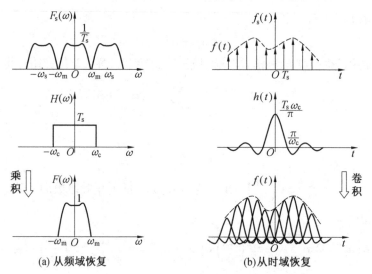

(a) 从频域恢复　　　　　　(b) 从时域恢复

图 5.5.3　由抽样信号恢复连续信号的频域和时域解释

再从时域的角度解释这一过程。利用时域卷积定理可求输出信号,即原连续信号

$$f(t) = f_s(t) * h(t) \tag{5.5.14}$$

由式(5.5.12)可得滤波器的冲激响应为

$$h(t) = \mathscr{F}^{-1}[H(\omega)] = \frac{T_s\omega_c}{\pi}\mathrm{Sa}(\omega_c t) \tag{5.5.15}$$

而冲激序列抽样信号为

$$f_s(t) = \sum_{n=-\infty}^{+\infty} f(nT_s)\delta(t - nT_s) \tag{5.5.16}$$

式中　T_s——冲激抽样序列的周期。

此时

$$f(t) = f_s(t) * h(t) = \left[\sum_{n=-\infty}^{+\infty} f(nT_s)\delta(t - nT_s) \right] * \left[\frac{T_s\omega_c}{\pi}\mathrm{Sa}(\omega_c t) \right] =$$

$$\frac{T_s\omega_c}{\pi} \sum_{n=-\infty}^{+\infty} f(nT_s)\mathrm{Sa}[\omega_c(t - nT_s)] \tag{5.5.17}$$

式(5.5.17) 称为信号 $f(t)$ 的内插公式。图5.5.3(b) 给出了从时域恢复 $f(t)$ 的解释说明。结果表明,连续信号 $f(t)$ 可以展开为以 $\mathrm{Sa}(t)$ 为基函数的无穷级数,而级数的系数等于抽样值 $f(nT_s)$。也可以说在抽样信号 $f_s(t)$ 的每个抽样值上是一个峰值为 $f(nT_s)$ 的 $\mathrm{Sa}(t)$ 函数,这些函数合成的信号就是 $f(t)$。按照线性系统的叠加原理,当 $f_s(t)$ 通过理想低通滤波器时,抽样序列的每个冲激信号产生一个响应,而这些响应的叠加就可得出 $f(t)$,从而达到由 $f_s(t)$ 恢复 $f(t)$ 的目的。

【例5.5.3】 某系统如图5.5.4(a) 所示,输入信号 $e(t)$ 为 $e_1(t)$ 和 $e_2(t)$ 的乘积,$e_1(t)$ 和 $e_2(t)$ 的频谱 $E_1(\omega)$ 和 $E_2(\omega)$ 如图5.5.4(b) 所示;$p(t)$ 为周期冲激抽样序列,其抽样时间间隔为 T_s;低通滤波器 $H(\omega)$ 在通带内具有零相移。若要由 $r(t)$ 唯一地恢复出 $e(t)$,试确定最大抽样时间间隔 $T_{\max}$ 和 $H(\omega)$ 的截止频率 ω_c。

解 由图5.5.4(a) 可见

$$e(t) = e_1(t) \cdot e_2(t)$$

根据频域卷积定理,有

$$E(\omega) = \frac{1}{2\pi}E_1(\omega) * E_2(\omega)$$

由图5.5.4(b) 可以得出卷积 $E(\omega)$ 的频率范围为

$$-(\omega_1 + \omega_2) < \omega < +(\omega_1 + \omega_2)$$

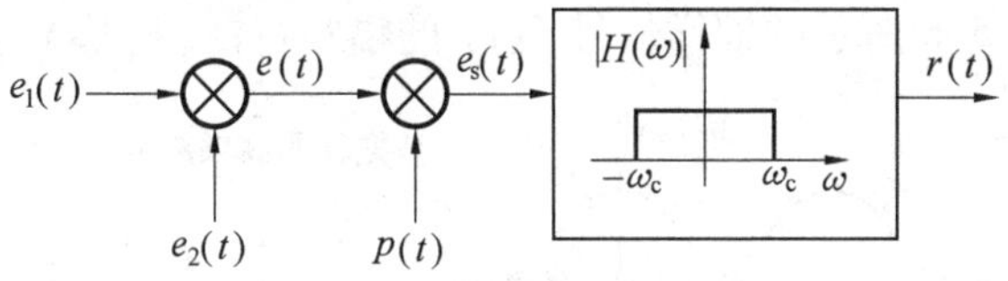

(a)系统框图

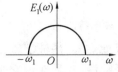
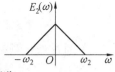

(b) $E_1(\omega)$ 和 $E_2(\omega)$ 频谱

图 5.5.4　例 5.5.3 图

若要由 $r(t)$ 唯一地恢复出 $e(t)$,首要条件是抽样信号 $e_s(t)$ 的频谱不能混叠。根据抽样定理,此时,抽样频率 f_s 必须大于等于信号最高频率 f_m 的 2 倍,即

$$f_s \geqslant 2f_m 或 \omega_s \geqslant 2\omega_m$$

因为

$$T_s = \frac{1}{f_s} = \frac{2\pi}{\omega_s}$$

所以,当 $\omega_s \geqslant 2\omega_m$ 取等号时,可求得

$$T_{\max} = \frac{2\pi}{2\omega_{\mathrm{m}}} = \frac{\pi}{\omega_{\mathrm{m}}} = \frac{\pi}{\omega_1 + \omega_2}$$

此时,对 $H(\omega)$ 的截止频率 ω_c 要求是

$$(\omega_1 + \omega_2) < \omega_c < \omega_s - (\omega_1 + \omega_2)$$

5.5.3 信号恢复中的混叠效应

以上所有的讨论都是基于输入信号 $f(t)$ 是带宽受限的。由第3章提及的测不准原理可知,一个带宽受限的信号不可能为时限的,即信号在频域如果有限,那么它在时域一定是无限的。而在实际应用中,所有的信号不可能是无限的,它们必为有限,所以实际的信号不可能是带限的。因此,如果对一个时限信号 $f(t)$ 用时间间隔 T_s 抽样,不管 T_s 取多么小,也就是抽样频率 f_s 多么高,抽样信号的频谱

$$F_s(\omega) = \sum_{n=-\infty}^{+\infty} c_n F(\omega - n\omega_s)$$

的频移项 $F(\omega - n\omega_s)$ 都将产生频率重叠。由于有频率成分发生重叠,由此产生的结果使我们不可能从抽样信号 $f_s(t) = f(t)p(t)$ 中用低通滤波器无失真地恢复信号 $f(t)$。

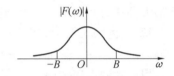

尽管时限信号不是带限的,由第3章信号频谱的收敛性可知,当 ω 取一定大的值时,时限信号 $f(t)$ 的幅频特性 $|F(\omega)|$ 必将趋于零(高频信息越来越少)。于是,对于一个

图5.5.5 时限信号的幅频特性

有限值 B,在 $-B \leqslant \omega \leqslant B$ 范围内的信息,完全可以近似表达 $F(\omega)$ 的全部信息。例如,图5.5.5的信号 $f(t)$ 的幅频特性 $|F(\omega)|$,如果选择的 B 足够大,并且设 $f(t)$ 的抽样频率 $\omega_s = 2B$,则可获得如图5.5.6所示的抽样信号 $f_s(t)$ 的幅频特性 $|F_s(\omega)|$。

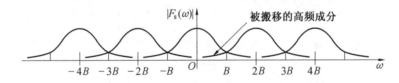

图5.5.6 抽样信号的幅频特性

如果抽样信号 $f_s(t)$ 通过截止频率为 ω_c 的低通滤波器,滤波器输出信号频谱中将包含 $f(t)$ 的高频成分,其高频成分在频谱搬移后落入低频段,这种频谱交叠的现象称为频谱混叠。

混叠干扰会引起原始信号的失真。这种现象可以通过在 $f(t)$ 抽样之前对它进行低通滤波来减小:如果信号 $f(t)$ 通过低通滤波器,且滤波器的截止频率 $\omega_c = B$,则所有频率值大于 B 的频率都被滤除,此时如果抽样频率 $\omega_s \geqslant 2B$,则抽样信号 $f_s(t)$ 的频谱 $F_s(\omega)$ 中将不会产生频谱混叠。

实际上,混叠干扰不可能完全被消除掉,因为能够滤除掉信号 $f(t)$ 所有高于特定频率 B 的理想低通滤波器是不可实现的,因此设计的低通滤波器只要能够有效保留信号 $f(t)$ 所要求的信息即可。

5.6　本章小结

本章主要是在连续信号与系统分析的基础上,介绍如何把连续信号离散化和如何从离散化的信号恢复原连续信号,从而为过渡到离散信号与系统的分析奠定基础。可以说,该章是**连接连续信号与系统分析和离散信号与系统分析的桥梁。**

首先介绍了抽样信号及其频谱,得出了**信号的时域与频域呈抽样(离散)与周期(重复)对应关系**的结论,具体来说就是抽样信号的频谱是原信号的频谱以抽样频率 ω_s 为周期重复,该结论对以后的离散傅里叶变换的定义十分重要。在此基础上引入了抽样定理,即信号的抽样频率必须大于等于信号最高频率的 2 倍才能保证抽样信号的频谱不发生混叠。其次,为了对抽样信号进行恢复,介绍了理想滤波器的概念,而在实际应用中,滤波器可以看作一个系统,进而给出了信号经过系统时的无失真传输条件。最后,分别从时域和频域的角度,介绍了如何从抽样信号恢复原连续信号的方法。

本章有三点需要注意。第一,本章的所有讨论都是基于原始信号是带宽受限的,在实际应用中,信号一般并非是带宽受限的,也就是说并不能有一个确切的最高频率 f_m,这是由于如果信号带宽受限,则意味着信号对应的时域波形应该是无限的,而这样的信号在实际中是不存在的。第二,理想滤波器是一个物理上不可实现的系统,它只是便于理论分析,实际中所设计的滤波器往往都是非理想的。而信号经过系统的无失真传输条件包括幅度和相位两个方面,其中任何一个参数的失真都将会引起信号波形的失真。第三,为了应用滤波器使抽样信号得以恢复,实际在抽样之前往往需要经过一个低通滤波器,使信号近似为有限带宽,而抽样信号恢复的滤波器也并非是理想滤波器。

本章的结构如图 5.6.1 所示。

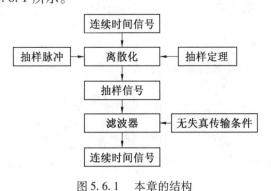

图 5.6.1　本章的结构

习　　题

5.1　已知三角形脉冲如图 5.1 所示,大致画出该信号被冲激抽样后的频谱图,设抽样间隔为 T_s。

5.2　确定下列信号的最低抽样率与奈奎斯特间隔。

1. $\mathrm{Sa}(100t)$
2. $\mathrm{Sa}(100t) + \mathrm{Sa}(50t)$
3. $\mathrm{Sa}^2(100t)$
4. $\mathrm{Sa}(100t) + \mathrm{Sa}^2(60t)$

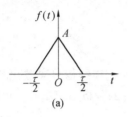

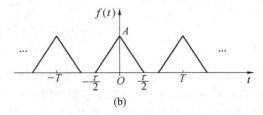

图 5.1　题 5.1 图

5.3　对一个连续信号 $f(t)$ 采样 2 s，得到 4 096 个采样点的序列。如果采样后不发生频谱混叠，则信号 $f(t)$ 的最高频率最大应为多少？

5.4　若连续信号 $f(t)$ 的频谱 $F(\omega)$ 如图 5.2 所示。

1. 利用卷积定理说明当 $\omega_2 = 2\omega_1$ 时，最低抽样率只要等于 ω_2 就可以使抽样信号不产生频谱混叠；

2. 证明带通抽样定理，该定理要求最低抽样率 ω_s 满足关系 $\omega_s = \dfrac{2\omega_2}{m}$，其中 m 为不超过

$\dfrac{\omega_2}{\omega_2 - \omega_1}$ 的最大整数。

5.5　由电阻 R_1 和 R_2 组成的衰减器用以得到适当的电压 $v(t)$，如图 5.3 所示。为了得到无失真传输，R、C 应满足何种关系？

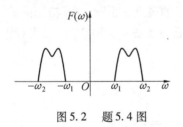

图 5.2　题 5.4 图

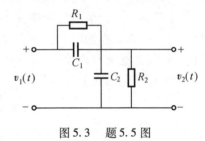

图 5.3　题 5.5 图

5.6　已知理想低通滤波器的系统函数为

$$H(\omega) = \begin{cases} 1 & \left(|\omega| \leqslant \dfrac{2\pi}{\tau} \right) \\ 0 & \left(|\omega| > \dfrac{2\pi}{\tau} \right) \end{cases}$$

激励信号的傅里叶变换为

$$E(\omega) = \tau \mathrm{Sa}\left(\dfrac{\omega\tau}{2} \right)$$

利用时域卷积定理求系统响应 $r(t)$。

5.7　一个理想低通滤波器的系统函数 $H(\omega) = |H(\omega)| \mathrm{e}^{j\varphi(\omega)}$，如图 5.4 所示。证明此滤波器对于 $\dfrac{\pi}{\omega_c}\delta(t)$ 和 $\dfrac{\sin(\omega_c t)}{\omega_c t}$ 的响应相同。

5.8　以抽样率 $f_s = 700$ Hz 对信号 $e(t) = 2\cos(200\pi t)(1 + \cos(600\pi t))$ 进行冲激抽样，然后通过系统 $H(\omega)$，如图 5.5 所示。试求输出响应 $r(t)$ 的表达式。若要在输出端重建 $e(t)$，试求允许信号唯一重建的最小抽样率。

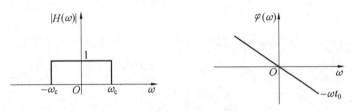

图 5.4   题 5.7 图

5.9   如图 5.6 所示的系统中,$H(\omega)$ 为理想低通特性

$$H(\omega) = \begin{cases} e^{-j\omega t_0} & (\ |\omega| \leqslant 1) \\ 0 & (\ |\omega| > 1) \end{cases}$$

1. 若激励信号 $e(t) = u(t)$,写出响应 $r(t)$ 表达式;

2. 若激励信号 $e(t) = \dfrac{2\sin\left(\dfrac{t}{2}\right)}{t}$,写出响应 $r(t)$ 表达式。

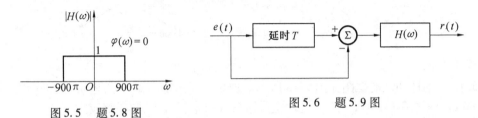

图 5.5   题 5.8 图   图 5.6   题 5.9 图

5.10   一个理想带通滤波器的频率特性如图 5.7 所示,求其冲激响应,并画出波形,说明此滤波器是否是物理可实现的?

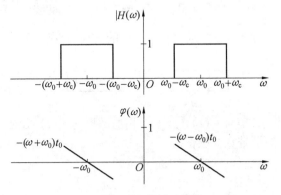

图 5.7   题 5.10 图

5.11   如图 5.8(a) 所示系统中,当信号 $e(t)$ 和 $s(t)$ 输入乘法器后,再经过带通滤波器,输出信号为 $r(t)$,带通滤波器系统函数如图 5.8(b) 所示,$\varphi(\omega) = 0$,若

$$e(t) = \frac{\sin(2t)}{2\pi t} \quad (-\infty < t < +\infty)$$

$$s(t) = \cos(1\,000t) \quad (-\infty < t < +\infty)$$

试求输出响应 $r(t)$ 。

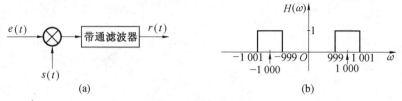

图 5.8　题 5.11 图

5.12　某线性时不变连续系统如图 5.9(a) 所示,其中 $e(t) = 2\ 000\mathrm{Sa}(2\ 000\pi t)$,

$\delta_{T_\mathrm{s}}(t) = \sum_{n=-\infty}^{+\infty} \delta(t - nT_\mathrm{s})$,$H_1(\omega)$ 如图 5.9(b) 所示。

1. 试求 $E(\omega)$、$E_1(\omega)$ 和 $E_\mathrm{s}(\omega)$;

2. 欲使 $e_\mathrm{s}(t)$ 中包含信号 $e_1(t)$ 中的全部信息,求 $\delta_{T_\mathrm{s}}(t)$ 的最大抽样间隔 T_{smax};

3. 当 $\omega_\mathrm{s} = 2\omega_{\max}$ 时,欲使输出信号 $r(t) = e_1(t)$,求理想低通滤波器 $H_2(\omega)$ 的截止频率 ω_c 和通频带中的幅值 H_0。

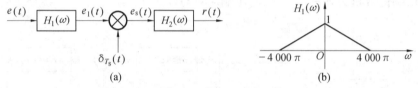

图 5.9　题 5.12 图

5.13　抽样和恢复框图如图 5.10 所示。理想恢复系统的输出响应为 $r(t)$,在输入抽样信号 $e_\mathrm{s}(t) = e(t)\delta_T(t)$ 时,可以通过理想低通滤波器来获得,其频率响应为

$$H(\omega) = \begin{cases} T & (\ |\omega| \leqslant 0.5\omega_\mathrm{s}) \\ 0 & (\ |\omega| > 0.5\omega_\mathrm{s}) \end{cases}$$

1. 当 $e(t) = 1 + \cos(15\pi t)$,且 $T = 0.1\ \mathrm{s}$ 时,画出 $|E_\mathrm{s}(\omega)|$ 的波形,并确定 $r(t)$ 的表达式;

2. 设 $E(\omega) = \dfrac{1}{\mathrm{j}\omega + 1}$,且 $T = 1\ \mathrm{s}$,画出 $|E_\mathrm{s}(\omega)|$ 的波形,判断是否发生混叠。

图 5.10　题 5.13 图

5.14　如图 5.11 所示,信号 $e_1(t)$ 与 $e_2(t)$ 相加后再与 $e_3(t)$ 相乘,得信号 $e(t)$,已知信号 $e_1(t)$、$e_2(t)$ 及 $e_3(t)$ 都是带宽受限信号

$$\begin{cases} E_1(\omega) = 0 & (\ |\omega| \geqslant \omega_1) \\ E_2(\omega) = 0 & (\ |\omega| \geqslant \omega_2, \omega_2 = 1.5\omega_1) \\ E_3(\omega) = 0 & (\ |\omega| \geqslant \omega_3) \end{cases}$$

如果使信号 $e(t)$ 无失真通过理想低通滤波器 $H(\omega)$,试确定其截止频率 ω_c 应满足的条件。

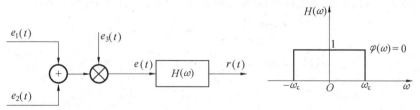

图 5.11　题 5.14 图

第6章

离散信号与系统的时域分析

第 2～4 章介绍了连续信号与系统的分析,包括时域分析与变换域分析,特别是第 5 章重点介绍了连续信号的离散化过程。从本章开始到第 8 章,我们转而介绍离散信号与系统的分析,也包括时域分析与变换域分析。

所谓离散信号与系统分析,就是给定一个离散系统,这个系统可能是一个差分方程,或模拟框图,或 $h(n)$、$H(z)$、$H(e^{j\omega})$,在给定离散时间序列作为输入激励信号的情况下,系统的输出响应和系统特性如何。近年来随着计算机科学的发展和普遍,以及数字电路元器件性能的提高和成本的降低,离散时间系统的优越性越来越显露出来。特别是在近代电子技术中对系统的要求越来越苛刻,有时传统的模拟电路(连续系统)已远不能满足要求,只有利用性能优越的数字技术才能得以解决。从离散的角度,第 5 章介绍的内容仅仅是给出离散时间信号的方式之一,而作为离散时间信号源不一定与连续信号有某种依从关系,例如计算机系统的输出信号以及直接给出的离散序列,它们与连续信号没有直接关联。因此不能把离散信号简单地理解为只是由连续信号抽样获得。离散时间系统的理论研究和应用日渐重要并迅速发展,其独特的理论体系正在逐步形成,日趋完善。

本章主要介绍离散信号与系统的时域分析,第 7 章和第 8 章分别是 Z 变换和离散傅里叶变换的变换域分析。本章共分 6 节,6.1 节主要是离散信号与系统的概述,目的是对连续时间信号与系统分析和离散信号与系统分析进行宏观比较,进而建立连续和离散是两个同等重要的理念。6.2 节是离散信号的分析或分解,与连续信号分解的目的完全相同,主要是为了简化进一步的离散系统分析。6.3 节介绍离散系统响应的递归迭代解法,这是它与连续系统求解的不同之处,完全是由离散系统表示方法所决定的,目的是为了直观地了解离散系统响应的求解过程。6.4 节和 6.5 节是离散系统的经典解法和近代解法,完全对应连续系统的相应概念。将会看到,离散信号与系统分析和连续信号与系统分析方法有许多共同之处,所以我们在介绍时也尽量比较进行。

6.1　离散 vs 连续信号与系统

我们在第 1 章曾经定义了离散信号,即只在离散时间上具有函数值的信号。如果系统的输入信号和输出信号都是离散的时间信号,那么该系统就是离散时间系统,数字计算机是一个最典型的离散时间系统的例子。在实际应用中,离散时间系统也经常与连续时间系统联合使用。同时具有这两者的系统称为混合系统,如实用中的自动控制系统和数字通信系统均属混合系统。

离散时间系统表述了离散信号或序列之间的关系。如果设离散激励信号序列为 $x(n)$,离散响应信号序列为 $y(n)$,则离散时间系统如图6.1.1所示。

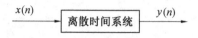

图6.1.1　离散时间系统

值得注意的是,在第1章1.6节介绍的线性非时变系统的定义同样适用于离散时间系统。此时线性特性包含齐次性(均匀性)和叠加性两个方面,概括起来即为:如果 $x_1(n)$、$y_1(n)$ 和 $x_2(n)$、$y_2(n)$ 分别代表两对激励与响应,则当激励是 $a_1x_1(n)+a_2x_2(n)$(a_1、a_2 为常数)时,系统的响应为 $a_1y_1(n)+a_2y_2(n)$。对于非时变特性,如果激励为 $x(n)$,系统产生的响应为 $y(n)$,则当激励为 $x(n-m)$ 时,产生的响应为 $y(n-m)$,也就是若激励移位 m,响应同样移位 m,如图6.1.2所示。

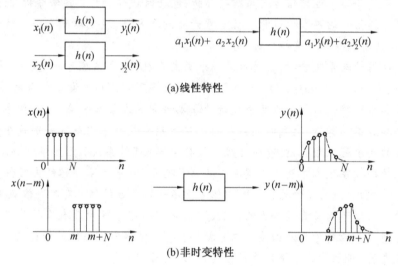

图6.1.2　线性非时变系统

离散时间系统的分析方法,在许多方面与连续时间系统的分析方法也有着很大的相似性。首先,要分析一个系统,必须建立系统的数学模型。我们知道,对于连续时间系统,在时域中是由微分方程来描述的,也就是说,连续时间系统的数学模型是微分方程。与之相对应,一个离散时间系统,在时域中是由差分方程来描述的,即离散时间系统的数学模型将是差分方程。差分方程与微分方程的求解方法在很大程度上是相似的。与连续时间系统分析中的卷积积分相对应,在离散时间系统分析中,求卷积和(简称卷积)的方法亦有其重要地位。在连续时间系统中,普遍采用了变换域方法,利用傅里叶变换或拉普拉斯变换,将求解与分析问题转换到频域或复频域处理,并运用了系统函数的概念。对离散时间系统,可以利用Z变换或离散傅里叶变换,将求解与分析的问题转换到 z 域或频域处理,亦运用系统函数的概念。

离散时间信号与系统的分析,归根到底也是求解建立的常系数线性差分方程的过程,概括起来有如下几种方法。

1. 递归迭代法

递归迭代法包括手算逐次代入求解或利用计算机求解。这种方法简单、概念清楚,但是不易得到系统响应的数值解,一般很难给出一个完整的解析表达式。

2. 时域经典法

与连续时间系统微分方程的时域经典解法相类似。离散系统的经典解法也是先分别求齐次解和特解,它们分别对应离散系统的自由响应的强迫响应,然后代入边界条件求待定系数,这种方法便于从物理概念上说明各响应分量之间的关系,但求解过程相对比较麻烦。

3. 时域近代解法

该方法主要是分别求零输入响应和零状态响应。具体来说就是,利用类似经典法中求齐次解的方法求零输入响应,利用卷积(和)的方法求零状态响应。与连续时间系统的情况类似,卷积法在离散时间系统分析中占有十分重要的地位。

4. 变换域解法

类似于连续时间信号与系统的傅里叶变换和拉普拉斯变换法,利用 Z 变换法求解差分方程是实用中简便而有效的方法。

在以上方法中,迭代法、经典时域法和时域近代解法都是时域分析方法,而零输入响应与零状态响应可以在时域求解,也可以在变换域求解。

值得注意的是,在以后的具体介绍中,我们将从连续时间系统的描述和分析方法引出相应的关于离散时间系统的描述和分析方法,这是为了理解上的方便。事实上,离散时间系统理论已形成独自的严密体系,能够自行建立概念和导出分析方法。另一方面,尽管连续信号与系统的分析和离散信号与系统的分析虽然是相互独立的,但又是非常相似的,因此在介绍中将采用相同的结构,以强调信号与系统分析方法的相似性。

6.2　离散时间信号的运算与分解

为了进行离散信号与系统的分析,首先介绍与连续信号对应的典型离散信号。

6.2.1　典型离散时间信号

1. 单位样值函数

对应连续单位冲激信号 $\delta(t)$,离散单位样值函数定义为

$$\delta(n) = \begin{cases} 1 & (n = 0) \\ 0 & (n \neq 0) \end{cases} \tag{6.2.1}$$

如果单位样值出现在 $n = n_0$ 处,则

$$\delta(n - n_0) = \begin{cases} 1 & (n = n_0) \\ 0 & (n \neq n_0) \end{cases} \tag{6.2.2}$$

单位样值的作用完全类似于连续时间信号中的单位冲激函数 $\delta(t)$,但它在数学上不像 $\delta(t)$ 函数那样复杂和难以理解。它的幅度是等于 1 的有限值,如图 6.2.1 所示。

2. 单位阶跃序列

离散单位阶跃序列是单位阶跃函数 $u(t)$ 的离散化表示,其定义为

$$u(n) = \begin{cases} 1 & (n \geq 0) \\ 0 & (n < 0) \end{cases} \tag{6.2.3}$$

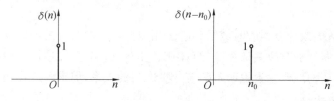

图 6.2.1　单位样值函数

离散单位阶跃序列是在 $n \geqslant 0$ 时样值为 1,其他都为 0 的序列。

值得注意的是,离散单位阶跃序列不同于连续时间信号中的单位阶跃函数 $u(t)$ 的重要一点是,$u(t)$ 在 $t = 0$ 点发生跳变,往往不予定义,而 $u(n)$ 在 $n = 0$ 点有明确定义为 1,如图 6.2.2 所示。

单位阶跃序列与单位样值函数之间的关系可以表示为

$$u(n) = \sum_{m=0}^{+\infty} \delta(n - m) \tag{6.2.4}$$

3. 离散矩形序列

离散矩形序列是类似于连续时间信号中的矩形脉冲信号的离散形式,其一般表达式为

$$G_N(n) = \begin{cases} 1 & (0 \leqslant n < N) \\ 0 & (n \text{ 为其他值}) \end{cases} \tag{6.2.5}$$

离散矩形序列共有 N 个幅度为 1 的函数值,其他为 0,如图 6.2.3 所示。

离散矩形序列可以用单位阶跃序列表示为

$$G_N(n) = u(n) - u(n - N) \tag{6.2.6}$$

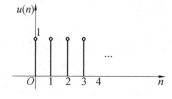

图 6.2.2　单位阶跃序列

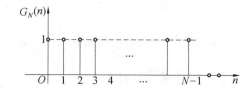

图 6.2.3　离散矩形序列

4. 离散正弦序列

离散正弦序列是针对离散信号而定义的正弦信号,其表达式为

$$f(n) = \sin(\omega_0 n) \tag{6.2.7}$$

式中　ω_0——正弦序列的数字角频率。

由于 n 的取值为整数,所以 ω_0 的最大值为 π,其取值范围为 $0 \sim \pi$。不同于连续时间的正弦信号,离散正弦序列不一定就是周期的,它的周期性完全取决于 ω_0 的取值。为此,可证明如下:

假设正弦序列的周期为 N,则根据周期函数的定义,可有

$$\sin(\omega_0 n) = \sin \omega_0(n + N)$$

将 $\omega_0 = 2\pi/a$ 代入,可得

$$\sin\left(\frac{2\pi}{a} n\right) = \sin\left[\frac{2\pi}{a}(n + N)\right] = \sin\left(\frac{2\pi}{a} n + \frac{2\pi}{a} N\right)$$

使此等式成立的条件应是

$$N \frac{2\pi}{a} = K \cdot 2\pi$$

其中 $K = 1,2,3,\cdots$。所以得

$$N = Ka \qquad (6.2.8)$$

即正弦序列的周期 N 应为满足式 $(6.2.8)$ 的最小整数。反过来说,如果正弦序列的周期 N 没有满足式 $(6.2.8)$ 的最小整数,那么它就不是周期序列。

关于离散正弦序列可以得出下列结论:

（1）若 $2\pi/\omega_0$ 为整数,则正弦序列是周期为 $2\pi/\omega_0 = a$ 的周期序列。

（2）若 $2\pi/\omega_0$ 不是整数而是有理数,即 $\omega_0 = 2\pi/a$,则此时正弦序列仍为周期序列,但其周期不是 a,而是 a 的某个整数倍。

（3）若 $2\pi/\omega_0 = a$ 为无理数,则式 $(6.2.8)$ 将恒不满足,此时正弦序列就不可能是周期序列。

在实际应用中,无论正弦序列是否呈周期性,我们都称 ω_0 为它的频率。

5. 离散指数序列

离散指数序列定义为

$$f(n) = a^n \qquad (n \geqslant 0) \qquad (6.2.9)$$

式中　　a—— 常数。

当 $|a| > 1$ 时,序列是发散的;当 $|a| < 1$ 时,序列收敛;$a > 0$ 时序列都取正值;$a < 0$ 时序列值在正负之间交叉振荡。如图 6.2.4 所示。

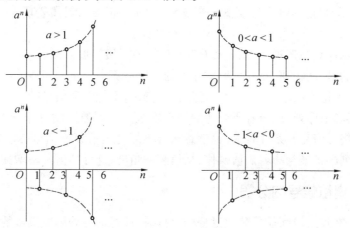

图 6.2.4　离散指数序列

6. 离散复指数序列

离散复指数序列定义为

$$f(n) = e^{j\omega_0 n} = \cos(\omega_0 n) + j\sin(\omega_0 n) \qquad (6.2.10)$$

若用极坐标表示,则

$$f(n) = |f(n)| e^{j\arg[f(n)]}$$

其中

$$|f(n)| = 1$$

$$\arg[f(n)] = \omega_0 n$$

6.2.2 离散信号的运算

离散信号的运算与分解基本与连续信号相似,本节给出它们的表现形式。由于离散信号是以序列的形式表现的,所以也可以认为是序列的运算与分解。

1. 序列的相加(减)和相乘

与连续信号的相加(减)定义相类似,两个离散序列的相加(减)定义为

$$x(n) = x_1(n) \pm x_2(n) \tag{6.2.11}$$

两个离散序列的相乘定义为

$$x(n) = x_1(n) \cdot x_2(n) \tag{6.2.12}$$

值得注意的是,这里必须是两个序列相同序号对应的样值相加(减)或相乘。

2. 序列的翻转和移位

序列 $x(n)$ 的翻转是把序列的序号变量 n 换成 $-n$,即由 $x(n)$ 变为 $x(-n)$。序列翻转的概念在离散卷积,即离散系统的零状态响应的求解过程中非常重要。

对于离散序列为 $x(n)$,序列的移位定义为

$$y(n) = x(n \pm n_0) \tag{6.2.13}$$

值得注意的是,不同于连续信号与系统分析,在离散信号与系统分析中,$x(n - n_0)$ 表示序号向右位移 n_0,$x(n + n_0)$ 表示向左位移 n_0,分别称为右移序列和左移序列。

3. 序列的尺度

序列 $x(n)$ 的尺度是将序号变量 n 变换为 an(a 为正数),具体表现为

$$y(n) = x(an) \tag{6.2.14}$$

如果 $a > 1$ 表示序列波形被压缩;$a < 1$ 表示序列波形被扩展。

值得注意的是,从物理的角度,离散序列的尺度运算完全不同于连续信号的尺度运算。在连续信号中,无论是波形的压缩操作还是扩展操作,都能保证信息的一致性。但在离散信号中,一旦获得离散序列,意味着所获得的信息确定。序列的压缩意味着再抽样,进而破坏了抽样定理对信号恢复的条件要求,也就意味着不能完全恢复原信号,或者说,这种运算是不可逆的。序列的扩展意味着插值操作,从信息的角度,这种插值并不增加新的信息。

6.2.3 离散信号的分解

我们知道,在连续时间信号分解过程中,可以把任意信号分解成离散的矩形小脉冲之和的形式,如果小脉冲的宽度取的无限小,就可以表示成冲激函数积分的形式。

对于离散信号,由于其样值本身就是一个个相互分离的数值,所以其分解方法比连续信号分解要简单得多。一种常用的分解方法就是直接将任意序列 $x(n)$ 表示成单位样值函数的延时加权和,即

$$x(n) = \sum_{m=-\infty}^{+\infty} x(m)\delta(n - m) \tag{6.2.15}$$

根据单位样值函数的定义可知,式(6.2.15)中

$$\delta(n - m) = \begin{cases} 1 & (m = n) \\ 0 & (m \neq n) \end{cases}$$

$$x(m)\delta(n-m) = \begin{cases} x(n) & (m=n) \\ 0 & (m \neq n) \end{cases}$$

式(6.2.15) 的表示方法与第 2 章的式(2.2.4) 的连续函数表示方法相似,它为以后的离散系统的时域分析提供了极大的方便。

6.2.4　离散卷积(卷积和)

离散卷积的概念在离散信号与系统分析中与连续卷积占有同样的作用。根据连续函数的卷积定义,我们可以很容易推导出离散序列的卷积。

设离散序列函数 $x_1(n)$ 与离散序列函数 $x_2(n)$ 具有相同的自变量 n,将 $x_1(n)$ 和 $x_2(n)$ 经如下的求和运算可以得到第三个相同变量的离散序列 $y(n)$:

$$y(n) = \sum_{m=-\infty}^{+\infty} x_1(m)x_2(n-m) \tag{6.2.16}$$

此求和式称为离散序列的卷积,或称为卷积和,同样用符号“ $*$ ”表示。

对于有始信号和因果系统,此时 $n < 0$,激励信号 $x(n)$ 和系统函数 $h(n)$ 都为 0,则系统的响应 $y(n)$ 为

$$y(n) = \sum_{m=0}^{n} x(m)h(n-m) \tag{6.2.17}$$

例如,对于 $x_1(n) = a^n u(n)$, $x_2(n) = b^n u(n)$,其中 a 和 b 都是非零常数,二者卷积为

$$y(n) = \sum_{m=-\infty}^{+\infty} a^m u(m) b^{n-m} u(n-m) = \sum_{m=0}^{n} a^m b^{n-m} u(n) = b^n \sum_{m=0}^{n} \left(\frac{a}{b}\right)^m u(n)$$

如果 $a = b$,则 $\sum_{m=0}^{n} \left(\frac{a}{b}\right)^m = n+1$,此时

$$y(n) = b^n \sum_{m=0}^{n} \left(\frac{a}{b}\right)^m u(n) = b^n(n+1)u(n) = a^n(n+1)u(n)$$

如果 $a \neq b$,则 $\sum_{m=0}^{n} \left(\frac{a}{b}\right)^m = \frac{1-(a/b)^{n+1}}{1-(a/b)}$,此时

$$y(n) = b^n \sum_{m=0}^{n} \left(\frac{a}{b}\right)^m u(n) = b^n \frac{1-(a/b)^{n+1}}{1-(a/b)} u(n) = \frac{b^{n+1}-a^{n+1}}{b-a} u(n)$$

离散卷积也可以用图解方式来解释。如图 6.2.5 为序列 $x_1(n)$ 和 $x_2(n)$ 的卷积结果 $y(n)$,同样需要变量置换、翻转、平移、相乘和求和。与连续卷积的唯一区别就是把连续卷积的积分运算改为这里的求和运算。

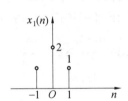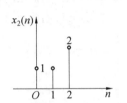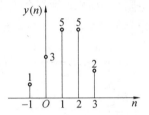

图 6.2.5　两个序列离散卷积

6.3　离散时间系统的描述

6.3.1　离散时间系统的数学模型

在连续时间系统中,信号是时间变量 t 的连续函数,系统可用微分方程描述

$$a_n \frac{\mathrm{d}^n r(t)}{\mathrm{d}t^n} + a_{n-1} \frac{\mathrm{d}^{n-1} r(t)}{\mathrm{d}t^{n-1}} + \cdots + a_1 \frac{\mathrm{d}r(t)}{\mathrm{d}t} + a_0 r(t) =$$

$$b_m \frac{\mathrm{d}^m e(t)}{\mathrm{d}t^m} + b_{m-1} \frac{\mathrm{d}^{m-1} e(t)}{\mathrm{d}t^{m-1}} + \cdots + b_1 \frac{\mathrm{d}e(t)}{\mathrm{d}t} + b_0 e(t)$$

方程由连续自变量 t 的激励函数 $e(t)$ 和响应函数 $r(t)$ 及其各阶导数 $\frac{\mathrm{d}e(t)}{\mathrm{d}t}, \frac{\mathrm{d}^2 e(t)}{\mathrm{d}t^2}, \cdots$ 和 $\frac{\mathrm{d}r(t)}{\mathrm{d}t}, \frac{\mathrm{d}^2 r(t)}{\mathrm{d}t^2}, \cdots$ 线性叠加组成。对离散时间系统,信号的自变量 n 是离散的整数值,因此,描述离散系统特性的数学模型为差分方程,它们将由激励序列 $x(n)$ 和响应序列 $y(n)$ 及其各阶移位 $x(n-1), x(n-2), \cdots$ 和 $y(n-1), y(n-2), \cdots$,或 $x(n+1), x(n+2), \cdots$ 和 $y(n+1), y(n+2), \cdots$ 线性叠加组成。

为了说明对于一个系统如何建立描述其特性的差分方程,下面看几个例子。

【例 6.3.1】　一个空运控制系统,用一台计算机每隔一秒钟计算一次某飞机应有的高度 $x(n)$,与此同时还用一部雷达对该飞机实测一次高度 $y(n)$,把应有高度 $x(n)$ 与一秒钟之前的实测高度 $y(n-1)$ 比较得一差值,飞机的高度将根据此差值的大小及其为正或为负来控制。设飞机改变高度的垂直速度正比于此差值,即 $v = K[x(n) - y(n-1)]$ m/s,所以从第 $n-1$ s 到第 n s 之内飞机升高为

$$K[x(n) - y(n-1)] = y(n) - y(n-1)$$

经整理得

$$y(n) + (K-1)y(n-1) = Kx(n) \tag{6.3.1}$$

这就是表示控制信号 $x(n)$ 与响应信号 $y(n)$ 之间关系的差分方程,它描述了这个离散时间(每隔一秒计算和实测一次)的空运控制系统。

在例 6.3.1 中,差分方程式的离散变量是时间的离散值。然而,差分方程只是一种处理离散变量的数学工具,变量的选取因具体函数而异,并不限于时间。

【例 6.3.2】　图 6.3.1 给出了一个由电阻构成的梯形网络。其中各串臂电阻均为 R,各并臂电阻均为 aR,a 为一个正实数。各节点对公共节点的电压为 $v(n)$,$n = 0, 1, 2, \cdots, N$。已知两边界节点电压为 $v(0) = E$,$v(N) = 0$,要求写出第 n 个节点电压 $v(n)$ 的差分方程式。

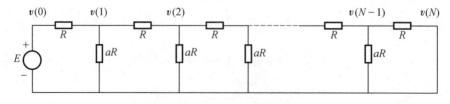

图 6.3.1　由电阻构成的梯形网络

解　对任意一个节点 $n+1$，运用节点电流定律可写出

$$\frac{v(n) - v(n+1)}{R} + \frac{v(n+2) - v(n+1)}{R} = \frac{v(n+1)}{aR}$$

经整理得

$$v(n+2) - \frac{2a+1}{a}v(n+1) + v(n) = 0 \tag{6.3.2}$$

由此差分方程，再利用两个给定的边界条件，即可求解任意一个节点的电压 $v(n)$。关于差分方程的具体求解问题，在下节详细讨论。

在此例中，各节点电压和支路电流无疑都是时间的连续函数（都是常数），对时间而言，这些量并非离散值，但对于不同的节点，按顺次的节点电压却表示为一个离散的电压值序列。其中 $v(n)$ 的自变量 n 不表示时间，而仅是代表电路中节点顺序的编号（即序号），它只能取整数。所以在离散变量的系统中，把函数记为 $x(n)$ 虽然形式上抽象，但却具有较普遍的意义。

再一次提醒注意，在离散时间系统描述中，自变量 n 虽然是一个离散时间变量，其只不过是个整数编号，而在实际的离散化过程中，如果采样间隔为 T，真正的时间变量应该为 nT，只是为了描述方便我们用了序号 n 作为自变量。

【例 6.3.3】　假设每对兔子每月可生育一对小兔，新生的小兔要隔一个月才具有生育能力。若第一个月只有一对新生小兔，求第 n 个月兔子对的数目是多少？

解　设 $y(n)$ 表示在第 n 个月兔子的数目。已知 $y(0)=0, y(1)=1$，显然可以推知 $y(2)=1, y(3)=2, y(4)=3, y(5)=5, \cdots$，并可以推出，在第 n 个月，有 $y(n-2)$ 对兔子具有生育能力，因此这些兔子要从 $y(n-2)$ 对变成 $2y(n-2)$ 对，此外，还有 $[y(n-1) - y(n-2)]$ 对兔子没有生育能力，所以有

$$y(n) = 2y(n-2) + [y(n-1) - y(n-2)]$$

经整理得

$$y(n) - y(n-1) - y(n-2) = 0 \tag{6.3.3}$$

或者可以写成

$$y(n) = y(n-1) + y(n-2)$$

这就是著名的费班纳西（Fibonacci）数列。这个数列中的某个样值等于它的前两个样值之和。当给定不同的初始值时，就可以得到不同的数列。如若取 $y(0)=0, y(1)=1$，则数列 $y(n)$ 可写为

$$\{0,1,1,2,3,5,8,13,\cdots\}$$

上面几个例子所列出的差分方程形式各有不同，但它们都可以写为

$$y(n) + ay(n-1) = bx(n)$$
$$y(n+2) + ay(n+1) + by(n) = 0$$
$$y(n) + ay(n-1) + by(n-2) = 0$$

一般描述离散系统的差分方程有以下两种形式。

1. 向右移序的差分方程

$$y(n) + a_1 y(n-1) + \cdots + a_N y(n-N) = b_0 x(n) + b_1 x(n-1) + \cdots + b_M x(n-M)$$

或

$$\sum_{i=0}^{N} a_i y(n-i) = \sum_{j=0}^{M} b_j x(n-j) \qquad (a_0 = 1) \qquad (6.3.4)$$

2. 向左移序的差分方程

$$y(n+N) + a_{N-1} y(n+N-1) + \cdots + a_0 y(n) =$$
$$b_M x(n+M) + b_{M-1} x(n+M-1) + \cdots + b_0 x(n)$$

或

$$\sum_{i=0}^{N} a_i y(n+i) = \sum_{j=0}^{M} b_j x(n+j) \quad (a_N = 1) \qquad (6.3.5)$$

式中　$x(n)$——系统的输入序列;

　　　$y(n)$——系统的输出序列。

差分方程中函数序号的改变称为移序。差分方程输出函数序列中自变量的最高序号和最低序号的差数称为差分方程的阶数。因此,式(6.3.4)和式(6.3.5)都是 N 阶差分方程,而且此二式所代表的系统称为 N 阶系统。对于线性非时变系统,方程中系数 a、b 都是常数,则式(6.3.4)和式(6.3.5)是常系数线性差分方程。

6.3.2　微分方程的差分表示

差分方程和微分方程的形式有相似之处。我们知道一阶常系数线性微分方程可写为

$$\frac{dy(t)}{dt} + ay(t) = bx(t) \qquad (6.3.6)$$

将它与一阶常系数线性差分方程

$$y(n+1) + ay(n) = bx(n) \qquad (6.3.7)$$

相比较,可以看到,若 $y(n)$ 与 $y(t)$ 相当,则离散变量序号加 1 所得之序列 $y(n+1)$ 就与连续函数对变量 t 取一阶导数 $\dfrac{dy(t)}{dt}$ 相对应,$x(n)$ 与 $x(t)$ 分别表示各自的激励信号。差分方程和微分方程不仅形式相似,而且在一定条件下还可以相互转化。对于连续时间函数 $y(t)$,若在 $t = nT$ 各点上取样为 $y(nT)$,并设时间间隔 T 足够小,则有

$$\frac{dy(t)}{dt} = \frac{y[(n+1)T] - y(nT)}{T}$$

因此,式(6.3.6)可近似为

$$\frac{y[(n+1)T] - y(nT)}{T} + ay(nT) = bx(nT)$$

经整理得

$$y[(n+1)T] + (aT - 1)y(nT) = bTx(nT)$$

若设 $T = 1$,则得

$$y(n+1) + (a-1)y(n) = bx(n)$$

必须注意,将微分方程近似地表示为差分方程的条件是:样值间隔 T 要足够小,T 越小,近似程度越好。实际中,利用数字计算机来解微分方程时,就是根据这一原理将微分方程近似地表示为差分方程再进行计算的。只要 T 取的足够小,计算数值的位数足够多,就可得到所需要的精确度。

6.3.3 离散时间系统的模拟

既然差分方程与微分方程相似,则对于离散时间系统也可以像连续时间系统那样,用适当的运算单元连接起来加以模拟。我们知道,连续时间系统的内部运算关系可归结为微分(或积分)、标量乘和相加。与此对应,在离散时间系统中基本运算关系是延时(移位)、标量乘和相加。与连续时间系统不同的是,在离散时间系统中的关键运算单元是延时器。延时器的作用是将输入信号延时一个单位时间,也就是取时间间隔 $T = 1$,如图 6.3.2(a) 所示,图中 D 为单位延时器。若初始条件不为零,则延时器的输出处用一个加法器将初始条件 $y(0)$ 引入如图 6.3.2(b) 所示。延时器是一个具有记忆功能的部件,它能将输入数据储存起来,于单位时间后的输出处释出,所以延时器的输出是较输入滞后了一个单位时间的序列。

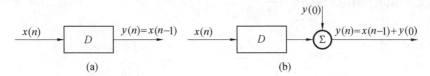

图 6.3.2 单位延时器

讨论如何运用延时器、标量乘法器和加法器对离散时间系统进行模拟。设有一个一阶差分方程描述的系统,方程为

$$y(n + 1) + ay(n) = x(n) \tag{6.3.8}$$

把差分方程的最高项放在左边,其他项都放在右边,则可写成

$$y(n + 1) = - ay(n) + x(n)$$

由此式很容易画出如图 6.3.3(a) 所示的模拟图。

对于向右移序的差分方程

$$y(n) + ay(n - 1) = x(n) \tag{6.3.9}$$

则可画出如图 6.3.3(b) 所示的模拟框图。

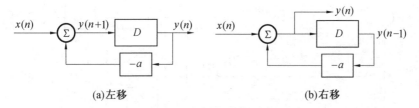

(a)左移   (b)右移

图 6.3.3 一阶离散系统模拟框图

可见,一阶离散时间系统的模拟框图和一阶连续时间系统的模拟框图具有相同的结构,只是延时器代替了积分器。若把图 6.3.3(a) 中的延时器换为积分器,则与之相应的方程就成了一阶微分方程 $y'(t) + ay(t) = x(t)$,因此可以说,用差分方程描述离散时间系统与用微分方程描述连续时间系统的作用完全相当;而在模拟图中,模拟离散时间系统的延时器与模拟连续时间系统的积分器完全相当。

我们将以上关于一阶系统模拟的讨论推广到 N 阶离散时间系统的模拟问题。设一个 N 阶离散时间系统的差分方程为

$$\sum_{i=0}^{N} a_i y(n + i) = \sum_{j=0}^{M} b_j x(n + j) \quad (a_N = 1) \tag{6.3.10}$$

与式(6.3.10)相对应的微分方程为

$$\sum_{i=0}^{N} a_i y^{(i)}(t) = \sum_{j=0}^{M} b_j x^{(j)}(t) \quad (a_N = 1)$$

N 阶离散时间系统的差分方程与 N 阶连续时间系统的微分方程各项一一对应,形式相同,这意味着 N 阶离散系统的模拟图与 N 阶连续系统的模拟图的结构是一致的,只需用延时器代替积分器即可。据此可以得到式(6.3.10)代表的 N 阶离散时间系统的模拟框图,如图6.3.4(a)所示。

同理,对于向右移序的 N 阶差分方程

$$\sum_{i=0}^{N} a_i y(n - i) = \sum_{j=0}^{M} b_j x(n - j) \quad (a_0 = 1) \tag{6.3.11}$$

可以得图6.3.4(b)所示的模拟框图。

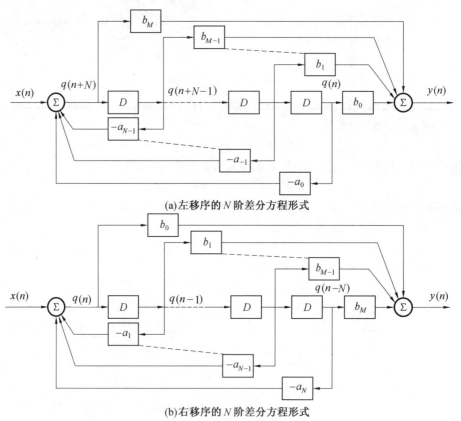

(a)左移序的 N 阶差分方程形式

(b)右移序的 N 阶差分方程形式

图6.3.4 N 阶离散系统模拟框图

在描述实际的连续时间系统的微分方程中,激励函数导数的阶数 M 一般都小于响应函数导数的阶数 N,但是在理论上也存在 $M > N$ 的情况。如将一个激励电压 $e(t)$ 加于无损耗的电容上,此时响应电流为

$$i(t) = C \frac{\mathrm{d}e(t)}{\mathrm{d}t} \tag{6.3.12}$$

式(6.3.12)中 $N = 0, M = 1$,就是这种情况。但是,对于因果系统,描述离散时间系统的差分方程是不可能出现 $M > N$ 的情况。假若有一个这样的离散时间系统,其差分方程为

$$y(n) = x(n + 1) \quad (N = 0, M = 1)$$

这将意味着第 n 时刻的响应,要由第 $n+1$ 时刻的激励所决定(即响应早于激励),这违背了系统的因果性,因此这样的系统是不可能存在的,所以在描述离散时间系统的差分方程式(6.3.10)中必有 $M < N$,图 6.3.4 所示是 $M = N$ 的情况。

【例 6.3.4】　一个离散时间系统由如下差分方程描述

$$y(n+2) + a_1 y(n+1) + a_0 y(n) = x(n+1)$$

试画出该系统的模拟框图。

解　首先引入辅助函数 $q(n)$,使其满足

$$q(n+2) + a_1 q(n+1) + a_0 q(n) = x(n)$$

代入原方程,可得

$$y(n) = q(n+1)$$

由以上两式就可以画出该系统的模拟框图,如图 6.3.5 所示。

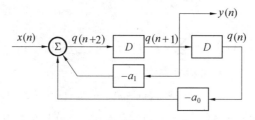

图 6.3.5　例 6.3.4 的模拟框图

此外还可以令 $n = k - 1$,于是原方程式变为

$$y(k+1) + a_1 y(k) + a_0 y(k-1) = x(k)$$

如果 $y(n)$ 为无限序列,而 n 和 k 均为由 $-\infty$ 到 $+\infty$ 的自然数,把此式中的 k 改回变量为 n,仍可成立。如果 $y(n)$ 为有限序列,则只需注意在序列的起点处有序数 1 的差别,上式中将 k 换回 n 仍成立。于是有

$$y(n+1) + a_1 y(n) + a_0 y(n-1) = x(n)$$

经整理,有

$$y(n+1) = -a_1 y(n) - a_0 y(n-1) + x(n)$$

由此关系就可以很容易地画出模拟框图,如图 6.3.6 所示。

若另有一个系统的方程为

$$y(n+1) + a_1 y(n) + a_0 y(n-1) = x(n+1)$$

可以证明,该系统的模拟框图结构与图 6.3.5 相同,只是输出 $y(n)$ 引出的位置与前不同,如图 6.3.7 所示。

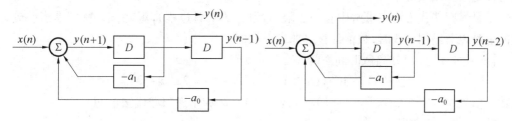

图 6.3.6　例 6.3.4 的另一种形式模拟框图　　　　图 6.3.7　另一种形式模拟框图

6.4　离散系统响应的递归迭代解法

与连续时间系统微分方程不同,离散系统的差分方程可以直接利用数值计算来求解。更确切地说,在整数 n 的某些限定域内,输出 $y(n)$ 可以按照以下方法递归求出。

N 阶常系数线性差分方程的一般形式为

$$\sum_{i=0}^{N} a_i y(n-i) = \sum_{j=0}^{M} b_j x(n-j) \quad (a_0 = 1) \tag{6.4.1}$$

可以写成

$$y(n) + \sum_{i=1}^{N} a_i y(n-i) = \sum_{j=0}^{M} b_j x(n-j)$$

即

$$y(n) = -\sum_{i=1}^{N} a_i y(n-i) + \sum_{j=0}^{M} b_j x(n-j) \tag{6.4.2}$$

在式(6.4.2)中,设 $n=0$,可得

$$y(0) = -a_1 y(-1) - a_2 y(-2) - \cdots - a_N y(-N) + b_0 x(0) + b_1 x(-1) + \cdots + b_M x(-M)$$

于是在 0 时刻,输出 $y(0)$ 是 $y(-1), y(-2), \cdots, y(-N)$ 和 $x(0), x(-1), x(-2), \cdots, x(-M)$ 的线性组合。

同样,在式(6.4.2)中,设 $n=1$,可得

$$y(1) = -a_1 y(0) - a_2 y(-1) - \cdots - a_N y(-N+1) + b_0 x(1) +$$
$$b_1 x(0) + \cdots + b_M x(-M+1)$$

于是输出 $y(1)$ 是 $y(0), y(-1), \cdots, y(-N+1)$ 和 $x(1), x(0), x(-1), \cdots, x(-M+1)$ 的线性组合。

继续迭代这个过程,输出的下一个函数值是其前 N 个输出值和 $M+1$ 个输入值的线性组合,这个过程称为 N 阶递归,相应的系统称为递归系统。

值得注意的是,为了利用递归迭代法求解差分方程,式(6.4.2)中至少有一个系数 a_i 是非零值,否则将无法递归。如果所有系数 a_i 均为零,式(6.4.2)将变为

$$y(n) = \sum_{j=0}^{M} b_j x(n-j) \tag{6.4.3}$$

此时任何确定时刻的输出仅仅取决于输入 $x(n)$,使得输出不能递归求解,这时的系统通常称为非递归系统。

尽管递归迭代方法在求解中有一定限制,但它的求解过程直观、清晰,特别是当差分方程的解难以写出闭合式时,数值计算是非常有用的。

【例 6.4.1】　已知离散时间系统差分方程为

$$y(n) - 1.5y(n-1) + y(n-2) = 2x(n-2)$$

若输入信号 $x(n) = u(n)$,且 $y(-1) = 1, y(-2) = 2$,利用递归迭代法求 $y(n)$。

解　由已知方程,可得

$$y(n) = 1.5y(n-1) - y(n-2) + 2x(n-2)$$

令 $n=0$,则

$$y(0) = 1.5y(-1) - y(-2) + 2x(-2) = 1.5 \cdot 1 - 2 + 2 \cdot 0 = -0.5$$

令 $n = 1$，则

$$y(1) = 1.5y(0) - y(-1) + 2x(-1) = 1.5 \cdot (-0.5) - 1 + 2 \cdot 0 = -1.75$$

同理，可得

$$y(2) = -0.025$$
$$y(3) = 3.712\ 5$$
$$\vdots$$

6.5　离散系统响应的经典解法

我们知道，离散系统的数学模型可以用 N 阶常系数线性差分方程来描述

$$\sum_{i=0}^{N} a_i y(n+i) = \sum_{j=0}^{M} b_j x(n+j) \quad (a_N = 1) \tag{6.5.1}$$

对应连续系统的微分方程，差分方程的经典解法也是求解方程的齐次解和特解，即

$$y(n) = y_{\mathrm{h}}(n) + y_{\mathrm{p}}(n) \tag{6.5.2}$$

它们分别对应离散系统的自由响应和强迫响应。下面讨论离散系统响应的具体求解过程。

6.5.1　差分方程的齐次解 —— 自由响应

从数学角度，差分方程的齐次解也是对应式(6.5.1)齐次方程

$$y(n+N) + a_{N-1}y(n+N-1) + \cdots + a_0 y(n) = 0 \tag{6.5.3}$$

的解，一般具有 $A\alpha^n$ 的形式。为此，引入参数 α，令

$$y(n) = A\alpha^n \tag{6.5.4}$$

代入式(6.5.3)，并消去常数 A 可得

$$\alpha^{n+N} + a_{N-1}\alpha^{n+N-1} + \cdots + a_0\alpha^n = 0$$

再消去公因子 α^n，有

$$\alpha^N + a_{N-1}\alpha^{N-1} + \cdots + a_0 = 0 \tag{6.5.5}$$

式(6.5.5)为齐次方程式(6.5.3)对应的**特征方程**。式(6.5.5)一般有 N 个根 α_1，$\alpha_2, \cdots, \alpha_N$，就是对应特征方程的**特征根**。

当特征方程无重根，即特征根都为单根时，齐次方程式(6.5.3)的齐次解为

$$y_{\mathrm{h}}(n) = A_1\alpha_1^n + A_2\alpha_2^n + \cdots + A_N\alpha_N^n = \sum_{i=1}^{N} A_i\alpha_i^n \tag{6.5.6}$$

当 N 个特征根中有重根出现时，齐次解的形式将略有不同，例如，若 α_1 为方程式(6.5.5)的一个 K 阶重根，其余特征根均为单根，则齐次方程的解为

$$y_{\mathrm{h}}(n) = (A_1 + A_2 n + \cdots + A_K n^{K-1})\alpha_1^n + A_{K+1}\alpha_{K+1}^n + A_{K+2}\alpha_{K+2}^n + \cdots + A_N\alpha_N^n =$$
$$\sum_{i=1}^{K} A_i n^{i-1}\alpha_1^n + \sum_{j=K+1}^{N} A_j\alpha_j^n \tag{6.5.7}$$

若特征方程具有复根，则必为成对出现的共轭复根(因为方程系数均为实数)，此时的解可以简化计算。例如 $\alpha_1 = R + jI$，$\alpha_2 = R - jI$ 是一对共轭复根，若设

$$\rho = \sqrt{R^2 + I^2}$$

$$\varphi = \arctan\left(\frac{I}{R}\right)$$

则可以证明,共轭复根所对应的齐次解为

$$y_{\mathrm{h}}(n) = (A_1\cos(n\varphi) + A_2\sin(n\varphi))\rho^n \tag{6.5.8}$$

若特征方程的根中有一对 K 重复根,则相应的齐次解为

$$y_{\mathrm{h}}(n) = (A_1 + A_2 n + \cdots + A_K n^{K-1})\rho^n\cos(n\varphi) +$$
$$(A_{K+1} + A_{K+2} n + \cdots + A_{2K} n^{K-1})\rho^n\sin(n\varphi) \tag{6.5.9}$$

可见,求齐次解的关键是由特征方程求出特征根,而特征方程是由差分方程对应的齐次方程得到的。表 6.5.1 给出了差分方程的不同特征根所对应的几种齐次解的形式。

表 6.5.1　不同特征根对应的齐次解

特征根 α	齐次解 $y_{\mathrm{h}}(n)$
N 个单根 α_i	$A_1\alpha_1^n + A_2\alpha_2^n + \cdots + A_N\alpha_N^n$
一个 K 阶重根 α_1	$(A_1 + A_2 n + \cdots + A_K n^{K-1})\alpha_1^n$
一对共轭复根 $\alpha_{1,2} = R \pm jI = \rho e^{j\varphi}$	$(A_1\cos(n\varphi) + A_2\sin(n\varphi))\rho^n$
一对 K 重复根	$(A_1 + A_2 n + \cdots + A_K n^{K-1})\rho^n\cos(n\varphi) + (A_{K+1} + A_{K+2} n + \cdots + A_{2K} n^{K-1})\rho^n\sin(n\varphi)$

【例 6.5.1】　对于首项为 0,次项为 1,第 3 项以后各项等于前两项之和的级数:0、1、1、2、3、5、8、…,试求其第 n 项。

解　设第 n 项为 $y(n)$,由题意有

$$y(n+2) = y(n+1) + y(n)$$

整理可得齐次差分方程为

$$y(n+2) - y(n+1) - y(n) = 0$$

对应的特征方程为

$$\alpha^2 - \alpha - 1 = 0$$

特征根为

$$\alpha_{1,2} = \frac{1 \pm \sqrt{5}}{2}$$

所以,有

$$y(n) = A_1\left(\frac{1+\sqrt{5}}{2}\right)^n + A_2\left(\frac{1-\sqrt{5}}{2}\right)^n$$

根据初始条件 $y(0)=0, y(1)=1$,可以求出 $A_1 = \frac{1}{\sqrt{5}}, A_2 = -\frac{1}{\sqrt{5}}$,于是

$$y(n) = \frac{1}{\sqrt{5}}\left[\left(\frac{1+\sqrt{5}}{2}\right)^n - \left(\frac{1-\sqrt{5}}{2}\right)^n\right]u(n)$$

【例 6.5.2】　求差分方程

$$y(n) + 3y(n-1) + 2y(n-2) = x(n)$$

的齐次解。

解　由差分方程写出对应的特征方程

$$\alpha^2 + 3\alpha + 2 = 0$$

特征根为

$$\begin{cases} \alpha_1 = -1 \\ \alpha_2 = -2 \end{cases}$$

所以齐次解的形式为

$$y(n) = A_1(-1)^n + A_2(-2)^n$$

【例 6.5.3】　求差分方程

$$y(n) + 2y(n-1) + 2y(n-2) = x(n)$$

的齐次解。

解　对应齐次方程的特征方程为

$$\alpha^2 + 2\alpha + 2 = 0$$

特征根为共轭复根

$$\alpha_{1,2} = -1 \pm j = \sqrt{2}\,e^{\mp j\frac{3\pi}{4}}$$

齐次解形式为

$$y_h(n) = A_1\left(\sqrt{2}\,e^{-j\frac{3\pi}{4}}\right)^n + A_2\left(\sqrt{2}\,e^{j\frac{3\pi}{4}}\right)^n = (\sqrt{2})^n\left[A_1 e^{-j\frac{3n\pi}{4}} + A_2 e^{j\frac{3n\pi}{4}}\right]$$

本题还可以根据式 (6.5.8) 由特征根 $a_{1,2}$ 直接写出

$$y_h(n) = (\sqrt{2})^n\left(A_1\cos\frac{3n\pi}{4} + A_2\sin\frac{3n\pi}{4}\right)$$

注意,当特征根为共轭复根时,齐次解的形式可以是增幅或衰减的正弦和余弦序列。

6.5.2　差分方程的特解 —— 强迫响应

求差分方程特解的方法与求微分方程特解的方法相类似。先将激励函数 $x(n)$ 代入差分方程的右端,其计算结果称为"自由项"。然后根据自由项的函数形式在表 6.5.2 中选择含有待定系数的特解函数,并将此特解函数代入方程的左端,依据方程两端对应项系数相等的原则,求出待定系数,即得

$$y_p(n) = B(n) \tag{6.5.10}$$

表 6.5.2　特解的典型函数形式

自由项	特解函数
E	B
a^n(a 为差分方程的特征根)	Bna^n
a^n(a 不是差分方程的特征根)	Ba^n
n^K	$B_K n^K + B_{K-1} n^{K-1} + \cdots + B_1 n + B_0$
$n^K a^n$	$(B_K n^K + B_{K-1} n^{K-1} + \cdots + B_1 n + B_0)a^n$
$\sin(\alpha n)$ 或 $\cos(\alpha n)$	$B_1\sin(\alpha n) + B_2\cos(\alpha n)$
$a^n\sin(\alpha n)$ 或 $a^n\cos(\alpha n)$	$a^n[B_1\sin(\alpha n) + B_2\cos(\alpha n)]$

6.5.3　系统的全响应及系数确定

由线性叠加原理可知,系统的全响应等于自由响应和强迫相应之和。一般情况下,当特

征方程无重根时,N 阶差分方程的完全解为

$$y(n) = A_1\alpha_1^n + A_2\alpha_2^n + \cdots + A_N\alpha_N^n + B(n) = \sum_{i=1}^{N} A_i\alpha_i^n + B(n) \qquad (6.5.11)$$

下面的问题类似于连续时间系统,就是如何利用已知的边界条件来确定解的系数 A_i。对于给定边界条件 $y(0),y(1),\cdots,y(N-1)$ 等,代入完全解的表达式,此时可得一组联立方程

$$\begin{cases} y(0) - B(0) = A_1 + \cdots + A_N \\ y(1) - B(1) = A_1\alpha_1 + \cdots + A_N\alpha_N \\ \quad\vdots \\ y(N-1) - B(N-1) = A_1\alpha_1^{N-1} + \cdots + A_N\alpha_N^{N-1} \end{cases} \qquad (6.5.12)$$

解此方程组,可求得系数 $A_1,A_2,\cdots,A_N$。

式(6.5.12)也可以写成矩阵的形式

$$\begin{bmatrix} y(0) - B(0) \\ y(1) - B(1) \\ \vdots \\ y(N-1) - B(N-1) \end{bmatrix} = \begin{bmatrix} 1 & 1 & \cdots & 1 \\ \alpha_1 & \alpha_2 & \cdots & \alpha_N \\ \vdots & \vdots & & \vdots \\ \alpha_1^{N-1} & \alpha_2^{N-1} & \cdots & \alpha_N^{N-1} \end{bmatrix} \begin{bmatrix} A_1 \\ A_2 \\ \vdots \\ A_N \end{bmatrix}$$

可以求得系数矩阵

$$\begin{bmatrix} A_1 \\ A_2 \\ \vdots \\ A_N \end{bmatrix} = \begin{bmatrix} 1 & 1 & \cdots & 1 \\ \alpha_1 & \alpha_2 & \cdots & \alpha_N \\ \vdots & \vdots & & \vdots \\ \alpha_1^{N-1} & \alpha_2^{N-1} & \cdots & \alpha_N^{N-1} \end{bmatrix}^{-1} \begin{bmatrix} y(0) - B(0) \\ y(1) - B(1) \\ \vdots \\ y(N-1) - B(N-1) \end{bmatrix} \qquad (6.5.13)$$

简写为

$$A = V^{-1}[Y_{zi}(k) - B(k)] \qquad (6.5.14)$$

还需指出,差分方程的边界条件不一定由 $y(0),y(1),\cdots,y(N-1)$ 这一组数值给出。对于 N 阶方程,只要是 N 个独立的 $y(n)$ 值,即可作为边界条件来决定系数 A。

【例6.5.4】 求解差分方程 $y(n+1) + 2y(n) = x(n+1) - x(n)$,其中激励函数 $x(n) = n^2$,且已知 $y(-1) = -1$。

解 (1)求齐次解

差分方程对应的特征方程为 $a + 2 = 0$,特征根为 $a_1 = -2$,所以

$$y_h(n) = A(-2)^n$$

(2)求特解

将 $x(n) = n^2$ 代入方程右端,得自由项

$$(n+1)^2 - n^2 = 2n + 1$$

根据自由项形式,在表6.5.1中选取特解的函数形式为

$$y_p(n) = B_0 + B_1 n$$

其中 B_0、B_1 为待定常数。将此特解形式代入方程左端,有

$$B_1(n+1) + B_0 + 2B_1 n + 2B_0 = 3B_1 n + B_1 + 3B_0$$

与右端自由项比较得

$$\begin{cases} 3B_1 = 2 \\ B_1 + 3B_0 = 1 \end{cases}$$

解得
$$\begin{cases} B_1 = \dfrac{2}{3} \\ B_0 = \dfrac{1}{9} \end{cases}$$

所以
$$y_p(n) = \frac{2}{3}n + \frac{1}{9}$$

（3）完全解
$$y(n) = y_c(n) + y_p(n) = A(-2)^n + \frac{2}{3}n + \frac{1}{9}$$

利用边界条件 $y(-1) = -1$，则有
$$y(-1) = A(-2)^{-1} - \frac{2}{3} + \frac{1}{9} = -1$$

解得
$$A = \frac{8}{9}$$

所以
$$y(n) = \underbrace{\frac{8}{9}(-2)^n}_{\text{自由响应}} + \underbrace{\frac{2}{3}n + \frac{1}{9}}_{\text{强迫响应}}$$

【例 6.5.5】　已知某离散系统的差分方程为
$$6y(n) - 5y(n-1) + y(n-2) = x(n)$$
初始条件 $y(0) = 0, y(1) = 1$，激励信号为 $x(n) = 10\cos(0.5\pi n)u(n)$，求其全响应。

解　（1）先求齐次解

差分方程的特征方程为
$$6\alpha^2 - 5\alpha + 1 = 0$$

对应的特征根为
$$\begin{cases} \alpha_1 = \dfrac{1}{2} \\ \alpha_2 = \dfrac{1}{3} \end{cases}$$

方程的齐次解为
$$y_c(n) = A_1\left(\frac{1}{2}\right)^n + A_2\left(\frac{1}{3}\right)^n$$

（2）求特解

由表 6.5.2 可知，特解函数形式为
$$y_p(n) = B_1\cos(0.5\pi n) + B_2\sin(0.5\pi n)$$

对其进行移位可得
$$y_p(n-1) = B_1\cos[0.5\pi(n-1)] + B_2\sin[0.5\pi(n-1)] =$$
$$B_1\sin(0.5\pi n) - B_2\cos(0.5\pi n)$$

$$y_p(n-2) = B_1\cos[0.5\pi(n-2)] + B_2\sin[0.5\pi(n-2)] =$$
$$-B_1\cos(0.5\pi n) - B_2\sin(0.5\pi n)$$

将 $y_p(n), y_p(n-1), y_p(n-2)$ 代入已知方程左端,并将 $x(n) = 10\cos(0.5\pi n)$ 代入方程右端,整理可得

$$(6B_1 + 5B_2 - B_1)\cos(0.5\pi n) + (6B_2 - 5B_1 - B_2)\sin(0.5\pi n) = 10\cos(0.5\pi n)$$

由于上式对于任何 $n \geqslant 0$ 均成立,因而等式两端的正弦、余弦项的系数应该相等,因此有

$$\begin{cases} 6B_1 + 5B_2 - B_1 = 10 \\ 6B_2 - 5B_1 - B_2 = 0 \end{cases}$$

可解得 $B_1 = B_2 = 1$,于是特解为

$$y_p(n) = \cos(0.5\pi n) + \sin(0.5\pi n)$$

根据以上计算的齐次解和特解,可得系统的总响应为

$$y(n) = y_c(n) + y_p(n) = A_1\left(\frac{1}{2}\right)^n + A_2\left(\frac{1}{3}\right)^n + \cos(0.5\pi n) + \sin(0.5\pi n)$$

将已知的初始条件代入上式,有

$$\begin{cases} y(0) = A_1 + A_2 + 1 = 0 \\ y(1) = \dfrac{1}{2}A_1 + \dfrac{1}{3}A_2 + 1 = 1 \end{cases}$$

解得 $A_1 = 2$、$A_2 = -3$,因此总响应为

$$y(n) = \left[\underbrace{2\left(\frac{1}{2}\right)^n - 3\left(\frac{1}{3}\right)^n}_{\text{自由响应}} + \underbrace{\cos(0.5\pi n) + \sin(0.5\pi n)}_{\text{强迫响应}}\right]u(n)$$

可见自由响应随着 n 的增大而逐渐衰减趋于 0,这时的自由响应也是暂态响应;而强迫响应是等幅的振荡,也是稳态响应。这一点与连续系统也是一致的。

6.6　系统的零输入响应和零状态响应

在连续时间系统中,系统响应可以分解为零输入响应和零状态响应。类似的,离散时间系统的完全响应也可以分解为零输入响应和零状态响应,它们一起构成了离散系统的近代解法,此时

$$y(n) = y_{zi}(n) + y_{zs}(n) \tag{6.6.1}$$

同样的,响应的边界条件 $y(k)$ 可以分解为零输入响应的边界值 $y_{zi}(k)$ 和零状态响应的边界值 $y_{zs}(k)$ 两部分,即

$$y(k) = y_{zi}(k) + y_{zs}(k) \tag{6.6.2}$$

式中零输入响应边界值 $y_{zi}(k)$ 表明了系统的初始储能情况,与输入激励无关。零状态响应边界值 $y_{zs}(k)$ 是由输入信号的作用而产生的,与系统的初始储能状态无关。

6.6.1　系统的零输入响应求解

离散时间系统的零输入响应是当激励信号为零,即 $x(n) = 0$ 时系统的响应,对应的解也是齐次差分方程的解。因此零输入响应具有与表 6.5.1 描述的自由响应相同的函数形式,完全由差分方程的特征根来决定。如对 N 阶系统,若 N 个特征根全为单根,则零输入响应为

$$y_{zi}(n) = C_{zi1}\alpha_1^n + C_{zi2}\alpha_2^n + \cdots + C_{ziN}\alpha_N^n = \sum_{i=1}^{N} C_{zii}\alpha_i^n \tag{6.6.3}$$

式中　α_i—— 特征根；

　　　C_{zii}—— 待定系数，由零输入响应的边界值 $y_{zi}(k)$ 决定。

如果已知因果系统的初始条件为 $y_{zi}(0), y_{zi}(1), \cdots, y_{zi}(N-1)$，根据式(6.6.3)则有

$$\begin{cases} y_{zi}(0) = C_{zi1} + C_{zi2} + \cdots + C_{ziN} \\ y_{zi}(1) = C_{zi1}\alpha_1 + C_{zi2}\alpha_2 \cdots + C_{ziN}\alpha_N \\ \quad\quad\quad \vdots \\ y_{zi}(N-1) = C_{zi1}\alpha_1^{N-1} + C_{zi2}\alpha_2^{N-1} \cdots + C_{ziN}\alpha_N^{N-1} \end{cases} \tag{6.6.4}$$

通过这 N 个方程就可以求出系数 $C_{zi1}, C_{zi2}, \cdots, C_{ziN}$。式(6.6.4)也可以写成矩阵形式

$$\begin{bmatrix} y_{zi}(0) \\ y_{zi}(1) \\ \vdots \\ y_{zi}(N-1) \end{bmatrix} = \begin{bmatrix} 1 & 1 & \cdots & 1 \\ \alpha_1 & \alpha_2 & \cdots & \alpha_N \\ \vdots & \vdots & & \vdots \\ \alpha_1^{N-1} & \alpha_2^{N-1} & \cdots & \alpha_N^{N-1} \end{bmatrix} \begin{bmatrix} C_{zi1} \\ C_{zi2} \\ \vdots \\ C_{ziN} \end{bmatrix}$$

可从中解出

$$\begin{bmatrix} C_{zi1} \\ C_{zi2} \\ \vdots \\ C_{ziN} \end{bmatrix} = \begin{bmatrix} 1 & 1 & \cdots & 1 \\ \alpha_1 & \alpha_2 & \cdots & \alpha_N \\ \vdots & \vdots & & \vdots \\ \alpha_1^{N-1} & \alpha_2^{N-1} & \cdots & \alpha_N^{N-1} \end{bmatrix}^{-1} \begin{bmatrix} y_{zi}(0) \\ y_{zi}(1) \\ \vdots \\ y_{zi}(N-1) \end{bmatrix} \tag{6.6.5}$$

可以写成

$$\boldsymbol{C}_{zi} = \boldsymbol{V}^{-1}\boldsymbol{Y}_{zi}(k) \tag{6.6.6}$$

若差分方程的特征根中有高阶根或共轭复根或高阶共轭复根时，零输入响应 $y_{zi}(n)$ 的函数形式有所不同，见表6.5.1，其中的系数 C_{zii} 仍由零输入响应的边界值 $y_{zi}(k)$ 来决定。

需要说明的是，在前面差分方程的经典解法中，例如式(6.5.11)中，所说的边界值 $y(k)$ 是零输入响应边界值 $y_{zi}(k)$ 和零状态响应边界值 $y_{zs}(k)$ 的总和，如式(6.6.2)。而在实际应用中，所说的初始条件 $y(k)$ 往往是指零输入响应的边界值 $y_{zi}(k)$，即输入激励 $x(n) = 0$ 时的边界值 $y(k)$。

对于一般的情况，即差分方程等式两边都包括移序项的情况。例如差分方程为

$$y(L) + a_1 y(L-1) + \cdots = b_1 x(S) + b_2 x(S-1) + \cdots$$

式中　L、S—— 响应与激励的最高序号。

将差分方程两侧序号同时减 S 再减 1，得移位差分方程为

$$y(L-S-1) + a_1 y(L-S-2) + \cdots = b_1 x(-1) + b_2 x(-2) + \cdots$$

将 $n = 0$ 定义为激励作用于系统的时刻，所以 $x(-1) = x(-2) = \cdots = 0$，对于因果系统，$n < 0$ 时，$x(n) = 0$，$y_{zs}(n) = 0$，则 $y(L-S-1), y(L-S-2), \cdots, y(L-S-N)$ 均为 $y_{zi}(n)$ 的边界值。

即

$$\begin{cases} y(L - S - 1) = y_{zi}(L - S - 1) \\ y(L - S - 2) = y_{zi}(L - S - 2) \\ \qquad\qquad\vdots \\ y(L - S - N) = y_{zi}(L - S - N) \end{cases}$$

因此,一般 N 阶差分方程判断零输入初始条件,只看差分方程等式两边的最高项序号即可判断 $y(k)$ 是否是零输入响应边界值 $y_{zi}(k)$。

例如,输入序列最高序号项 $x(S)$,输出序列最高序号项 $y(L)$,此时激励信号未作用的零输入初始边界值 $y_{zi}(k)$ 中的序号均应满足

$$k < L - S$$

即 $y_{zi}(k)$ 可由 $y(L - S - 1),y(L - S - 2),\cdots,y(L - S - N)$ 条件给出。

【例6.6.1】 已知离散系统的差分方程为

$$y(n + 2) + 3y(n + 1) + 2y(n) = x(n + 1) - 2x(n)$$

初始条件 $y(0) = 0,y(-1) = 1$,试求零输入响应 $y_{zi}(n)$。

解 由差分方程可得对应的特征方程

$$\alpha^2 + 3\alpha + 2 = 0$$

特征根为

$$\begin{cases} \alpha_1 = -1 \\ \alpha_2 = -2 \end{cases}$$

所以

$$y_{zi}(n) = \left[C_1 (-1)^n + C_2 (-2)^n \right] u(n)$$

根据初始条件 $y(0) = 0,y(-1) = 1$,可有

$$\begin{cases} C_1 + C_2 = 0 \\ C_1(-1)^{-1} + C_2(-2)^{-1} = 1 \end{cases}$$

解方程得 $C_1 = -2,C_2 = 2$,所以

$$y_{zi}(n) = \left[-2(-1)^n + 2(-2)^n \right] u(n)$$

6.6.2 系统的单位样值响应

由连续时间信号与系统的分析可知,系统的零状态响应 $r_{zs}(t)$ 可以由系统的激励信号 $e(t)$ 与单位冲激响应 $h(t)$ 的卷积得到。类似的,对于一个给定的离散系统,欲求系统的零状态响应 $y_{zs}(n)$ 可以采用同样的方法,即首先求系统的单位样值响应,然后再利用所谓的卷积和。

单位样值响应,就是单位样值函数 $\delta(n)$ 作为离散系统的激励时而产生的零状态响应,用 $h(n)$ 表示,它与连续时间系统的单位冲激响应 $h(t)$ 类似。

对于以单位样值函数 $\delta(n)$ 作为激励信号的系统,因为激励信号仅在 $n = 0$ 时刻存在非零值,在 $n > 0$ 之后激励为零。这时的系统相当于一个零输入系统,而激励信号的作用已经转化为系统的储能状态的变化。因此系统的单位样值响应 $h(n)$ 的函数形式必与零输入响应的函数形式相同,例如当系统差分方程的特征根都为单根时,系统的单位样值响应为

$$h(n) = \sum_{i=1}^{N} K_i \alpha_i^n \qquad (6.6.8)$$

式中　　α_i——系统差分方程的特征根；

　　　　K_i——待定系数，由单位样值函数 $\delta(n)$ 的作用转换为系统的初始条件来确定。

【例 6.6.2】　已知系统的差分方程为
$$y(n+2) - 5y(n+1) + 6y(n) = x(n+2)$$

求系统的单位样值响应 $h(n)$。

解　对应差分方程的齐次方程为
$$y(n+2) - 5y(n+1) + 6y(n) = 0$$

则对应的特征方程为
$$\alpha^2 - 5\alpha + 6 = 0$$

解出特征根
$$\begin{cases} \alpha_1 = 2 \\ \alpha_2 = 3 \end{cases}$$

则单位样值响应为
$$h(n) = K_1 2^n + K_2 3^n$$

为了确定系数 K_1 和 K_2，需要根据差分方程确定初始条件。系统符合因果条件，而且没有初始储能，所以，当 $n < 0$ 时，$h(n) = 0$。

依据差分方程，当 $x(n) = \delta(n)$ 时，则有
$$h(n+2) - 5h(n+1) + 6h(n) = \delta(n+2)$$

使用迭代法：

当 $n = -2$ 时　　　$h(0) - 5h(-1) + 6h(-2) = \delta(0) = 1$

所以 $h(0) = 1$。

当 $n = -1$ 时　　　$h(1) - 5h(0) + 6h(-1) = \delta(1) = 0$

所以 $h(1) = 5$。

于是得到单位函数作用于系统之后，产生 $h(n)$ 的边界值为
$$h(0) = 1$$
$$h(1) = 5$$

将此边界值代入 $h(n)$ 的表达式，则有
$$\begin{cases} K_1 + K_2 = 1 \\ 2K_1 + 3K_2 = 5 \end{cases}$$

将两式联立求解得
$$\begin{cases} K_1 = -2 \\ K_2 = 3 \end{cases}$$

所以
$$h(n) = \left[3^{n+1} - 2^{n+1} \right] u(n)$$

【例 6.6.3】　已知系统差分方程为
$$y(n+1) + 2y(n) = x(n)$$

试求系统的单位样值响应 $h(n)$。

解　依题差分方程的特征方程为

$$\alpha + 2 = 0$$

特征根为

$$\alpha = -2$$

单位样值响应

$$h(n) = K(-2)^n$$

当 $x(n) = \delta(n)$ 时，差分方程变为

$$h(n+1) + 2h(n) = \delta(n)$$

使用迭代法求 $h(n)$ 的边界值

$$h(0) = -2h(-1) + \delta(-1) = 0$$
$$h(1) = -2h(0) + \delta(0) = 1$$

于是得到初始条件 $h(1) = 1$，将此条件代入 $h(n)$ 表达式，可得

$$K = -\frac{1}{2}$$

所以

$$h(n) = \left(-\frac{1}{2}\right) \cdot (-2)^n u(n-1) = (-2)^{n-1} u(n-1)$$

此处应当注意，由于初始值 $h(0) = 0$，所以 $h(n)$ 的表达式应当在 $n \geqslant 1$ 的范围内成立。

【例 6.6.4】　已知系统的差分方程

$$y(n) + 6y(n-1) + 8y(n-2) = x(n-1) + 2x(n-2)$$

试求系统的单位样值响应 $h(n)$。

解　由于差分方程右端有两项，可以根据线性叠加原理分别考虑两项的作用。

(1) 假设只有 $x(n-1)$ 作用时，求得的单位样值响应 $h_1(n)$，对应的差分方程为

$$y(n) + 6y(n-1) + 8y(n-2) = x(n-1)$$

特征方程为

$$\alpha^2 + 6\alpha + 8 = 0$$

特征根为

$$\begin{cases} \alpha_1 = -2 \\ \alpha_2 = -4 \end{cases}$$

所以

$$h_1(n) = K_1(-2)^n + K_2(-4)^n$$

使用迭代法，当 $x_1(n) = \delta(n)$ 时，可得边界条件

$$h_1(0) = -6h_1(-1) - 8h_1(-2) + \delta(-1) = 0$$
$$h_1(1) = -6h_1(0) - 8h_1(-1) + \delta(0) = 1$$

由此建立求系数 K 的方程

$$\begin{cases} K_1 + K_2 = 0 \\ -2K_1 - 4K_2 = 1 \end{cases}$$

解得

$$\begin{cases} K_1 = \dfrac{1}{2} \\ K_2 = -\dfrac{1}{2} \end{cases}$$

所以

$$h_1(n) = \left[\frac{1}{2}(-2)^n - \frac{1}{2}(-4)^n\right]u(n)$$

（2）假设只有 $2x(n-2)$ 作用时，求 $h_2(n)$。

根据线性时不变性可知

$$h_2(n) = 2h_1(n-1) = \left[(-2)^{n-1} - (-4)^{n-1}\right]u(n-1)$$

（3）将以上结果叠加，即得系统的单位样值响应 $h(n)$

$$h(n) = h_1(n) + h_2(n) = \left[\frac{1}{2}(-2)^n - \frac{1}{2}(-4)^n\right]u(n) +$$

$$\left[(-2)^{n-1} - (-4)^{n-1}\right]u(n-1) =$$

$$-\frac{1}{4}(-4)^n u(n-1) = (-4)^{n-1}u(n-1)$$

值得说明的是，在连续时间系统中，曾利用求拉普拉斯反变换的方法决定冲激响应 $h(t)$，与此类似，在离散时间系统中，也可以利用系统函数的反变换来确定单位样值响应。一般情况下，这是一种较简便的方法，我们将在第 7 章讨论。

此外，由于单位样值响应 $h(n)$ 表征了系统自身的性能，因此在时域分析中可以根据 $h(n)$ 来判断系统的某些重要特性，如因果性、稳定性等。

因果系统就是输出变化不能领先于输入变化的系统。类似于连续时间系统，离散时间系统因果性的充要条件是

$$h(n) = 0 \quad (n < 0) \tag{6.6.9}$$

或表示为

$$h(n) = h(n)u(n)$$

稳定系统的定义是：只要输入是有界的，输出也必定是有界的系统。离散系统稳定性的充要条件是单位样值响应绝对可和，即

$$\sum_{n=-\infty}^{+\infty} |h(n)| < +\infty \tag{6.6.10}$$

既满足稳定条件又满足因果条件的系统是我们的主要研究对象。

6.6.3　系统的零状态响应求解

根据式（6.6.2）可知，系统响应的边界条件 $y(k)$ 可以分解为零输入响应的边界值 $y_{zi}(k)$ 和零状态响应的边界值 $y_{zs}(k)$ 两部分

$$y(k) = y_{zi}(k) + y_{zs}(k)$$

在零输入条件下有

$$\boldsymbol{B}(k) = 0$$

$$\boldsymbol{C}_{zi} = \boldsymbol{V}^{-1}\boldsymbol{Y}_{zi}(k) \tag{6.6.11}$$

在零状态条件下，系数矩阵 $\boldsymbol{C}_{zs}$ 可表示为

$$\boldsymbol{C}_{zs} = \boldsymbol{V}^{-1}\left[\boldsymbol{Y}_{zs}(k) - \boldsymbol{B}(k)\right] = \boldsymbol{V}^{-1}\left[\boldsymbol{Y}(k) - \boldsymbol{Y}_{zi}(k) - \boldsymbol{B}(k)\right] \tag{6.6.12}$$

于是,系统的零状态响应

$$y_{zs}(n) = \sum_{i=1}^{N} C_{zsi}\alpha_i^n + B(n) \tag{6.6.13}$$

值得注意的是,自由响应系数 A 与零输入响应系数 C_{zi} 和零状态响应系数 C_{zs} 之间满足

$$A = C_{zi} + C_{zs} \tag{6.6.14}$$

类似于连续时间系统,通过式(6.6.13)求解系统的零状态响应往往是不方便的。从另一个角度,在连续时间系统中求解零状态响应时,我们应用了卷积积分方法,其基本过程是:将激励信号 $e(t)$ 分解为冲激函数序列,根据系统对各个冲激的响应,叠加得到系统对激励信号 $e(t)$ 的总响应。对离散系统求零状态响应的过程基本相同:先将激励信号 $x(n)$ 分解为单元函数,再分别求各单元函数的响应,最后叠加得到零状态响应 $y_{zs}(n)$。不同的是,在离散时间系统中,由于激励信号 $x(n)$ 本身就是一个不连续的序列,因此卷积过程的第一步分解工作变得十分容易。离散激励信号中的每一个序列值,均为一延时加权的单位样值函数,当其施加于系统时,就会产生一个延时加权的单位样值响应,这些响应仍是一个离散序列,把这些序列叠加就得到系统响应。这种离散量的叠加过程即为求激励信号 $x(n)$ 和系统单位样值响应 $h(n)$ 的卷积和。

由离散信号分解知道,任意一个单边离散信号 $x(n)$ 均可以表示为单位样值函数 $\delta(n)$ 的延时加权和的形式,即

$$x(n) = x(0)\delta(n) + x(1)\delta(n-1) + \cdots + x(m)\delta(n-m) + \cdots =$$
$$\sum_{m=0}^{+\infty} x(m)\delta(n-m) \tag{6.6.15}$$

如果已知离散时间系统对单位样值函数 $\delta(n)$ 的响应为 $h(n)$,根据线性非时变系统的特性,系统对 $C\delta(n-m)$ 的响应将为 $Ch(n-m)$,则系统对 $x(n)$ 的响应 $y_{zs}(n)$ 为

$$y_{zs}(n) = x(0)h(n) + x(1)h(n-1) + \cdots + x(m)h(n-m) + \cdots =$$
$$\sum_{m=0}^{+\infty} x(m)h(n-m) \tag{6.6.16}$$

若把式(6.6.16)中序号 m 以 $(n-m)$ 代之,则有

$$y_{zs}(n) = \sum_{m=0}^{+\infty} x(n-m)h(m) \tag{6.6.17}$$

式(6.6.16)和式(6.6.17)是对单边激励信号和因果系统条件下计算零状态响应的卷积和公式。对于一般情况,上两式可以写为

$$y_{zs}(n) = \sum_{m=-\infty}^{+\infty} x(m)h(n-m) = x(n) * h(n) \tag{6.6.18}$$

或者

$$y_{zs}(n) = \sum_{m=-\infty}^{+\infty} x(n-m)h(m) = h(n) * x(n) \tag{6.6.19}$$

同理式(6.6.15)可记为

$$x(n) = x(n) * \delta(n) \tag{6.6.20}$$

可见,离散时间系统的零状态响应,可由激励信号 $x(n)$ 与系统单位样值响应 $h(n)$ 的卷积和获得。这一点也与连续时间系统通过卷积积分求零状态响应相一致,并可以证明卷积和的代数运算与卷积积分的代数运算规律相同,也服从交换律、分配律、结合律。

卷积和亦可使用图解法,其运算过程与卷积积分的数值计算法一致。

【例 6.6.5】　若系统的单位样值响应为

$$h(n) = a^n u(n)$$

其中 $0 < a < 1$,激励信号为 $x(n) = u(n) - u(n - N)$,求响应 $y(n)$。

解　由式(6.6.18)知

$$y(n) = x(n) * h(n) = \sum_{m=-\infty}^{+\infty} [u(m) - u(m-N)] a^{(n-m)} u(n-m) =$$

$$\left[\sum_{m=-\infty}^{+\infty} u(m) a^{(n-m)} u(n-m) \right] - \left[\sum_{m=-\infty}^{+\infty} u(m-N) a^{(n-m)} u(n-m) \right] =$$

$$a^n \left[\sum_{m=0}^{n} a^{-m} \right] u(n) - a^n \left[\sum_{m=N}^{n} a^{-m} \right] u(n-N) =$$

$$a^n \frac{1 - a^{-n-1}}{1 - a^{-1}} u(n) - a^n \frac{a^{-N} - a^{-n-1}}{1 - a^{-1}} u(n-N) =$$

$$a^n \frac{1 - a^{-n-1}}{1 - a^{-1}} [u(n) - u(n-N)] + a^n \frac{1 - a^{-N}}{1 - a^{-1}} u(n-N)$$

6.6.4　系统的全响应

根据前几节的讨论,离散系统的全响应可描述为

$$y(n) = \underbrace{\sum_{i=1}^{N} A_i \alpha_i^n}_{\text{自由响应}} + \underbrace{B(n)}_{\text{强迫响应}} = \underbrace{\sum_{i=1}^{N} C_{zii} \alpha_i^n}_{\text{零输入响应}} + \underbrace{\sum_{i=1}^{N} C_{zsi} \alpha_i^n + B(n)}_{\text{零状态响应}} =$$

$$\underbrace{\sum_{i=1}^{N} C_{zii} \alpha_i^n}_{\text{零输入响应}} + \underbrace{\sum_{m=0}^{+\infty} x(n-m) h(m)}_{\text{零状态响应}}$$

可见,与连续时间系统的响应相类似,离散系统的全响应也有两种求解方式:求解自由响应分量和强迫响应分量,或零输入响应分量和零状态响应分量。这两种求解方式有明显的区别。虽然自由响应与零输入响应都是齐次解的形式,但它们的系数并不同,零输入响应的系数仅由系统的初始状态所决定,而自由响应的系数同时由初始状态和激励所决定。

【例 6.6.6】　已知离散系统的差分方程为

$$y(n) - 0.9y(n-1) = x(n)$$

若 $x(n) = 0.05u(n)$,$y(-1) = 1$,试求:

(1) 系统的自由响应、强迫响应及全响应;

(2) 系统的零输入响应、零状态响应及全响应。

解　(1) 由已知差分方程可知系统特征方程对应的特征根为 $\alpha = 0.9$,则系统的自由响应为

$$y_c(n) = A \cdot (0.9)^n$$

系统的强迫响应为

$$y_p(n) = B$$

于是系统全响应为

$$y(n) = y_c(n) + y_p(n) = A \cdot (0.9)^n + B$$

为了确定系数 B,将特解代入方程

$$B \cdot (1 - 0.9) = 0.05$$

得 $B = 0.5$。

将 $y(-1) = 1$ 代入差分方程得 $y(0) = 0.95$，再将 $y(0) = 0.95$ 代入 $y(n)$ 表达式

$$y(0) = A(0.9)^0 + 0.5 = 0.95$$

解得 $A = 0.45$，因此

$$y(n) = \underbrace{0.45\,(0.9)^n}_{自由响应} + \underbrace{0.5}_{强迫响应}$$

（2）先求零输入响应：令激励信号 $x(n) = 0$，差分方程表示为

$$y(n) - 0.9y(n-1) = 0$$

则

$$y_{zi}(n) = C_{zi} \cdot (0.9)^n$$

代入 $y(-1) = 1$ 求得系数 $\qquad C_{zi} = 0.9$

于是

$$y_{zi}(n) = 0.9\,(0.9)^n$$

再求零状态响应。零状态响应可以有两种求解方法。

方法一 令 $y(-1) = 0$，此时系统处于零状态，其响应为

$$y_{zs}(n) = C_{zs} \cdot (0.9)^n + B$$

特解 B 可由前面的方法确定为 $B = 0.5$。

为了求得系数 C_{zs}，可由 $y(-1) = 0$ 迭代求出 $y_{zs}(0) = 0.05$，代入上面方程

$$y_{zs}(0) = C_{zs} + 0.5 = 0.05$$

解得 $C_{zs} = -0.45$，所以

$$y_{zs}(n) = -0.45\,(0.9)^n + 0.5 = 0.5 - 0.45\,(0.9)^n$$

因此，总响应为

$$y(n) = \underbrace{0.9\,(0.9)^n}_{零输入响应} + \underbrace{0.5 - 0.45\,(0.9)^n}_{零状态响应}$$

方法二 根据已知方程，系统的单位样值响应

$$h(n) = K\,(0.9)^n u(n)$$

当系统输入 $x(n) = \delta(n)$ 时，有

$$h(n) - 0.9h(n-1) = \delta(n)$$

由于系统是因果系统，所以当 $n < 0$ 时，$h(n) = 0$。

使用迭代法，当 $n = 0$ 时，$h(0) = 1$，因此可求得 $K = 1$，即

$$h(n) = (0.9)^n u(n)$$

而 $x(n) = 0.05u(n)$，根据卷积和的定义

$$y_{zs}(n) = h(n) * x(n) = \sum_{m=-\infty}^{+\infty} (0.9)^{(n-m)} u(n-m) \cdot 0.05u(m) =$$

$$0.05\,(0.9)^n \Big[\sum_{m=0}^{n} (0.9)^{-m}\Big] u(n) = 0.05\,(0.9)^n \left[\frac{1 - (0.9)^{-n-1}}{1 - (0.9)^{-1}}\right] u(n) =$$

$$0.5 - 0.45\,(0.9)^n$$

因此，总响应为

$$y(n) = \underbrace{0.9\,(0.9)^n}_{零输入响应} + \underbrace{0.5 - 0.45\,(0.9)^n}_{零状态响应}$$

尽管这里通过单位样值响应与输入激励信号卷积的方法求解零状态响应计算起来还是比较繁琐，但是该原理在第 7 章介绍 Z 变换分析法后，其优越性就会明显体现出来，这里更

多的意义是建立这样的一种概念。

6.7　本章小结

本章介绍的内容对应于连续信号与系统的时域分析方法。首先对离散与连续进行了比较分析,目的是了解二者在概念上和分析方法上的相似性和独立性。其次,建立了离散时间系统的数学模型是差分方程的概念,并介绍了不同于连续系统的递归迭代求解算法,特别适合数值计算。最后,类似于连续系统响应的求解方法,分别从经典解法和近代解法介绍了系统响应的求解过程。经典方法就是求解离散系统差分方程的齐次解和特解,而从系统分析的角度,它们分别对应系统的自由响应和强迫响应。近代解法就是求解系统的零输入响应和零状态响应,其中包括了求解单位样值响应的方法。

相对于连续信号与系统的时域分析方法,本章有两点值得注意。第一,不同于连续信号与系统分析中的求解自由响应和零输入响应,需要考虑 0^+ 和 0^- 的问题,在离散信号与系统分析中在 0 点有确定的值,不存在跳变问题;第二,离散系统的数学模型 —— 差分方程存在向右移序和向左移序的问题,所以在确定系统的边界值时,需要同时考虑输入序列最高序号和输出序列最高序号之间的关系。

最后,求卷积和运算过程通常比较复杂,所求结果经常为一数值序列,很难写出简洁的函数式。为避免运算上的困难,表6.7.1给出了常用函数的卷积和,表中函数 $x(n)$、$h(n)$ 及其卷积和均为单边函数。

表 6.7.1　常用函数的卷积和

序号	$x(n)$	$h(n)$	$x(n) * h(n) = h(n) * x(n)$
1	$\delta(n)$	$x(n)$	$x(n)$
2	a^n	$u(n)$	$(1 - a^{n+1})/(1 - a)$
3	$u(n)$	$u(n)$	$n + 1$
4	a_1^n	a_2^n	$(a_1^{n+1} - a_2^{n+1})/(a_1 - a_2)\ (a_1 \neq a_2)$
5	a^n	a^n	$(n + 1)a^n$
6	a^n	n	$n/(1 - a) + a(a^n - 1)/(1 - a)^2$
7	n	n	$(n - 1)n(n + 1)/6$
8	$a_1^n \cos(\omega_0 n + \theta)$	a_2^n	$\dfrac{a_1^{n+1}\cos\left[\omega_0(n+1) + \theta - \varphi\right] - a_2^{n+1}\cos(\theta - \varphi)}{\sqrt{a_1^2 + a_2^2 - 2a_1 a_2 \cos \omega_0}}$ $\varphi = \tan^{-1}\left(\dfrac{a_1 \sin \omega_0}{a_1 \cos \omega_0 - a_2}\right)$

习　　题

6.1　分别画出下列各序列的波形。

1. $\left(\dfrac{1}{2}\right)^{n}u(n)$ 　　　　　　　2. $\left(-\dfrac{1}{2}\right)^{n}u(n)$

3. $(2)^{n}u(n)$ 　　　　　　　　　4. $(-2)^{n}u(n)$

5. $\sin\left(\dfrac{n\pi}{5}\right)$ 　　　　　　　　6. $\left(\dfrac{5}{6}\right)^{n}\sin\left(\dfrac{n\pi}{5}\right)$

6.2　判断 $x(n)$ 是否是周期序列,如果是周期的,试确定其周期。

1. $x(n)=A\cos\left(\dfrac{3\pi}{7}n-\dfrac{\pi}{8}\right)$ 　　　　2. $x(n)=e^{j\left(\frac{n}{8}-\pi\right)}$

3. $x(n)=e^{j3\pi n}+e^{j2n}$ 　　　　　4. $x(n)=5\cos(6\pi n)+10\cos\left(\dfrac{4\pi n}{31}\right)$

6.3　已知 $x_1(n)=u(n)-u(n-3)$, $x_2(n)=(3-n)[u(n)-u(n-3)]$, $x_3(n)=\delta(n-2)-\delta(n+2)$,试画出下列卷积的波形。

1. $y(n)=x_1(n)*x_2(n)$ 　　　　　2. $y(n)=x_2(n)*x_3(n)$

3. $y(n)=x_1(n)*x_2(n)*x_3(n)$

6.4　列写图6.1所示系统的差分方程,并指出其阶数。

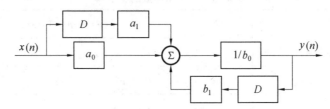

图6.1　题6.4图

6.5　求解下列差分方程。

1. $y(n+2)+3y(n+1)+2y(n)=0$ 　　　　　　$y(-1)=2,y(-2)=1$

2. $y(n+2)+2y(n+1)+y(n)=0$ 　　　　　　$y(0)=1,y(-1)=1$

3. $y(n+2)+y(n)=0$ 　　　　　　　　　　　$y(0)=1,y(1)=2$

6.6　求解差分方程。

1. $y(n+1)+2y(n)=x(n)$ 　　　　　　　　$x(n)=n-1,y(0)=1$

2. $y(n+2)+2y(n+1)+y(n)=x(n)$ 　　　　$x(n)=3^{n+2}u(n),y(-1)=0,y(0)=0$

3. $y(n+1)-2y(n)=x(n)$ 　　　　　　　　$x(n)=4u(n),y(0)=0$

6.7　用卷积和求解下列差分方程的零状态响应 $y_{zs}(n)$ 和全响应 $y(n)$。

$$y(n+1)+2y(n)=x(n+1),x(n)=e^{-n}u(n),y(0)=0$$

6.8　已知离散时间系统如图6.2所示写出系统差分方程,并求其单位样值响应。

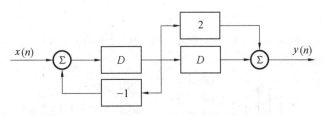

图 6.2　题 6.8 图

6.9　已知系统差分方程为

$$y(n+2) - 3y(n+1) + 2y(n) = x(n+1) - 2x(n)$$

系统的初始条件为 $y(-1) = 1, y(0) = 1$，输入激励为 $x(n) = u(n)$。

1. 求系统的零输入响应 $y_{zi}(n)$、零状态响应 $y_{zs}(n)$ 和全响应 $y(n)$；

2. 绘出该系统的模拟图。

6.10　设某离散系统的单位样值响应 $h(n) = 4\left(\dfrac{1}{2}\right)^n u(n) - 2\left(\dfrac{1}{4}\right)^n u(n)$，输入信号为

$x(n) = \left(\dfrac{1}{4}\right)^n u(n)$，且系统初始条件为零。求系统输出 $y(n)$，并画出系统的模拟图。

6.11　已知离散系统差分方程为

$$y(n+2) + 4y(n+1) + 3y(n) = x(n+1)$$

输入信号为 $x(n) = (-2)^n u(n-1)$，初始条件为 $y(0) = 0, y(1) = 1$。试求系统的全响应，并指出其中的零输入响应、零状态响应、自由响应、强迫响应。

6.12　已知某系统如图 6.3 所示，$h_1(n) = 2\delta(n) + 4\delta(n-1)$，$h_2(n) = \delta(n-2) + 0.5\delta(n-3)$。

图 6.3　题 6.12 图

1. 求该系统的单位样值响应 $h(n)$；

2. 确定 $x(n)$ 和 $y(n)$ 的关系。

6.13　已知某线性非时变离散系统的单位样值响应

$$h(n) = \left(\frac{1}{3}\right)^n u(n)$$

1. 求描述该系统的差分方程；

2. 求该系统的阶跃响应；

3. 如果输入激励信号为 $x(n) = nu(n)$，求系统的零状态响应。

6.14　已知线性非时变系统，输入信号 $x(n)$ 和单位样值响应 $h(n)$ 分别为

$$x(n) = \begin{cases} 1 & (0 \leq n \leq 5) \\ 0 & (n \text{ 为其他值}) \end{cases}$$

$$h(n) = \begin{cases} 2^n & (0 \leq n \leq 3) \\ 0 & (n \text{ 为其他值}) \end{cases}$$

试用图解卷积法求系统响应 $y(n)$，并画出 $y(n)$ 的波形。

6.15 已知 $x_1(n)$ 与 $x_2(n)$ 的波形如图6.4所示。

$$y(n) = x_1(n) * x_2(n) * \delta(n + 2) * \delta(n - 4)$$

试确定 $y(n)$ 的有效时间范围。

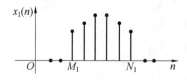 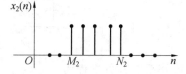

图6.4 题6.15图

6.16 某一阶线性时不变离散系统,若初始状态为 $x(0)$、激励为 $x(n)$ 时,其全响应为 $y_1(n) = u(n)$;若初始状态仍为 $x(0)$、激励为 $-x(n)$ 时,其全响应为

$$y_2(n) = \left[2\left(\frac{1}{3}\right)^n - 1 \right] u(n)$$

求若初始状态为 $2x(0)$、激励为 $3x(n)$ 时系统的全响应 $y_3(n)$。

第 7 章

离散信号与系统的 z 域分析

第 6 章讨论了离散时间信号与系统的时域分析方法,讨论是围绕如何求解系统的差分方程展开的,这正如在连续时间系统的时域分析是围绕如何求解系统的微分方程来讨论一样。在连续时间信号与系统分析中,为了避开求解微分方程的困难,可以通过傅里叶变换或拉普拉斯变换把问题从时间域转化到变换域,从而把求解线性微分方程的工作转化为求解线性代数方程。同样,在离散时间信号与系统分析中,为了避免求解差分方程的困难,也可以通过 Z 变换的方法,把信号从离散时域变换到 z 域,从而把求解线性差分方程的工作转化为求解线性代数方程。在第 6 章中已经注意到,在时域中用差分方程分析离散时间系统与用微分方程分析连续时间系统有许多相似之处。同样,对于变换域分析,Z 变换和拉普拉斯变换二者在变换性质上以及利用它们来做系统分析上,也有许多相似之处。

本章着重介绍 Z 变换及应用 Z 变换分析离散时间信号与系统的方法,由此可以得到由连续信号过渡到离散信号后所出现的一些特殊问题,如频谱的周期性等。这些特殊问题决定了离散信号与系统的分析和连续时的情况相比,有着许多本质的不同。本章 7.1 ~ 7.3 节分别介绍 Z 变换定义、Z 反变换以及 Z 变换的基本性质,目的是建立与连续时间信号与系统分析中拉普拉斯变换类似的基本概念;7.4 节介绍 Z 变换与拉普拉斯变换的关系,目的是建立起离散与连续信号与系统变换域之间的联系;7.5 节介绍 Z 变换用于离散系统的分析,目的是通过 Z 变换来求解系统的零输入响应、零状态响应和全响应;7.6 节和 7.7 节分别介绍系统函数的时域特性、系统函数的频域特性等,目的是通过系统函数讨论系统的时域响应和频率响应的特点。

7.1 Z 变换

Z 变换在离散信号与系统分析中的地位和作用类似于拉普拉斯变换在连续时间信号与系统分析中的地位和作用。下面先对 Z 变换进行详细介绍。

7.1.1 Z 变换的定义

Z 变换的定义可以由抽样信号的拉普拉斯变换引出,也可以直接对离散信号进行定义。我们先来看抽样信号的拉普拉斯变换。

由第 5 章讨论,若连续信号 $x(t)$ 经均匀冲激抽样,其抽样信号 $x_s(t)$ 的表达式为

$$x_s(t) = x(t)\delta_T(t) = \sum_{n=-\infty}^{+\infty} x(nT)\delta(t - nT) \qquad (7.1.1)$$

如果考虑抽样信号为单边函数,则式(7.1.1)可表示为

$$x_{s}(t) = \sum_{n=0}^{+\infty} x(nT)\delta(t - nT) \qquad (7.1.2)$$

式中 T——抽样时间间隔。

对式(7.1.2)两边取拉普拉斯变换,得

$$X_{s}(s) = \int_{0}^{+\infty} x_{s}(t)\mathrm{e}^{-st}\mathrm{d}t = \int_{0}^{+\infty} \left[\sum_{n=0}^{+\infty} x(nT)\delta(t - nT) \right] \mathrm{e}^{-st}\mathrm{d}t \qquad (7.1.3)$$

将式(7.1.3)中积分与取和的次序对调,并利用冲激信号的抽样特性,便可得到抽样信号的拉普拉斯变换

$$X_{s}(s) = \sum_{n=0}^{+\infty} x(nT)\mathrm{e}^{-snT} \qquad (7.1.4)$$

此时如果引入一个新的复变量 z,使

$$z = \mathrm{e}^{sT}$$

或

$$s = \frac{1}{T}\ln z$$

则式(7.1.4)变为复变量 z 的函数式 $X(z)$,即

$$X(z) = \sum_{n=0}^{+\infty} x(nT)z^{-n} \qquad (7.1.5)$$

通常令 $T = 1$,则式(7.1.5)变为

$$X(z) = \sum_{n=0}^{+\infty} x(n)z^{-n} \qquad (7.1.6)$$

式(7.1.6)就是由拉普拉斯变换引导出来的离散信号 $x(nT)$ 的 Z 变换表达式。

也可以直接给出离散时间序列 $x(n)$ 的 Z 变换定义。

离散序列 $x(n)$ 的 Z 变换定义为

$$X(z) = \mathscr{Z}[x(n)] = \sum_{n=0}^{+\infty} x(n)z^{-n} \qquad (7.1.7)$$

和

$$X(z) = \mathscr{Z}[x(n)] = \sum_{n=-\infty}^{+\infty} x(n)z^{-n} \qquad (7.1.8)$$

通常式(7.1.7)为单边 Z 变换,式(7.1.8)为双边 Z 变换。如果 $x(n)$ 为因果序列,则双边 Z 变换和单边 Z 变换是相同的。

7.1.2　Z 变换的收敛域

对于任意给定的有界离散序列 $x(n)$,使其 Z 变换收敛的所有 z 值的集合,称为 Z 变换 $X(z)$ 的收敛域。根据级数理论,式(7.1.8)所示级数收敛的充分必要条件是满足绝对可和的要求,即

$$\sum_{n=-\infty}^{+\infty} |x(n)z^{-n}| < +\infty \qquad (7.1.9)$$

关于 $X(z)$ 的收敛域,大致有以下几种情况:

（1）$0 < |z| < +\infty$，即 $X(z)$ 在全平面收敛，且可能还包括 $z=0$ 和（或）$z=+\infty$。当 $x(n)$ 为有限长序列时，就是此种情况。

（2）$R_1 < |z| < +\infty$，R_1 是级数的收敛半径。$X(z)$ 的收敛域是 z 平面上以原点为圆心，R_1 为半径的圆外部分，且可能包括 $z=+\infty$。当 $x(n)$ 为右边序列时，就是这种情况，如图 7.1.1（a）所示。

（3）$0 < |z| < R_2$，即 $X(z)$ 的收敛域是 z 平面上以原点为圆心，R_2 为半径的圆内部分，且可能包括 $z=0$。当 $x(n)$ 为左边序列时，即属此种情况，如图 7.1.1（b）所示。

（4）$R_1 < |z| < R_2$，即 $X(z)$ 的收敛域是 z 平面上以原点为中心的一个圆环，其中 $R_1 > 0$，$R_2 < +\infty$，如图 7.1.1（c）所示。如果出现 $R_1 > R_2$ 的情况，那么 $X(z)$ 全平面不收敛。当 $x(n)$ 为双边序列时，就可能出现上述两种情况。

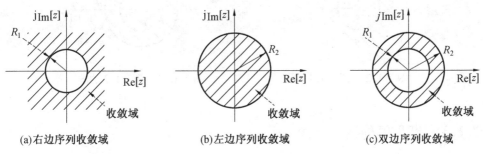

(a)右边序列收敛域　　　　(b)左边序列收敛域　　　　(c)双边序列收敛域

图 7.1.1　不同序列的收敛域

【例 7.1.1】　单边序列 $x(n) = a^n u(n)$，a 为正实数，求 $x(n)$ 的 Z 变换，并确定其收敛域。

解　根据 Z 变换的定义

$$X(z) = \sum_{n=0}^{+\infty} x(n)z^{-n} = \sum_{n=0}^{+\infty} (az^{-1})^n$$

若要级数绝对可和，即 $\sum\limits_{n=0}^{+\infty} |(az^{-1})^n| < +\infty$，必须满足 $|az^{-1}| < 1$，即收敛域为 $|z| > a$，如图 7.1.2 中以原点为圆心，a 为半径的圆外阴影部分所示。于是得到

$$X(z) = \frac{1}{1-az^{-1}} = \frac{z}{z-a} \qquad (|z| > a)$$

这样就将无穷级数表示为一种闭合形式。容易看出 $X(z)$ 有一个零点 $z=0$ 和一个极点 $z=a$，在图中分别用圆圈 "○" 和叉 "×" 标示。

【例 7.1.2】　求序列 $x(n) = a^n u(n) - b^n u(-n-1)$ 的 Z 变换，并确定它的收敛域（其中 $a>0$，$b>0$，$b>a$）。

解　这是一个双边序列，其双边 Z 变换为

$$X(z) = \sum_{n=-\infty}^{+\infty} x(n)z^{-n} = \sum_{n=-\infty}^{+\infty} [a^n u(n) - b^n u(-n-1)]z^{-n} = \sum_{n=0}^{+\infty} a^n z^{-n} - \sum_{n=-\infty}^{-1} b^n z^{-n} =$$

$$\sum_{n=0}^{+\infty} a^n z^{-n} + 1 - \sum_{n=-\infty}^{0} b^n z^{-n} = \sum_{n=0}^{+\infty} a^n z^{-n} + 1 - \sum_{n=0}^{+\infty} b^{-n} z^n$$

当 $|z| > a$ 时，第一个级数收敛；当 $|z| < b$ 时，第二个级数收敛。因此，只有当 $a < |z| < b$ 时，

上面的级数收敛,得

$$X(z) = \frac{z}{z-a} + \frac{z}{z-b} = \frac{z[2z-(a+b)]}{(z-a)(z-b)}$$

由上式可见,双边 Z 变换 $X(z)$ 有两个零点 $z=0$ 和 $z=(a+b)/2$,两个极点 $z=a$ 和 $z=b$。收敛域为 $b > |z| > a$ 的圆环形区域,如图 7.1.3 所示。由此例题可以看出,由于 $X(z)$ 在收敛域内是解析函数,因此收敛域内不应该包含任何极点。一般来说,收敛域是以极点为边界的。如果该例题给定条件为 $b < a$,则 $X(z)$ 将在全 z 平面不收敛,即序列 $x(n)$ 的 Z 变换不存在。

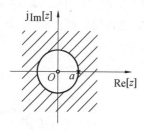

图 7.1.2　例 7.1.1 的图

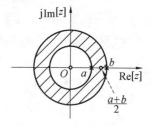

图 7.1.3　例 7.1.2 的图

7.1.3　典型序列的 Z 变换

为了便于对任意离散序列进行 Z 变换,先介绍一些典型序列的 Z 变换。

1. 单位样值函数 $\delta(n)$

由 Z 变换的定义,单位样值函数 $\delta(n)$ 的 Z 变换为

$$X(z) = \mathscr{Z}[\delta(n)] = \sum_{n=-\infty}^{+\infty} \delta(n)z^{-n} = 1 \tag{7.1.10}$$

可见,与连续系统单位冲激函数 $\delta(t)$ 的拉普拉斯变换相类似,单位样值函数 $\delta(n)$ 的 Z 变换等于 1,收敛域为全平面。

2. 单位阶跃序列 $u(n)$

单位阶跃序列 $u(n)$ 的 Z 变换为

$$X(z) = \mathscr{Z}[u(n)] = \sum_{n=-\infty}^{+\infty} u(n)z^{-n} = \sum_{n=0}^{+\infty} z^{-n}$$

若 $|z| > 1$,则该级数收敛,等于

$$X(z) = \mathscr{Z}[u(n)] = \frac{z}{z-1} \tag{7.1.11}$$

可见,单位阶跃序列 $u(n)$ 的 Z 变换收敛域为 z 平面上以原点为圆心的单位圆外部,如图 7.1.4 所示。

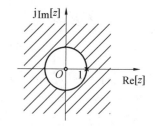

图 7.1.4　单位阶跃序列的收敛域

3. 指数序列 $a^n u(n)$

指数序列 $a^n u(n)$ 的 Z 变换为

$$X(z) = \mathscr{Z}[a^n u(n)] = \sum_{n=0}^{+\infty} a^n u(n)z^{-n} = \frac{z}{z-a} \tag{7.1.12}$$

收敛域为 $|z| > a$。

4. 单边正弦序列 $\sin(\omega_0 n) u(n)$ 和余弦序列 $\cos(\omega_0 n) u(n)$

为了计算单边正弦序列 $\sin(\omega_0 n) u(n)$ 和余弦序列 $\cos(\omega_0 n) u(n)$ 的 Z 变换,在指数序列 $a^n u(n)$ 的 Z 变换中,令 $a = e^{j\omega_0}$,则得复指数 $e^{j\omega_0 n} u(n)$ 的 Z 变换为

$$X(z) = \mathscr{Z}[e^{j\omega_0 n} u(n)] = \frac{z}{z - e^{j\omega_0}}$$

其收敛域为 $|z| > |e^{j\omega_0}| = 1$,即单位圆外。

上式可以分解为实部和虚部两部分,即

$$X(z) = \mathscr{Z}[e^{j\omega_0 n} u(n)] = \frac{z}{z - \cos \omega_0 - j\sin \omega_0} = \frac{z(z - \cos \omega_0) + jz\sin \omega_0}{z^2 - 2z\cos \omega_0 + 1} =$$

$$\frac{z(z - \cos \omega_0)}{z^2 - 2z\cos \omega_0 + 1} + j\frac{z\sin \omega_0}{z^2 - 2z\cos \omega_0 + 1}$$

另一方面,根据欧拉公式,可有

$$X(z) = \mathscr{Z}[e^{j\omega_0 n} u(n)] = \mathscr{Z}[\cos(\omega_0 n) u(n)] + j\mathscr{Z}[\sin(\omega_0 n) u(n)]$$

比较以上两式,依据两复数相等的条件:若两复数相等,则其实部和虚部应分别相等,可得单边正弦序列 $\sin(\omega_0 n) u(n)$ 和余弦序列 $\cos(\omega_0 n) u(n)$ 的 Z 变换为

$$\mathscr{Z}[\cos(\omega_0 n) u(n)] = \frac{z(z - \cos \omega_0)}{z^2 - 2z\cos \omega_0 + 1} \tag{7.1.13}$$

$$\mathscr{Z}[\sin(\omega_0 n) u(n)] = \frac{z\sin \omega_0}{z^2 - 2z\cos \omega_0 + 1} \tag{7.1.14}$$

7.2　Z 反变换

本节研究由 $X(z)$ 的 Z 反变换,即由像函数 $X(z)$ 求原序列 $x(n)$ 的问题。通常,求 Z 反变换的方法有三种:幂级数展开法、部分分式展开法和围线积分法。

7.2.1　幂级数展开法(长除法)

由 Z 变换的定义

$$X(z) = \sum_{n=0}^{+\infty} x(n) z^{-n} = x(0) + x(1) z^{-1} + x(2) z^{-2} + \cdots$$

不难看出,如果已知像函数 $X(z)$,则只要在给定的收敛域内把 $X(z)$ 按 z^{-1} 的幂展开,那么级数的系数就是序列 $x(n)$ 的值。

【例 7.2.1】　已知 $X(z) = \dfrac{z}{(z-1)^2}$,收敛域为 $|z| > 1$,试求其 Z 反变换 $x(n)$。

解　由于 $X(z)$ 的收敛域是 z 平面的单位圆外,因而 $x(n)$ 必然是右边序列。此时将 $X(z)$ 分子、分母多项式按 z 的降幂排列(如果左边序列则为升幂排列)成下列形式

$$X(z) = \frac{z}{z^2 - 2z + 1}$$

进行长除

$$\begin{array}{r}
z^{-1} + 2z^{-2} + 3z^{-3} + \cdots \\[4pt]
z^2 - 2z + 1 \overline{\smash{\big)}\ \dfrac{z}{z - 2 + z^{-1}}} \\[6pt]
\underline{2 - z^{-1}} \\[2pt]
\underline{2 - 4z^{-1} + 2z^{-2}} \\[2pt]
3z^{-1} - 2z^{-2} \\[2pt]
\underline{3z^{-1} - 6z^{-2} + 3z^{-3}} \\[2pt]
4z^{-2} - 3z^{-3} \\[2pt]
\vdots
\end{array}$$

即

$$X(z) = z^{-1} + 2z^{-2} + 3z^{-3} + \cdots = \sum_{n=0}^{+\infty} n z^{-n}$$

所以原离散序列为

$$x(n) = nu(n)$$

在实际应用中,如果只需求出序列 $x(n)$ 的前 N 个值,那么使用长除法还是非常方便的。此外,使用长除法还可以检验用其他反变换方法求出的序列正确与否。但使用长除法求 Z 反变换的缺点是,不易写出 $x(n)$ 闭合形式的表达式。

7.2.2   部分分式展开法

类似于拉普拉斯反变换中的部分分式展开法,在这里也是将 $X(z)$ 展开成简单的部分分式之和的形式,分别求出各部分分式的反变换,再把各反变换所得序列相加,即可得到 $x(n)$。这样,如果 Z 变换 $X(z)$ 是有理分式

$$X(z) = \frac{B(z)}{A(z)} = \frac{b_M z^M + b_{M-1} z^{M-1} + \cdots + b_1 z + b_0}{a_N z^N + a_{N-1} z^{N-1} + \cdots + a_1 z + a_0} \qquad (7.2.1)$$

对于因果序列,即 $n < 0$ 时,$x(n) = 0$ 的序列,其 Z 变换的收敛域为 $|z| > R$,包括 $z = +\infty$ 处,故 $X(z)$ 的分母的阶次不能低于分子阶次,即必须满足 $M \leqslant N$。

由典型离散序列 Z 变换可以看出,Z 变换最基本的形式是 1 和 $\dfrac{z}{z-a}$,它们对应的序列分别是 $\delta(n)$ 和 $a^n u(n)$。因此,Z 变换的部分分式展开法,通常是先将 $\dfrac{X(z)}{z}$ 展开为部分分式,然后各项再乘以 z,这样就可以得到最基本的 $\dfrac{z}{z-a}$ 形式。

如果 $X(z)$ 只含有单阶极点,则 $\dfrac{X(z)}{z}$ 可展开为

$$\frac{X(z)}{z} = \frac{A_0}{z} + \frac{A_1}{z - Z_1} + \frac{A_2}{z - Z_2} + \frac{A_3}{z - Z_3} + \cdots + \frac{A_N}{z - Z_N} = \sum_{i=0}^{N} \frac{A_i}{z - Z_i} \quad (Z_0 = 0)$$

将等式两边各乘以 z,可得

$$X(z) = \sum_{i=0}^{N} \frac{A_i z}{z - Z_i} \qquad (7.2.2)$$

式中　Z_i—— $\dfrac{X(z)}{z}$ 的极点；

　　　A_i—— 极点 Z_i 的留数。

$$A_i = \left[(z - Z_i) \frac{X(z)}{z} \right]_{z = Z_i} \tag{7.2.3}$$

式(7.2.2) 还可表示成

$$X(z) = A_0 + \sum_{i=1}^{N} \frac{A_i z}{z - Z_i} \tag{7.2.4}$$

式中　A_0—— 位于原点的极点的留数。

$$A_0 = [X(z)]_{z=0} = \frac{b_0}{a_0}$$

由 Z 变换表可以直接求得式(7.2.4) 的反变换为

$$x(n) = A_0 \delta(n) + \left[\sum_{i=1}^{N} A_i (Z_i)^n \right] u(n) \tag{7.2.5}$$

如果 $X(z)$ 在 $z = Z_1$ 处有一个 r 阶重极点，其余为单阶极点，此时 $X(z)$ 展开为

$$X(z) = A_0 + \sum_{j=1}^{r} \frac{B_j z}{(z - Z_1)^j} + \sum_{i=r+1}^{N} \frac{A_i z}{z - Z_i} \tag{7.2.6}$$

式中系数 A_i 仍用式(7.2.3) 确定，而相应于重极点的各部分分式的系数 B_j 为

$$B_j = \frac{1}{(r-j)!} \left[\frac{d^{r-j}}{dz^{r-j}} (z - Z_1)^r \frac{X(z)}{z} \right]_{z = Z_1} \tag{7.2.7}$$

此式的推导过程与第4章的式(4.3.17) 相类似。由 Z 变换表可以查得式(7.2.6) 的反变换为

$$x(n) = A_0 \delta(n) + \sum_{j=1}^{r} B_j \frac{n!}{(n-j+1)!(j-1)!} (Z_1)^{n-j+1} u(n) + \sum_{i=r+1}^{N} A_i (Z_i)^n u(n)$$

【例 7.2.2】　已知 $X(z) = \dfrac{z^2}{z^2 - 1.5z + 0.5}$，$X(z)$ 的收敛域为 $|z| > 1$，试求其 Z 反变换。

解　由于　　　$X(z) = \dfrac{z^2}{z^2 - 1.5z + 0.5} = \dfrac{z^2}{(z-1)(z-0.5)}$

且 $X(z)$ 有两个极点：$Z_1 = 1, Z_2 = 0.5$，由此可求得极点上的留数分别为

$$A_1 = \left[(z-1) \frac{X(z)}{z} \right]_{z=1} = 2$$

$$A_2 = \left[(z-0.5) \frac{X(z)}{z} \right]_{z=0.5} = -1$$

$$A_0 = [X(z)]_{z=0} = 0$$

所以 $X(z)$ 展开为

$$X(z) = \frac{2z}{z-1} - \frac{z}{z-0.5}$$

故其 Z 反变换所得序列为

$$x(n) = [2 - (0.5)^n] u(n)$$

7.2.3　围线积分法(留数法)

已知离散序列 $x(n)$ 的 Z 变换为

$$X(z) = \sum_{n=0}^{+\infty} x(n)z^{-n}$$

其收敛域为 $|z| > R$,如图 7.2.1 所示。在 $X(z)$ 的收敛域内选取一条包围坐标原点的闭合围线 C。

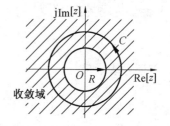

图 7.2.1　Z 反变换积分围线的选择

为求得反变换 $x(n)$,将上式两边分别乘以 z^{m-1},然后沿围线 C 逆时针方向积分,得

$$\oint_C X(z)z^{m-1}\mathrm{d}z = \oint_C \sum_{n=0}^{+\infty} x(n)z^{-n+m-1}\mathrm{d}z \qquad (7.2.8)$$

将式(7.2.8)右边积分与求和的次序互换,成为

$$\oint_C X(z)z^{m-1}\mathrm{d}z = \sum_{n=0}^{+\infty} x(n)\oint_C z^{-n+m-1}\mathrm{d}z \qquad (7.2.9)$$

根据复变函数理论中的柯西积分公式可知

$$\oint_C z^{-n+m-1}\mathrm{d}z = \begin{cases} 2\pi\mathrm{j} & (m = n) \\ 0 & (m \neq n) \end{cases}$$

将此结果代入方程式(7.2.9),则方程右边只存在 $n = m$ 一项,其余各项均为零。于是式(7.2.9)变为

$$\oint_C X(z)z^{m-1}\mathrm{d}z = 2\pi\mathrm{j}x(m) \qquad (7.2.10)$$

此时,若将式(7.2.10)中的 m 重新用 n 置换,则得

$$x(n) = \frac{1}{2\pi\mathrm{j}}\oint_C X(z)z^{n-1}\mathrm{d}z \qquad (7.2.11)$$

这就是 $X(z)$ 的反变换的围线积分表达式。

由于 $X(z)$ 在 $|z| > R$ 的圆外区域收敛,闭合围线 C 位于 $X(z)$ 的收敛域内,且包围坐标原点,因此 C 包围了 $X(z)$ 的所有极点。通常 $X(z)z^{n-1}$ 是 z 的有理函数,其极点都是孤立极点,故可借助于留数定理计算式(7.2.11)的围线积分,即

$$x(n) = \frac{1}{2\pi\mathrm{j}}\oint_C X(z)z^{n-1}\mathrm{d}z = \sum_i \mathrm{Res}\big[X(z)z^{n-1}, Z_i\big] \qquad (7.2.12)$$

式中　Z_i——$X(z)z^{n-1}$ 的极点。

如果 $X(z)z^{n-1}$ 在 $z = Z_i$ 处有 r 阶重极点,则其留数的计算式为

$$\mathrm{Res}\big[X(z)z^{n-1}, Z_i\big] = \frac{1}{(r-1)!}\left[\frac{\mathrm{d}^{r-1}}{\mathrm{d}z^{r-1}}(z - Z_i)^r X(z)z^{n-1}\right]_{z=Z_i} \qquad (7.2.13)$$

若 $r = 1$,即单阶极点情况,则式(7.2.13)变为

$$\mathrm{Res}\big[X(z)z^{n-1}, Z_i\big] = \big[(z - Z_i)X(z)z^{n-1}\big]_{z=Z_i} \qquad (7.2.14)$$

在应用式(7.2.12)、式(7.2.13)和式(7.2.14)时,应当随时注意收敛域内的围线所包含的极点情况,对于不同的 n 值,在 $z = 0$ 处的极点可能具有不同的阶次。

【例 7.2.3】　已知 $X(z) = \dfrac{z^2 - z}{(z + 1)(z - 2)}$，收敛域 $|z| > 2$，试求其 Z 反变换。

解　因为 $X(z)$ 的收敛域 $|z| > 2$，所以 $x(n)$ 必为右边序列。根据式(7.2.12) 得

$$x(n) = \sum_i \text{Res}[X(z)z^{n-1}, Z_i]$$

当 $n \geqslant 0$ 时，$X(z)z^{n-1}$ 有两个极点 $Z_1 = -1$，$Z_2 = 2$，此时

$$x(n) = \left[\frac{z(z - 1)}{z + 1}z^{n-1}\right]_{z=2} + \left[\frac{z(z - 1)}{z - 2}z^{n-1}\right]_{z=-1} = \frac{1}{3}(2)^n + \frac{2}{3}(-1)^n$$

当 $n < 0$ 时，$X(z)z^{n-1}$ 除 $Z_1 = -1$，$Z_2 = 2$ 两个极点外，在 $z = 0$ 处有多阶极点(阶次与 n 取值有关)，则

$$n = -1 : x(n) = \left[\frac{z(z - 1)}{z - 2}z^{-2}\right]_{z=-1} + \left[\frac{z(z - 1)}{z + 1}z^{-2}\right]_{z=2} + \left[z\frac{z(z - 1)}{(z + 1)(z - 2)}z^{-2}\right]_{z=0} =$$
$$-\frac{2}{3} + \frac{1}{6} + \frac{1}{2} = 0$$

$$n = -2 : x(n) = \left[\frac{z(z - 1)}{z - 2}z^{-3}\right]_{z=-1} + \left[\frac{z(z - 1)}{z + 1}z^{-3}\right]_{z=2} + \left[\frac{\mathrm{d}}{\mathrm{d}z}\left(z^2\frac{z(z - 1)}{(z + 1)(z - 2)}z^{-3}\right)\right]_{z=0} =$$
$$\frac{2}{3} + \frac{1}{12} - \frac{3}{4} = 0$$

以此类推，对于 $n < 0$，皆有 $\sum_i \text{Res}[X(z)z^{n-1}, Z_i] = 0$，也就是 $x(n) = 0$，所以

$$x(n) = \left[\frac{1}{3}(2)^n + \frac{2}{3}(-1)^n\right]u(n)$$

由例 7.2.3 可见，当 $n < 0$ 时，在 $z = 0$ 处出现的多重极点留数的计算比较麻烦，此时可采用留数辅助定理求留数。

留数辅助定理： 如果围线积分的被积函数 $F(z)$ 在整个 z 平面上除有限个极点外都是解析的，且当 z 趋向于无穷大时，$F(z)$ 以不低于二阶无穷小的速度趋近于零，则当围线 C 的半径趋于无穷大时，围线积分 $\oint_C F(z)\mathrm{d}z$ 以不低于二阶无穷小的速度趋于零，即

$$\oint_C F(z)\mathrm{d}z = 0$$

或

$$\frac{1}{2\pi\mathrm{j}}\oint_C F(z)\mathrm{d}z = \sum_i \text{Res}[F(z), \text{全部极点 } Z_i] = 0$$

则有

$$\sum_i \text{Res}[F(z), C \text{ 内全部极点}] = -\sum_i \text{Res}[F(z), C \text{ 外全部极点}] \tag{7.2.15}$$

【例 7.2.4】　已知序列的 Z 变换为 $X(z) = \dfrac{z(2z - a - b)}{(z - a)(z - b)}$，$|a| < |z| < |b|$，求原离散序列 $x(n)$。

解　根据

$$x(n) = \frac{1}{2\pi\mathrm{j}}\oint_C \frac{z(2z - a - b)}{(z - a)(z - b)}z^{n-1}\mathrm{d}z$$

当 $n \geqslant 0$ 时，围线 C 内只有一个极点 $Z_1 = a$，所以

$$x_1(n) = \text{Res}[X(z)z^{n-1}, a] = \left[\frac{2z - a - b}{z - b}z^n\right]_{z=a} = a^n$$

当 $n < 0$ 时，C 内有极点 $Z_1 = a, Z_2 = 0$（n 重极点），而 C 外只有一个极点 $Z = b$，所以应用式(7.2.15)计算 C 外极点的留数。

$$x_2(n) = - \operatorname{Res}[X(z)z^{n-1}, b] = -\left[\frac{2z - a - b}{z - a}z^n\right]_{z=b} = -b^n$$

所以

$$x(n) = x_1(n) + x_2(n) = a^n u(n) - b^n u(-n - 1)$$

值得注意的是，在上面介绍的 Z 反变换中，主要是针对单边因果序列进行的。对于双边序列 $x(n)$，通常可以分解为

$$x(n) = x(n)u(-n - 1) + x(n)u(n) = x_2(n) + x_1(n) \tag{7.2.16}$$

即双边序列 $x(n)$ 分解成因果序列 $x_1(n)$ 和反因果序列 $x_2(n)$ 和的形式。此时

$$X(z) = \sum_{n=-\infty}^{+\infty} x(n)z^{-n} = X_2(z) + X_1(z) \quad (R_1 < |z| < R_2) \tag{7.2.17}$$

其中

$$X_1(z) = \mathscr{Z}[x_1(n)] = \sum_{n=0}^{+\infty} x(n)z^{-n} \quad (R_1 < |z|) \tag{7.2.18}$$

$$X_2(z) = \mathscr{Z}[x_2(n)] = \sum_{n=-\infty}^{-1} x(n)z^{-n} = -x(0) + \sum_{n=0}^{+\infty} x(-n)z^n \quad (|z| < R_2) \tag{7.2.19}$$

可见，当已知像函数 $X(z)$ 时，根据给定的收敛域不难由 $X(z)$ 求得 $X_1(z)$ 和 $X_2(z)$，并通过单边 Z 变换分别求得它们所对应的原序列 $x_1(n)$ 和 $x_2(n)$，然后再根据线性叠加原理，将二者相加即可求得 $X(z)$ 所对应的原序列 $x(n)$。

7.3　Z 变换的基本性质

由 Z 变换定义可以推导出许多 Z 变换的性质，这些性质表示离散序列在时域和 z 域之间的关系，其中一些性质与拉普拉斯变换性质相类似。

7.3.1　线性特性

若

$$\mathscr{Z}[x_1(n)] = X_1(z) \quad (R_{x_{11}} < |z| < R_{x_{12}})$$

$$\mathscr{Z}[x_2(n)] = X_2(z) \quad (R_{x_{21}} < |z| < R_{x_{22}})$$

则

$$\mathscr{Z}[a_1 x_1(n) + a_2 x_2(n)] = a_1 X_1(z) + a_2 X_2(z) \quad (R_1 < |z| < R_2) \tag{7.3.1}$$

式中　a_1、a_2——任意常数。

R_1 取 $R_{x_{11}}$ 和 $R_{x_{21}}$ 中的较大者，R_2 取 $R_{x_{12}}$ 和 $R_{x_{22}}$ 中的较小者，通常记为 $R_1 = \max(R_{x_{11}}, R_{x_{21}}) < |z| < R_2 = \min(R_{x_{12}}, R_{x_{22}})$，即相加后序列的 Z 变换收敛域至少为两个收敛域的重叠部分。该特性可以推广到多个函数序列叠加的情况。

7.3.2　位移性

位移性表示序列位移后的 Z 变换与原序列 Z 变换的关系，在实际应用中又有左移和右

移两种情况。

1. 双边 Z 变换

若

$$\mathscr{Z}[x(n)] = X(z)$$

则

$$\mathscr{Z}[x(n \pm m)] = z^{\pm m}X(z) \tag{7.3.2}$$

证明　根据双边 Z 变换定义可得

$$\mathscr{Z}[x(n+m)] = \sum_{n=-\infty}^{+\infty} x(n+m)z^{-n}$$

令 $k = n + m$，则上式变为

$$\mathscr{Z}[x(n+m)] = z^m \sum_{k=-\infty}^{+\infty} x(k)z^{-k} = z^m X(z)$$

同理可证

$$\mathscr{Z}[x(n-m)] = z^{-m}X(z)$$

从上述结果可以看出，序列位移可能会使 Z 变换在 $z = 0$ 或 $z = +\infty$ 处的零、极点情况发生变化。如果 $x(n)$ 是双边序列，$X(z)$ 的收敛域为环形区域，即 $R_{x1} < |z| < R_{x2}$，序列位移将不会使 Z 变换收敛域发生变化。

2. 单边 Z 变换

若 $x(n)$ 是双边序列，其单边 Z 变换为

$$\mathscr{Z}[x(n)] = X(z)$$

则

$$\mathscr{Z}[x(n+m)u(n)] = z^m \left[X(z) - \sum_{k=0}^{m-1} x(k)z^{-k} \right] \tag{7.3.3}$$

证明

$$\mathscr{Z}[x(n+m)u(n)] = \sum_{n=0}^{+\infty} x(n+m)z^{-n}$$

令 $k = n + m$，则

$$\mathscr{Z}[x(n+m)u(n)] = z^m \sum_{k=m}^{+\infty} x(k)z^{-k} = z^m \left[\sum_{k=0}^{+\infty} x(k)z^{-k} - \sum_{k=0}^{m-1} x(k)z^{-k} \right] =$$

$$z^m \left[X(z) - \sum_{k=0}^{m-1} x(k)z^{-k} \right]$$

同理可证

$$\mathscr{Z}[x(n-m)u(n)] = z^{-m} \left[X(z) + \sum_{k=-m}^{-1} x(k)z^{-k} \right] \tag{7.3.4}$$

对于 $m = 1$ 和 $m = 2$ 的情况，有

$$\mathscr{Z}[x(n+1)u(n)] = zX(z) - zx(0)$$

$$\mathscr{Z}[x(n+2)u(n)] = z^2X(z) - z^2x(0) - zx(1)$$

$$\mathscr{Z}[x(n-1)u(n)] = z^{-1}X(z) + x(-1)$$

$$\mathscr{Z}[x(n-2)u(n)] = z^{-2}X(z) + z^{-1}x(-1) + x(-2)$$

如果 $x(n)$ 是因果序列,则式(7.3.4) 变为

$$\mathscr{Z}[x(n-m)u(n)] = z^{-m}X(z) \tag{7.3.5}$$

由于实际使用的多为因果序列,所以表示单边 Z 变换位移性的式(7.3.5) 和式(7.3.3) 最为常用。

【例 7.3.1】 求离散序列 $x(n) = \sum_{k=0}^{+\infty} x_0(n-kN)$ 的 Z 变换。

解 由 $x(n) = \sum_{k=0}^{+\infty} x_0(n-kN)$ 看出 $x(n)$ 为 $x_0(n)$ 的右边延拓,令 $x_0(n)$ 表示 $x(n)$ 的第一个周期,其 Z 变换为

$$X_0(z) = \sum_{n=0}^{N-1} x_0(n)z^{-n} \quad (|z| > 0)$$

离散序列 $x(n)$ 可用 $x_0(n)$ 表示为

$$x(n) = x_0(n) + x_0(n-N) + x_0(n-2N) + \cdots$$

其 Z 变换为

$$X(z) = X_0(z)[1 + z^{-N} + z^{-2N} + \cdots] = X_0(z)\left[\sum_{k=0}^{+\infty} z^{-kN}\right]$$

若 $|z| > 1$,则上式中的级数收敛,并且

$$\sum_{k=0}^{+\infty} z^{-kN} = \sum_{k=0}^{+\infty} (z^{-N})^k = \frac{z^N}{z^N - 1}$$

所以离散序列的 Z 变换为

$$X(z) = \frac{z^N}{z^N - 1}X_0(z) \tag{7.3.6}$$

7.3.3 序列线性加权(z 域微分)

若

$$\mathscr{Z}[x(n)] = X(z)$$

则

$$\mathscr{Z}[nx(n)] = -z\frac{\mathrm{d}X(z)}{\mathrm{d}z} \tag{7.3.7}$$

证明 根据 Z 变换定义

$$X(z) = \sum_{n=0}^{+\infty} x(n)z^{-n}$$

将上式两边对 z 求导数,得

$$\frac{\mathrm{d}X(z)}{\mathrm{d}z} = \frac{\mathrm{d}}{\mathrm{d}z}\left[\sum_{n=0}^{+\infty} x(n)z^{-n}\right] = \sum_{n=0}^{+\infty} x(n)\frac{\mathrm{d}z^{-n}}{\mathrm{d}z} = -z^{-1}\sum_{n=0}^{+\infty} nx(n)z^{-n} = -z^{-1}\mathscr{Z}[nx(n)]$$

所以

$$\mathscr{Z}[nx(n)] = -z\frac{\mathrm{d}X(z)}{\mathrm{d}z}$$

由此可见,序列线性加权(乘 n)等效于对其 Z 变换取导数并乘以 $(-z)$。
同理可得

$$\mathscr{Z}[n^m x(n)] = \left[-z\frac{\mathrm{d}}{\mathrm{d}z}\right]^m X(z) \tag{7.3.8}$$

式中,符号 $\left[-z\dfrac{\mathrm{d}}{\mathrm{d}z}\right]^m$ 表示求导 m 次。

【例 7.3.2】 已知 $\mathscr{Z}[u(n)] = \dfrac{z}{z-1}$,求斜变序列 $nu(n)$ 的 Z 变换。

解 $\mathscr{Z}[nu(n)] = -z\dfrac{\mathrm{d}}{\mathrm{d}z}\mathscr{Z}[u(n)] = -z\dfrac{\mathrm{d}}{\mathrm{d}z}\left[\dfrac{z}{z-1}\right] = \dfrac{z}{(z-1)^2}$

7.3.4　序列指数加权(z 域尺度变换)

若

$$\mathscr{Z}[x(n)] = X(z) \quad (R_{x_1} < |z| < R_{x_2})$$

则

$$\mathscr{Z}[a^n x(n)] = X\left(\frac{z}{a}\right) \quad \left(R_{x_1} < \left|\frac{z}{a}\right| < R_{x_2}\right) \tag{7.3.9}$$

证明 $\mathscr{Z}[a^n x(n)] = \displaystyle\sum_{n=0}^{+\infty} a^n x(n) z^{-n} = \sum_{n=0}^{+\infty} x(n)\left(\frac{z}{a}\right)^{-n}$

所以

$$\mathscr{Z}[a^n x(n)] = X\left(\frac{z}{a}\right)$$

同理可得

$$\mathscr{Z}[a^{-n} x(n)] = X(az) \quad (R_{x_1} < |az| < R_{x_2}) \tag{7.3.10}$$

$$\mathscr{Z}[(-1)^n x(n)] = X(-z) \quad (R_{x_1} < |z| < R_{x_2}) \tag{7.3.11}$$

【例 7.3.3】 求指数衰减正弦序列 $x(n) = a^n \sin(\omega_0 n) u(n)$ 的 Z 变换。

解 因为

$$\mathscr{Z}[\sin(\omega_0 n)u(n)] = \frac{z\sin\omega_0}{z^2 - 2z\cos\omega_0 + 1}$$

由式(7.3.9)得

$$\mathscr{Z}[a^n \sin(\omega_0 n)u(n)] = \frac{\left(\dfrac{z}{a}\right)\sin\omega_0}{\left(\dfrac{z}{a}\right)^2 - 2\left(\dfrac{z}{a}\right)\cos\omega_0 + 1} = \frac{az\sin\omega_0}{z^2 - 2az\cos\omega_0 + a^2}$$

7.3.5　初值定理

若 $x(n)$ 是因果序列,且

$$\mathscr{Z}[x(n)] = X(z)$$

则

$$x(0) = \lim_{z\to+\infty} X(z) \tag{7.3.12}$$

证明 根据定义

$$X(z) = \sum_{n=0}^{+\infty} x(n)z^{-n} = x(0) + x(1)z^{-1} + x(2)z^{-2} + \cdots$$

当 $z \to +\infty$ 时，上式中除第一项 $x(0)$ 外，其余各项都趋于零，所以

$$x(0) = \lim_{z \to +\infty} X(z)$$

7.3.6　终值定理

若 $x(n)$ 为因果序列，且

$$\mathscr{Z}[x(n)] = X(z)$$

则

$$\lim_{n \to +\infty} x(n) = \lim_{z \to 1}[(z-1)X(z)] \tag{7.3.13}$$

证明

$$\mathscr{Z}[x(n+1) - x(n)] = zX(z) - zx(0) - X(z) = (z-1)X(z) - zx(0)$$

等式两边取极限

$$\lim_{z \to 1}(z-1)X(z) = x(0) + \lim_{z \to 1}\sum_{n=0}^{+\infty}[x(n+1) - x(n)]z^{-n} =$$
$$x(0) + [x(1) - x(0)] + [x(2) - x(1)] + \cdots = x(+\infty)$$

所以

$$x(+\infty) = \lim_{z \to 1}(z-1)X(z)$$

注意终值定理的使用条件：① 在时域，当 $n \to +\infty$ 时 $x(n)$ 收敛；② 在 z 域，$X(z)$ 的极点必须位于单位圆内（若在单位圆上只能位于 $z = +1$ 点，且是一阶极点）。这两个条件是等效的。

7.3.7　时域卷积定理

类似于连续时间系统，在离散信号与系统分析中也有时域卷积定理和 z 域卷积定理，其中时域卷积也是连接时域分析和 z 域分析的桥梁，占有重要地位。

若

$$\mathscr{Z}[x(n)] = X(z) \quad (R_{x_1} < |z| < R_{x_2})$$
$$\mathscr{Z}[y(n)] = Y(z) \quad (R_{y_1} < |z| < R_{y_2})$$

则

$$\mathscr{Z}[x(n) * y(n)] = X(z)Y(z) \tag{7.3.14}$$

可见，两个离散序列 $x(n)$ 和 $y(n)$ 在时域的卷积的 Z 变换等于这两个序列 Z 变换 $X(z)$ 和 $Y(z)$ 在 z 域的乘积。在一般情况下，卷积结果 Z 变换的收敛域是 $X(z)$ 和 $Y(z)$ 收敛域的重叠部分，即 $\max\{R_{x_1}, R_{y_1}\} < |z| < \min\{R_{x_2}, R_{y_2}\}$。值得注意，若位于其中某一个 Z 变换收敛域边缘上的极点被另一个 Z 变换的零点抵消，则卷积的 Z 变换收敛域将会扩大。

证明

$$\mathscr{Z}[x(n) * y(n)] = \sum_{n=-\infty}^{+\infty}[x(n) * y(n)]z^{-n} = \sum_{n=-\infty}^{+\infty}\Big[\sum_{m=-\infty}^{+\infty}x(m)y(n-m)\Big]z^{-n}$$

在上式中交换求和的次序，则

$$\mathscr{Z}[x(n) * y(n)] = \sum_{m=-\infty}^{+\infty}x(m)\Big[\sum_{n=-\infty}^{+\infty}y(n-m)z^{-n}\Big] = \sum_{m=-\infty}^{+\infty}x(m)z^{-m}Y(z) = X(z)Y(z)$$

所以
$$\mathscr{Z}[x(n) * y(n)] = X(z)Y(z)$$

【例 7.3.4】　求下面两序列 $x_1(n)$ 和 $x_2(n)$ 的卷积 $y(n)$。
$$x_1(n) = u(n)$$
$$x_2(n) = a^n u(n) - a^{n-1} u(n-1)$$

解　两序列的 Z 变换分别为
$$X_1(z) = \frac{z}{z-1} \quad (|z| > 1)$$

$$X_2(z) = \frac{z}{z-a} - \frac{z}{z-a}z^{-1} = \frac{z-1}{z-a} \quad (|z| > a)$$

根据卷积定理
$$Y(z) = X_1(z)X_2(z) = \frac{z}{z-1}\frac{z-1}{z-a} = \frac{z}{z-a} \quad (|z| > a)$$

所以，$Y(z)$ 的反变换为
$$y(n) = a^n u(n)$$

显然，$X_1(z)$ 的极点 $z = 1$ 被 $X_2(z)$ 的零点所抵消，若 $|a| < 1$，则 $Y(z)$ 的收敛域比原来的重叠部分扩大了，如图 7.3.1 所示。

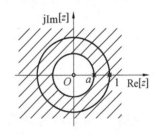

图 7.3.1　例 7.3.4 的图

7.3.8　z 域卷积定理（序列相乘）

若两离散序列 $x(n)$ 和 $h(n)$ 的 Z 变换分别为
$$\mathscr{Z}[x(n)] = X(z) \quad (R_{x_1} < |z| < R_{x_2})$$
$$\mathscr{Z}[h(n)] = H(z) \quad (R_{h_1} < |z| < R_{h_2})$$

则
$$\mathscr{Z}[x(n)h(n)] = \frac{1}{2\pi j}\oint_{C_1} X\left(\frac{z}{v}\right) H(v)v^{-1}\mathrm{d}v \tag{7.3.15}$$

或
$$\mathscr{Z}[x(n)h(n)] = \frac{1}{2\pi j}\oint_{C_2} X(v) H\left(\frac{z}{v}\right) v^{-1}\mathrm{d}v \tag{7.3.16}$$

式中　C_1、C_2——$X\left(\dfrac{z}{v}\right)$ 与 $H(v)$、$X(v)$ 与 $H\left(\dfrac{z}{v}\right)$ 的收敛域重叠部分内的逆时针围线。

而 $\mathscr{Z}[x(n)h(n)]$ 的收敛域一般为 $X(v)$ 与 $H\left(\dfrac{z}{v}\right)$ 或 $H(v)$ 与 $X\left(\dfrac{z}{v}\right)$ 的收敛域重叠部分，即
$$R_{x_1}R_{h_1} < |z| < R_{x_2}R_{h_2}$$

证明　根据定义
$$\mathscr{Z}[x(n)h(n)] = \sum_{n=-\infty}^{+\infty} [x(n)h(n)]z^{-n}$$

将 $x(n)$ 用 $X(z)$ 反变换式表示（注意反变换式中复变量 z 以 v 代替），则有

$$\mathscr{Z}[x(n)h(n)] = \sum_{n=-\infty}^{+\infty} \left[\frac{1}{2\pi j} \oint_{C_2} X(v)v^{n-1}dv \right] h(n)z^{-n}$$

交换积分与求和的次序,则

$$\mathscr{Z}[x(n)h(n)] = \frac{1}{2\pi j} \sum_{n=-\infty}^{+\infty} \left[\oint_{C_2} X(v)v^n \frac{dv}{v} \right] h(n)z^{-n} =$$

$$\frac{1}{2\pi j} \oint_{C_2} X(v) \left[\sum_{n=-\infty}^{+\infty} h(n) \left(\frac{z}{v} \right)^{-n} \right] \frac{dv}{v} =$$

$$\frac{1}{2\pi j} \oint_{C_2} X(v)H\left(\frac{z}{v} \right) v^{-1}dv$$

同理可证明式(7.3.15)。

7.3.9   帕色伐尔定理

若 $x(n)$ 和 $h(n)$ 为复离散序列,并有

$$\mathscr{Z}[x(n)] = X(z)$$
$$\mathscr{Z}[h(n)] = H(z)$$

则

$$\sum_{n=-\infty}^{+\infty} x(n)h^*(n) = \frac{1}{2\pi j} \oint_C X(z)H^*\left(\frac{1}{z^*} \right) z^{-1}dz \qquad (7.3.17)$$

证明   由 z 域卷积定理

$$\mathscr{Z}[x(n)h(n)] = \frac{1}{2\pi j} \oint_C X(v)H\left(\frac{z}{v} \right) v^{-1}dv \qquad (7.3.18)$$

根据 Z 变换定义式容易证明,复共轭序列的 Z 变换为

$$\mathscr{Z}[h^*(n)] = H^*(z^*) \qquad (7.3.19)$$

将式(7.3.19)的结果应用于式(7.3.18),则有

$$\mathscr{Z}[x(n)h^*(n)] = \sum_{n=-\infty}^{+\infty} x(n)h^*(n)z^{-n} = \frac{1}{2\pi j} \oint_C X(v)H^*\left(\frac{z^*}{v^*} \right) v^{-1}dv$$

令 $z = 1$,则上式变为

$$\sum_{n=-\infty}^{+\infty} x(n)h^*(n) = \frac{1}{2\pi j} \oint_C X(v)H^*\left(\frac{1}{v^*} \right) v^{-1}dv$$

令 $v = z$,则上式变为

$$\sum_{n=-\infty}^{+\infty} x(n)h^*(n) = \frac{1}{2\pi j} \oint_C X(z)H^*\left(\frac{1}{z^*} \right) z^{-1}dz \qquad (7.3.20)$$

如果 $X(z)$、$H(z)$ 的收敛域包括单位圆,可令 $z = e^{j\omega}$,则式(7.3.20)变为

$$\sum_{n=-\infty}^{+\infty} x(n)h^*(n) = \frac{1}{2\pi} \int_{-\pi}^{\pi} X(\omega)H^*(\omega)d\omega \qquad (7.3.21)$$

当 $x(n) = h(n)$ 时,上式变为

$$\sum_{n=-\infty}^{+\infty} |x(n)|^2 = \frac{1}{2\pi} \int_{-\pi}^{\pi} |X(\omega)|^2 d\omega \qquad (7.3.22)$$

式(7.3.22)称为**傅里叶变换的能量等式**。

7.4　Z 变换与拉普拉斯变换的关系

7.4.1　z 平面与 s 平面的映射

已知复变量 z 与 s 有如下关系

$$z = e^{sT} \quad 或 \quad s = \frac{1}{T}\ln z$$

将 s 表示为直角坐标形式，z 表示为极坐标形式，即

$$s = \sigma + j\omega$$
$$z = |z|e^{j\varphi} \tag{7.4.1}$$

则有

$$z = |z|e^{j\varphi} = e^{(\sigma + j\omega)T}$$

其中

$$\begin{cases} |z| = e^{\sigma T} \\ \varphi = \omega T \end{cases} \tag{7.4.2}$$

式 (7.4.2) 表示了复变量 z 的模量和幅角与复变量 s 的实部和虚部的关系。$s \sim z$ 平面的映射关系如图 7.4.1 所示。从图 7.4.1 及式 (7.4.2) 可得下列映射关系：

(1) s 平面上的虚轴 ($\sigma = 0$) 映射到 z 平面是单位圆 $|z| = 1$；s 的右半面 ($\sigma > 0$) 映射到 z 平面是单位圆的圆外 $|z| > 1$；s 的左半面 ($\sigma < 0$) 映射到 z 平面是单位圆的圆内 $|z| < 1$。

(2) s 平面的原点 $s = 0$，映射到 z 平面是 $z = 1$，即单位圆与正实轴的交点，如图 7.4.1 中的 a 点和 a' 点。

(3) s 平面的实轴 ($\omega = 0$) 映射到 z 平面是正实轴 ($\varphi = 0$)。

(4) $z \sim s$ 的映射关系不是单值的。因为在 s 平面上沿虚轴移动对应于在 z 平面上沿单位圆周期性旋转，在 s 平面沿纵轴每平移 $2\pi/T$，则对应在 z 平面沿单位圆转一圈。如图 7.4.1 中 c、d、e 具有相同的实部而虚部相差 $2\pi/T$，映射到 z 平面是同一点 $c' = d' = e'$。

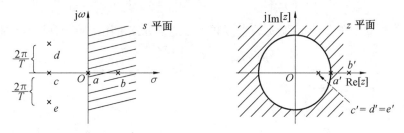

图 7.4.1　$s \sim z$ 平面的映射关系

7.4.2　由拉普拉斯变换计算 Z 变换

实际工作中，常会遇到这样的要求：已知一个连续信号的拉普拉斯变换，欲求对此信号抽样后所得到离散序列的 Z 变换。对于这种变换的通常做法是：首先对已知的 $F(s)$ 进行拉普拉斯反变换，得到连续信号 $f(t)$；其次对连续信号 $f(t)$ 进行离散化，得到离散序列 $f(n)$；

最后对离散序列 $f(n)$ 进行 Z 变换,得到 $F(z)$。显然,这种计算是比较烦琐的。如果已知拉普拉斯变换 $F(s)$ 与 Z 变换 $F(z)$ 之间的转换关系,就可以直接由拉普拉斯变换求得 Z 变换,从而避免先由拉普拉斯变换求原函数,再经抽样而进行 Z 变换的过程。该过程的直接计算描述如下:

$$\text{拉氏变换 } F(s) \quad \Rightarrow \quad \text{Z 变换 } F(z)$$
$$\Downarrow \qquad\qquad\qquad \Uparrow$$
$$\text{（抽样）}$$
$$\text{连续信号 } f(t) \quad \Rightarrow \quad \text{离散信号 } f(n)$$

现在我们来建立这种 Z 变换与拉普拉斯变换的直接关系。为此先由拉普拉斯反变换开始,由像函数 $F(s)$ 求原函数 $f(t)$ 为

$$f(t) = \frac{1}{2\pi\mathrm{j}} \int_{\sigma-\mathrm{j}\infty}^{\sigma+\mathrm{j}\infty} F(s) \mathrm{e}^{st} \mathrm{d}s$$

将时间函数 $f(t)$ 以抽样间隔 T 进行抽样,得

$$f(nT) = \frac{1}{2\pi\mathrm{j}} \int_{\sigma-\mathrm{j}\infty}^{\sigma+\mathrm{j}\infty} F(s) \mathrm{e}^{snT} \mathrm{d}s \quad (n = 0,1,2,\cdots)$$

对此抽样信号进行 Z 变换,有

$$F(z) = \sum_{n=0}^{+\infty} f(nT) z^{-n} = \sum_{n=0}^{+\infty} \left[\frac{1}{2\pi\mathrm{j}} \int_{\sigma-\mathrm{j}\infty}^{\sigma+\mathrm{j}\infty} F(s) \mathrm{e}^{snT} \mathrm{d}s \right] z^{-n} =$$
$$\frac{1}{2\pi\mathrm{j}} \int_{\sigma-\mathrm{j}\infty}^{\sigma+\mathrm{j}\infty} F(s) \left[\sum_{n=0}^{+\infty} (\mathrm{e}^{sT} z^{-1})^n \right] \mathrm{d}s$$

上式的收敛条件是 $|\mathrm{e}^{sT} z^{-1}| < 1$,即

$$|z| > |\mathrm{e}^{sT}|$$

当符合这一收敛条件时,取和式变为

$$\sum_{n=0}^{+\infty} (\mathrm{e}^{sT} z^{-1})^n = \frac{1}{1 - \mathrm{e}^{sT} z^{-1}} \tag{7.4.3}$$

将此结果代入 $F(z)$ 式,则

$$F(z) = \frac{1}{2\pi\mathrm{j}} \int_{\sigma-\mathrm{j}\infty}^{\sigma+\mathrm{j}\infty} \frac{F(s)}{1 - \mathrm{e}^{sT} z^{-1}} \mathrm{d}s = \frac{1}{2\pi\mathrm{j}} \int_{\sigma-\mathrm{j}\infty}^{\sigma+\mathrm{j}\infty} \frac{zF(s)}{z - \mathrm{e}^{sT}} \mathrm{d}s \tag{7.4.4}$$

式(7.4.4)建立了 $F(z)$ 和 $F(s)$ 的直接联系。此积分式可用留数定理计算,即

$$F(z) = \sum_i \mathrm{Res}\left[\frac{zF(s)}{z - \mathrm{e}^{sT}}, s_i \right]$$

式中　s_i——$F(s)$ 的极点。

当 $F(s)$ 有一单阶极点 s_i 时

$$\mathrm{Res}\left[\frac{zF(s)}{z - \mathrm{e}^{sT}}, s_i \right] = \left[\frac{z}{z - \mathrm{e}^{sT}} (s - s_i) F(s) \right]_{s=s_i} = \frac{K_i z}{z - \mathrm{e}^{s_i T}} = \frac{K_i z}{z - z_i} \tag{7.4.5}$$

式中　$K_i = (s - s_i) F(s)\big|_{s=s_i}$——$F(s)$ 在极点 s_i 处的留数;

$z_i = \mathrm{e}^{s_i T}$——s 平面中 $F(s)$ 的极点 s_i 所对应的 z 平面中 $F(z)$ 的极点。

当 $F(s)$ 有 N 个单阶极点时

$$F(z) = \sum_{i=1}^{N} \frac{K_i z}{z - \mathrm{e}^{s_i T}} = \sum_{i=1}^{N} \frac{K_i z}{z - z_i} \tag{7.4.6}$$

由式(7.4.6)可见,此时 $F(z)$ 在 z 平面中也有 N 个极点 $\mathrm{e}^{s_1 T}, \mathrm{e}^{s_2 T}, \cdots, \mathrm{e}^{s_N T}$。

值得注意的是,虽然 $F(s)$、$F(z)$ 在此使用了同一函数符号 $F(*)$,但它们所代表的并不是同一个函数。

7.5　离散系统响应的 z 域分析

在分析连续时间系统时,通过拉普拉斯变换将微分方程转变成代数方程求解;由微分方程的拉普拉斯变换式,还引出了复频域中的系统函数的概念。根据系统函数,能够较为方便地求出系统的零状态响应分量。对于离散时间系统的分析,情况也相似。通过 Z 变换把差分方程转变为代数方程,并且系统函数的概念亦可推广到 z 域中。同样根据系统函数,可以求出离散时间系统在外加激励作用下的零状态响应分量。本节将介绍利用 Z 变换求解系统响应的方法。由于一般的激励和响应都是有始序列,所以本节所提到的 Z 变换均指单边 Z 变换。

7.5.1　零输入响应

已知描述离散时间系统的差分方程为

$$\sum_{i=0}^{N} a_i y(n+i) = \sum_{j=0}^{M} b_j x(n+j) \quad (a_N = 1) \tag{7.5.1}$$

当系统的输入离散序列 $x(n) = 0$ 时,式(7.5.1)为齐次差分方程

$$\sum_{i=0}^{N} a_i y(n+i) = 0 \quad (a_N = 1) \tag{7.5.2}$$

对应齐次差分方程式(7.5.2)的解,即为此系统的零输入响应。

我们以一个二阶系统为例来说明利用 Z 变换求解零输入响应 $y_{zi}(n)$ 的过程。

设二阶系统的齐次差分方程为

$$y(n+2) + a_1 y(n+1) + a_0 y(n) = 0$$

对上式进行 Z 变换,并利用 Z 变换的移序特性,则有

$$z^2 Y(z) - z^2 y(0) - z y(1) + a_1 z Y(z) - a_1 z y(0) + a_0 Y(z) = 0$$

经整理,得到

$$(z^2 + a_1 z + a_0) Y(z) - z^2 y(0) - z y(1) - a_1 z y(0) = 0 \tag{7.5.3}$$

式中　　$Y(z)$——零输入响应 $y_{zi}(n)$ 的 Z 变换 $Y_{zi}(z)$;

$y(0)$ 和 $y(1)$——零输入响应的初始值 $y_{zi}(0)$ 和 $y_{zi}(1)$。

由式(7.5.3)可以得出

$$Y(z) = \frac{z^2 y_{zi}(0) + z y_{zi}(1) + a_1 z y_{zi}(0)}{z^2 + a_1 z + a_0}$$

对 $y_{zi}(z)$ 进行 Z 反变换,得到

$$y_{zi}(n) = \mathscr{Z}^{-1}[Y_{zi}(z)]$$

同理,对 N 阶离散时间系统的齐次方程(7.5.2),通过 Z 变换亦可以求得

$$\left(\sum_{i=0}^{N} a_i z^i\right) Y_{zi}(z) - \sum_{k=1}^{N} \left[a_k z^k \left(\sum_{i=0}^{k-1} y_{zi}(i) z^{-i}\right) \right] = 0$$

即

$$Y_{zi}(z) = \frac{\sum_{k=1}^{N} \left[a_k z^k \left(\sum_{i=0}^{k-1} y_{zi}(i) z^{-i} \right) \right]}{\sum_{i=0}^{N} a_i z^i} \quad (a_N = 1) \tag{7.5.4}$$

综上,可以归纳出用 Z 变换法求 $y_{zi}(n)$ 的步骤:

第 1 步:对齐次差分方程进行 Z 变换;

第 2 步:代入初始条件 $y_{zi}(0), y_{zi}(1), \cdots, y_{zi}(N-1)$ 等,并解出 $Y_{zi}(z)$;

第 3 步:对 $Y_{zi}(z)$ 进行 Z 反变换,即得 $y_{zi}(n)$。

7.5.2 零状态响应

由第 6 章离散时间系统的时域分析可知,系统的零状态响应可由系统的单位样值响应与激励信号的卷积和求得,即

$$y_{zs}(n) = h(n) * x(n) \tag{7.5.5}$$

根据 Z 变换的卷积定理,由式(7.5.5)可得

$$Y_{zs}(z) = H(z)X(z) \tag{7.5.6}$$

式中　$X(z)$、$Y_{zs}(z)$——$x(n)$ 和 $y_{zs}(n)$ 的 Z 变换;

　　$H(z)$——单位样值响应 $h(n)$ 的 Z 变换,即

$$H(z) = \mathscr{Z}[h(n)] \tag{7.5.7}$$

式中　$H(z)$——离散系统的系统函数。

根据式(7.5.6)求出 $Y_{zs}(z)$ 后,再进行 Z 反变换,就得到了系统的零状态响应 $y_{zs}(n)$,即

$$y_{zs}(n) = \mathscr{Z}^{-1}[Y_{zs}(z)] = \mathscr{Z}^{-1}[H(z)X(z)] \tag{7.5.8}$$

现在的问题是如何求出系统函数 $H(z)$。因为 $H(z)$ 和差分方程是从 z 域和时域两个不同角度表示了同一个离散时间系统的特性,所以 $H(z)$ 与差分方程之间必然存在着一定的对应关系。下面从系统的差分方程出发,推导系统函数 $H(z)$ 的表达式。

我们仍以二阶系统为例。设一个二阶系统的差分方程为

$$y(n+2) + a_1 y(n+1) + a_0 y(n) = b_2 x(n+2) + b_1 x(n+1) + b_0 x(n) \tag{7.5.9}$$

当激励 $x(n) = \delta(n)$ 时,响应 $y(n) = h(n)$,于是有

$$h(n+2) + a_1 h(n+1) + a_0 h(n) = b_2 \delta(n+2) + b_1 \delta(n+1) + b_0 \delta(n) \tag{7.5.10}$$

因为我们讨论的是零状态响应,所以假设在 $n < 0$ 期间,系统无初始储能,并且系统为因果系统,即当 $n < 0$ 时,$h(n) = 0$。根据式(7.5.10),迭代求出单位样值响应的初始值。

令 $n = -2$,则

$$h(0) + a_1 h(-1) + a_0 h(-2) = b_2 \delta(0) + b_1 \delta(-1) + b_0 \delta(-2)$$

所以　　　　　　　　　　　　$h(0) = b_2$

令 $n = -1$,则

$$h(1) + a_1 h(0) + a_0 h(-1) = b_2 \delta(1) + b_1 \delta(0) + b_0 \delta(-1)$$

所以　　　　　　　　　　　　$h(1) = b_1 - a_1 b_2$

这里 $h(0)$、$h(1)$ 是系统施加了单位样值函数 $\delta(n)$ 后引起的初始值。

现在对式(7.5.10)左侧进行 Z 变换,并代入如上的初始值,有

$$z^2 H(z) - z^2 h(0) - zh(1) + a_1 z H(z) - a_1 zh(0) + a_0 H(z) =$$
$$z^2 H(z) - z^2 b_2 - z(b_1 - a_1 b_2) + a_1 z H(z) - a_1 z b_2 + a_0 H(z) =$$
$$(z^2 + a_1 z + a_0) H(z) - b_2 z^2 - b_1 z$$

对式(7.5.10)右侧进行 Z 变换,得

$$b_2 z^2 - b_2 z^2 \delta(0) - b_2 z \delta(1) + b_1 z - b_1 z \delta(0) + b_0 = b_0$$

所以式(7.5.10)的变换为

$$(z^2 + a_1 z + a_0) H(z) = b_2 z^2 + b_1 z + b_0$$

经整理得

$$H(z) = \frac{b_2 z^2 + b_1 z + b_0}{z^2 + a_1 z + a_0} \tag{7.5.11}$$

这就是一个二阶系统的系统函数,即二阶系统的单位样值响应 $h(n)$ 的 Z 变换。把它与二阶系统的差分方程式(7.5.9)对照,二者间的关系是:直接对差分方程等式两边同时进行 Z 变换,并令 $y(n)$ 和 $x(n)$ 的初始值均为0,然后整理得出 $Y(z)/X(z)$,即为系统函数 $H(z)$。

例如,对式(7.5.9)两边进行 Z 变换,并设 $y(n)$、$x(n)$ 的初始值均为零,则有

$$z^2 Y(z) + a_1 z Y(z) + a_0 Y(z) = b_2 z^2 X(z) + b_1 z X(z) + b_0 X(z)$$

所以

$$H(z) = \frac{Y(z)}{X(z)} = \frac{b_2 z^2 + b_1 z + b_0}{z^2 + a_1 z + a_0}$$

以上讨论的系统函数 $H(z)$ 的计算,可以推广到高阶系统。

设 N 阶系统的差分方程为

$$\sum_{i=0}^{N} a_i y(n+i) = \sum_{j=0}^{M} b_j x(n+j) \quad (a_N = 1) \tag{7.5.12}$$

则其系统函数为

$$H(z) = \frac{\displaystyle\sum_{j=0}^{M} b_j z^j}{\displaystyle\sum_{i=0}^{N} a_i z^i} \quad (a_N = 1) \tag{7.5.13}$$

综上可得求零状态响应的步骤如下:

第 1 步:求激励函数序列 $x(n)$ 的 Z 变换,得 $X(z)$;

第 2 步:通过系统差分方程求系统函数 $H(z)$;

第 3 步:计算 Z 反变换,$y_{zs}(n) = \mathscr{Z}^{-1}[H(z)X(z)]$。

7.5.3　系统全响应

离散时间系统的全响应可以在分别求出零输入响应和零状态响应后,将二者相加得到

$$y(n) = y_{zi}(n) + y_{zs}(n) \tag{7.5.14}$$

对于差分方程式(7.5.9)所示的二阶系统,初始条件为 $y_{zi}(0)$、$y_{zi}(1)$,则其全响应的 Z 变换应为

$$Y(z) = Y_{zi}(z) + Y_{zs}(z) = \frac{z^2 y_{zi}(0) + z y_{zi}(1) + a_1 z y_{zi}(0)}{z^2 + a_1 z + a_0} + \frac{b_2 z^2 + b_1 z + b_0}{z^2 + a_1 z + a_0} X(z) \tag{7.5.15}$$

另一方面,我们知道,对于连续时间系统,运用拉普拉斯变换法求解系统,可以一次求出全响应,而不必分别求零输入和零状态解。类似地,对于离散时间系统也可以运用 Z 变换法,一次求出全响应。

仍以二阶系统为例进行讨论。如果直接对式(7.5.9)的差分方程进行 Z 变换,得

$$z^2 Y(z) - z^2 y(0) - zy(1) + a_1 z Y(z) - a_1 zy(0) + a_0 Y(z) =$$
$$b_2 z^2 X(z) - b_2 z^2 x(0) - b_2 zx(1) + b_1 z X(z) - b_1 zx(0) + b_0 X(z)$$

若以 $y(0), y(1), \cdots$ 表示零输入响应的边界值 $y_{zi}(0), y_{zi}(1), \cdots$,并同时去掉输入序列的边界值 $x(0), x(1), \cdots$,则

$$(z^2 + a_1 z + a_0) Y(z) - z^2 y_{zi}(0) - zy_{zi}(1) - a_1 zy_{zi}(0) = (b_2 z^2 + b_1 z + b_0) X(z)$$

整理得

$$Y(z) = \frac{z^2 y_{zi}(0) + zy_{zi}(1) + a_1 zy_{zi}(0)}{z^2 + a_1 z + a_0} + \frac{b_2 z^2 + b_1 z + b_0}{z^2 + a_1 z + a_0} X(z)$$

可得到式(7.5.15)同样的结果。以上的讨论,也可推广到 N 阶系统。

综上所述,运用 Z 变换法求系统全响应的步骤可归纳如下:

第 1 步:对差分方程两边进行 Z 变换,并在等式左边代入零输入响应的边界值 $y_{zi}(0)$,$y_{zi}(1), \cdots$,在等式右边令 $x(0), x(1), \cdots$ 为零。

第 2 步:解出 $Y(z)$ 的表达式。

第 3 步:对 $Y(z)$ 进行 Z 反变换,即得到时域解

$$y(n) = \mathscr{Z}^{-1}[Y(z)]$$

举例说明利用 Z 变换分析离散时间系统的方法。

【例 7.5.1】 一个离散系统由如下差分方程描述

$$y(n+2) - 5y(n+1) + 6y(n) = x(n)$$

系统的初始状态为 $y_{zi}(0) = 0, y_{zi}(1) = 3$,求系统施加单位阶跃序列 $x(n) = u(n)$ 后系统的响应。

解 先求系统的零输入响应 $y_{zi}(n)$。首先对齐次差分方程

$$y(n+2) - 5y(n+1) + 6y(n) = 0$$

Z 变换,得

$$z^2 Y_{zi}(z) - z^2 y_{zi}(0) - zy_{zi}(1) - 5z Y_{zi}(z) + 5zy(0) + 6 Y_{zi}(z) = 0$$

代入 $y_{zi}(0) = 0$ 和 $y_{zi}(1) = 3$,解得

$$Y_{zi}(z) = \frac{z^2 y_{zi}(0) + zy_{zi}(1) - 5zy_{zi}(0)}{z^2 - 5z + 6} = \frac{3z}{(z-3)(z-2)} = \frac{3z}{z-3} - \frac{3z}{z-2}$$

最后 Z 反变换,得

$$y_{zi}(n) = 3(3^n - 2^n) u(n)$$

再求零状态响应 $y_{zs}(n)$。

第 1 步:对激励序列 Z 变换,有

$$X(z) = \mathscr{Z}[u(n)] = \frac{z}{z-1}$$

第 2 步:由差分方程求系统函数

$$H(z) = \frac{1}{z^2 - 5z + 6}$$

第 3 步:

$$Y_{zs}(z) = H(z)X(z) = \frac{z}{(z^2 - 5z + 6)(z - 1)} = \frac{1}{2}\frac{z}{z - 1} - \frac{z}{z - 2} + \frac{1}{2}\frac{z}{z - 3}$$

所以

$$y_{zs}(n) = \mathscr{Z}^{-1}[Y_{zs}(z)] = \left[\frac{1}{2} - (2)^n + \frac{1}{2}(3)^n\right]u(n)$$

最后,系统的总响应为

$$y(n) = y_{zi}(n) + y_{zs}(n) = \left[\frac{1}{2} - 4 \times (2)^n + \frac{7}{2}(3)^n\right]u(n)$$

【例 7.5.2】　已知系统的差分方程为

$$y(n + 2) - 0.7y(n + 1) + 0.1y(n) = 7x(n + 2) - 2x(n + 1)$$

系统的初始状态为 $y_{zi}(0) = 2$,$y_{zi}(1) = 4$,系统的激励为单位阶跃序列,求系统的响应。

　　解　可以先分别求 $y_{zi}(n)$ 和 $y_{zs}(n)$,然后叠加得到总响应,也可以直接求出总响应,我们试用后一方法。

　　首先对差分方程等式两边 Z 变换,并代入初始条件 $y_{zi}(0)$、$y_{zi}(1)$。注意等式右边对激励信号的 Z 变换,不代入初始值,即

$$(z^2 - 0.7z + 0.1)Y(z) - z^2 y_{zi}(0) - z y_{zi}(1) + 0.7z y_{zi}(0) = (7z^2 - 2z)X(z)$$

代入 $y_{zi}(0)$,$y_{zi}(1)$ 之值,有

$$(z^2 - 0.7z + 0.1)Y(z) - 2z^2 - 4z + 1.4z = (7z^2 - 2z)X(z)$$

代入 $X(z) = \dfrac{z}{z - 1}$,解得

$$Y(z) = \frac{2z^2 + 2.6z}{z^2 - 0.7z + 0.1} + \frac{7z^2 - 2z}{z^2 - 0.7z + 0.1} \cdot \frac{z}{z - 1} = \frac{z(9z^2 - 1.4z - 2.6)}{(z - 1)(z - 0.5)(z - 0.2)} =$$

$$\frac{12.5z}{z - 1} + \frac{7z}{z - 0.5} - \frac{10.5z}{z - 0.2}$$

将此式进行 Z 反变换得全响应

$$y(n) = [12.5 + 7(0.5)^n - 10.5(0.2)^n]u(n)$$

　　但若在上式中令 $n = 0$ 和 $n = 1$,将得到 $y(0) = 9$ 和 $y(1) = 13.9$,而不等于题目所给的边界条件。这是因为它们不但包含了零输入响应的边界值 $y_{zi}(0)$ 和 $y_{zi}(1)$,而且还增加了零状态响应的边界值 $y_{zs}(0)$ 和 $y_{zs}(1)$。若在原差分方程中,令 $n = -2$ 和 $n = -1$,将分别得到

$$y_{zs}(0) = 7x(0) = 7$$

$$y_{zs}(1) = 0.7y_{zs}(0) + 7x(1) - 2x(0) = 9.9$$

所以

$$y(0) = y_{zi}(0) + y_{zs}(0) = 2 + 7 = 9$$

$$y(1) = y_{zi}(1) + y_{zs}(1) = 4 + 9.9 = 13.9$$

7.6　离散系统的时域特性

一个线性非时变离散系统可由一个常系数线性差分方程描述

$$\sum_{i=0}^{N} a_i y(n+i) = \sum_{j=0}^{M} b_j x(n+j) \quad (a_N = 1) \tag{7.6.1}$$

若系统初始状态为零,且激励 $x(n)$ 是因果序列,则式(7.6.1)的 Z 变换为

$$\left(\sum_{i=0}^{N} a_i z^i \right) Y(z) = \left(\sum_{j=0}^{M} b_j z^j \right) X(z) \quad (a_N = 1) \tag{7.6.2}$$

于是得到

$$H(z) = \frac{Y(z)}{X(z)} = \frac{\displaystyle\sum_{j=0}^{M} b_j z^j}{\displaystyle\sum_{i=0}^{N} a_i z^i} \quad (a_N = 1) \tag{7.6.3}$$

若将式(7.6.3)的分子与分母多项式经因式分解,可写为

$$H(z) = H_0 \frac{\displaystyle\prod_{j=1}^{M} (z - Z_j)}{\displaystyle\prod_{i=1}^{N} (z - P_i)} \tag{7.6.4}$$

其中, Z_j 是 $H(z)$ 的零点; P_i 是 $H(z)$ 的极点。它们由差分方程的系数 a_i 和 b_j 决定。

由式(7.6.4)可见,如果不考虑常数因子 H_0 ,那么由极点 P_i 和零点 Z_j 就完全可以确定系统函数 $H(z)$ 。也就是说,根据极点 P_i 和零点 Z_j 就可以确定系统的特性,如系统的时域特性、系统的稳定性等。

7.6.1　极、零点分布与离散系统时域特性

由式(7.5.7)已知系统函数 $H(z)$ 与系统的单位样值响应 $h(n)$ 为 Z 变换对,即

$$H(z) = \mathscr{Z}[h(n)]$$
$$h(n) = \mathscr{Z}^{-1}[H(z)] \tag{7.6.5}$$

所以,可以由式(7.6.5)通过 $H(z)$ 直接求得离散系统单位样值响应 $h(n)$ 。一般情况下,这种用 Z 变换方法计算 $h(n)$ 比第 6 章的时域法要简便得多。

根据 $H(z)$ 和 $h(n)$ 的对应关系,如果把 $H(z)$ 展开为部分分式

$$H(z) = \sum_{i=0}^{N} \frac{A_i z}{z - P_i} \tag{7.6.6}$$

那么 $H(z)$ 的每个极点将对应一项时间序列,即

$$h(n) = \mathscr{Z}^{-1} \left[\sum_{i=0}^{N} \frac{A_i z}{z - P_i} \right] = \sum_{i=0}^{N} A_i (P_i)^n u(n) \tag{7.6.7}$$

如果上式中 $P_0 = 0$,则

$$h(n) = A_0 \delta(n) + \sum_{i=1}^{N} A_i (P_i)^n u(n) \tag{7.6.8}$$

这里极点 P_i 可能是实数,也可能是成对出现的共轭复数。由式(7.6.8)可知,单位样值响应

$h(n)$ 的时间特性取决于 $H(z)$ 的极点,幅值由系数 A_i 决定,而 A_i 与 $H(z)$ 的零点分布有关。正像 s 域系统函数 $H(s)$ 的极、零点对冲激响应 $h(t)$ 的影响一样,$H(z)$ 的极点决定 $h(n)$ 的函数形式,而零点只影响 $h(n)$ 的幅度与相位。

系统函数 $H(z)$ 的极点处于 z 平面的不同位置,将对应 $h(n)$ 的不同函数形式,如图 7.6.1 所示。

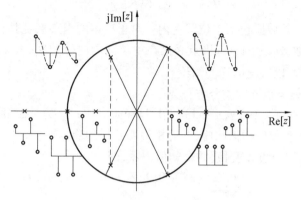

图 7.6.1　z 平面不同极点分布及其特性

1. 当 P_i 为实数时

$(1) P_i > 0, h(n)$ 恒为正值,此时如果:$P_i < 1, h(n)$ 递减;$P_i = 1, h(n)$ 恒定;$P_i > 1,$ $h(n)$ 递增。

$(2) P_i < 0, h(n)$ 正负交替变化,$|h(n)|$ 变化趋势与 $P_i > 0$ 时的情况相同。

2. 当 P_i 为复数时

一对共轭复数极点对应于 $h(n)$ 的一项,为振幅按 $|P_i|^n$ 规律变化的正弦项。例如,共轭复数极点 $P_{1,2} = \rho \mathrm{e}^{\pm j\varphi}$,相应的单位样值响应为

$$(P_1)^n + (P_2)^n = \rho^n (\mathrm{e}^{jn\varphi} + \mathrm{e}^{-jn\varphi}) = 2\rho^n \cos(n\varphi)$$

如果共轭复数极点位于单位圆内,则幅度是递减的;如果极点位于单位圆上,则是等幅的;如果极点位于单位圆外,则幅度是递增的。

7.6.2　离散系统的稳定性

我们在时域分析中已经给出了稳定系统的定义:即当输入是有界的,输出也必定是有界的系统。下面从系统函数的角度来讨论离散系统的稳定条件。

设离散系统的输出为

$$y(n) = h(n) * x(n) = \sum_{k=-\infty}^{+\infty} h(k)x(n-k)$$

如果输入 $x(n)$ 是有界的,即 $|x(n)| < M < +\infty$(对所有 n 值),则必有

$$|y(n)| \leqslant \sum_{k=-\infty}^{+\infty} |h(k)| \cdot |x(n-k)| \leqslant M \sum_{k=-\infty}^{+\infty} |h(k)|$$

为保证 $y(n)$ 是有界的,要求 $h(n)$ 满足

$$\sum_{k=-\infty}^{+\infty} |h(k)| < +\infty$$

即离散系统稳定的充分必要条件是其单位样值响应绝对可和。因为

$$H(z) = \mathscr{Z}[h(n)] = \sum_{n=-\infty}^{+\infty} h(n) z^{-n}$$

当 $z = 1$ 时

$$H(z) = \sum_{n=-\infty}^{+\infty} h(n) < +\infty \tag{7.6.9}$$

所以，$H(z)$ 的收敛域应包括单位圆在内。对于稳定的因果系统其收敛域为 $|z| \geqslant 1$，即稳定系统的系统函数 $H(z)$ 的全部极点必落在单位圆之内（即 $|P_i| < 1$）。将图 7.6.1 与式 (7.6.9) 对照分析，可以得出同样的结论。

【例 7.6.1】　离散系统的差分方程为

$$y(n+2) + 0.2y(n+1) - 0.24y(n) = x(n+2) + x(n+1)$$

试求系统函数 $H(z)$ 和单位样值响应，并分析说明系统的稳定性。

解　将差分方程两边 Z 变换，并令初值为零，即

$$z^2 Y(z) + 0.2zY(z) - 0.24Y(z) = z^2 X(z) + zX(z)$$

经整理，得

$$H(z) = \frac{Y(z)}{X(z)} = \frac{z^2 + z}{z^2 + 0.2z - 0.24} = \frac{z(z+1)}{(z-0.4)(z+0.6)} = \frac{1.4z}{z-0.4} - \frac{0.4z}{z+0.6}$$

对 $H(z)$ 反变换，得

$$h(n) = [1.4(0.4)^n - 0.4(-0.6)^n] u(n)$$

因为 $H(z)$ 的两个极点 $P_1 = 0.4$ 和 $P_2 = -0.6$ 均在单位圆之内，所以该系统是稳定的。

7.7　离散系统的频率响应

对于单位样值响应为 $h(n)$ 的线性非时变系统，系统的频率响应定义为

$$H(e^{j\omega}) = \sum_{n=0}^{+\infty} h(n) e^{-j\omega n} \tag{7.7.1}$$

式 (7.7.1) 也是离散时间序列 $h(n)$ 的傅里叶变换，即 DTFT，为此我们先介绍这个概念。

7.7.1　离散时间傅里叶变换

我们在第 3 章已给出连续信号 $x(t)$ 的傅里叶变换为

$$X(\omega) = \int_{-\infty}^{+\infty} x(t) e^{-j\omega t} dt \tag{7.7.2}$$

$$x(t) = \frac{1}{2\pi} \int_{-\infty}^{+\infty} X(\omega) e^{j\omega t} d\omega$$

并且在第 5 章讨论了抽样信号 $x_s(t)$ 的傅里叶变换

$$X_s(\omega) = \frac{1}{T_s} \sum_{n=-\infty}^{+\infty} X(\omega - n\omega_s) \tag{7.7.3}$$

$$x_s(t) = \sum_{n=-\infty}^{+\infty} x(nT_s) \delta(t - nT_s)$$

式中　$X(\omega)$ —— 连续信号 $x(t)$ 的傅里叶变换；

　　　T_s —— 抽样间隔。

以上的讨论都是从连续函数的角度进行的,下面来讨论离散时间信号的傅里叶变换。

已知一个离散序列信号 $x(nT)$,它的傅里叶变换定义为

$$X(\mathrm{e}^{\mathrm{j}\omega T}) = \sum_{n=-\infty}^{+\infty} x(nT)\mathrm{e}^{-\mathrm{j}\omega nT} \tag{7.7.4}$$

式中　ω —— 角频率；

　　　T —— 抽样间隔,一般设为 1。此时

$$X(\mathrm{e}^{\mathrm{j}\omega}) = \sum_{n=-\infty}^{+\infty} x(n)\mathrm{e}^{-\mathrm{j}\omega n}$$

式(7.7.4) 是对应式(7.7.2) 的离散情况,其中用求和代替了连续信号傅里叶变换的积分。这样,离散时间傅里叶变换 $X(\mathrm{e}^{\mathrm{j}\omega T})$ 和抽样信号的傅里叶变换 $X_s(\omega)$ 的描述达到了统一,只不过在求解 $X_s(\omega)$ 时把 $x(nT)$ 视为连续信号,而在求解 $X(\mathrm{e}^{\mathrm{j}\omega T})$ 时把 $x(nT)$ 视为离散序列。

由于 $\mathrm{e}^{\mathrm{j}\omega T}$ 是 ω 的周期函数,因而频率响应 $X(\mathrm{e}^{\mathrm{j}\omega T})$ 也是 ω 的周期函数,周期为 $2\pi/T$。**这是离散系统有别于连续系统的一个突出特点**。式(7.7.4) 右边是 $X(\mathrm{e}^{\mathrm{j}\omega T})$ 的傅里叶级数展开式。容易证明,傅里叶级数的系数为

$$x(nT) = \frac{1}{2\dfrac{\pi}{T}} \int_{-\frac{\pi}{T}}^{\frac{\pi}{T}} X(\mathrm{e}^{\mathrm{j}\omega T})\mathrm{e}^{\mathrm{j}\omega nT}\mathrm{d}\omega \tag{7.7.5}$$

式(7.7.5) 称为离散序列 $x(nT)$ 的傅里叶反变换,也即式(7.7.4) 和式(7.7.5) 一起构成了离散时间傅里叶变换对。

值得注意的是,在连续时间信号与系统的变换域分析中,如果复频率 s 仅在虚轴 $\mathrm{j}\omega$ 上取值时,拉普拉斯变换就演变为傅里叶变换,即

$$F(\omega) = F(s)\big|_{s=\mathrm{j}\omega} = \int_{-\infty}^{+\infty} f(t)\mathrm{e}^{-\mathrm{j}\omega t}\mathrm{d}t \tag{7.7.6}$$

对应的,如果 Z 变换 $X(z)$ 的 z 仅在单位圆上取样时,那么 Z 变换就演变为离散时间傅里叶变换,即

$$X(\mathrm{e}^{\mathrm{j}\omega T}) = X(z)\big|_{z=\mathrm{e}^{\mathrm{j}\omega T}} = \sum_{n=-\infty}^{+\infty} x(n)\mathrm{e}^{-\mathrm{j}\omega nT} \tag{7.7.7}$$

这个概念非常重要,我们在第 8 章将继续介绍。

【例 7.7.1】　已知离散时间信号

$$x(n) = \begin{cases} 0 & (n < 0) \\ a^n & (0 \leqslant n \leqslant q) \\ 0 & (n > q) \end{cases}$$

其中,a 是非零的实常数,q 是正整数。求其离散时间傅里叶变换 $X(\mathrm{e}^{\mathrm{j}\omega})$。

解　根据离散时间傅里叶变换的定义

$$X(\mathrm{e}^{\mathrm{j}\omega}) = \sum_{n=0}^{q} a^n \mathrm{e}^{-\mathrm{j}\omega n} = \sum_{n=0}^{q} (a\mathrm{e}^{-\mathrm{j}\omega})^n = \frac{1 - (a\mathrm{e}^{-\mathrm{j}\omega})^{q+1}}{1 - a\mathrm{e}^{-\mathrm{j}\omega}}$$

一般的,离散时间傅里叶变换 $X(\mathrm{e}^{\mathrm{j}\omega})$ 是实变量 ω 的复函数,因此也可以表示为

$$X(e^{j\omega}) = R(e^{j\omega}) + jI(e^{j\omega})$$

或

$$X(e^{j\omega}) = |X(e^{j\omega})| e^{j\varphi(e^{j\omega})}$$

其中

$$R(e^{j\omega}) = \sum_{n=-\infty}^{+\infty} x(n) \cos(\omega n)$$

$$I(e^{j\omega}) = - \sum_{n=-\infty}^{+\infty} x(n) \sin(\omega n)$$

$$|X(e^{j\omega})| = \sqrt{R^2(e^{j\omega}) + I^2(e^{j\omega})}$$

$$\varphi(e^{j\omega}) = \tan^{-1} \left[\frac{I(e^{j\omega})}{R(e^{j\omega})} \right]$$

值得注意的是，由于 $X(e^{j\omega})$ 是周期的，$|X(e^{j\omega})|$ 和 $\varphi(e^{j\omega})$ 也都是周期的，且它们的周期相同，都为 $2\pi(T=1)$。

7.7.2 频率响应特性

对于稳定的因果系统，如果输入激励信号是角频率为 ω 的复指数序列

$$x(n) = e^{j\omega Tn}$$

则离散系统的零状态响应为

$$y_{zs}(n) = h(n) * x(n) = \sum_{k=-\infty}^{+\infty} h(k) e^{j\omega T(n-k)} = e^{j\omega Tn} \sum_{k=-\infty}^{+\infty} h(k) e^{-j\omega Tk} \qquad (7.7.8)$$

由于系统函数

$$H(z) = \mathscr{Z}[h(n)] = \sum_{n=-\infty}^{+\infty} h(n) z^{-n}$$

由式(7.7.7) 可得

$$H(e^{j\omega T}) = H(z) \big|_{z=e^{j\omega T}} = |H(e^{j\omega T})| e^{j\varphi(\omega)} \qquad (7.7.9)$$

这里 $H(e^{j\omega T})$ 体现了系统的频域特性（$h(n)$ 体现了系统的时域特性），故称为系统频率响应特性，其中 $|H(e^{j\omega T})|$ 称为幅频特性，$\varphi(\omega)$ 称为相频特性。与连续系统的频率响应相类似，这里幅频特性是频率的偶函数，相频特性是频率的奇函数。

于是，式(7.7.8) 可以写为

$$y_{zs}(n) = H(e^{j\omega T}) e^{j\omega Tn} \qquad (7.7.10)$$

由此可以看出，系统对离散复指数序列的稳态响应仍是一个同频率的离散复指数序列，该响应的复振幅是 $H(e^{j\omega T})$。

【例 7.7.2】 二阶系统差分方程为

$$y(n+2) + a_1 y(n+1) + a_0 y(n) = b_0 x(n)$$

求系统的频率响应特性。

解 由差分方程可得系统函数为

$$H(z) = \frac{b_0}{z^2 + a_1 z + a_0}$$

则系统频率特性为

$$H(e^{j\omega T}) = \frac{b_0}{e^{j2\omega T} + a_1 e^{j\omega T} + a_0} = \frac{b_0}{(\cos(2\omega T) + a_1 \cos(\omega T) + a_0) + j(\sin(2\omega T) + a_1 \sin(\omega T))}$$

$$|H(\mathrm{e}^{\mathrm{j}\omega T})| = \frac{b_0}{\sqrt{\left(\cos(2\omega T) + a_1\cos(\omega T) + a_0\right)^2 + \left(\sin(2\omega T) + a_1\sin(\omega T)\right)^2}}$$

$$\varphi(\omega) = -\tan^{-1}\frac{\sin(2\omega T) + a_1\sin(\omega T)}{\cos(2\omega T) + a_1\cos(\omega T) + a_0}$$

$H(\mathrm{e}^{\mathrm{j}\omega T})$ 是 ω 的周期函数,周期为 $\omega_s = 2\pi/T$,如图 7.7.1 所示。

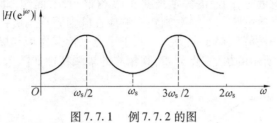

图 7.7.1　例 7.7.2 的图

7.7.3　频率特性的几何表示法

类似于连续系统,离散系统的频率响应也可以根据系统函数 $H(z)$ 在 z 平面上的极、零点分布,通过几何方法直观地求出。

假设

$$H(z) = \frac{b_M z^M + b_{M-1}z^{M-1} + \cdots + b_1 z + b_0}{a_N z^N + a_{N-1}z^{N-1} + \cdots + a_1 z + a_0}$$

若 $H(z)$ 的零点和极点均为单阶,则 $H(z)$ 可写为

$$H(z) = H_0\frac{\displaystyle\prod_{j=1}^{M}(z - Z_j)}{\displaystyle\prod_{i=1}^{N}(z - P_i)}$$

令 $z = \mathrm{e}^{\mathrm{j}\omega T}$,有

$$H(\mathrm{e}^{\mathrm{j}\omega T}) = H_0\frac{\displaystyle\prod_{j=1}^{M}(\mathrm{e}^{\mathrm{j}\omega T} - Z_j)}{\displaystyle\prod_{i=1}^{N}(\mathrm{e}^{\mathrm{j}\omega T} - P_i)} = |H(\mathrm{e}^{\mathrm{j}\omega T})|\mathrm{e}^{\mathrm{j}\varphi(\omega)} \qquad (7.7.11)$$

再令 $\mathrm{e}^{\mathrm{j}\omega T} - Z_j = B_j\mathrm{e}^{\mathrm{j}\beta_j}$,$\mathrm{e}^{\mathrm{j}\omega T} - P_i = A_i\mathrm{e}^{\mathrm{j}\alpha_i}$,则有

$$|H(\mathrm{e}^{\mathrm{j}\omega T})| = H_0\frac{\displaystyle\prod_{j=1}^{M}B_j}{\displaystyle\prod_{i=1}^{N}A_i} \qquad (7.7.12)$$

$$\varphi(\omega) = \sum_{j=1}^{M}\beta_j - \sum_{i=1}^{N}\alpha_i \qquad (7.7.13)$$

式中　A_i、α_i——z 平面极点 P_i 到单位圆上某点 $\mathrm{e}^{\mathrm{j}\omega T}$ 的矢量 $(\mathrm{e}^{\mathrm{j}\omega T} - P_i)$ 的长度和与正实轴的夹角;

　　　　B_j、β_j——零点 Z_j 到 $\mathrm{e}^{\mathrm{j}\omega T}$ 的矢量 $(\mathrm{e}^{\mathrm{j}\omega T} - Z_j)$ 的长度和与正实轴的夹角,如图 7.7.2 所示。

如果单位圆上的点 D 不断移动,那么根据式(7.7.12)和(7.7.13)就可以得到系统的频率响应特性。

图中 C 点对应于 $\omega = 0$,E 点对应于 $\omega = \omega_s/2$。由于频率响应是周期性的,且有奇偶对称

性,因此只要 D 点转半周就可以了。利用这种方法可以比较方便地由 $H(z)$ 的零点、极点位置求出该系统的频率响应。可见频率响应的形状取决于 $H(z)$ 的零、极点分布,也就是说取决于离散系统的形式及差分方程各系数大小。

不难看出,位于 $z = 0$ 处的零点或极点对幅度响应不产生作用,因而在 $z = 0$ 处加入或除去零、极点,不会使幅度响应发生变化,而只会影响相位特性。此外,还可以看出,当 $e^{j\omega T}$ 点旋转到某个极点 P_i 附近时,相应的矢量长度 A_i 变得最短,因而频率响应在该点可能出现峰值。若极点 P_i 越靠近单位圆,A_i 越短,则频率响应在峰值附近越尖锐。如果 P_i 落在单位圆上,$A_i = 0$,则频率响应的峰值趋于无穷大。对于零点来说其作用与极点恰恰相反,这里不再赘述。对于图 7.7.2 所示的极、零点分布,其相应的幅频特性如图 7.7.3 所示。

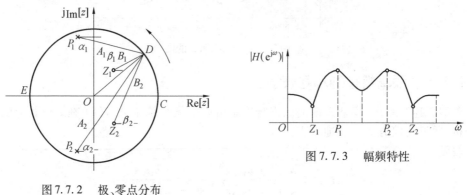

图 7.7.2　极、零点分布

图 7.7.3　幅频特性

7.8　本章小结

本章介绍的内容是关于离散信号与系统的 z 域分析方法。首先从拉普拉斯变换入手,定义了 Z 变换及其 Z 变换的收敛域,并结合具体实际范例,重点介绍了 Z 反变换的求法。其次,详细介绍了 Z 变换的基本性质和应用,并讨论了 Z 变换与拉普拉斯变换的关系。最后,从 z 域的角度,详细介绍了离散系统响应的 z 域分析方法,并介绍离散系统的系统函数及其频率响应等问题,特别是,建立了离散时间傅里叶变换 DTFT(Discrete Time Fourier Transform) 的概念及与 Z 变换之间的关系。

特别值得注意的是,这里引入了离散时间傅里叶变换 DTFT 的概念,它是对应第 3 章内容的离散情况,也是第 8 章离散傅里叶变换 DFT(Discrete Fourier Transform) 的基础。和连续时间信号的傅里叶变换一样,离散时间信号的 DTFT 是频率的函数,所不同的是此时的频谱总是一个周期为 $2\pi/T$ 的周期函数。此外,对于双边 Z 变换必须标明其收敛域,否则其对应的序列将不是唯一的。

通过第 6 章和本章对离散信号与系统分析的介绍可见,离散时间信号与系统不仅可以从时域转换到 z 域分析外,也可以转换到频域进行分析。概括起来可以总结如下:一个线性非时变离散系统,我们可以用四种不同的描述方法进行分析。

$$(1)\,y(n) = -\sum_{i=1}^{N} a_i y(n-i) + \sum_{j=0}^{M} b_j x(n-j)$$

$$(2)\,y(n) = \sum_{k=-\infty}^{+\infty} x(k) h(n-k) = x(n) * h(n)$$

$$(3)\,H(z) = \sum_{n=0}^{+\infty} h(n) z^{-n}$$

$$(4) H(\mathrm{e}^{\mathrm{j}\omega T}) = \sum_{n=0}^{+\infty} h(n) \mathrm{e}^{-\mathrm{j}\omega n T}$$

这四种描述方法从不同的角度描述了一个线性非时变系统的物理特性,它们之间有密切的关联,其连接纽带即是系统的单位样值响应 $h(n)$,这也再一次强调了 $h(n)$ 在离散信号与系统分析中的地位和作用。

为了便于查找,表 7.8.1 和表 7.8.2 列出了典型离散序列的 Z 变换。

表 7.8.1　典型离散右边序列的 Z 变换

序号	$x(n)(n \geqslant 0)$	$X(z) = \mathscr{Z}[x(n)]$	收敛域
1	$\delta(n)$	1	$\lvert z \rvert > 0$
	$\delta(n-m)$	z^{-m}	$\lvert z \rvert > 0$
2	$u(n)$	$\dfrac{z}{z-1}$	$\lvert z \rvert > 1$
3	a^n	$\dfrac{z}{z-a}$	$\lvert z \rvert > \lvert a \rvert$
4	$a^{n-1}u(n-1)$	$\dfrac{1}{z-a}$	$\lvert z \rvert > \lvert a \rvert$
5	n	$\dfrac{z}{(z-1)^2}$	$\lvert z \rvert > 1$
6	n^2	$\dfrac{z(z+1)}{(z-1)^3}$	$\lvert z \rvert > 1$
7	na^{n-1}	$\dfrac{z}{(z-a)^2}$	$\lvert z \rvert > \lvert a \rvert$
8	na^n	$\dfrac{az}{(z-a)^2}$	$\lvert z \rvert > \lvert a \rvert$
9	$n^2 a^n$	$\dfrac{az(z+a)}{(z-a)^3}$	$\lvert z \rvert > \lvert a \rvert$
10	e^{an}	$\dfrac{z}{z-\mathrm{e}^a}$	$\lvert z \rvert > \mathrm{e}^a$
11	$\sin(n\omega_0)$	$\dfrac{z\sin\omega_0}{z^2 - 2z\cos\omega_0 + 1}$	$\lvert z \rvert > 1$
12	$\cos(n\omega_0)$	$\dfrac{z(z-\cos\omega_0)}{z^2 - 2z\cos\omega_0 + 1}$	$\lvert z \rvert > 1$
13	$\mathrm{e}^{-an}\sin(n\omega_0)$	$\dfrac{z\mathrm{e}^{-a}\sin\omega_0}{z^2 - 2z\mathrm{e}^{-a}\cos\omega_0 + \mathrm{e}^{-2a}}$	$\lvert z \rvert > \mathrm{e}^{-a}$
14	$\mathrm{e}^{-an}\cos(n\omega_0)$	$\dfrac{z(z-\mathrm{e}^{-a}\cos\omega_0)}{z^2 - 2z\mathrm{e}^{-a}\cos\omega_0 + \mathrm{e}^{-2a}}$	$\lvert z \rvert > \mathrm{e}^{-a}$

表 7.8.2　典型离散左边序列的 Z 变换

序号	$x(n)(n < 0)$	$X(z) = \mathscr{Z}[x(n)]$	收敛域
1	$-u(-n-1)$	$\dfrac{z}{z-1}$	$\lvert z \rvert < 1$
2	$-(n+1)u(-n-1)$	$\dfrac{z^2}{(z-1)^2}$	$\lvert z \rvert < 1$
3	$-a^n u(-n-1)$	$\dfrac{z}{z-a}$	$\lvert z \rvert < \lvert a \rvert$
4	$-(n+1)a^n u(-n-1)$	$\dfrac{z^2}{(z-a)^2}$	$\lvert z \rvert < \lvert a \rvert$
5	$\dfrac{-(n+1)(n+2)\cdots(n+m)}{m!}a^n u(-n-1)$	$\dfrac{z^{m+1}}{(z-a)^{m+1}}$	$\lvert z \rvert < \lvert a \rvert$

习　　题

7.1 求下列函数的 Z 变换,并标明收敛域。

1. $3\delta(n-2) + 2\delta(n-5)$　　　　　　2. $u(n) - u(n-2)$

3. $\left(\dfrac{1}{2}\right)^{n} u(n-2)$　　　　　　4. $\left(\dfrac{1}{2}\right)^{n} u(n) + \left(\dfrac{1}{3}\right)^{n} u(n)$

5. $(n+1)u(n)$　　　　　　6. $n e^{\alpha n} u(n)$

7.2 求双边序列 $x(n) = \left(\dfrac{1}{2}\right)^{|n|}$ 的 Z 变换,并标出收敛域及绘出零、极点图。

7.3 求下列函数 Z 反变换。

1. $\dfrac{1}{1 - \dfrac{1}{2}z^{-1}}$　　$|z| > \dfrac{1}{2}$　　　　2. $\dfrac{1 - \dfrac{1}{2}z^{-1}}{1 + \dfrac{3}{4}z^{-1} + \dfrac{1}{8}z^{-2}}$　　$|z| > \dfrac{1}{2}$

3. $\dfrac{z-a}{1-az}$　　$|z| > \left|\dfrac{1}{a}\right|$　　　　4. $\dfrac{z^2 + z + 1}{z^2 + 3z + 2}$　　$|z| > 2$

5. $\dfrac{z}{(z-1)(z^2-1)}$　　$|z| > 1$　　　　6. $\dfrac{z^2 - az}{(z-a)^3}$　　$|z| > |a|$

7.4 利用三种 Z 反变换方法求 $X(z)$ 的反变换。

$$X(z) = \dfrac{10z}{(z-1)(z-2)} \quad |z| > 2$$

7.5 画出 $\dfrac{-3z^{-1}}{2 - 5z^{-1} + 2z^{-2}}$ 的零、极点图,在下列三种收敛域下,哪种情况对应左边序列、右边序列、双边序列? 并求各对应的序列。

1. $|z| > 2$　　　　　　　　2. $|z| < 0.5$

3. $0.5 < |z| < 2$

7.6 已知单边序列的 Z 变换 $X(z)$,求序列的初值 $x(0)$ 和终值 $x(+\infty)$。

1. $X(z) = \dfrac{1 + z^{-1} + z^{-2}}{(1 - z^{-1})(1 - 2z^{-1})}$　　　　2. $X(z) = \dfrac{z^{-1}}{1 - 1.5z^{-1} + 0.5z^{-2}}$

7.7 利用卷积定理求 $y(n) = x(n) * h(n)$,已知:

1. $x(n) = a^n u(n), h(n) = b^n u(-n)$　　　　2. $x(n) = a^n u(n), h(n) = \delta(n-2)$

7.8 利用 z 域卷积定理求序列 $e^{-bn} \sin(\omega_0 n) u(n)$ 的 Z 变换。

7.9 已知序列 $x_1(n)$、$x_2(n)$ 的 Z 变换,用反变换法和 z 域卷积定理求序列 $x_1(n) \cdot x_2(n)$ 的 Z 变换。

1. $X_1(z) = \dfrac{1}{1 - 0.5z^{-1}}$　$(|z| > 0.5)$,$X_2(z) = \dfrac{1}{1 - 2z}$　$(|z| < 0.5)$

2. $X_1(z) = \dfrac{0.99}{(1 - 0.1z^{-1})(1 - 0.1z)}$　$(0.1 < |z| < 10)$,$X_2(z) = \dfrac{1}{1 - 10z}$　$(|z| > 0.1)$

7.10 已知系统的差分方程和初始条件,求系统的全响应。

1. $y(n+2) - 2y(n+1) + y(n) = \delta(n) + \delta(n-1) + u(n-2), y_{zi}(0) = 0, y_{zi}(1) = 1$

2. $y(n+2) - 3y(n+1) + 2y(n) = x(n+1) - 2x(n), x(n) = 2^n u(n), y_{zi}(0) = 0,$
$y_{zi}(1) = 1$

7.11　已知一阶因果离散系统差分方程为

$$y(n) + 3y(n-1) = x(n)$$

1. 求系统的单位样值响应 $h(n)$；

2. 若 $x(n) = (n + n^2)u(n)$，求响应 $y(n)$。

7.12　由下列差分方程画出离散系统框图，并求系统函数 $H(z)$ 及单位样值响应 $h(n)$。

1. $3y(n) - 6y(n-1) = x(n)$

2. $y(n) - 3y(n-1) + 3y(n-2) - y(n-3) = x(n)$

3. $y(n+2) - 5y(n+1) + 6y(n) = x(n+2) - 3x(n)$

7.13　已知离散信号 $x(n) = \begin{cases} 1 & (|n| \leqslant 2) \\ 0 & (|n| > 2) \end{cases}$，求其频谱 $X(e^{j\omega})$，并画出频谱图。

7.14　设某离散系统 $H(z) = \dfrac{-z^2 + 2z}{z^2 - \dfrac{1}{4}z - \dfrac{3}{8}}$，试求：

1. 系统的输入输出差分方程；

2. 画出系统的模拟框图；

3. 系统的单位样值响应。

7.15　已知一离散系统在 z 平面上的零、极点分布如图 7.1 所示，且已知系统的单位样值响应 $h(n)$ 的极限值 $\lim\limits_{n \to +\infty} h(n) = \dfrac{1}{3}$，系统的初始条件为 $y_{zi}(0) = 2, y_{zi}(1) = 1$，求系统的系统函数 $H(z)$，零输入响应 $y_{zi}(n)$。若系统激励为 $x(n) = (-3)^n u(n)$，求系统的零状态响应 $y_{zs}(n)$。

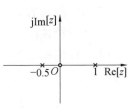

图 7.1　题 7.15 图

7.16　已知离散系统的单位样值响应为

$$h(n) = \left[(0.5)^n - (0.4)^n \right] u(n)$$

试写出系统的差分方程。

7.17　已知离散系统如图 7.2 所示。

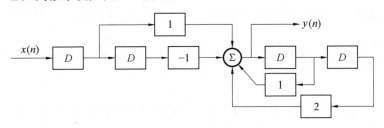

图 7.2　题 7.17 图

1. 画出系统零、极点图;

2. 若系统初始条件为 $y_{zi}(0) = 2$, $y_{zi}(1) = 1$, 激励信号为 $x(n) = \frac{1}{2}(n-2)u(n-1)$, 试求系统的响应, 并指出其中的零输入响应和零状态响应分量。

7.18　求下列系统函数在 $10 < |z| \leqslant +\infty$ 及 $0.5 < |z| < 10$ 两种收敛域情况下系统的单位样值响应, 并说明系统的稳定性和因果性。

$$H(z) = \frac{9.5z}{(z - 0.5)(10 - z)}$$

7.19　已知系统函数 $H(z) = \frac{z}{z-k}$ (k 为常数)。

1. 写出系统的差分方程;

2. 画出系统的模拟框图;

3. 求系统的频率响应, 并画出 $k = 0$、$k = 0.5$ 和 $k = 1$ 三种情况下的幅度特性和相位特性。

7.20　已知离散系统差分方程为

$$y(n) - \frac{1}{3}y(n-1) = x(n)$$

1. 求系统函数和单位样值响应;

2. 若系统零状态响应为 $y(n) = 3\left[\left(\frac{1}{2}\right)^n - \left(\frac{1}{3}\right)^n\right]u(n)$, 求激励信号 $x(n)$;

3. 画出系统函数的零、极点分布图;

4. 画出幅频特性曲线;

5. 画出系统的模拟框图。

7.21　已知离散系统差分方程为

$$y(n) - \frac{3}{4}y(n-1) + \frac{1}{8}y(n-2) = x(n) + \frac{1}{3}x(n-1)$$

1. 求系统函数和单位样值响应;

2. 画出系统函数的零、极点分布图;

3. 画出幅频特性曲线;

4. 画出系统的模拟框图。

7.22　设离散系统当输入信号为 $x_1(n) = (n+2)\left(\frac{1}{2}\right)^n u(n)$ 时, 系统输出零状态响应为 $y_1(n) = \left(\frac{1}{4}\right)^n u(n)$。如果该系统输出零状态响应为 $y_2(n) = \delta(n) - \left(-\frac{1}{2}\right)^n u(n)$, 试求其输入信号 $x_2(n)$。

7.23　如图 7.23 所示, 某因果离散时间系统由两个子系统级联而成, 若描述两个子系统的差分方程分别为

$$y_1(n+2) - \frac{1}{2}y_1(n+1) = \frac{1}{2}x(n+1) + \frac{1}{3}x(n)$$

$$y(n+1) - \frac{1}{3}y(n) = y_1(n+1)$$

1. 求每个子系统的单位冲激响应 $h_1(n)$ 和 $h_2(n)$；
2. 画出子系统 $H_2(z)$ 的幅频特性曲线；
3. 求该系统的系统函数 $H(z)$，画出其极零点分布图，并分析系统的稳定性。

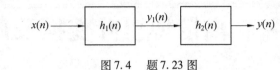

图 7.4　题 7.23 图

第 8 章

离散傅里叶变换及应用

在前面已经研究了连续时间信号与系统和离散时间信号与系统的分析方法,它们或者在时域或者在变换域,二者可以表现为连续变量函数,也可以表现为离散变量函数。例如,离散时间信号 $x(n)$ 的傅里叶变换 $X(e^{j\omega})$ 是连续变量 ω 的函数。然而,在实际应用中,为了把信号与系统分析和计算机应用结合起来,一个非常主要的问题是如何把它们保存到计算机的存储器中。由于计算机处理的是离散的数字样值,因此对信号的要求应该是:在时域和频域都应该是离散的,而且都应该是有限的。本章介绍的离散傅里叶变换 DFT(Discrete Fourier Transform) 就是解决这个问题的关键环节,它借助离散傅里叶级数的概念,把有限长序列作为周期性离散信号的一个周期来处理,进而在允许一定程度近似的条件下,有限长序列的离散时间傅里叶变换可以用计算机来实现。

值得一提的是,离散傅里叶变换的快速算法 —— 快速傅里叶变换 FFT(Fast Fourier Transform),极大地提高了离散傅里叶变换的实用价值,对数字信号处理技术的发展起到了重大的推动作用。可以说,是由于离散傅里叶变换的应用需求,使人们研究了快速傅里叶变换算法;反过来,也正是快速傅里叶变换算法的出现,促进了离散傅里叶变换的进一步应用。因此,本章将对 DFT 及其在离散系统分析中的应用给予简要介绍,同时也将重点介绍其快速算法 FFT。

本章共分 6 节:8.1 节介绍离散傅里叶级数主要是针对周期离散序列分解展开,同时也是为了引出离散傅里叶变换的概念;8.2 节和 8.3 节分别介绍离散傅里叶变换及其性质,其目的是了解通过计算机来计算离散有限长度序列的傅里叶变换以及应用特点;8.4 节介绍离散傅里叶变换 DFT 与 Z 变换的关系,目的是建立起 DFT、DTFT 及 Z 变换之间的联系以及它们应用起来的差异;8.5 节介绍离散傅里叶变换的快速算法,即 FFT,目的是减少 DFT 的运算量,有利于进一步应用;8.6 节介绍了 FFT 的具体应用,目的是给大家建立起一个应用概念。

8.1　离散傅里叶级数

为了引出离散傅里叶级数的概念,首先回顾一下曾经得到的一些信号及其频谱间的对应关系。具体来说,就是**非周期连续时间信号的频谱是连续频率的非周期函数;周期连续时间信号的频谱是离散频率的非周期函数;非周期离散时间信号的频谱是连续频率的周期函数**。从以上三种情况可以归纳出,在信号的时域表示形式和频域表示形式之间,一个域的周期性对应于另一个域的离散性,一个域的非周期性对应于另一个域的连续性。由此可以推知,除了以上讨论过的三种情况外,还存在第四个情况,即**周期的离散时间信号的频谱是离散频率的周期函数**。这四种情况如图 8.1.1 所示,它们针对四种不同类型的信号,各自有着自己的应用背景和性质。

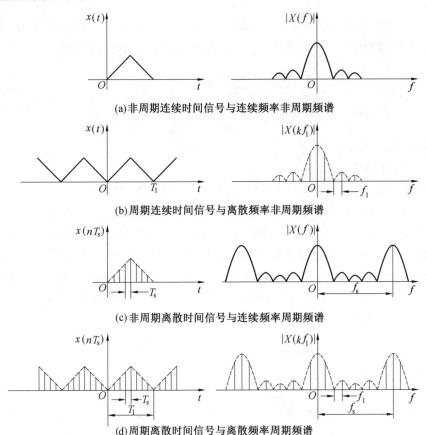

(a)非周期连续时间信号与连续频率非周期频谱

(b)周期连续时间信号与离散频率非周期频谱

(c)非周期离散时间信号与连续频率周期频谱

(d)周期离散时间信号与离散频率周期频谱

图 8.1.1　傅里叶变换的四种形式

图 8.1.1(a) 所示为连续时间函数 $x(t)$ 及其傅里叶变换,其数学表达式为

$$X(f) = \int_{-\infty}^{+\infty} x(t) e^{-j2\pi ft} dt \tag{8.1.1}$$

$$x(t) = \int_{-\infty}^{+\infty} X(f) e^{j2\pi ft} df \tag{8.1.2}$$

从式(8.1.1)、式(8.1.2) 及图 8.1.1(a) 中可以看到,时间函数和频率函数都是连续的,也都是非周期的。

图 8.1.1(b) 所示为连续时间的周期函数,周期为 T_1,它的频谱是离散的线状频谱,其中 $f_1 = 1/T_1$。根据第 3 章周期信号的傅里叶级数的理论,其数学表达式为

$$x(t) = \sum_{k=-\infty}^{+\infty} c_k e^{jk\omega_1 t}$$

$$c_k = \frac{1}{T_1} \int_{t_0}^{t_0+T_1} x(t) e^{-jk\omega_1 t} dt$$

c_k 为傅里叶级数的系数,一般是频率的复函数,此处 c_k 可写作 $X(kf_1)$。此时变换式写为

$$X(kf_1) = \frac{1}{T_1}\int_{t_0}^{t_0+T_1} x(t)\, e^{-j2\pi kf_1 t}\, dt \tag{8.1.3}$$

$$x(t) = \sum_{k=-\infty}^{+\infty} X(kf_1)\, e^{j2\pi kf_1 t} \tag{8.1.4}$$

图 8.1.1(c) 所示为离散序列的非周期函数 $x(nT_s)$，其频谱是周期的连续函数 $X(f)$，相当于抽样信号频谱的情况。与图 8.1.1(b) 的表达式具有对称的函数形式

$$X(f) = \sum_{n=-\infty}^{+\infty} x(nT_s)\, e^{-j2\pi nf T_s} \tag{8.1.5}$$

$$x(nT_s) = \frac{1}{f_s}\int_{f_s} X(f)\, e^{j2\pi nf T_s}\, df \tag{8.1.6}$$

式中　　T_s——抽样间隔；

　　　　f_s——抽样频率，$f_s = 1/T_s$。

式(8.1.5) 和式(8.1.6) 也可由式(7.7.4) 和式(7.7.5) 推演得出。

图 8.1.1(d) 所示为周期离散时间函数 $x(nT_s)$，其傅里叶变换是周期离散频率函数 $X(kf_1)$。可以从上述周期连续时间函数和非周期离散时间函数两种情况之一，经修正导出其傅里叶变换对。例如我们借助于后者，即时间函数由图 8.1.1(c) 变到图 8.1.1(d)。此时，时间函数不但具有离散性，而且还具有周期性，故式(8.1.5) 的级数取和应限制在一个周期之内，序号 n 应从 0 到 $N-1$，与此同时应考虑到，时间函数的周期性导致频率函数的离散性，变量 f 以 kf_1 代替，于是式(8.1.5) 变为

$$X(kf_1) = \sum_{n=0}^{N-1} x(nT_s)\, e^{-j2\pi nkT_s f_1} \tag{8.1.7}$$

在式(8.1.6) 中的符号也要作相应的变化

$$f \to kf_1 \quad df \to f_1 = \frac{f_s}{N} \quad \int_{f_s} \to \sum_{k=0}^{N-1}$$

于是得到

$$x(nT_s) = \frac{1}{f_s}\sum_{k=0}^{N-1} X(kf_1)\, e^{j2\pi nkT_s f_1}\, \frac{f_s}{N} = \frac{1}{N}\sum_{k=0}^{N-1} X(kf_1)\, e^{j2\pi nkT_s f_1} \tag{8.1.8}$$

考虑到，在时域和频域各自的一个周期内分别有如下关系

$$\frac{T_1}{T_s} = N \quad 和 \quad \frac{f_s}{f_1} = N$$

容易得出

$$T_s f_1 = \frac{1}{N} \quad 和 \quad f_s T_1 = N$$

将此关系式代入式(8.1.7) 和式(8.1.8)，可得

$$X(kf_1) = \sum_{n=0}^{N-1} x(nT_s)\, e^{-j\frac{2\pi}{N}nk} \tag{8.1.9}$$

$$x(nT_s) = \frac{1}{N}\sum_{k=0}^{N-1} X(kf_1)\, e^{j\frac{2\pi}{N}nk} \tag{8.1.10}$$

这就是图 8.1.1(d) 所示函数的数学表达式。此变换对的正确性容易得到证明：即将式(8.1.9) 代入式(8.1.10)，则等式两端相等。

式(8.1.10)称为周期序列的傅里叶级数。此式中 $\mathrm{e}^{\mathrm{j}\frac{2\pi}{N}n}$ 是周期序列的基波分量, $\mathrm{e}^{\mathrm{j}\frac{2\pi}{N}nk}$ 是 k 次谐波分量。由于因子 $\mathrm{e}^{\mathrm{j}\frac{2\pi}{N}nk}$ 的周期性,即

$$\mathrm{e}^{\mathrm{j}\frac{2\pi}{N}n(k+N)} = \mathrm{e}^{\mathrm{j}\frac{2\pi}{N}nk}$$

所以周期序列频谱的全部谐波成分中只有 N 个是独立的。同理,式(8.1.9)表示的傅里叶级数系数 $X(kf_1)$ 也是一个以 N 为周期的周期序列。

为了书写方便,引用符号 W_N,使得

$$W_N = \mathrm{e}^{-\mathrm{j}(\frac{2\pi}{N})} \quad \text{或} \quad W = \mathrm{e}^{-\mathrm{j}(\frac{2\pi}{N})}$$

此外,用 $\mathrm{DFS}[\cdot]$ 表示取离散傅里叶级数的运算(求系数),用 $\mathrm{IDFS}[\cdot]$ 表示取离散傅里叶级数的反运算(求时间序列)。这样,离散傅里叶级数的运算对又可以表示为

$$\begin{cases} X(kf_1) = \mathrm{DFS}[x(nT_\mathrm{s})] = \displaystyle\sum_{n=0}^{N-1} x(nT_\mathrm{s})W^{nk} \\ x(nT_\mathrm{s}) = \mathrm{IDFS}[X(kf_1)] = \dfrac{1}{N}\displaystyle\sum_{k=0}^{N-1} X(kf_1)W^{-nk} \end{cases} \tag{8.1.11}$$

在具体计算中,常常假设 $T_\mathrm{s}=1$,$f_1=1$,此时

$$\begin{cases} X(k) = \mathrm{DFS}[x(n)] = \displaystyle\sum_{n=0}^{N-1} x(n)W^{nk} \\ x(n) = \mathrm{IDFS}[X(k)] = \dfrac{1}{N}\displaystyle\sum_{k=0}^{N-1} X(k)W^{-nk} \end{cases} \tag{8.1.12}$$

【例8.1.1】 求如图8.1.2所示周期脉冲序列 $x(n)$ 的离散傅里叶级数展开式。

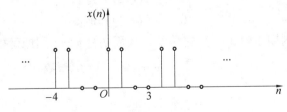

图8.1.2 例8.1.1图

解 因为信号的周期 $N=4$,则级数的取和范围为 $[0,3]$,根据离散傅里叶级数定义式

$$X(k) = \sum_{n=0}^{3} x(n)\mathrm{e}^{-\mathrm{j}(\frac{\pi}{2})nk}$$

所以可得

$$X(0) = \sum_{n=0}^{3} x(n) = 1 + 1 = 2$$

$$X(1) = \sum_{n=0}^{3} x(n)\mathrm{e}^{-\mathrm{j}(\frac{\pi}{2})n} = 1 - \mathrm{j}$$

$$X(2) = \sum_{n=0}^{3} x(n)\mathrm{e}^{-\mathrm{j}\pi k} = 0$$

$$X(3) = \sum_{n=0}^{3} x(n)\mathrm{e}^{-\mathrm{j}(\frac{3\pi}{2})n} = 1 + \mathrm{j}$$

再根据离散傅里叶级数展开式得

$$x(n) = \frac{1}{N} \sum_{k=0}^{N-1} X(k) \mathrm{e}^{\mathrm{j}\left(\frac{2\pi}{N}\right)nk} = \frac{1}{4}\left[2 + (1-\mathrm{j})\mathrm{e}^{\mathrm{j}\left(\frac{\pi}{2}\right)n} + (1+\mathrm{j})\mathrm{e}^{\mathrm{j}\left(\frac{3\pi}{2}\right)n}\right] =$$

$$\frac{1}{2} + \frac{1}{2}\cos\left(\frac{\pi}{2}n\right) + \frac{1}{2}\sin\left(\frac{\pi}{2}n\right)$$

8.2   离散傅里叶变换

离散傅里叶级数可以用来分析周期序列,而离散傅里叶变换则是针对有限长度序列。为了讨论周期序列和有限长序列的关系,并由离散傅里叶级数引出离散傅里叶变换,先分析一下离散傅里叶级数的表达式。

为了区分周期序列和有限长序列,以后均使用下标 p 表示周期性序列。于是式(8.1.11)和式(8.1.12)表示的离散傅里叶级数变换对为

$$X_{\mathrm{p}}(k) = \mathrm{DFS}[x_{\mathrm{p}}(n)] = \sum_{n=0}^{N-1} x_{\mathrm{p}}(n) W^{nk} \tag{8.2.1}$$

$$x_{\mathrm{p}}(n) = \mathrm{IDFS}[X_{\mathrm{p}}(k)] = \frac{1}{N} \sum_{k=0}^{N-1} X_{\mathrm{p}}(k) W^{-nk} \tag{8.2.2}$$

8.2.1   周期延拓和主值区间

借助于周期序列离散傅里叶级数的概念对有限长序列进行傅里叶分析,为此,先介绍周期延拓和主值区间的概念。设 $x(n)$ 为有限长序列,它有 N 个样值,即

$$x(n) = \begin{cases} x(n) & (0 \leqslant n \leqslant N-1) \\ 0 & (n \text{ 为其他值}) \end{cases}$$

我们假设一个周期序列 $x_{\mathrm{p}}(n)$,它是以 N 为周期将 $x(n)$ 周期延拓而成,则可表示为

$$x_{\mathrm{p}}(n) = \sum_r x(n+rN) \quad (r \text{ 取整数})$$

而

$$x(n) = \begin{cases} x_{\mathrm{p}}(n) & (0 \leqslant n \leqslant N-1) \\ 0 & (n \text{ 为其他值}) \end{cases}$$

图 8.2.1 表示了 $x(n)$ 和 $x_{\mathrm{p}}(n)$ 的这种对应关系。

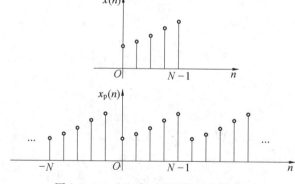

图 8.2.1 $x(n)$ 和 $x_{\mathrm{p}}(n)$ 的对应关系

显然 $x_\text{p}(n)$ 是 $x(n)$ 的周期延拓,而 $x(n)$ 是 $x_\text{p}(n)$ 的第一个周期,称为主值序列。$x_\text{p}(n)$ 和 $x(n)$ 的关系还可以表示为

$$x_\text{p}(n) = x((n))_N$$
$$x(n) = x_\text{p}(n) G_N(n)$$

式中　$x((n))_N$——对 $x(n)$ 的**模 N 运算**。

同理,$X_\text{p}(k)$ 也可表示为

$$X_\text{p}(k) = X((k))_N$$
$$X(k) = X_\text{p}(k) G_N(k)$$

如果将离散傅里叶级数的两个公式(式(8.2.1) 和式(8.2.1))都限定在主值区间范围内,则这种变换方法就可以引申到有限长序列 $x(n)$ 和 $X(k)$。

8.2.2　离散傅里叶变换 DFT 的定义

设有限长序列 $x(n)$ 的长度为 $N(0 \leqslant n \leqslant N-1)$,它的离散傅里叶变换 $X(k)$ 仍然是一个长度为 $N(0 \leqslant n \leqslant N-1)$ 的频域有限长序列,其正反变换的关系式为

$$X(k) = \text{DFT}[x(n)] = \sum_{n=0}^{N-1} x(n) W^{nk} \tag{8.2.3}$$

$$x(n) = \text{IDFT}[X(k)] = \frac{1}{N} \sum_{k=0}^{N-1} X(k) W^{-nk} \tag{8.2.4}$$

式(8.2.3) 和式(8.2.4) 称为有限长序列的离散傅里叶变换(DFT) 对。

比较离散傅里叶变换 DFT 和离散傅里叶级数 DFS 的表达式可以发现,二者形式完全相同。只是 $x(n)$、$X(k)$ 和 $x_\text{p}(n)$、$X_\text{p}(k)$ 的取值范围不同,$x(n)$ 和 $X(k)$ 分别取 $x_\text{p}(n)$ 和 $X_\text{p}(k)$ 的主值范围。实际上,DFS 是按傅里叶分析严格定义的,而有限长序列的离散时间傅里叶变换 $X(e^{j\omega})$ 是连续的、周期为 2π 的频率函数。为了使傅里叶变换可以利用计算机实现,人为地历经 $x(n) \xrightarrow{\text{延拓}} x_\text{p}(n) \xrightarrow{\text{DFS}} X_\text{p}(k) \xrightarrow{\text{截断}} X(k)$ 的过程,如图 8.2.2 所示。所以,离散傅里叶变换 DFT 并非指对任意离散信号进行傅里叶变换,而是为了利用计算机对有限长序列进行傅里叶变换的一种"借用" 形式。

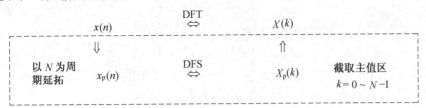

图 8.2.2　$X(k)$ 的计算原理

图 8.2.2 表示的关系,还可以表示为

$$X(k) = \text{DFT}[x(n)] = \{\text{DFS}[x(n) \text{ 延拓为 } x_\text{p}(n)]\} \quad (0 \leqslant k \leqslant N-1) \tag{8.2.5}$$

$$x(n) = \text{IDFT}[X(k)] = \{\text{IDFS}[X(k) \text{ 延拓为 } X_\text{p}(k)]\} \quad (0 \leqslant n \leqslant N-1) \tag{8.2.6}$$

我们始终应该记住,在谈到 DFT 时,所谓"有限长序列" 都是作为"周期序列一个周期" 来表示的。旋转因子 W_N 的存在,说明 DFT 具有"隐含的周期性"。这样做的目的,正是为了方便地利用计算机进行傅里叶分析。

DFT 变换式也可以写成矩阵形式

$$\begin{cases} \begin{bmatrix} X(0) \\ X(1) \\ \vdots \\ X(N-1) \end{bmatrix} = \begin{bmatrix} W^0 & W^0 & \cdots & W^0 \\ W^0 & W^{1\times1} & \cdots & W^{(N-1)\times1} \\ \vdots & \vdots & & \vdots \\ W^0 & W^{1\times(N-1)} & \cdots & W^{(N-1)\times(N-1)} \end{bmatrix} \begin{bmatrix} x(0) \\ x(1) \\ \vdots \\ x(N-1) \end{bmatrix} \\ \begin{bmatrix} x(0) \\ x(1) \\ \vdots \\ x(N-1) \end{bmatrix} = \frac{1}{N} \begin{bmatrix} W^0 & W^0 & \cdots & W^0 \\ W^0 & W^{-1\times1} & \cdots & W^{-(N-1)\times1} \\ \vdots & \vdots & & \vdots \\ W^0 & W^{-1\times(N-1)} & \cdots & W^{-(N-1)\times(N-1)} \end{bmatrix} \begin{bmatrix} X(0) \\ X(1) \\ \vdots \\ X(N-1) \end{bmatrix} \end{cases} \tag{8.2.7}$$

简写为

$$\begin{cases} \boldsymbol{X}(k) = \boldsymbol{W}^{nk}\boldsymbol{x}(n) \\ \boldsymbol{x}(n) = \dfrac{1}{N}\boldsymbol{W}^{-nk}\boldsymbol{X}(k) \end{cases} \tag{8.2.8}$$

【例 8.2.1】 已知离散信号

$$x(n) = \begin{cases} 1 & (n=0) \\ 2 & (n=1) \\ 2 & (n=2) \\ 1 & (n=3) \\ 0 & (n\ 为其他值) \end{cases}$$

(1) 求 $x(n)$ 的 DFT;(2) 根据(1) 的结果再计算其 IDFT。

解 (1) 由定义式(8.2.3),对于 $N=4$ 可写出

$$X(k) = \sum_{n=0}^{3} x(n)\mathrm{e}^{-\mathrm{j}\pi nk/2} = x(0) + x(1)\mathrm{e}^{-\mathrm{j}\pi k/2} + x(2)\mathrm{e}^{-\mathrm{j}\pi k} + x(3)\mathrm{e}^{-\mathrm{j}3\pi k/2} =$$
$$1 + 2\mathrm{e}^{-\mathrm{j}\pi k/2} + 2\mathrm{e}^{-\mathrm{j}\pi k} + \mathrm{e}^{-\mathrm{j}3\pi k/2} \quad (k=0,1,2,3)$$

或

$$X(k) = \begin{cases} 6 & (k=0) \\ -1-\mathrm{j} & (k=1) \\ 0 & (k=2) \\ -1+\mathrm{j} & (k=3) \\ 0 & (k\ 为其他值) \end{cases}$$

(2) 根据(1) 的结果 $X(k)$,再由定义式(8.2.4) 可写出

$$x(n) = \frac{1}{4}[X(0) + X(1)\mathrm{e}^{\mathrm{j}\pi n/2} + X(2)\mathrm{e}^{\mathrm{j}\pi n} + X(3)\mathrm{e}^{\mathrm{j}3\pi n/2}] \quad (n=0,1,2,3)$$

得

$$x(0) = \frac{1}{4}[X(0) + X(1) + X(2) + X(3)] = 1$$

$$x(1) = \frac{1}{4}[X(0) + \mathrm{j}X(1) - X(2) - \mathrm{j}X(3)] = 2$$

$$x(2) = \frac{1}{4}[X(0) - X(1) + X(2) - X(3)] = 2$$

$$x(3) = \frac{1}{4}[X(0) - jX(1) - X(2) + jX(3)] = 1$$

即

$$x(n) = \begin{cases} 1 & (n = 0) \\ 2 & (n = 1) \\ 2 & (n = 2) \\ 1 & (n = 3) \\ 0 & (n \text{ 为其他值}) \end{cases}$$

可见,计算的 $x(n)$ 与已知序列是相同的,进而也验证了正、反变换计算的正确性。

8.2.3　DFT 与 DTFT 的关系

最后,讨论一下有限长序列 $x(n)$ 的离散傅里叶变换 $X(k)$(DFT)与其离散时间傅里叶变换 $X(e^{j\omega})$(DTFT)的关系。

已知长度为 $N(0 \leqslant n \leqslant N-1)$ 的有限长序列 $x(n)$,其离散傅里叶变换 $X(k)$ 为

$$X(k) = \sum_{n=0}^{N-1} x(n) e^{-j\frac{2\pi}{N}nk} \tag{8.2.9}$$

而其离散时间傅里叶变换 $X(e^{j\omega})$ 为

$$X(e^{j\omega}) = \sum_{n=-\infty}^{+\infty} x(n) e^{-j\omega n} \tag{8.2.10}$$

由于当 $n < 0$ 和 $n \geqslant N$ 时 $x(n) = 0$,所以式(8.2.10)可以简化为

$$X(e^{j\omega}) = \sum_{n=0}^{N-1} x(n) e^{-j\omega n} \tag{8.2.11}$$

比较式(8.2.9)和式(8.2.11)可见

$$X(k) = X(e^{j\omega}) \big|_{\omega = \frac{2\pi}{N}k} \tag{8.2.12}$$

这样离散傅里叶变换 $X(k)$(DFT)可以看成是离散时间傅里叶变换 $X(e^{j\omega})$(DTFT)的频率抽样,更准确地说,$X(k)$ 等于频率点 $\omega = \frac{2\pi}{N}k(k = 0,1,\cdots,N-1)$ 处 $X(e^{j\omega})$ 的离散值。

【例 8.2.2】　求矩形脉冲序列 $x(n) = G_N(n)$ 的 DTFT 和 DFT。

解　由 DTFT 定义式(8.2.10)可写出

$$X(e^{j\omega}) = \sum_{n=-\infty}^{+\infty} x(n) e^{-j\omega n} = \sum_{n=0}^{N-1} e^{-j\omega n} = \frac{1 - (e^{-j\omega})^N}{1 - e^{-j\omega}} = \frac{1 - e^{-jN\omega}}{1 - e^{-j\omega}} =$$

$$\frac{e^{-j(\frac{N}{2})\omega}[e^{j(\frac{N}{2}\omega)} - e^{-j(\frac{N}{2}\omega)}]}{e^{-j(\frac{\omega}{2})}[e^{j(\frac{\omega}{2})} - e^{-j(\frac{\omega}{2})}]} = \frac{\sin\left(\frac{N}{2}\omega\right)}{\sin\left(\frac{1}{2}\omega\right)} e^{-j(\frac{N-1}{2})\omega}$$

注意:幅度频谱 $|X(e^{j\omega})|$ 是以 2π 为周期的连续函数,如图 8.2.3(a)所示。

再由 DFT 定义式(8.2.9)可写出

$$X(k) = \sum_{n=0}^{N-1} x(n) e^{-j\frac{2\pi}{N}nk} = \sum_{n=0}^{N-1} W^{nk} = \sum_{n=0}^{N-1} (e^{-j\frac{2\pi k}{N}})^n =$$

$$\frac{1 - (e^{-j\frac{2\pi k}{N}})^N}{1 - (e^{-j\frac{2\pi k}{N}})} = \begin{cases} N & (k = 0) \\ 0 & (k \neq 0) \end{cases} = N\delta(k)$$

可见,矩形脉冲序列的离散频谱 $X(k)$ 是一个幅度为 N 的单位样值函数,如图8.2.3(b)所示。当然,$X(k)$ 的计算也可以根据式(8.2.12)的关系,根据 $X(\mathrm{e}^{\mathrm{j}\omega})$ 在抽样点 $\omega = \dfrac{2\pi}{N}k(k = 0,1,\cdots,N-1)$ 的值得到。

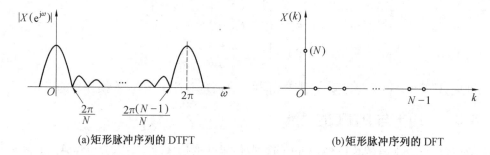

(a)矩形脉冲序列的 DTFT   (b)矩形脉冲序列的 DFT

图8.2.3　$X(\mathrm{e}^{\mathrm{j}\omega})$ 与 $X(k)$ 的比较

注意,在 $k = 1,2,\cdots,N-1$ 时,$X(k) = 0$,对应的 k 等于这些值时 $X(\mathrm{e}^{\mathrm{j}\omega})$ 的抽样值 $X(2\pi k/N)$ 也都等于零,这是由于在 $X(\mathrm{e}^{\mathrm{j}\omega})$ 的旁瓣之间的零点对 $X(\mathrm{e}^{\mathrm{j}\omega})$ 进行抽样的结果。只有在 $k = 0$ 时,$X(k)$ 不等于零,所以 $X(k)$ 与矩形脉冲的频谱 $X(\mathrm{e}^{\mathrm{j}\omega})$ 有较大差别。只有增大 N,使抽样频率 $2\pi k/N$ 更加靠近,$X(k)$ 才能更好地表达 $X(\mathrm{e}^{\mathrm{j}\omega})$。

8.3　离散傅里叶变换的基本性质

对离散时间序列 $x(n)$ 进行 DFT 时,由于当 $n < 0$ 和 $n \geqslant N$ 时 $x(n) = 0$,因此 DFT 的一些性质都是基于模 N 运算,这一点不同于离散时间信号的一般运算,要特别注意。

8.3.1　线性特性

若

$$X_1(k) = \mathrm{DFT}[x_1(n)]$$
$$X_2(k) = \mathrm{DFT}[x_2(n)]$$

则

$$\mathrm{DFT}[a_1 x_1(n) + a_2 x_2(n)] = a_1 X_1(k) + a_2 X_2(k) \qquad (8.3.1)$$

式中,离散序列 $x_1(n)$、$x_2(n)$ 的长度分别为 N_1、N_2;a_1、a_2 为任意常数,所得时间序列的长度 N 取二者中较大者,即 $N = \max\{N_1, N_2\}$。

同理,对于 M 个离散序列,则有

$$\mathrm{DFT}\Big[\sum_{i=1}^{M} a_i x_i(n)\Big] = \sum_{i=1}^{M} a_i X_i(k)$$

8.3.2　时移特性

为了讨论时移特性,首先建立圆周移位的概念。

设有限长序列 $x(n)$ 位于 $0 \leqslant n \leqslant N-1$ 区间,将其右移 m 位,得时移序列 $x(n-m)$ 如图 8.3.1 所示,这是序列的线性移位。

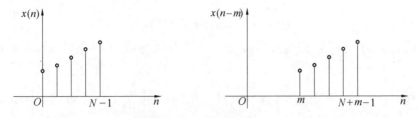

图 8.3.1　序列的线性移位

现在为了适应 DFT 的运算,需要重新定义移位的含义:即考虑 DFT 的隐含周期性,首先需要将 $x(n)$ 延拓为周期序列 $x_\mathrm{p}(n)$,然后右移 m 位得 $x_\mathrm{p}(n-m)$,或 $x((n-m))_N$,再从中截取 $0 \leqslant n \leqslant N-1$ 之序列值 $x_\mathrm{p}(n-m)G_n(n)$,图 8.3.2 表示出此移位过程。

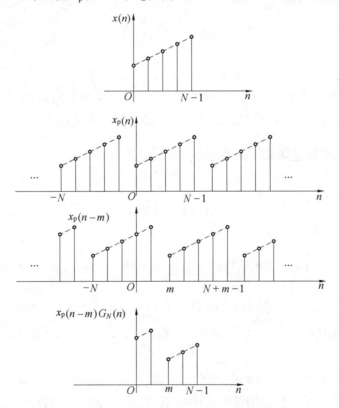

图 8.3.2　序列的循环移位

由图 8.3.2 可见,当序列 $x(n)$ 向右移 m 位时,超出 $N-1$ 以外的部分样值又从左边依次填补了空位,这就好像将有限长序列 $x(n)$ 的各个样值放在一个 N 等分的圆周上,序列的移位就相当于它在圆周上的旋转,这种序列的移位称为**循环移位或圆周移位**。当有限长序列进行任意位数的圆周移位时,它的取值范围始终保持从 0 到 $N-1$ 不变。

在理解了圆周移位的基础上,下面说明 DFT 的时移特性。

若

$$\mathrm{DFT}[x(n)] = X(k)$$

则

$$\mathrm{DFT}[x(n-m)] = W^{mk}X(k) \qquad (8.3.2)$$

该性质表明,序列$x(n)$经过圆周移位m后,其DFT是将$X(k)$乘以相移因子W^{mk}。证明如下:

$$\mathrm{DFT}[x(n-m)] = \mathrm{DFS}[x((n-m))_N]G_N(k) = \left[\sum_{n=0}^{N-1} x_{\mathrm{p}}(n-m)W^{nk}\right]G_N(k) =$$

$$\left[\sum_{n=-m}^{N-m-1} x_{\mathrm{p}}(n)W^{nk}W^{mk}\right]G_N(k) = [W^{mk}X_{\mathrm{p}}(k)]G_N(k) = W^{mk}X(k)$$

8.3.3 频移特性

若

$$\mathrm{DFT}[x(n)] = X(k)$$

则

$$\mathrm{IDFT}[X(k-l)] = x(n)W^{-nl} \qquad (8.3.3)$$

此性质表明,若时间函数乘以指数项W^{-nl},则离散傅里叶变换就向右圆移l位。与连续时间信号类似,这可以看作调制信号的频谱搬移,也称"调制定理"。

8.3.4 时域圆周卷积(圆卷积、循环卷积)

若

$$Y(k) = X(k)H(k)$$

则

$$y(n) = \mathrm{IDFT}[Y(k)] = \sum_{m=0}^{N-1} x(m)h((n-m))_N G_N(n) =$$

$$\sum_{m=0}^{N-1} h(m)x((n-m))_N G_N(n) = x(n)\circledast h(n) \qquad (8.3.4)$$

式(8.3.4)称为离散卷积定理,其中$Y(k)$、$X(k)$、$H(k)$分别为离散序列$y(n)$、$x(n)$、$h(n)$的DFT。

为了证明此性质,尚需介绍序列圆卷积与线卷积、周期卷积的含义。

线卷积是我们最早熟悉的卷积,使用翻转、移位、相乘、求和的计算过程,其表达式为

$$y(n) = x(n) * h(n) = \sum_{m=-\infty}^{+\infty} x(m)h(n-m) \qquad (8.3.5)$$

如果进行卷积的是两个周期都为N的离散周期序列,则二者卷积的结果也是一个周期序列,表达式为

$$y_{\mathrm{p}}(n) = x_{\mathrm{p}}(n) * h_{\mathrm{p}}(n) = \sum_{m=0}^{N-1} x_{\mathrm{p}}(m)h_{\mathrm{p}}(n-m) = \sum_{m=0}^{N-1} x((m))_N h((n-m))_N \qquad (8.3.6)$$

这就是周期卷积。

如果将周期卷积的结果仅截取主值序列,即

$$y(n) = [y_p(n)] G_N(n) = \sum_{m=0}^{N-1} x((m))_N h((n-m))_N G_N(n) \tag{8.3.7}$$

而 $x_p(n)$ 和 $h_p(n)$ 的主值序列为 $x(n)$ 和 $h(n)$,则 $y(n)$ 就称为 $x(n)$ 和 $h(n)$ 圆卷积,表示为

$$y(n) = x(n) \circledast h(n) = \sum_{m=0}^{N-1} x((m))_N h((n-m))_N G_N(n) \tag{8.3.8}$$

式(8.3.8)所表示的卷积过程可以这样来理解:把序列 $x(n)$ 分布在 N 等分圆筒上,而序列 $h(n)$ 经翻转后分布在另一个 N 等分的同心圆筒的圆周上,每当两圆筒停在一定的相对位置时,两序列对应点相乘、取和,即得卷积序列中的一个值。然后将一个圆筒相对于另一个圆筒旋转移位,依次在不同位置相乘、求和,就得到全部卷积序列。这个圆卷积又称循环卷积,它表明时域中两个离散序列的圆卷积等于这两个序列的 DFT 函数的乘积。

下面证明离散卷积定理。

由

$$y(n) = \text{IDFT}[Y(k)] = \frac{1}{N} \sum_{k=0}^{N-1} X(k) H(k) W^{-nk}$$

考虑到

$$X(k) = \sum_{m=0}^{N-1} x(m) W^{mk}$$

则

$$y(n) = \frac{1}{N} \sum_{k=0}^{N-1} \left[\sum_{m=0}^{N-1} x(m) W^{mk} \right] H(k) W^{-nk}$$

在上式中,交换取和的次序,则

$$y(n) = \sum_{m=0}^{N-1} x(m) \left[\frac{1}{N} \sum_{k=0}^{N-1} H(k) W^{mk} W^{-nk} \right] = \sum_{m=0}^{N-1} x(m) h((n-m))_N G_N(n)$$

我们知道,线卷积是系统分析的重要方法,当输入激励信号 $x(n)$ 通过单位样值响应为 $h(n)$ 的系统时,其输出响应即为线卷积 $y(n) = x(n) * h(n)$。而圆卷积可以利用计算机进行计算,并借助快速傅里叶变换技术,以比较高的速度完成运算。

为了借助圆卷积来计算线卷积,也即使线卷积和圆卷积达到统一,可采用补零的方法。具体做法是:对于有限长度为 N 的序列 $x(n)$ 和 $h(n)$,它们的线卷积仍然是一个有限长的离散序列 $y(n) = x(n) * h(n)$,此时 $y(n)$ 的长度为 $L = 2N - 1$。若对 $x(n)$ 和 $h(n)$ 进行圆卷积,则 $y(n) \circledast h(n)$ 的长度同样为 N。如果在对 $x(n)$ 和 $h(n)$ 进行圆卷积之前,分别对 $x(n)$ 和 $h(n)$ 进行补零使之长度都为 $L = 2N - 1$ 再进行圆卷积,此时的线卷积和圆卷积将有相同的结果。最后值得注意,在进行圆卷积时,如果两个序列的长度不相等,可对长度较短的序列补零达到较长序列的长度,进而再对这两个序列进行圆卷积。

【例 8.3.1】　已知离散序列 $x(n)$ 和 $h(n)$ 如图 8.3.3 所示。(1)试分别画出 $x(n)$ 和 $h(n)$ 的线卷积和圆卷积;(2)通过圆卷积画出 $x(n)$ 和 $h(n)$ 的线卷积。

解 (1) 先画离散序列 $x(n)$ 和 $h(n)$ 的线卷积。根据翻转、移位、相乘、求和的计算过程,先对 $h(n)$ 翻转 $h(-m)$,再移位 $h(1-m)$,$h(2-m)$,$\cdots$,如图 8.3.4 所示(只给出前两个移位)。分别相乘、求和可得 $y(0)=0$,$y(1)=1$,$y(2)=3$,$\cdots$,线卷积结果如图 8.3.4 所示。

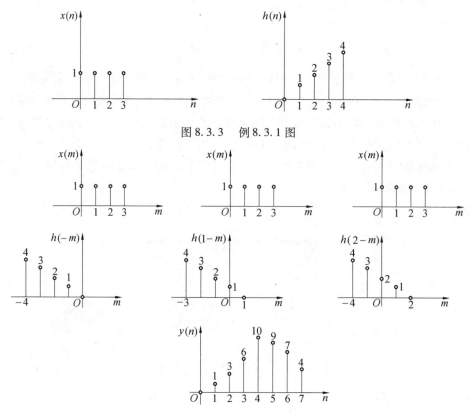

图 8.3.3 例 8.3.1 图

图 8.3.4 线卷积图解说明

(2) 再画离散序列 $x(n)$ 和 $h(n)$ 的圆卷积。由于 $x(n)$ 和 $h(n)$ 的长度不同,先对 $x(n)$ 补零到 $h(n)$ 的长度,不同于线卷积,这时的移位是 $h((n-m))_5 G_5(n)$,圆卷积结果如图 8.3.5 所示。

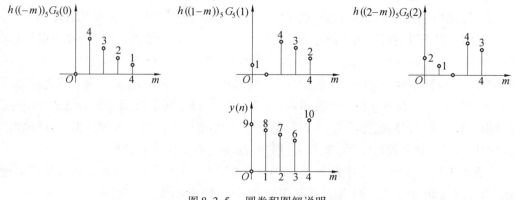

图 8.3.5 圆卷积图解说明

（3）最后再画通过 $x(n)$ 和 $h(n)$ 的圆卷积计算线卷积。此时 $x(n)$ 和 $h(n)$ 的长度都需要补零到 $L = 8$，卷积结果如图 8.3.6 所示。

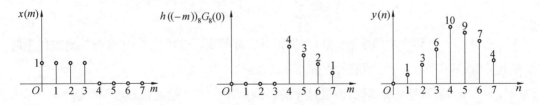

图 8.3.6　通过圆卷积计算线卷积图解说明

8.3.5　频域圆卷积

若

$$y(n) = x(n)h(n)$$

则

$$Y(k) = \mathrm{DFT}[y(n)] = \frac{1}{N}\sum_{l=0}^{N-1} X(l)H((k-l))_N G_N(k) =$$

$$\frac{1}{N}\sum_{l=0}^{N-1} H(l)X((k-l))_N G_N(k) \tag{8.3.9}$$

证明

$$Y(k) = \mathrm{DFT}[y(n)] = \mathrm{DFT}[x(n)h(n)] = \sum_{n=0}^{N-1} x(n)h(n)W^{nk} =$$

$$\sum_{n=0}^{N-1}\left[\frac{1}{N}\sum_{l=0}^{N-1} X(l)W^{-nl}\right]h(n)W^{nk} = \frac{1}{N}\sum_{l=0}^{N-1} X(l)\left[\sum_{n=0}^{N-1} h(n)W^{n(k-l)}\right] =$$

$$\frac{1}{N}\sum_{l=0}^{N-1} H(l)X((k-l))_N G_N(k)$$

其中利用了频移特性，$\mathrm{IDFT}[H((k-1))_N G_N(k)] = h(n)W^{-nl}$。该性质表明，时域中两个序列的乘积等于这两个序列 DFT 函数的圆卷积除以 N。

8.3.6　奇偶虚实性

若 $X(k)$ 为序列 $x(n)$ 的离散傅里叶变换，则可表示为实部和虚部的形式

$$X(k) = X_r(k) + jX_i(k)$$

又由 DFT 的定义有

$$X(k) = \sum_{n=0}^{N-1} x(n)\mathrm{e}^{-\mathrm{j}\left(\frac{2\pi}{N}\right)nk} = \sum_{n=0}^{N-1} x(n)\cos\left[\left(\frac{2\pi}{N}\right)nk\right] - \mathrm{j}\sum_{n=0}^{N-1} x(n)\sin\left[\left(\frac{2\pi}{N}\right)nk\right] \tag{8.3.10}$$

（1）若 $x(n)$ 为实序列，则 $X(k)$ 的实部和虚部分别为

$$X_r(k) = \sum_{n=0}^{N-1} x(n) \cos\left[\left(\frac{2\pi}{N}\right) nk\right]$$

$$X_i(k) = -\sum_{n=0}^{N-1} x(n) \sin\left[\left(\frac{2\pi}{N}\right) nk\right]$$

可见，$X_r(k)$ 为频率的偶函数，$X_i(k)$ 为频率的奇函数。也就是说，实序列的离散傅里叶变换是复数，其实部是 k 的偶函数，虚部是 k 的奇函数。

（2）若 $x(n)$ 不但是实函数，而且是 n 的偶函数，则 $X(k)$ 的实部和虚部分别为

$$X_r(k) = \sum_{n=0}^{N-1} x(n) \cos\left[\left(\frac{2\pi}{N}\right) nk\right]$$

$$X_i(k) = -\sum_{n=0}^{N-1} x(n) \sin\left[\left(\frac{2\pi}{N}\right) nk\right] = 0$$

即序列 $x(n)$ 为实偶函数，其离散傅里叶变换也是实偶函数。

（3）若 $x(n)$ 不但是实函数，而且是 n 的奇函数，则 $X(k)$ 的实部和虚部分别为

$$X_r(k) = \sum_{n=0}^{N-1} x(n) \cos\left[\left(\frac{2\pi}{N}\right) nk\right] = 0$$

$$X_i(k) = -\sum_{n=0}^{N-1} x(n) \sin\left[\left(\frac{2\pi}{N}\right) nk\right]$$

即 $x(n)$ 为实奇函数，其离散傅里叶变换是虚奇函数。

（4）若 $x(n)$ 为纯虚数序列，则 $X(k)$ 的实部和虚部分别为

$$X_r(k) = \sum_{n=0}^{N-1} x(n) \sin\left[\left(\frac{2\pi}{N}\right) nk\right]$$

$$X_i(k) = \sum_{n=0}^{N-1} x(n) \cos\left[\left(\frac{2\pi}{N}\right) nk\right]$$

可见纯虚数序列的 DFT 为复数，其实部是 k 的奇函数，虚部是 k 的偶函数。

（5）若 $x(n)$ 不但是纯虚函数，而且是 n 的偶函数，则 $X(k)$ 的实部和虚部为

$$X_r(k) = \sum_{n=0}^{N-1} x(n) \sin\left[\left(\frac{2\pi}{N}\right) nk\right] = 0$$

$$X_i(k) = \sum_{n=0}^{N-1} x(n) \cos\left[\left(\frac{2\pi}{N}\right) nk\right]$$

即 $x(n)$ 是虚偶函数，其 DFT 也是 k 的虚偶函数。

（6）若 $x(n)$ 不但是纯虚函数，且是 n 的奇函数，则 $X(k)$ 的实部和虚部为

$$X_r(k) = \sum_{n=0}^{N-1} x(n) \sin\left[\left(\frac{2\pi}{N}\right) nk\right]$$

$$X_i(k) = \sum_{n=0}^{N-1} x(n) \cos\left[\left(\frac{2\pi}{N}\right) nk\right] = 0$$

即 $x(n)$ 是虚奇函数，其 DFT 是 k 的实奇函数。

以上特性列于表 8.3.1 中,可以比较分析。

表 8.3.1　DFT 的奇偶虚实性

序列 $x(n)$	$X(k)$	$X_r(k)$ 和 $X_i(k)$
实函数	实部为偶 虚部为奇	$X_r(k) = X_r((k))_N G_N(k),X(k) = X^*((-k))_N G_N(k)$ $X_i(k) = -X_i((-k))_N G_N(k),X(k) = X^*(N-k)$
实偶函数	实偶函数	$X(k) = X(N-k),\arg\lvert X(k)\rvert = 0$
实奇函数	虚奇函数	$X(k) = X(N-k),\arg\lvert X(k)\rvert = -\dfrac{\pi}{2}$
虚函数	实部为奇 虚部为偶	$X_r(k) = -X_r((-k))_N G_N(k),X(k) = -X^*((-k))_N G_N(k)$ $X_i(k) = X_i((-k))_N G_N(k),X(k) = -X^*(N-k)$
虚偶函数	虚偶函数	$\arg\lvert X(k)\rvert = \dfrac{\pi}{2},\lvert X(k)\rvert = \lvert X(N-k)\rvert$
虚奇函数	实奇函数	$\arg\lvert X(k)\rvert = 0,\lvert X(k)\rvert = \lvert X(N-k)\rvert$

8.3.7　相关特性(循环相关定理)

若有限长序列 $x(n)$ 和 $y(n)$ 的互相关函数定义为

$$r_{xy}(n) = \sum_{m=0}^{N-1} x(m)y((m-n))_N G_N(n)$$

则

$$R_{xy}(k) = X(k)Y^*(k) \tag{8.3.11}$$

其中,$R_{xy}(k)$ 是互相关函数 $r_{xy}(n)$ 的频谱。

$$X(k) = \mathrm{DFT}[x(n)]$$
$$Y(k) = \mathrm{DFT}[y(n)]$$
$$R_{xy}(k) = \mathrm{DFT}[r_{xy}(n)]$$

证明

$$R_{xy}(k) = \mathrm{DFT}[r_{xy}(n)] = \sum_{n=0}^{N-1} r_{xy}(n)W^{nk} = \sum_{n=0}^{N-1}\Big[\sum_{m=0}^{N-1}x(m)y((m-n))_N G_N(n)\Big]W^{nk} =$$

$$\sum_{m=0}^{N-1}x(m)\Big[\sum_{n=0}^{N-1}y((m-n))_N W^{nk}\Big]G_N(k)$$

令 $l = n - m,n = l + m$,则上式方括号内可写为

$$\sum_{l=-m}^{N-1-m}y((-l))_N W^{(l+m)k} = W^{mk}\sum_{l=0}^{N-1}y((-l))_N W^{lk} = W^{mk}Y_p^*(k)$$

上式中利用序列翻转的 DFT 变为共轭的关系,即 $\mathrm{DFT}[x(-n)] = X*(k)$,所以

$$R_{xy}(k) = \sum_{m=0}^{N-1}x(m)W^{mk}Y_p^*(k)G_N(k) = X(k)Y^*(k)$$

此式称为**循环相关定理**或**圆相关定理**。

根据循环相关定理,有

$$\sum_{m=0}^{N-1} x(m)y((m-n))_N G_N(n) = \text{IDFT}[X(k)Y^*(k)]$$

$$\sum_{m=0}^{N-1} x(m)y((m-n))_N G_N(n) = \frac{1}{N}\sum_{k=0}^{N-1}[X(k)Y^*(k)]W^{-nk}$$

当 $x(n) = y(n)$ 时,上式写为

$$\sum_{m=0}^{N-1} x(m)x((m-n))_N G_N(n) = \frac{1}{N}\sum_{k=0}^{N-1}[X(k)X^*(k)]W^{-nk}$$

上式中,取 $n=0$,即互相关函数达到最大值的情况,则有

$$\sum_{m=0}^{N-1} x^2(m) = \frac{1}{N}\sum_{k=0}^{N-1}|X(k)|^2 \tag{8.3.12}$$

式(8.3.12)称为**帕色代尔定理**,左端表示有限长序列在时间域计算的能量,右端表示在频域计算的能量。

8.4　离散傅里叶变换与 Z 变换的关系

第 7 章我们已经讨论了离散序列 $x(n)$ 的 Z 变换 $X(z)$ 与其离散时间傅里叶变换 DTFT $X(e^{j\omega})$ 之间的关系

$$X(e^{j\omega}) = X(z)\big|_{z=e^{j\omega}} \tag{8.4.1}$$

本章也讨论了离散时间傅里叶变换 DTFT $X(e^{j\omega})$ 与离散傅里叶变换 DFT $X(k)$ 之间的关系

$$X(k) = X(e^{j\omega})\big|_{\omega=\frac{2\pi}{N}k} \tag{8.4.2}$$

下面继续讨论离散序列 $x(n)$ 的离散傅里叶变换 DFT $X(k)$ 与其 Z 变换 $X(z)$ 之间的关系。

8.4.1　$X(z)$ 抽样

设有限长序列 $x(n)$ 的长度为 N,其 Z 变换表达式为

$$X(z) = \mathscr{Z}[x(n)] = \sum_{n=0}^{+\infty} x(n)z^{-n} = \sum_{n=0}^{N-1} x(n)z^{-n} \tag{8.4.3}$$

一般情况下,有限长序列满足绝对可和条件,故其收敛域包括单位圆在内。在单位圆上取 N 个等间距点(间距为 $2\pi/N$),如图 8.4.1 所示,计算各点上的 Z 变换

$$X(z)\big|_{z=e^{j\frac{2\pi}{N}k}} = \sum_{n=0}^{N-1} x(n)e^{-j\frac{2\pi}{N}nk} \tag{8.4.4}$$

使用符号 $W = e^{-j\frac{2\pi}{N}}$,则上式变为

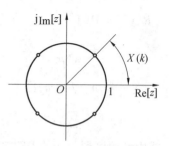

图 8.4.1　单位圆上取 N 个等间距点

$$X(z)\big|_{z=W^{-k}} = \sum_{n=0}^{N-1} x(n) W^{nk} = \text{DFT}[x(n)] = X(k) \tag{8.4.5}$$

式(8.4.5)表明,在 z 平面的单位圆上,取幅角为 $\omega = (2\pi/N)k$ 的等间距点($k = 0,1,2,\cdots,N-1$,共 N 个点),计算各个点上的 Z 变换,就可以得到有限长序列的离散傅里叶变换的 N 个值,即

$$X(k) = X(z)\big|_{z=W^{-k}} \tag{8.4.6}$$

式(8.4.6)说明有限长序列的 DFT 等于其 Z 变换在单位圆上的均匀抽样。

通过以上分析,可以看出 $X(z)$、$X(\mathrm{e}^{\mathrm{j}\omega})$ 和 $X(k)$ 之间的关系(见式(8.4.1)、式(8.4.2)和式(8.4.6)),以及它们之间的差别:$X(z)$ 是在 z 平面上 $X(z)$ 的收敛域内取值 z,$X(\mathrm{e}^{\mathrm{j}\omega})$ 是在单位圆上取连续值 ω,而 $X(k)$ 是在单位圆上 N 个等间隔的离散点上取值 k。掌握了它们之间的关系和差别对于理解它们是非常有益的。

8.4.2　$X(z)$ 的恢复

由离散傅里叶变换理论可知,从 $\text{DFT}[x(n)]$ 的 N 个样值 $X(k)$,可以通过 IDFT 恢复序列 $x(n)$,显然,也可以从这 N 个样值正确恢复序列 $x(n)$ 的 Z 变换 $X(z)$。因此 $x(n)$、$X(z)$、$X(k)$ 三个函数之间的相互关系可用图 8.4.2 表示。

有限长序列 $x(n)$ 的 Z 变换式为

$$X(z) = \sum_{n=0}^{N-1} x(n) z^{-n}$$

式中 $x(n)$ 可以表示为 IDFT 的形式

$$x(n) = \frac{1}{N} \sum_{k=0}^{N-1} X(k) W^{-nk}$$

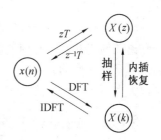

图8.4.2　$x(n)$、$X(z)$、$X(k)$ 之间的相互关系

因此

$$X(z) = \sum_{n=0}^{N-1}\left[\frac{1}{N}\sum_{k=0}^{N-1} X(k) W^{-nk}\right] z^{-n} = \frac{1}{N}\sum_{k=0}^{N-1} X(k)\left[\sum_{n=0}^{N-1} W^{-nk} z^{-n}\right] =$$

$$\frac{1}{N}\sum_{k=0}^{N-1} X(k)\left[\frac{1-W^{-Nk}z^{-N}}{1-W^{-k}z^{-1}}\right] = \sum_{k=0}^{N-1} X(k)\left[\frac{1}{N}\frac{1-z^{-N}}{1-W^{-k}z^{-1}}\right] =$$

$$\sum_{k=0}^{N-1} X(k)\varphi_k(z) \tag{8.4.7}$$

这就是由单位圆上的抽样点 $X(k)$ 确定的 $X(z)$ 表达式,称为"内插公式",其中

$$\varphi_k(z) = \frac{1}{N}\frac{1-z^{-N}}{1-W^{-k}z^{-1}} \tag{8.4.8}$$

称为"内插函数"。

设在内插点上 $z = \mathrm{e}^{-\mathrm{j}\frac{2\pi}{N}k'}$,此时内插函数具有如下性质:

$$\varphi_k(\mathrm{e}^{\mathrm{j}\frac{2\pi}{N}k'}) = 1 \quad (k' = k)$$

式中,k 表示 z 平面单位圆上的抽样点;k' 表示内插点。

证明

$$\varphi_k(\mathrm{e}^{\mathrm{j}\frac{2\pi}{N}k'}) = \frac{1}{N}\frac{1 - \mathrm{e}^{-\mathrm{j}\frac{2\pi}{N}Nk'}}{1 - \mathrm{e}^{\mathrm{j}\frac{2\pi}{N}k}\mathrm{e}^{-\mathrm{j}\frac{2\pi}{N}k'}} = \frac{1}{N}\frac{1 - \mathrm{e}^{-\mathrm{j}2\pi k'}}{1 - \mathrm{e}^{\mathrm{j}\frac{2\pi}{N}(k-k')}}$$

当 $k = k'$ 时,φ_k 为不定式,利用罗比塔法则可得

$$\varphi_k = \frac{1}{N}\frac{-\mathrm{e}^{-\mathrm{j}2\pi k'}(-\mathrm{j}2\pi)}{-\mathrm{e}^{\mathrm{j}\frac{2\pi}{N}(k-k')}\left(-\mathrm{j}\dfrac{2\pi}{N}\right)} = 1$$

因此,当 $k = k'$ 时,式(8.4.2) 变为

$$X(z)\,\big|_{z = \mathrm{e}^{\mathrm{j}\frac{2\pi}{N}k'}} = X(k) \tag{8.4.9}$$

即内插点上的 $X(z)$ 函数值正好是 $X(z)$ 上原抽样点的值,内插点与抽样点重合。而当 z 不是抽样点时,$\varphi_k(z)$ 是连续函数,使 $X(k)\varphi_k(z)$ 的 N 次叠加而得到连续函数 $X(z)$。

8.5 快速傅里叶变换

为了把信号与系统分析和计算机应用结合起来,我们针对离散时间傅里叶变换是连续的和离散傅里叶级数是周期的,引出了适用于计算机处理的离散傅里叶变换的概念。然而离散傅里叶变换的冗繁计算,影响了它的进一步使用,而本节要介绍的快速傅里叶变换 FFT 可以大大减少 DFT 的运算次数,因而也就大大节省了工作时间。

8.5.1 减少 DFT 运算次数的途径

根据 DFT 的定义式

$$X(k) = \mathrm{DFT}[x(n)] = \sum_{n=0}^{N-1} x(n)W^{nk} \quad (0 \leqslant k \leqslant N-1)$$

$$x(n) = \mathrm{IDFT}[X(k)] = \frac{1}{N}\sum_{k=0}^{N-1} X(k)W^{-nk} \quad (0 \leqslant n \leqslant N-1)$$

可以看出,对于长度为 N 的离散序列 $x(n)$,每计算一个 $X(k)$ 值,就需要进行 N 次复数乘法和 $N-1$ 次复数加法。对于 N 个 $X(k)$ 点,应当重复 N 次上述运算。因此要完成全部 DFT 运算共需 N^2 次复数乘法和 $N(N-1)$ 次复数加法。

例如设 $N = 4$,将 $\mathrm{DFT}[\cdot]$ 式写成矩阵形式

$$\begin{bmatrix} X(0) \\ X(1) \\ X(2) \\ X(3) \end{bmatrix} = \begin{bmatrix} W^0 & W^0 & W^0 & W^0 \\ W^0 & W^1 & W^2 & W^3 \\ W^0 & W^2 & W^4 & W^6 \\ W^0 & W^3 & W^6 & W^9 \end{bmatrix}\begin{bmatrix} x(0) \\ x(1) \\ x(2) \\ x(3) \end{bmatrix} \tag{8.5.1}$$

显然,为了求得每个 $X(k)$ 值,需要 $N^2 = 16$ 次复数乘法和 $N(N-1) = 12$ 次复数加法。

特别是随着样点数 N 值的增多,运算工作量将迅速增长,这对信号的实时处理形成极大的限制。而如何减少 DFT 运算工作量,主要从以下三个方面考虑。

1. W^{nk} 的周期性

容易证明

$$W^{nk} = W^{((nk))_N} \tag{8.5.2}$$

式(8.5.2) 右边为对 nk 的模 N 运算。此式可写成以下更直观的形式

$$W^{n(k+N)} = W^{nk} \quad 或 \quad W^{(n+N)k} = W^{nk} \tag{8.5.3}$$

2. W^{nk} 的对称性

因为 $W^{\frac{N}{2}} = e^{j\pi} = -1$,于是得

$$W^{\left(nk+\frac{N}{2}\right)} = -W^{nk} \tag{8.5.4}$$

例如 $N = 4$ 时,$W^2 = -W^0, W^3 = -W^1$。

应用 W^{nk} 的周期性和对称性,式(8.5.1) 中的 $[W]$ 矩阵可以简化为

$$\begin{bmatrix} W^0 & W^0 & W^0 & W^0 \\ W^0 & W^1 & W^2 & W^3 \\ W^0 & W^2 & W^4 & W^6 \\ W^0 & W^3 & W^6 & W^9 \end{bmatrix} \overset{周期性}{=} \begin{bmatrix} W^0 & W^0 & W^0 & W^0 \\ W^0 & W^1 & W^2 & W^3 \\ W^0 & W^2 & W^0 & W^2 \\ W^0 & W^3 & W^2 & W^1 \end{bmatrix} \overset{对称性}{=} \begin{bmatrix} W^0 & W^0 & W^0 & W^0 \\ W^0 & W^1 & -W^0 & -W^1 \\ W^0 & -W^0 & W^0 & -W^0 \\ W^0 & -W^1 & -W^0 & W^1 \end{bmatrix} \tag{8.5.5}$$

经简化的矩阵 $[W]$ 中,有若干个数量的元素雷同,也就是说,在 DFT 的运算中,存在着许多不必要的重复计算。如何避免这些重复,正是 DFT 简化运算的关键。

3. DFT 运算分解性

DFT 运算分解性就是把 N 点 DFT 运算分解为 $N/2$ 点的 DFT 运算,然后取和。这样做,可以大大减少运算量。

在具体实现中,根据输入序列 $x(n)$ 的不同排序,可得不同的快速算法结构。下面详细讨论按照输入序列 $x(n)$ 在时域的奇偶分组,即所谓时间抽选来介绍 FFT 算法。

8.5.2 时间抽选算法的基本原理

设 $N = 2^M$,M 为正整数,把 $x(n)$ 的 DFT 运算按 n 为偶数和 n 为奇数分解为两部分

$$X(k) = \mathrm{DFT}[x(n)] = \sum_{n=0}^{N-1} x(n) W^{nk} = \sum_{偶数n} x(n) W^{nk} + \sum_{奇数n} x(n) W^{nk} \quad (0 \leqslant k \leqslant N-1)$$

在上式中,以 $2r$ 表示偶数 n,$2r+1$ 表示奇数 n,r 的取值范围是 $0,1,2,\cdots,(N/2)-1$。即有

$$X(k) = \sum_{r=0}^{\frac{N}{2}-1} x(2r) W_N^{2rk} + \sum_{r=0}^{\frac{N}{2}-1} x(2r+1) W_N^{(2r+1)k} =$$
$$\sum_{r=0}^{\frac{N}{2}-1} x(2r)(W_N^2)^{rk} + W_N^k \sum_{r=0}^{\frac{N}{2}-1} x(2r+1)(W_N^2)^{rk}$$

由于式中 $W_N^2 = e^{-2j\left(\frac{2\pi}{N}\right)} = e^{-j\left(\frac{2\pi}{N/2}\right)} = W_{N/2}$,于是

$$X(k) = \sum_{r=0}^{\frac{N}{2}-1} x(2r) W_{N/2}^{rk} + W_N^k \sum_{r=0}^{\frac{N}{2}-1} x(2r+1) W_{N/2}^{rk} = G(k) + W_N^k H(k)$$

其中

$$G(k) = \sum_{r=0}^{\frac{N}{2}-1} x(2r) W_{N/2}^{rk}$$

$$H(k) = \sum_{r=0}^{\frac{N}{2}-1} x(2r+1) W_{N/2}^{rk}$$

必须注意，$G(k)$ 和 $H(k)$ 都是 $N/2$ 点的 DFT，只有 $N/2$ 个点，即 $k = 0,1,2,\cdots,(N/2) - 1$，而 $X(k)$ 却需要 N 个点，$k = 0,1,2,\cdots,N - 1$。因此若使 $G(k)$ 和 $H(k)$ 表示 $X(k)$，须有

$$X(k) = G(k) + W_N^k H(k) \quad \left(0 \leqslant k \leqslant \frac{N}{2} - 1\right)$$

$$X\left(\frac{N}{2} + k\right) = G\left(\frac{N}{2} + k\right) + W_N^{\frac{N}{2}+k} H\left(\frac{N}{2} + k\right) \quad \left(0 \leqslant k \leqslant \frac{N}{2} - 1\right)$$

由于 $G(k)$ 和 $H(k)$ 以 $N/2$ 为周期，即

$$G\left(\frac{N}{2} + k\right) = G(k)$$

$$H\left(\frac{N}{2} + k\right) = H(k)$$

又由于

$$W_N^{\frac{N}{2}+k} = W_N^{\frac{N}{2}} W_N^k = - W_N^k$$

所以

$$X(k) = G(k) + W_N^k H(k) \tag{8.5.6}$$

$$X\left(\frac{N}{2} + k\right) = G(k) - W_N^k H(k) \tag{8.5.7}$$

其中，$k = 0,1,2,\cdots,(N/2) - 1$。

此式给出 $X(k)$ 的前 $N/2$ 点和后 $N/2$ 点的数量，总共有 N 个值。

例如，设 $N = 4$，则式(8.5.6)和式(8.5.7)可写为

$$\begin{aligned}
X(0) &= G(0) + W_4^0 H(0) \\
X(1) &= G(1) + W_4^1 H(1) \\
X(2) &= G(0) - W_4^0 H(0) \\
X(3) &= G(1) - W_4^1 H(1)
\end{aligned} \tag{8.5.8}$$

图 8.5.1 为 N 点 DFT 分解为两个 $N/2$ 点 DFT 流程图（$N = 4$）。

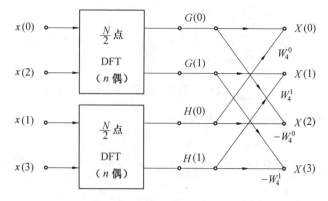

图 8.5.1　N 点 DFT 分解为两个 $N/2$ 点 DFT

图 8.5.1 的右半部分代表式(8.5.8) 的运算,线旁标注相应的加权系数 W,没有标明者表示单位传输, 在流程图中, 基本运算单元呈蝴蝶形, 因此又称蝶形运算单元, 如图 8.5.2(a) 所示。由图可见,一个蝶形运算包括两次复数乘法和两次复数加法。蝶形运算还可以简化为图 8.5.2(b) 所示的情况。其运算过程是:输入端的 $H(0)$ 先与 W_N^0 相乘,再与入端的 $G(0)$ 分别进行加、减运算,得到输出 $X(0)$ 与 $X(2)$。由此可见,此时运算量减少至只有一次复数乘法和两次复数加(减) 法。

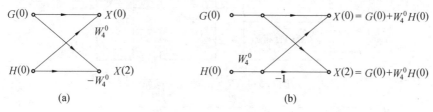

图 8.5.2　蝶形运算单元

图 8.5.1 的左半边的 $N/2$ 点 DFT 运算,可以写为

$$G(0) = x(0) + W_2^0 x(2)$$
$$G(1) = x(0) - W_2^0 x(2)$$
$$H(0) = x(1) + W_2^0 x(3)$$
$$H(1) = x(1) - W_2^1 x(3)$$

把这些运算也画成蝴蝶形,则 $N = 4$ 点的 DFT 流程图如图 8.5.3 所示。由图可见,左半面也是由 $N/2 = 2$ 个蝶形组成。这样,为完成图 8.5.3 规定的全部运算,共需 $2\dfrac{N}{2} = 4$ 次复数乘法和 $2N = 8$ 次复数加法,而直接进行 $N = 4$ 的 DFT 全部运算量为 $N^2 = 16$ 次乘法和 $N(N-1) = 12$ 次复数加法,可见,FFT 算法的运算量显著减少,特别是对于 N 较大时,减少量更加明显。

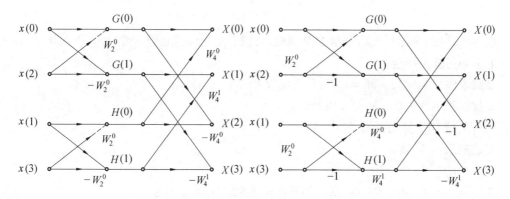

图 8.5.3　$N = 4$ 点的 FFT 流程图

对 $N = 2^M$ 的任意情况,则需要把这种奇偶分解逐级进行。例如 $N = 8$ 时,分组运算方框图如图 8.5.4 所示。将 $N = 8$ 时的分组运算画成蝶形流程图如图 8.5.5 所示。

这里共分三级蝶形运算,每级由 $N/2 = 4$ 个蝶形组成。全部运算量是 $3\dfrac{N}{2} = 12$ 次复数乘法,$3N = 24$ 次复数加法;而直接按 DFT 的运算量是 $N^2 = 64$ 次乘法,$N(N-1) = 56$ 次加法。

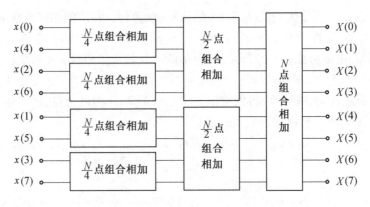

图 8.5.4 $N = 8$ 时分组运算

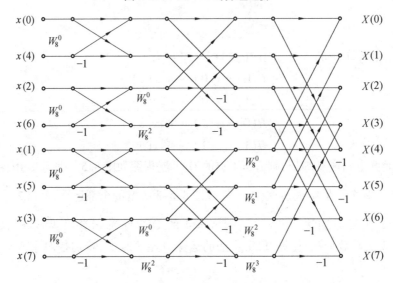

图 8.5.5 $N = 8$ 点的 FFT 流程图

当 $N = 2^M$ 时,全部运算可分解为 M 级蝶形流程图,每级都包含 $N/2$ 次乘、N 次加减,快速算法的全部运算工作量为:

复数乘法 $(N/2) \cdot M = (N/2) \cdot \log_2 N$ 次

复数加法 $N \cdot M = N \cdot \log_2 N$ 次

而直接按 DFT 算法则需要:

复数乘法 N^2 次

复数加法 $N(N - 1)$ 次

如果取 $N = 2^{10} = 1\,024$ 点,则两种算法所需乘法次数之比为

$$\frac{N \cdot N}{(N/2) \cdot \log_2 N} = \frac{2N}{\log_2 N} = \frac{2 \times 1\,024}{\log_2 2^{10}} = 204.8$$

下面介绍 FFT 算法的另外两个重要特点:同址运算和码位倒置。

同址运算,就是当数据输入到存储器之后,每级运算结果仍然储存在原有的同一组存储器之中,直到最后一级算完,中间无需增设其他存储设备。我们看图 8.5.3(a) 左上端的一个蝶形运算单元。此处,由输入 $x(0)$ 与 $x(2)$ 求得 $G(0)$ 与 $G(1)$,此后 $x(0)$、$x(2)$ 即可消除,允许 $G(0)$、$G(1)$ 送入原存放数据 $x(0)$、$x(2)$ 的存储单元之中。同样,求得 $H(0)$、$H(1)$ 之后,也可送入原存放 $x(1)$、$x(3)$ 的存储位置。可见,在完成第一级运算过程中,只利用了原输入数据的存储器,即可获得顺序符合要求的中间数据,并立即进行下一级运算。

从流程图可以看出输出序列 $X(k)$ 是顺序排列的,即以 $X(0),X(1),X(2),\cdots$ 直到 $X(N-1)$ 顺序输出,而输入序列 $x(n)$ 的排列,看上去却是乱序的,而实际上是有规律的。例如$N=8$ 时,为 $x(0)$、$x(4)$、$x(2)$、$x(6)$、$x(1)$、$x(5)$、$x(3)$、$x(7)$,它们是按二进制数的倒读顺序排列的。

倒读是将十进制数按二进制表示的数字首尾位置颠倒,再重新按十进制读数。其过程可以从表 8.5.1 中清楚地表示出来。其实这种现象是由于按 n 的奇、偶分组进行 DFT 运算而造成的,这种排列方式称为"码位倒读"的顺序。

表 8.5.1　自然顺序与码位倒读顺序($N=8$)

自然顺序	二进制表示	码位倒置	码位倒读顺序
0	000	000	0
1	001	100	4
2	010	010	2
3	011	110	6
4	100	001	1
5	101	101	5
6	110	011	3
7	111	111	7

当 $N=2^M$ 时,输入序列按码位倒读顺序,输出序列按自然顺序之 FFT 流图排列规律如下:

(1) 全部运算分解为 M 级(M 次迭代);

(2) 输入序列 $x(n)$ 按码位倒读顺序排列,输出序列 $X(k)$ 按自然顺序排列;

(3) 每级都包含 $N/2$ 个蝶形单元,但其几何形状各不相同,自左至右第一级的 $N/2$ 个蝶形分布为 $N/2$ 个"群",第二级则分为 $N/4$ 个"群",$\cdots$,第 i 级分为 $N/2^i$ 个"群",$\cdots$,最后一级只有 $N/2^M$ 个"群",也就是一个"群";

(4) 同一级中各个"群"的加权系数 W 分布规律完全相同;

(5) 各级的 W 分布顺序自上而下按如下规律排列

第 1 级　W_N^0

第 2 级　$W_N^0, W_N^{\frac{N}{4}}$

第 3 级　$W_N^0, W_N^{\frac{N}{8}}, W_N^{\frac{2N}{8}}, W_N^{\frac{3N}{8}}$

$\vdots$

第 i 级　$W_N^0, W_N^{\frac{N}{2^i}}, W_N^{\frac{2N}{2^i}}, \cdots, W_N^{\frac{(2^i-1)N}{2^i}}$

$\vdots$

第 M 级　$W_N^0, W_N^1, W_N^2, \cdots, W_N^{\frac{N}{2}-1}$

快速傅里叶变换除时间抽选外,还有频率抽选算法。N 的取值除 2 的整数次幂外,还可以是任意复合数。

8.6　离散傅里叶变换的应用

信号与系统分析的目的是为了进一步的应用,使人们能够有效地利用信息,服务于人类。本章介绍的离散傅里叶变换的应用实质指的是,根据实际信号处理对傅里叶变换的要求,如何利用计算机来实现的,换句话说,就是 DFT 是如何应用的。我们知道,凡运用 DFT 方法之处,几乎无例外地可以使用 FFT 算法,因此通常所说的 DFT 的应用,实际也就是 FFT 的应用。

8.6.1　快速卷积

由本书的讨论,我们知道卷积在信号与系统分析中的特殊地位和作用。然而在信号处理中,制约其应用的技术瓶颈之一就是获得的大量数据和计算机处理能力之间的矛盾,快速卷积的意义就在于力求信号处理的实时性,进而解决上述矛盾。

若长度为 N_1 的序列 $x(n)$ 和长度为 N_2 的序列 $h(n)$ 作线卷积,得到

$$y(n) = \sum_{m=-\infty}^{+\infty} x(m)h(n-m) \tag{8.6.1}$$

我们知道,序列 $y(n)$ 的长度则为 $L = N_1 + N_2 - 1$,在卷积运算中,每个 $x(n)$ 值都必须与每个 $h(n)$ 值相乘,因此,共需 $N_1 N_2$ 次乘法运算,当 $N_1 = N_2 = N$ 时需要 N^2 次乘法运算。

在具体实现中,我们是用圆卷积来实现线卷积,而为了保持卷积结果不变,需要将两序列分别补零加长到 $N_1 + N_2 - 1$,此时

$$Y(k) = X(k)H(k) \tag{8.6.2}$$

若借助 FFT 技术计算圆卷积,则有可能减少求卷积所需的运算工作量。图 8.6.1 所示为直接卷积与快速卷积两种方案的原理方框图。由图可见,在快速卷积的过程中,共需要两次 FFT、一次 IFFT 计算,相当于三次 FFT 的运算量。而在一般的 FIR 数字滤波器中,通常是在变换域设计,也就是说由 $h(n)$ 求 $H(k)$ 这一步是预先设计好的,数据已置于存储器之中,故实际的计算只需要两个 FFT 的运算量。如果假设 $N_1 = N_2 = N$,并考虑到 $X(k)$ 和 $H(k)$ 相乘,则全部复数乘法运算次数为

$$2 \times (N/2) \cdot \log_2 N + N = N(1 + \log_2 N) \tag{8.6.3}$$

很显然,当 N 值较大时,式(8.6.2)的数字要比 N^2 小得多,因此圆卷积的方案可以快速完成卷积运算。在实际工作中,一般代表滤波器系统特性的 $h(n)$ 是有限长的,而我们遇到所要处理的信号往往很长,甚至长度趋于无限大,倒如语音信号、地震波动信号、宇宙通信中产生的某些信号等,对于这类信号的处理如果采用以上的方法,因为 $h(n)$ 补零太多,可能反而会增加计算量,此时不能使用前面的办法,而应采用分段卷积的方法。

分段卷积的具体过程是:设系统特性 $h(n)$ 的长度为 N,代表信号 $x(n)$ 的长度 N_0 很大,即 $N_0 \gg N$,将 N_0 等分为若干小段,以 $x_i(n)$ 表示第 i 小段,每段长为 M。为完成 $x_i(n)$ 与 $h(n)$ 的圆卷积应将 $x_i(n)$ 补零,使其长度达到 $N + M - 1$。这时输入序列可表示为

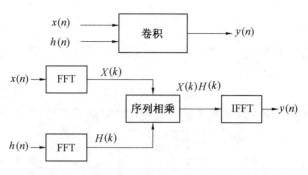

图 8.6.1　直接卷积与快速卷积原理方框图

$$x(n) = \sum_{i=0}^{P} x_i(n)$$

式中

$$x_i(n) = \begin{cases} x(n) & (i \leqslant n \leqslant (i+1)M - 1) \\ 0 & (n \text{ 为其他值}) \end{cases}$$

$$P = \frac{N_0}{M}$$

此时,输出序列为

$$y(n) = x(n) * h(n) = \left[\sum_{i=0}^{P} x_i(n) \right] * h(n) = \sum_{i=0}^{P} \left[x_i(n) * h(n) \right] = \sum_{i=0}^{P} y_i(n)$$

式中

$$y_i(n) = x_i(n) * h(n)$$

由于 $y_i(n)$ 的长度为 $N + M - 1$,而 $x_i(n)$ 的非零值长度只有 M,故相邻两段的 $y_i(n)$ 必有 $N - 1$ 长度的重叠。将 $y_i(n)$ 取和(实际上是重叠部分相加),即得 $y(n)$,此过程如图 8.6.2 所示。这种分段卷积然后相加的方法称为**重叠相加法**,它的基本出发点也是线性叠加原理。

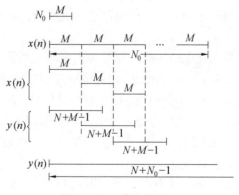

图 8.6.2　分段卷积

8.6.2　快速相关(功率谱计算)

离散序列 $x(n)$ 和 $h(n)$ 的相关定义为

$$y(n) = \sum_{m=-\infty}^{+\infty} x(m)h(n+m) \tag{8.6.4}$$

若序列 $x(n)$ 的长度为 N_1,序列 $h(n)$ 的长度为 N_2,定义 $L = N_1 + N_2 - 1$,则快速相关与快速卷积的原理相似,可以表示为

$$Y(k) = X(k)H^*(k) \tag{8.6.5}$$

这样序列 $x(n)$ 和序列 $h(n)$ 的快速相关也可以借助 FFT 完成,如图 8.6.3 所示。

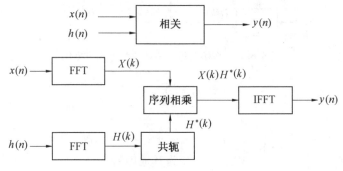

图 8.6.3　直接相关与快速相关

相关的应用常见于雷达系统和声呐系统之中,用相关运算可以确定隐藏在噪声中的信号时延。

如果 $h(n)$ 和 $x(n)$ 是同一信号,那么 $y(n)$ 就是其自相关函数,$Y(k)$ 就是 $x(n)$ 的功率谱。

8.6.3　二维傅里叶变换

到目前为止,前面介绍的傅里叶变换都是对输入信号 $f(t)$ 的离散形式 $f(nT)$ 或 $f(n)$ 进行的,对函数 $f(n)$ 而言,它是离散时间变量 nT 的函数,相应的离散傅里叶变换通常称为一维(1D)变换。所谓二维(2D)傅里叶变换是相对二维变量定义的,表现为一种二维函数 $f(m,n)$ 的傅里叶变换,这种变换主要是应用在数字图像处理中,此时变量 (m,n) 代表空间位置,分别对应图像的行和列,$f(m,n)$ 是该位置处的灰度值,它的大小与该位置的光强度和目标属性有关。

从概念上讲,一维信号处理中的所有问题都可以平行地扩展到二维信号处理中来。但二维信号 $f(m,n)$ 是两个变量 m 和 n 的函数,因此将一维信号处理的理论扩展到二维中也会遇到一些特殊的问题。这些问题主要包括:① 相对一维信号,二维信号的数据量急剧加大,这给信号处理算法的实时性和有效性等都提出了新的要求和挑战;② 缺少一维信号处理中的数学理论;③ 二维情况下对因果性的要求不如一维情况下严格。本节主要针对第 1 个问题,介绍二维快速傅里叶变换算法。

我们知道,对于长度为 N 的一维有限长序列 $f(n)(0 \leqslant n \leqslant N-1)$,它的离散傅里叶变换 $F(k)$ 和反变换分别定义为

$$F(k) = \sum_{n=0}^{N-1} f(n) e^{-j\left(\frac{2\pi}{N}\right)nk} \tag{8.6.6}$$

$$f(n) = \frac{1}{N} \sum_{k=0}^{N-1} F(k) e^{j\left(\frac{2\pi}{N}\right)nk} \tag{8.6.7}$$

同样,对于长度分别为 N 的二维信号 $f(m,n)$ $(0 \leqslant m \leqslant N-1, 0 \leqslant n \leqslant N-1)$,它的离散傅里叶变换 $F(u,v)$ 和反变换分别定义为

$$F(u,v) = \sum_{m=0}^{N-1} \sum_{n=0}^{N-1} f(m,n) \mathrm{e}^{-\mathrm{j}\left(\frac{2\pi}{N}\right)(um+vn)} \tag{8.6.8}$$

$$f(m,n) = \frac{1}{N \times N} \sum_{u=0}^{N-1} \sum_{v=0}^{N-1} F(u,v) \mathrm{e}^{\mathrm{j}\left(\frac{2\pi}{N}\right)(um+vn)} \tag{8.6.9}$$

现在进一步分析式(8.6.8),可以写成

$$F(u,v) = \sum_{m=0}^{N-1} \left[\sum_{n=0}^{N-1} f(m,n) \mathrm{e}^{-\mathrm{j}\left(\frac{2\pi}{N}\right)vn} \right] \mathrm{e}^{-\mathrm{j}\left(\frac{2\pi}{N}\right)um} = \sum_{m=0}^{N-1} \hat{F}(m,v) \mathrm{e}^{-\mathrm{j}\left(\frac{2\pi}{N}\right)um} \tag{8.6.10}$$

其中

$$\hat{F}(m,v) = \sum_{n=0}^{N-1} f(m,n) \mathrm{e}^{-\mathrm{j}\left(\frac{2\pi}{N}\right)vn} \tag{8.6.11}$$

可见,我们可以把求解二维信号 $f(m,n)$ 的傅里叶变换 $F(u,v)$ 转化为两个步骤:先由 $f(m,n)$ 根据变量 n 求 $\hat{F}(m,v)$,再由 $\hat{F}(m,v)$ 根据变量 m 求 $F(u,v)$,如图8.6.4所示,这种变换的实质是把二维傅里叶变换转化为一维傅里叶变换来实现的,即先进行图像的列变换,再进行图像的行变换,这样一维傅里叶变换的 FFT 快速算法就可以应用到二维情况。

现在,我们来分析利用 FFT 对二维傅里叶变换的计算量:对于长度为 N 的一维离散序列 $f(n)$ 的傅里叶变换 $F(k)$ 而言,当 $N=2^M$ 时,直接按 DFT 算法则需要复数乘法 N^2 次、复数加法 $N(N-1)$ 次,而应用 FFT 的全部运算工作量为复数乘法 $(N/2) \cdot M = (N/2) \cdot \log_2 N$ 次,复数加法 $N \cdot M = N \cdot \log_2 N$ 次。

对于行和列都为 N 的二维图像信号 $f(m,n)$ 而言,为了计算其傅里叶变换 $F(u,v)$,先做列(行)的 DFT,每列(行)有 N 点,共计 N 列(行),然后再做行(列)的 DFT,每行(列)有 N 点,共计 N 行(列),这样,二维傅里叶变换比一维傅里叶变换共多运算了 $2N$ 次。

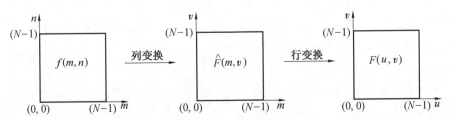

图 8.6.4　二维傅里叶变换

需注意,二维傅里叶变换转换为一维傅里叶变换的基本假设是:① 二维函数的两个变量 m 和 n 应该是彼此独立的;② 变换的基函数是可分的,即 $\varphi(m,n) = \varphi(m) \cdot \varphi(n)$。

8.7　本章小结

本章是在第 7 章引入离散时间傅里叶变换 DTFT(Discrete Time Fourier Transform) 概念的基础上,重点介绍了离散信号频谱分析中适合计算机处理的离散傅里叶变换 DFT(Discrete Fourier Transform)。为了定义离散傅里叶变换,本章首先引出了离散傅里叶级数的概念,在此过程中,对比介绍了本书所涉及的四种信号及其频谱间的对应关系,可以

说它是对本书有关信号和频谱分析的全面总结;其次定义了离散傅里叶正、反变换的基本形式,它们是有限时间点、有限频率点的函数,这一点非常重要,并在此基础上详细介绍了离散傅里叶变换的基本性质;最后,从应用的角度,详细介绍了离散傅里叶变换的快速算法——快速傅里叶变换FFT,可以说FFT是离散傅里叶变换DFT得以进一步应用的前提,在此基础上给出了利用DFT,也就是利用FFT的具体应用实例。

值得注意的是,离散序列 $x(n)$ 的Z变换、离散时间傅里叶变换DTFT和离散傅里叶变换DFT之间的区别和关系。对于有限的离散时间信号,频率变量在有限点处取值时的离散时间傅里叶变换DTFT就等于离散傅里叶变换DFT,所以DFT可以看作是频率离散化的DTFT。由于DFT是有限个频率的函数,故多为实际所用。

习　　题

8.1　已知周期序列

$$x_p(n) = \begin{cases} 10 & (2 \leqslant n \leqslant 6) \\ 0 & (n = 0, 1, 7, 8, 9) \end{cases}$$

周期 $N = 10$,试求 $DFS[x_p(n)] = X_p(k)$,并画出 $X_p(k)$ 的幅频特性和相频特性。

8.2　如果 $x_p(n)$ 是一个周期为 N 的序列,也是周期为 $2N$ 的序列,令 $X_{p1}(k)$ 表示当周期为 N 时的DFS系数,$X_{p2}(k)$ 是当周期为 $2N$ 时的DFS系数,试求 $X_{p2}(k)$ 与 $X_{p1}(k)$ 的关系式。

8.3　已知有限长序列

$$x(n) = \begin{cases} 1 & (n = 0) \\ 2 & (n = 1) \\ -1 & (n = 2) \\ 3 & (n = 3) \end{cases}$$

求 $X(k) = DFT[x(n)]$,再由所得结果求 $IDFT[X(k)] = x(n)$,并验证你的计算。

8.4　用闭合式表达以下有限长序列的DFT。

1. $x(n) = \delta(n)$

2. $x(n) = \delta(n - n_0) \quad (0 < n_0 < N)$

3. $x(n) = a^n G_N(n)$

8.5　一有限长序列 $x(n)$ 如图8.1所示,绘出 $x_1(n)$ 和 $x_2(n)$ 序列。

1. $x_1(n) = x((n-1))_4 G_4(n)$

2. $x_2(n) = x((-n))_4 G_4(n)$

8.6　已知有限长序列 $x(n)$,$X(k) = DFT[x(n)]$,试利用频移定理求:

1. $DFT\left[x(n) \cos\left(\frac{2\pi nl}{N}\right) \right]$

2. $DFT\left[x(n) \sin\left(\frac{2\pi nl}{N}\right) \right]$

8.7　如图8.2所示 $N = 4$ 的有限长序列 $x(n)$,试绘图解答:

1. $x(n)$ 与 $x(n)$ 之线卷积;

2. $x(n)$ 与 $x(n)$ 之4点圆卷积;

3. $x(n)$ 与 $x(n)$ 之 10 点圆卷积；

4. 欲使 $x(n)$ 与 $x(n)$ 的圆卷积和线卷积相同,求其长度 L 最小值。

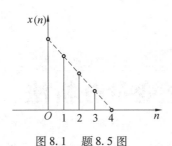

图 8.1　题 8.5 图

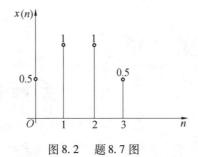

图 8.2　题 8.7 图

8.8　若 $x(n) = G_N(n)$（矩形序列）。

1. 求 $\mathscr{F}[x(n)]$；

2. 求 $\mathrm{DFT}[x(n)]$；

3. 求频率特性 $X(\mathrm{e}^{\mathrm{j}\omega})$,画出幅度特性曲线图。

8.9　设 $x(n)$ 为有限长序列,当 $n < 0$ 和 $n \geqslant N$ 时 $x(n) = 0$,且 N 等于偶数。已知 $X(k) = \mathrm{DFT}[x(n)]$,试利用 $X(k)$ 表示以下各序列的 DFT。

1. $x_1(n) = x(N - 1 - n)$

2. $x_2(n) = (-1)^n x(n)$

3. $x_3(n) = \begin{cases} x(n) & (0 \leqslant n \leqslant N - 1) \\ x(n - N) & (N \leqslant n \leqslant 2N - 1) \\ 0 & (n\ 为其他值) \end{cases}$

4. $x_4(n) = \begin{cases} x(n) + x\left(n + \dfrac{N}{2}\right) & \left(0 \leqslant n \leqslant \dfrac{N}{2} - 1\right) \\ 0 & (n\ 为其他值) \end{cases}$

5. $x_5(n) = \begin{cases} x(n) & (0 \leqslant n \leqslant N - 1) \\ 0 & [N \leqslant n \leqslant N - 1(\mathrm{DFT}\ 有限长度为\ 2N)] \\ 0 & (n\ 为其他值) \end{cases}$

6. $x_6(n) = \begin{cases} x\left(\dfrac{n}{2}\right) & (n\ 为偶数) \\ 0 & (n\ 为奇数) \end{cases}$

7. $x_7(n) = x(2n)$　（DFT 有限长度为 $\dfrac{N}{2}$）

8.10　画出 $N = 16$ 的 FFT 算法流程图,输入序列按码位倒读顺序排列,输出为自然顺序排列。

第 9 章

系统的状态变量分析法

由前面各章介绍可知,研究任何系统,首先都要建立系统的数学模型,例如描述连续系统的微分方程和描述离散系统的差分方程等。根据第 1 章关于系统的介绍,按照系统的输入 – 输出变量的多少,可以将描述系统的方法分为两大类:一类是单输入 – 单输出描述法,另一类是多输入 – 多输出描述法,后者也就是本章要介绍的状态变量分析法。

状态变量分析法所用的数学模型称为状态方程,对连续时间系统,它是由状态变量构成的一阶联立微分方程组。对离散时间系统,状态方程为一阶联立差分方程组。

在给定系统的模型和激励信号而要用状态变量去分析系统时,可以分为两步进行:第一步是根据系统的初始状态求出各个状态变量的时间函数;第二步是用状态变量来确定初始时刻以后,系统的输出响应函数。所以,对系统进行分析时,首先要列出状态方程,然后是解状态方程求出状态变量,最后是将状态变量代入输出方程而得到输出响应。

状态变量分析法具有一些鲜明的特点:

(1) 状态变量分析法可以提供更多的系统内部的信息。不仅能由输入、输出之间的关系求得输出响应,而且还可以提供系统内部的状态情况,为研究系统内部一些物理量的变化规律及检验系统的数学模型带来方便。

(2) 状态变量分析法特别适用于复杂的多输入 – 多输出系统,便于使用计算机处理。

(3) 状态变量分析法可以用来分析非线性系统和时变系统。

本章共分 5 节:9.1 节主要通过具体实例介绍状态变量等定义,目的是引出状态方程和输出方程的概念,及它们的一般表示方法;9.2 节分别介绍连续系统和离散系统状态方程和输出方程的建立方法,目的是为进一步的状态变量分析提供基础;9.3 节和 9.4 节分别介绍连续系统和离散系统的状态方程和输出方程的求解方法,包括时域法和变换域法,它们是本章的核心,是进行多变量系统分析的关键所在;9.5 节主要结合具体实例,介绍状态变量分析法的应用。

9.1 状态变量与状态方程

对于前面各章讨论的线性系统的各种分析方法,包括时域分析法和变换域分析法,尽管它们各有不同的特点,但都是着眼于激励函数和响应函数之间的直接关系,或者是输入激励和输出响应之间的关系,它们都属于单输入 – 单输出描述法。在这些方法中,人们关心的只是系统输入和输出端口上的有关变量,因此又称外部法。根据前面各章的学习,已经知道,如果某连续系统的输入信号为 $e(t)$,$h(t)$ 为系统的单位冲激响应,则系统输出响应 $r(t)$

由零输入响应 $r_{zi}(t)$ 和零状态响应 $r_{zs}(t)$ 两部分组成,即

$$r(t) = r_{zi}(t) + r_{zs}(t) = \sum_{i=1}^{n} C_i e^{\alpha_i t} + e(t) * h(t) \qquad (9.1.1)$$

式中　　α_i—— 对应系统特征方程的特征根。

欲求解输出响应 $r(t)$,除了系统本身包含在 $h(t)$ 或 $H(s)$ 之中的结构和元件参量外,还必须知道以下两方面的条件:输入激励 $e(t)$ 和系统的初始条件 $r(0), r'(0), \cdots,$ 如 $v_C(0),$ $i_L(0), \cdots,$ 也就是说,$r(t)$ 是激励和初始条件的函数,可表示为

$$r(t) = f[v_C(0), \cdots, i_L(0), \cdots, e(t)] = f[r(0), r'(0), \cdots, e(t)] \quad (t \geqslant 0) \quad (9.1.2)$$

状态变量分析法又称内部法,它不仅能给出系统的外部特性,而且还着重于系统内部特性的描述。

9.1.1　状态及状态变量的概念

对于上述的初始条件,若令 $t = t_0$ 而不是 $t = 0$,则系统内电容上的电压 $v_C(t_0)$ 和电感中的电流 $i_L(t_0)$ 就表明了 $t = t_0$ 时的系统状态,故称 $v_C(t)$ 和 $i_L(t)$ 为系统的状态变量;一般用 $\lambda_1(t), \lambda_2(t), \cdots, \lambda_n(t) = \{\boldsymbol{\lambda}(t)\}$ 表示,这是一个时间函数矢量,说明系统的状态是随时间的变化而变化的。而 $\lambda_1(t_0), \lambda_2(t_0), \cdots, \lambda_n(t_0) = \{\boldsymbol{\lambda}(t_0)\}$ 代表 $t = t_0$ 时的系统状态。

为了便于以后的状态变量分析的定量化,下面结合具体电路系统实例给出状态变量分析中所涉及的几个名词定义。

图 9.1.1 是一个三阶电路系统,电压源 $e_1(t)$ 和 $e_2(t)$ 是系统的激励,指定 $v(t)$ 和 $i_C(t)$ 为系统输出响应。除了这两个输出之外,如果还想了解电路内部的三个变量:电容上的电压 $v_C(t)$ 和电感中的电流 $i_{L_1}(t)$、$i_{L_2}(t)$ 在激励作用下的变化情况。为此,需要先建立这三个变量与激励的关系。

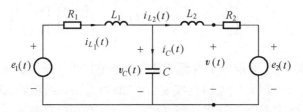

图 9.1.1　三阶电路系统

根据已知电路系统,可得下列关系

$$\begin{cases} C \dfrac{dv_C(t)}{dt} + i_{L_2}(t) - i_{L_1}(t) = 0 \\[2mm] R_1 i_{L_1}(t) + L_1 \dfrac{di_{L_1}(t)}{dt} + v_C(t) = e_1(t) \\[2mm] L_2 \dfrac{di_{L_2}(t)}{dt} + R_2 i_{L_2}(t) + e_2(t) = v_C(t) \end{cases}$$

把上式中微分项放在方程左端,其他项放在右端,整理得

$$\begin{cases} \dfrac{\mathrm{d}v_C(t)}{\mathrm{d}t} = \dfrac{1}{C}i_{L_1}(t) - \dfrac{1}{C}i_{L_2}(t) \\[2mm] \dfrac{\mathrm{d}i_{L_1}(t)}{\mathrm{d}t} = -\dfrac{1}{L_1}v_C(t) - \dfrac{R_1}{L_1}i_{L_1}(t) + \dfrac{1}{L_1}e_1(t) \\[2mm] \dfrac{\mathrm{d}i_{L_2}(t)}{\mathrm{d}t} = \dfrac{1}{L_2}v_C(t) - \dfrac{R_2}{L_2}i_{L_2}(t) - \dfrac{1}{L_2}e_2(t) \end{cases} \tag{9.1.3}$$

式(9.1.3) 是由三个内部变量 $v_C(t)$、$i_{L_1}(t)$ 和 $i_{L_2}(t)$ 构成的一阶微分联立方程组。由微分方程理论可知,如果这三个变量在初始时刻 $t = t_0$ 的值 $v_C(t_0)$、$i_{L_1}(t_0)$ 和 $i_{L_2}(t_0)$ 已知,那么根据 $t \geqslant t_0$ 时的激励 $e_1(t)$ 和 $e_2(t)$,就可以唯一地确定该一阶微分方程组在 $t \geqslant t_0$ 时的解 $v_C(t)$、$i_{L_1}(t)$ 和 $i_{L_2}(t)$。这样,系统的输出 $v(t)$ 和 $i_C(t)$ 就可以很容易通过这三个内部变量 $v_C(t)$、$i_{L_1}(t)$、$i_{L_2}(t)$ 和系统的激励 $e_1(t)$、$e_2(t)$ 求出,此时

$$\begin{cases} v(t) = R_2 i_{L_2}(t) + e_2(t) \\ i_C(t) = i_{L_1}(t) - i_{L_2}(t) \end{cases} \tag{9.1.4}$$

这是一组代数方程。

式(9.1.3) 和式(9.1.4) 可以写成矢量形式为

$$\begin{bmatrix} \dfrac{\mathrm{d}v_C(t)}{\mathrm{d}t} \\[2mm] \dfrac{\mathrm{d}i_{L_1}(t)}{\mathrm{d}t} \\[2mm] \dfrac{\mathrm{d}i_{L_2}(t)}{\mathrm{d}t} \end{bmatrix} = \begin{bmatrix} 0 & \dfrac{1}{C} & -\dfrac{1}{C} \\[2mm] -\dfrac{1}{L_1} & -\dfrac{R_1}{L_1} & 0 \\[2mm] \dfrac{1}{L_2} & 0 & -\dfrac{R_2}{L_2} \end{bmatrix} \begin{bmatrix} v_C(t) \\[2mm] i_{L_1}(t) \\[2mm] i_{L_2}(t) \end{bmatrix} + \begin{bmatrix} 0 & 0 \\[2mm] \dfrac{1}{L_1} & 0 \\[2mm] 0 & -\dfrac{1}{L_2} \end{bmatrix} \begin{bmatrix} e_1(t) \\[2mm] e_2(t) \end{bmatrix} \tag{9.1.5}$$

$$\begin{bmatrix} v(t) \\ i_C(t) \end{bmatrix} = \begin{bmatrix} 0 & 0 & R_2 \\ 0 & 1 & -1 \end{bmatrix} \begin{bmatrix} v_C(t) \\ i_{L_1}(t) \\ i_{L_2}(t) \end{bmatrix} + \begin{bmatrix} 0 & 1 \\ 0 & 0 \end{bmatrix} \begin{bmatrix} e_1(t) \\ e_2(t) \end{bmatrix} \tag{9.1.6}$$

通过以上的分析可见,系统三个内部变量的初始值提供了确定系统全部状态的必不可少的信息。或者说,只要知道 $t = t_0$ 时这些变量值和 $t \geqslant t_0$ 时系统激励,就可以完全确定系统在任何时间 $t \geqslant t_0$ 的全部行为。这里,把 $v_C(t_0)$、$i_{L_1}(t_0)$ 和 $i_{L_2}(t_0)$ 称为系统在 $t = t_0$ 时刻的状态;描述该状态随时间 t 变化的变量 $v_C(t)$、$i_{L_1}(t)$ 和 $i_{L_2}(t)$ 称为状态变量。这样,可以给出状态及引出的相关参量的定义。

① **状态**。一个动态系统的状态可以用这样一组变量来表示,这组变量的数目是最小的;只要知道 $t = t_0$ 时的这组变量和 $t \geqslant t_0$ 时的输入激励,就可以唯一地确定系统在 $t \geqslant t_0$ 时,任何时刻的工作状况。

② **状态变量**。能够表示系统状态的那些变量称为状态变量,例如 $v_C(t)$、$i_L(t)$ 等。状态变量的实质是反映了系统内部储能状态的变化。

③ **状态矢量**。能够完全描述一个系统行为的 n 个状态变量,可以看成是一个矢量 $\boldsymbol{\lambda}(t)$ 的各分量的坐标,此时 $\boldsymbol{\lambda}(t)$ 就称为状态矢量,例如式(9.1.5) 和式(9.1.6) 中的

$$\boldsymbol{\lambda}(t) = \begin{bmatrix} v_C(t) \\ i_{L_1}(t) \\ i_{L_2}(t) \end{bmatrix} \tag{9.1.7}$$

④ **状态空间**。状态矢量 $\boldsymbol{\lambda}(t)$ 所在的多维空间。状态矢量所包含的分量的个数就是状态空间的维数。

⑤ **状态轨迹**。在状态空间中,状态矢量的端点随时间变化而描绘出的路径,称为状态轨迹。

值得注意的是,根据系统状态的定义,状态变量的选取并不是唯一的。事实上,对于 n 阶系统,所选择的 n 个状态变量应该是彼此独立的。

另外,上面的讨论都是针对连续系统的,如果把连续时间变量 t 换成离散变量 n (相应的 t_0 换为 n_0),则上述的讨论也适用于离散系统。

9.1.2　连续系统的状态方程和输出方程

由式(9.1.5) 和式(9.1.6) 的讨论可知:系统的状态变量通过联立求解由状态变量构成的一阶微分方程组来得到,这组一阶微分方程称为状态方程,如式(9.1.5) 即为状态方程。状态方程的左端是各状态变量的一阶导数,右端是状态变量和激励函数的某种组合。同样,系统的输出可以用状态变量和激励组成的一组代数方程表示,称为输出方程,如式(9.1.6) 即为输出方程,它描述了输出与状态变量和激励之间的关系。这样,对于一个 n 阶多输入 / 多输出的连续时间系统,其状态方程和输出方程的一般形式可以表示为

$$状态方程\begin{cases} \dfrac{\mathrm{d}\lambda_1(t)}{\mathrm{d}t} = f_1[\lambda_1(t), \lambda_2(t), \cdots, \lambda_n(t); e_1(t), e_2(t), \cdots, e_m(t), t] \\[2mm] \dfrac{\mathrm{d}\lambda_2(t)}{\mathrm{d}t} = f_2[\lambda_1(t), \lambda_2(t), \cdots, \lambda_n(t); e_1(t), e_2(t), \cdots, e_m(t), t] \\ \quad\vdots \\ \dfrac{\mathrm{d}\lambda_n(t)}{\mathrm{d}t} = f_n[\lambda_1(t), \lambda_2(t), \cdots, \lambda_n(t); e_1(t), e_2(t), \cdots, e_m(t), t] \end{cases} \tag{9.1.8}$$

$$输出方程\begin{cases} r_1(t) = g_1[\lambda_1(t), \lambda_2(t), \cdots, \lambda_n(t); e_1(t), e_2(t), \cdots, e_m(t), t] \\ r_2(t) = g_2[\lambda_1(t), \lambda_2(t), \cdots, \lambda_n(t); e_1(t), e_2(t), \cdots, e_m(t), t] \\ \quad\vdots \\ r_r(t) = g_n[\lambda_1(t), \lambda_2(t), \cdots, \lambda_n(t); e_1(t), e_2(t), \cdots, e_m(t), t] \end{cases} \tag{9.1.9}$$

式中　　$\lambda_1(t), \lambda_2(t), \cdots, \lambda_n(t)$ —— 系统的 n 个状态变量;

　　　　$e_1(t), e_2(t), \cdots, e_m(t)$ —— 系统的 m 个输入激励信号;

　　　　$r_1(t), r_2(t), \cdots, r_r(t)$ —— 系统的 r 个输出响应信号。

如果系统为线性非时变系统,其状态方程和输出方程是状态变量和输入激励的线性组合,此时

$$\begin{cases} \dfrac{\mathrm{d}\lambda_1(t)}{\mathrm{d}t} = a_{11}\lambda_1(t) + a_{12}\lambda_2(t) + \cdots + a_{1n}\lambda_n(t) + b_{11}e_1(t) + b_{12}e_2(t) + \cdots + b_{1m}e_m(t) \\[2mm] \dfrac{\mathrm{d}\lambda_2(t)}{\mathrm{d}t} = a_{21}\lambda_1(t) + a_{22}\lambda_2(t) + \cdots + a_{2n}\lambda_n(t) + b_{21}e_1(t) + b_{22}e_2(t) + \cdots + b_{2m}e_m(t) \\[2mm] \quad\vdots \\[2mm] \dfrac{\mathrm{d}\lambda_n(t)}{\mathrm{d}t} = a_{n1}\lambda_1(t) + a_{n2}\lambda_2(t) + \cdots + a_{nn}\lambda_n(t) + b_{n1}e_1(t) + b_{n2}e_2(t) + \cdots + b_{nm}e_m(t) \end{cases}$$

$$(9.1.10)$$

$$\begin{cases} r_1(t) = c_{11}\lambda_1(t) + c_{12}\lambda_2(t) + \cdots + c_{1n}\lambda_n(t) + d_{11}e_1(t) + d_{12}e_2(t) + \cdots + d_{1m}e_m(t) \\[2mm] r_2(t) = c_{21}\lambda_1(t) + c_{22}\lambda_2(t) + \cdots + c_{2n}\lambda_n(t) + d_{21}e_1(t) + d_{22}e_2(t) + \cdots + d_{2m}e_m(t) \\[2mm] \quad\vdots \\[2mm] r_r(t) = c_{r1}\lambda_1(t) + c_{r2}\lambda_2(t) + \cdots + c_{rn}\lambda_n(t) + d_{r1}e_1(t) + d_{r2}e_2(t) + \cdots + d_{rm}e_m(t) \end{cases}$$

$$(9.1.11)$$

式中　　a、b、c、d——由系统元件参数决定的系数,对于线性非时变系统,这些系数均为常数。

从状态方程式(9.1.8)和输出方程式(9.1.9)可以看出,每一个状态变量的导数都是所有状态变量和输入激励信号的函数,输出响应信号是状态变量和输入激励信号的函数。通常,在动态系统中选择惯性元件的输出作为状态变量,在模拟系统中是选择积分器的输出。在系统分析中总是选择电容两端电压和电感中的电流作为状态变量。

系统的状态方程和输出方程也可用矢量矩阵形式表示为

$$\dot{\boldsymbol{\lambda}}_{n\times1}(t) = \boldsymbol{A}_{n\times n}\boldsymbol{\lambda}_{n\times1}(t) + \boldsymbol{B}_{n\times m}\boldsymbol{e}_{m\times1}(t) \qquad (9.1.12)$$

$$\boldsymbol{r}_{r\times1}(t) = \boldsymbol{C}_{r\times n}\boldsymbol{\lambda}_{n\times1}(t) + \boldsymbol{D}_{r\times m}\boldsymbol{e}_{m\times1}(t) \qquad (9.1.13)$$

其中

$$\dot{\boldsymbol{\lambda}}(t) = \begin{bmatrix} \dot{\lambda}_1(t) \\ \dot{\lambda}_2(t) \\ \vdots \\ \dot{\lambda}_n(t) \end{bmatrix} \quad \boldsymbol{\lambda}(t) = \begin{bmatrix} \lambda_1(t) \\ \lambda_2(t) \\ \vdots \\ \lambda_n(t) \end{bmatrix} \quad \boldsymbol{r}(t) = \begin{bmatrix} r_1(t) \\ r_2(t) \\ \vdots \\ r_r(t) \end{bmatrix} \quad \boldsymbol{e}(t) = \begin{bmatrix} e_1(t) \\ e_2(t) \\ \vdots \\ e_m(t) \end{bmatrix}$$

$$\boldsymbol{A} = \begin{bmatrix} a_{11} & a_{12} & \cdots & a_{1n} \\ a_{21} & a_{22} & \cdots & a_{2n} \\ \vdots & \vdots & & \vdots \\ a_{n1} & a_{n2} & \cdots & a_{nn} \end{bmatrix} \qquad \boldsymbol{B} = \begin{bmatrix} b_{11} & b_{12} & \cdots & b_{1m} \\ b_{21} & b_{22} & \cdots & b_{2m} \\ \vdots & \vdots & & \vdots \\ b_{n1} & b_{n2} & \cdots & b_{nm} \end{bmatrix}$$

$$\boldsymbol{C} = \begin{bmatrix} c_{11} & c_{12} & \cdots & c_{1n} \\ c_{21} & c_{22} & \cdots & c_{2n} \\ \vdots & \vdots & & \vdots \\ c_{r1} & r_{r2} & \cdots & c_{rn} \end{bmatrix} \qquad \boldsymbol{D} = \begin{bmatrix} d_{11} & d_{12} & \cdots & d_{1m} \\ d_{21} & d_{22} & \cdots & d_{2m} \\ \vdots & \vdots & & \vdots \\ d_{r1} & d_{r2} & \cdots & d_{rm} \end{bmatrix}$$

9.1.3 离散系统的状态方程和输出方程

对于离散系统,系统的状态方程和输出方程与连续系统类似,只是状态变量都是离散序列。此时,离散系统的状态方程表现为一阶联立差分方程组。如果系统是线性非时变系统,则状态方程和输出方程也是状态变量和输入激励信号的线性组合,即

$$\text{状态方程}\begin{cases}\lambda_1(n+1) = a_{11}\lambda_1(n) + a_{12}\lambda_2(n) + \cdots + a_{1k}\lambda_k(n) + b_{11}x_1(n) + b_{12}x_2(n) + \cdots + b_{1m}x_m(n) \\ \lambda_2(n+1) = a_{21}\lambda_1(n) + a_{22}\lambda_2(n) + \cdots + a_{2k}\lambda_k(n) + b_{21}x_1(n) + b_{22}x_2(n) + \cdots + b_{2m}x_m(n) \\ \quad\vdots \\ \lambda_k(n+1) = a_{n1}\lambda_1(n) + a_{n2}\lambda_2(n) + \cdots + a_{kk}\lambda_k(n) + b_{k1}x_1(n) + b_{k2}x_2(n) + \cdots + b_{km}x_m(n)\end{cases}$$

$$(9.1.14)$$

$$\text{输出方程}\begin{cases}y_1(n) = c_{11}\lambda_1(n) + c_{12}\lambda_2(n) + \cdots + c_{1k}\lambda_k(n) + d_{11}x_1(n) + d_{12}x_2(n) + \cdots + d_{1m}x_m(n) \\ y_2(n) = c_{21}\lambda_1(n) + c_{22}\lambda_2(n) + \cdots + c_{2k}\lambda_k(n) + d_{21}x_1(n) + d_{22}x_2(n) + \cdots + d_{2m}x_m(n) \\ \quad\vdots \\ y_r(n) = c_{r1}\lambda_1(n) + c_{r2}\lambda_2(n) + \cdots + c_{rk}\lambda_k(n) + d_{r1}x_1(n) + d_{r2}x_2(n) + \cdots + d_{rm}x_m(n)\end{cases}$$

$$(9.1.15)$$

式中 $\lambda_1(n), \lambda_2(n), \cdots, \lambda_k(n)$ —— 系统的 k 个状态变量;

      $x_1(n), x_2(n), \cdots, x_m(n)$ —— 系统的 m 个输入激励信号;

      $y_1(n), y_2(n), \cdots, y_r(n)$ —— 系统的 r 个输出响应信号。

将式(9.1.14)和式(9.1.15)表示成矢量方程形式为

$$\boldsymbol{\lambda}_{k\times1}(n+1) = \boldsymbol{A}_{k\times k}\boldsymbol{\lambda}_{k\times1}(n) + \boldsymbol{B}_{k\times m}\boldsymbol{x}_{m\times1}(n) \tag{9.1.16}$$

$$\boldsymbol{y}_{r\times1}(n) = \boldsymbol{C}_{r\times k}\boldsymbol{\lambda}_{k\times1}(n) + \boldsymbol{D}_{r\times m}\boldsymbol{x}_{m\times1}(n) \tag{9.1.17}$$

其中

$$\boldsymbol{\lambda}(n+1) = \begin{bmatrix}\lambda_1(n+1) \\ \lambda_2(n+1) \\ \vdots \\ \lambda_k(n+1)\end{bmatrix} \quad \boldsymbol{\lambda}(n) = \begin{bmatrix}\lambda_1(n) \\ \lambda_2(n) \\ \vdots \\ \lambda_k(n)\end{bmatrix} \quad \boldsymbol{y}(n) = \begin{bmatrix}y_1(n) \\ y_2(n) \\ \vdots \\ y_r(n)\end{bmatrix} \quad \boldsymbol{x}(n) = \begin{bmatrix}x_1(n) \\ x_2(n) \\ \vdots \\ x_m(n)\end{bmatrix}$$

$$\boldsymbol{A} = \begin{bmatrix}a_{11} & a_{12} & \cdots & a_{1k} \\ a_{21} & a_{22} & \cdots & a_{2k} \\ \vdots & \vdots & & \vdots \\ a_{k1} & a_{k2} & \cdots & a_{kk}\end{bmatrix} \qquad \boldsymbol{B} = \begin{bmatrix}b_{11} & b_{12} & \cdots & b_{1m} \\ b_{21} & b_{22} & \cdots & b_{2m} \\ \vdots & \vdots & & \vdots \\ b_{k1} & b_{k2} & \cdots & b_{km}\end{bmatrix}$$

$$\boldsymbol{C} = \begin{bmatrix}c_{11} & c_{12} & \cdots & c_{1k} \\ c_{21} & c_{22} & \cdots & c_{2k} \\ \vdots & \vdots & & \vdots \\ c_{r1} & r_{r2} & \cdots & c_{rk}\end{bmatrix} \qquad \boldsymbol{D} = \begin{bmatrix}d_{11} & d_{12} & \cdots & d_{1m} \\ d_{21} & d_{22} & \cdots & d_{2m} \\ \vdots & \vdots & & \vdots \\ d_{r1} & d_{r2} & \cdots & d_{rm}\end{bmatrix}$$

由上述讨论可见,离散系统状态方程与连续系统状态方程的形式完全类似,只是原来的微分方程换成这里的差分方程。

根据式(9.1.12)和式(9.1.13),或式(9.1.16)和式(9.1.17),可以画出基于状态变量

分析多输入 – 输出系统的矩阵框图,如图9.1.2所示。连续系统和离散系统的矩阵框图形式相同,只是连续系统用积分器$\int$,积分器输出端的信号为状态矢量$\boldsymbol{\lambda}(t)$,输入端信号为其一阶导数$\dot{\boldsymbol{\lambda}}(t)$;而离散系统用移位单元$D$,移位单元输出端的信号为状态矢量$\boldsymbol{\lambda}(n)$,输入端信号为一个单位的位移$\boldsymbol{\lambda}(n+1)$。

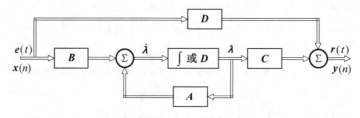

图9.1.2　矩阵框图

通过前面的讨论可知,用状态变量分析法分析系统时,系统的输出很容易由状态变量和输入激励求得,因此,分析系统的关键在于状态方程的建立和求解。本章以后各节将分别讨论状态方程的建立和求解方法。由于连续系统和离散系统的状态变量分析是相似的,本章所有问题的讨论都从连续系统开始,然后推广到离散系统。

9.2　状态方程的建立

对应9.1节介绍的状态方程的一般表达形式,它的建立也包括连续系统状态方程的建立方法和离散系统状态方程的建立方法,而且它们非常相像。

9.2.1　连续系统状态方程的建立

建立已知连续系统状态方程的方法很多,大致可分为两大类:直接法与间接法。其中直接法是根据给定的系统结构直接列写系统状态方程,特别适用于电路系统的分析;而间接法可根据描述系统的输入 – 输出方程、系统函数、系统框图等来建立系统的状态方程。

1.基于电路系统的状态方程

为了建立电路系统的状态方程,首先要选择系统的状态变量。对于线性非时变系统,通常选择电容电压和电感电流作为状态变量。以图9.2.1所示电路系统为例进行详细介绍。

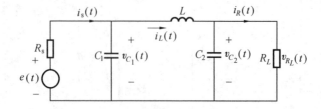

图9.2.1　电路系统

第1步　由图9.2.1可见这是一个三阶系统,可选取独立的电感电流和电容电压,即选取$i_L(t)$、$v_{C_1}(t)$、$v_{C_2}(t)$作为状态变量。

第 2 步　对包含有电感的回路列写回路电压方程,其中必然包括 $L\dfrac{\mathrm{d}i_L(t)}{\mathrm{d}t}$ 项,对连接有电容的节点列写节点电流方程,其中必然包括 $C\dfrac{\mathrm{d}v_C(t)}{\mathrm{d}t}$ 项。应注意,只将具有一阶微分的项放在方程的左边,其他各项放在方程的右边,即

$$\begin{cases} L\dfrac{\mathrm{d}i_L(t)}{\mathrm{d}t} = v_{C_1}(t) - v_{C_2}(t) \\[2mm] C_1\dfrac{\mathrm{d}v_{C_1}(t)}{\mathrm{d}t} = i_s(t) - i_L(t) \\[2mm] C_2\dfrac{\mathrm{d}v_{C_2}(t)}{\mathrm{d}t} = i_L(t) - i_R(t) \end{cases} \tag{9.2.1}$$

第 3 步　在式(9.2.1)中,$i_s(t)$ 和 $i_R(t)$ 不是状态变量,应设法找出它们与状态变量和输入信号之间的关系,并消去这些非状态变量项,经整理可得出标准形式的状态方程。由电路图直观得到

$$\begin{cases} i_s(t) = \dfrac{e(t) - v_{C_1}(t)}{R_s} \\[3mm] i_R(t) = \dfrac{v_{C_2}(t)}{R_L} \end{cases} \tag{9.2.2}$$

把式(9.2.2)代入式(9.2.1)中,再加以整理,可得状态方程为

$$\begin{cases} \dfrac{\mathrm{d}i_L(t)}{\mathrm{d}t} = \dfrac{1}{L}v_{C_1}(t) - \dfrac{1}{L}v_{C_2}(t) \\[3mm] \dfrac{\mathrm{d}v_{C_1}(t)}{\mathrm{d}t} = -\dfrac{1}{C_1}i_L(t) - \dfrac{1}{R_s C_1}v_{C_1}(t) + \dfrac{1}{R_s C_1}e(t) \\[3mm] \dfrac{\mathrm{d}v_{C_2}(t)}{\mathrm{d}t} = -\dfrac{1}{C_2}i_L(t) - \dfrac{1}{R_L C_2}v_{c_2}(t) \end{cases} \tag{9.2.3}$$

可写成矩阵形式为

$$\begin{bmatrix} \dfrac{\mathrm{d}i_L(t)}{\mathrm{d}t} \\[3mm] \dfrac{\mathrm{d}v_{C_1}(t)}{\mathrm{d}t} \\[3mm] \dfrac{\mathrm{d}v_{C_2}(t)}{\mathrm{d}t} \end{bmatrix} = \begin{bmatrix} 0 & \dfrac{1}{L} & -\dfrac{1}{L} \\[3mm] -\dfrac{1}{C_1} & -\dfrac{1}{R_s C_1} & 0 \\[3mm] -\dfrac{1}{C_2} & 0 & -\dfrac{1}{R_L C_2} \end{bmatrix} \begin{bmatrix} i_L(t) \\[3mm] v_{C_1}(t) \\[3mm] v_{C_2}(t) \end{bmatrix} + \begin{bmatrix} 0 \\[3mm] \dfrac{1}{R_s C_1} \\[3mm] 0 \end{bmatrix} e(t) \tag{9.2.4}$$

输出方程一般很容易列出,本题的输出为

$$v_{R_L}(t) = v_{C_2}(t) \tag{9.2.5}$$

由以上讨论可见,基于电路系统建立状态方程比较直观,状态变量的物理概念比较明确。但当电路系统结构复杂时,这种列写方式比较烦琐。

2. 基于模拟框图的状态方程建立

我们知道,任何一个连续时间系统都可以通过微分方程、系统函数、模拟框图等不同方式来描述,而且它们之间的转换也非常方便。例如,设某连续时间系统的输入输出微分方

程为

$$\frac{\mathrm{d}^n r(t)}{\mathrm{d}t^n} + a_{n-1}\frac{\mathrm{d}^{n-1} r(t)}{\mathrm{d}t^{n-1}} + \cdots + a_1\frac{\mathrm{d}r(t)}{\mathrm{d}t} + a_0 r(t) =$$

$$b_m\frac{\mathrm{d}^m e(t)}{\mathrm{d}t^m} + b_{m-1}\frac{\mathrm{d}^{m-1} e(t)}{\mathrm{d}t^{m-1}} + \cdots + b_1\frac{\mathrm{d}e(t)}{\mathrm{d}t} + b_0 e(t) \qquad (9.2.6)$$

根据此微分方程可以写出系统函数为

$$H(s) = \frac{b_m s^m + b_{m-1} s^{m-1} + \cdots + b_1 s + b_0}{s^n + a_{n-1} s^{n-1} + \cdots + a_1 s + a_0} \qquad (9.2.7)$$

由式(9.2.7)可画出系统的时域和 s 域模拟框图,如图9.2.2 和图9.2.3 所示。

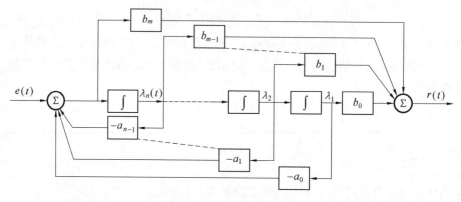

图9.2.2   时域模拟框图

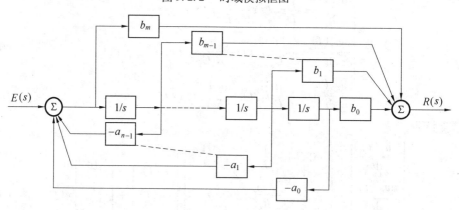

图9.2.3   s 域模拟框图

模拟框图是最简单和直观的系统描述方式,而通过模拟框图来建立系统状态方程和输出方程也是最方便的。因此,对它详细介绍,如果是以微分方程或系统函数的形式给出,则可以先把它们转换为系统的模拟框图,然后再列写系统的状态方程。

在系统模拟框图中,最基本的运算单元是积分器,它的输入和输出之间满足一阶微分方程关系。因此,为了列写状态方程,我们可取图9.2.2 中每个积分器的输出作为状态变量,如图中所标的 $\lambda_1(t),\lambda_2(t),\cdots,\lambda_n(t)$,这样根据该图结构,在 $n=m$ 情况下可以直接写出下列关系式

$$\begin{cases} \dfrac{d\lambda_1(t)}{dt} = \lambda_2(t) \\[2mm] \dfrac{d\lambda_2(t)}{dt} = \lambda_3(t) \\[1mm] \qquad\vdots \\[1mm] \dfrac{d\lambda_{n-1}(t)}{dt} = \lambda_n(t) \\[2mm] \dfrac{d\lambda_n(t)}{dt} = -a_0\lambda_1(t) - a_1\lambda_2(t) - \cdots - a_{n-2}\lambda_{n-1}(t) - a_{n-1}\lambda_n(t) + e(t) \end{cases} \tag{9.2.8}$$

$$\begin{aligned} r(t) &= b_0\lambda_1(t) + b_1\lambda_2(t) + \cdots + b_{n-1}\lambda_n(t) + b_n[-a_0\lambda_1(t) - a_1\lambda_2(t) - \cdots - \\ &\quad a_{n-2}\lambda_{n-1}(t) - a_{n-1}\lambda_n(t) + e(t)] = \\ &\quad (b_0 - b_n a_0)\lambda_1(t) + (b_1 - b_n a_1)\lambda_2(t) + \cdots + \\ &\quad (b_{n-1} - b_n a_{n-1})\lambda_n(t) + b_n e(t) \end{aligned} \tag{9.2.9}$$

式(9.2.8)和式(9.2.9)即为系统状态方程和输出方程,可表示成矩阵形式

$$\begin{bmatrix} \dot{\lambda}_1(t) \\ \dot{\lambda}_2(t) \\ \vdots \\ \dot{\lambda}_n(t) \end{bmatrix} = \begin{bmatrix} 0 & 1 & 0 & \cdots & 0 \\ 0 & 0 & 1 & \cdots & 0 \\ \vdots & \vdots & \vdots & & \vdots \\ 0 & 0 & 0 & \cdots & 1 \\ -a_0 & -a_1 & -a_2 & \cdots & -a_{n-1} \end{bmatrix} \begin{bmatrix} \lambda_1(t) \\ \lambda_2(t) \\ \vdots \\ \lambda_{n-1}(t) \\ \lambda_n(t) \end{bmatrix} + \begin{bmatrix} 0 \\ 0 \\ \vdots \\ 0 \\ 1 \end{bmatrix} e(t) \tag{9.2.10}$$

$$[r(t)] = [(b_0 - b_n a_0)\ (b_1 - b_n a_1)\ \cdots\ (b_{n-1} - b_n a_{n-1})] \begin{bmatrix} \lambda_1(t) \\ \lambda_2(t) \\ \vdots \\ \lambda_n(t) \end{bmatrix} + b_n e(t) \tag{9.2.11}$$

或简写成

$$\dot{\boldsymbol{\lambda}}(t) = \boldsymbol{A}\boldsymbol{\lambda}(t) + \boldsymbol{B}e(t) \tag{9.2.12}$$

$$r(t) = \boldsymbol{C}\boldsymbol{\lambda}(t) + \boldsymbol{D}e(t) \tag{9.2.13}$$

式中

$$\boldsymbol{A} = \begin{bmatrix} 0 & 1 & 0 & \cdots & 0 \\ 0 & 0 & 1 & \cdots & 0 \\ \vdots & \vdots & \vdots & & \vdots \\ 0 & 0 & 0 & \cdots & 1 \\ -a_0 & -a_1 & -a_2 & \cdots & -a_{n-1} \end{bmatrix} \qquad \boldsymbol{B} = \begin{bmatrix} 0 \\ 0 \\ \vdots \\ 0 \\ 1 \end{bmatrix}$$

$$\boldsymbol{C} = [(b_0 - b_n a_0)\quad (b_1 - b_n a_1)\quad \cdots\quad (b_{n-1} - b_n a_{n-1})]$$

$$\boldsymbol{D} = b_n$$

如果在微分方程式(9.2.6)中 $m < n$,则式(9.2.12)中的系数矩阵 $\boldsymbol{A}$、$\boldsymbol{B}$ 保持不变,式(9.2.13)中的矩阵 $\boldsymbol{C}$、$\boldsymbol{D}$ 变为

$$C = \begin{bmatrix} b_0 & b_1 & \cdots & b_m & 0 & \cdots & 0 \end{bmatrix}$$

$$D = 0$$

观察系数矩阵 A、B、C、D 可以发现它们的规律性：即 A 矩阵的最后一行是倒置以后的系统函数分母多项式系数的负数 $-a_0$，$-a_1$，$\cdots$，$-a_{n-1}$，其他各行除对角线右边的元素为 1 外，其余都是零；B 为列矩阵，其最后一行为 1，其余为零；C 为行矩阵，在 $m < n$ 时，其前 $m+1$ 个元素为系统函数分子多项式系数的例序 $b_0, b_1, \cdots, b_m$，其余 $n-m-1$ 个元素为零；矩阵 D 在 $m < n$ 时为零，在 $m = n$ 时，$D = b_n$。

需要进一步说明的是，对于同一个系统，采用不同的模拟实现方法可以得到不同形式的模拟框图，从而也就可以列写出不同的状态方程和输出方程。例如，如果将系统函数 $H(s)$ 展开为部分分式的形式，则可以画出系统并联形式的模拟图，由此可建立另一种形式的状态方程。

由式(9.2.7) 系统函数展开为部分分式，即

$$H(s) = K_0 + \frac{K_1}{s - \alpha_1} + \frac{K_2}{s - \alpha_2} + \cdots - \frac{K_n}{s - \alpha_n} \tag{9.2.14}$$

如果 $m < n$，则 $K_0 = 0$。此时相应的模拟图如图 9.2.4 和 9.2.5 所示。

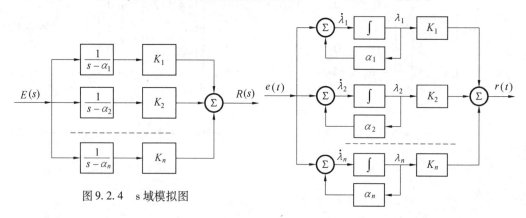

图 9.2.4　s 域模拟图

图 9.2.5　时域模拟图

在图 9.2.5 中仍然选取每个积分器输出为状态变量，则状态方程和输出方程为

$$\begin{bmatrix} \dot{\lambda}_1(t) \\ \dot{\lambda}_2(t) \\ \vdots \\ \dot{\lambda}_n(t) \end{bmatrix} = \begin{bmatrix} \alpha_1 & 0 & \cdots & 0 & 0 \\ 0 & \alpha_2 & \cdots & 0 & 0 \\ \vdots & \vdots & & & \vdots \\ 0 & 0 & \cdots & 0 & \alpha_n \end{bmatrix} \begin{bmatrix} \lambda_1(t) \\ \lambda_2(t) \\ \vdots \\ \lambda_n(t) \end{bmatrix} + \begin{bmatrix} 1 \\ 1 \\ \vdots \\ 1 \end{bmatrix} e(t) \tag{9.2.15}$$

$$r(t) = \begin{bmatrix} K_1 & K_2 & \cdots & K_n \end{bmatrix} \begin{bmatrix} \lambda_1(t) \\ \lambda_2(t) \\ \vdots \\ \lambda_n(t) \end{bmatrix} \tag{9.2.16}$$

可得

$$A = \begin{bmatrix} \alpha_1 & 0 & \cdots & 0 & 0 \\ 0 & \alpha_2 & \cdots & 0 & 0 \\ \vdots & \vdots & & \vdots & \vdots \\ 0 & 0 & \cdots & \alpha_{n-1} & 0 \\ 0 & 0 & \cdots & 0 & \alpha_n \end{bmatrix} \qquad B = \begin{bmatrix} 1 \\ 1 \\ \vdots \\ 1 \\ 1 \end{bmatrix}$$

$$C = \begin{bmatrix} K_1 & K_2 & \cdots & K_n \end{bmatrix}$$

$$D = 0$$

可见，状态方程的系数矩阵 A 是一对角线矩阵，对角线上的元素依次是系统函数的各极点；矩阵 B 是列矩阵，其元素均为 1；矩阵 C 是行矩阵，它的各元素依次为部分分式的系数。对于矩阵 D，当 $m < n$ 时，$D = 0$；当 $m = n$ 时，$D = K_0$ 为一常数。

【例 9.2.1】   列写图 9.2.6 所示反馈系统的状态方程和输出方程。

解   根据题目所给条件，可以写出

$$R(s) = \frac{3}{s(s+3)} \left[E(s) + \frac{-1}{s+1} R(s) \right]$$

整理得

$$R(s) = \frac{3(s+1)}{s^3 + 4s^2 + 3s + 3} E(s)$$

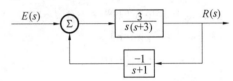

图 9.2.6   例 9.2.1 图

系统函数为

$$H(s) = \frac{R(s)}{E(s)} = \frac{3s+3}{s^3 + 4s^2 + 3s + 3}$$

根据状态方程系数矩阵的构成规则，可以直接写出状态方程和输出方程为

$$\begin{bmatrix} \dot{\lambda}_1(t) \\ \dot{\lambda}_2(t) \\ \dot{\lambda}_3(t) \end{bmatrix} = \begin{bmatrix} 0 & 1 & 0 \\ 0 & 0 & 1 \\ -3 & -3 & -4 \end{bmatrix} \begin{bmatrix} \lambda_1(t) \\ \lambda_2(t) \\ \lambda_3(t) \end{bmatrix} + \begin{bmatrix} 0 \\ 0 \\ 1 \end{bmatrix} e(t)$$

$$r(t) = \begin{bmatrix} 3 & 3 & 0 \end{bmatrix} \begin{bmatrix} \lambda_1(t) \\ \lambda_2(t) \\ \lambda_3(t) \end{bmatrix}$$

9.2.2   离散系统状态方程的建立

建立离散系统状态方程的方法与连续系统类似，也是采用模拟框图最简单。设离散系统的 k 阶差分方程为

$$y(n) + a_{k-1}y(n-1) + \cdots + a_1 y(n-k+1) + a_0 y(n-k) =$$
$$b_m x(n) + b_{m-1} x(n-1) + \cdots + b_1 x(n-m+1) + b_0 x(n-m) \qquad (9.2.17)$$

其系统函数为

$$H(z) = \frac{b_m + b_{m-1}z^{-1} + \cdots + b_1 z^{-m+1} + b_0 z^{-m}}{1 + a_{k-1}z^{-1} + \cdots + a_1 z^{-k+1} + a_0 z^{-k}}$$

(9.2.18)

可画出离散系统的模拟图如图9.2.7所示。

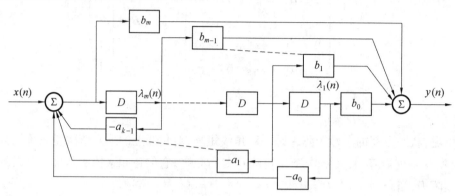

图 9.2.7　离散系统的模拟框图

选取每个单位延时器输出作为状态变量,在 $m = k$ 情况下,则有

$$\begin{cases} \lambda_1(n+1) = \lambda_2(n) \\ \lambda_2(n+1) = \lambda_3(n) \\ \qquad \vdots \\ \lambda_{k-1}(n+1) = \lambda_k(n) \\ \lambda_k(n+1) = -a_0\lambda_1(n) - a_1\lambda_2(n) - \cdots - a_{k-2}\lambda_{k-1}(n) - a_{k-1}\lambda_k(n) + x(n) \end{cases}$$

(9.2.19)

$$\begin{aligned} y(n) &= b_0\lambda_1(n) + b_1\lambda_2(n) + \cdots + b_{k-1}\lambda_k(n) + \\ &\quad b_k[-a_0\lambda_1(n) - a_1\lambda_2(n) - \cdots - a_{k-2}\lambda_{k-1}(n) - a_{k-1}\lambda_k(n) + x(n)] = \\ &\quad (b_0 - b_k a_0)\lambda_1(n) + (b_1 - b_k a_1)\lambda_2(n) + \cdots + (b_{k-1} - b_k a_{k-1})\lambda_k(n) + b_k x(n) \end{aligned}$$

(9.2.20)

将式(9.2.19)、式(9.2.20)表示成矢量方程为

$$\boldsymbol{\lambda}(n+1) = \boldsymbol{A}\boldsymbol{\lambda}(n) + \boldsymbol{B}x(n)$$

(9.2.21)

$$y(n) = \boldsymbol{C}\boldsymbol{\lambda}(n) + \boldsymbol{D}x(n)$$

(9.2.22)

其中

$$\boldsymbol{A} = \begin{bmatrix} 0 & 1 & 0 & \cdots & 0 \\ 0 & 0 & 1 & \cdots & 0 \\ \vdots & \vdots & \vdots & & \vdots \\ 0 & 0 & 0 & \cdots & 1 \\ -a_0 & -a_1 & -a_2 & \cdots & -a_{k-1} \end{bmatrix} \qquad \boldsymbol{B} = \begin{bmatrix} 0 \\ 0 \\ \vdots \\ 0 \\ 1 \end{bmatrix}$$

$$\boldsymbol{C} = \begin{bmatrix} (b_0 - b_k a_0) & (b_1 - b_k a_1) & \cdots & (b_{k-1} - b_k a_{k-1}) \end{bmatrix}$$

$$\boldsymbol{D} = \boldsymbol{b}_k$$

可见根据离散系统差分方程列写状态方程,其结果与连续系统的情况也完全类似。

【例9.2.2】　已知离散系统的模拟框图如图9.2.8所示,试列出该系统的状态方程。

解　设图中两个单位延时器的输出分别为两个状态变量 $\lambda_1(n)$、$\lambda_2(n)$,则状态方程和输出方程可写为

$$\begin{cases} \lambda_1(n+1) = a_1\lambda_1(n) + x_1(n) \\ \lambda_2(n+1) = a_2\lambda_2(n) + x_2(n) \end{cases}$$

$$\begin{cases} y_1(n) = \lambda_1(n) + \lambda_2(n) \\ y_2(n) = \lambda_2(n) + x_1(n) \end{cases}$$

若表示成矢量方程形式,则为

$$\begin{bmatrix} \lambda_1(n+1) \\ \lambda_2(n+1) \end{bmatrix} = \begin{bmatrix} a_1 & 0 \\ 0 & a_2 \end{bmatrix} \begin{bmatrix} \lambda_1(n) \\ \lambda_2(n) \end{bmatrix} + \begin{bmatrix} 1 & 0 \\ 0 & 1 \end{bmatrix} \begin{bmatrix} x_1(n) \\ x_2(n) \end{bmatrix}$$

$$\begin{bmatrix} y_1(n) \\ y_2(n) \end{bmatrix} = \begin{bmatrix} 1 & 1 \\ 0 & 1 \end{bmatrix} \begin{bmatrix} \lambda_1(n) \\ \lambda_2(n) \end{bmatrix} + \begin{bmatrix} 0 & 0 \\ 1 & 0 \end{bmatrix} \begin{bmatrix} x_1(n) \\ x_2(n) \end{bmatrix}$$

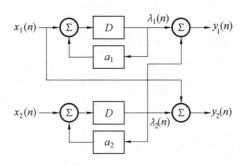

图 9.2.8 例 9.2.2 图

9.3 连续系统状态方程的解法

前面已经讨论了连续系统的状态方程和输出方程的建立方法,它的一般形式为

$$\dot{\boldsymbol{\lambda}}(t) = \boldsymbol{A}\boldsymbol{\lambda}(t) + \boldsymbol{B}\boldsymbol{e}(t) \tag{9.3.1}$$

$$\boldsymbol{r}(t) = \boldsymbol{C}\boldsymbol{\lambda}(t) + \boldsymbol{D}\boldsymbol{e}(t) \tag{9.3.2}$$

下面继续讨论如何求解这些方程。由于输出方程只是简单的代数运算,求解相对简单,我们重点介绍状态方程的求解方法。与单输入 – 单输出连续系统分析方法相类似,连续系统状态方程的求解方法也可以从两个角度考虑:时域解法和拉普拉斯变换解法。

9.3.1 矩阵指数函数 e^{At}

为了求取状态方程解的一般表达式,首先需要介绍矩阵指数函数的概念。我们知道,一个指数函数 e^x 可以用无穷级数表示为

$$e^x = 1 + x + \frac{1}{2!}x^2 + \frac{1}{3!}x^3 + \cdots = \sum_{k=0}^{+\infty} \frac{1}{k!}x^k \quad (-\infty < x < +\infty) \tag{9.3.3}$$

定义 若 $\boldsymbol{A}$ 为 n 阶方阵,则矩阵指数函数 e^{At} 也是一个 n 阶方阵。e^{At} 可以表示为级数的形式,即

$$e^{At} = \boldsymbol{I} + \boldsymbol{A}t + \frac{1}{2!}\boldsymbol{A}^2t^2 + \frac{1}{3!}\boldsymbol{A}^3t^3 + \cdots = \sum_{k=0}^{+\infty} \frac{1}{k!}\boldsymbol{A}^kt^k \tag{9.3.4}$$

例如,若已知二阶方阵

$$A = \begin{bmatrix} \alpha & 0 \\ 0 & \beta \end{bmatrix}$$

则矩阵指数函数为

$$e^{At} = I + At + \frac{1}{2!}A^2 t^2 + \frac{1}{3!}A^3 t^3 + \cdots =$$

$$\begin{bmatrix} 1 & 0 \\ 0 & 1 \end{bmatrix} + \begin{bmatrix} \alpha t & 0 \\ 0 & \beta t \end{bmatrix} + \begin{bmatrix} \frac{1}{2!}\alpha^2 t^2 & 0 \\ 0 & \frac{1}{2!}\beta^2 t^2 \end{bmatrix} + \begin{bmatrix} \frac{1}{3!}\alpha^3 t^3 & 0 \\ 0 & \frac{1}{3!}\beta^3 t^3 \end{bmatrix} + \cdots =$$

$$\begin{bmatrix} \sum_{k=0}^{+\infty} \frac{1}{k!}\alpha^k t^k & 0 \\ 0 & \sum_{k=0}^{+\infty} \frac{1}{k!}\beta^k t^k \end{bmatrix}$$

考虑式(9.3.3)，则上式可写为

$$e^{At} = \begin{bmatrix} e^{\alpha t} & 0 \\ 0 & e^{\beta t} \end{bmatrix}$$

可见，e^{At} 也是一个二阶方阵。

矩阵指数函数 e^{At} 的几个性质如下：

$(1)\ \dfrac{\mathrm{d}e^{At}}{\mathrm{d}t} = Ae^{At} = e^{At}A$ （9.3.5）

这里 A 本身不是 t 的函数。

根据矩阵指数函数定义，可以证明

$$\frac{\mathrm{d}e^{At}}{\mathrm{d}t} = \frac{\mathrm{d}}{\mathrm{d}t}\left[I + At + \frac{1}{2!}A^2 t^2 + \frac{1}{3!}A^3 t^3 + \cdots \right] = A + A^2 t + \frac{1}{2!}A^3 t^2 + \frac{1}{3!}A^4 t^3 + \cdots$$

此时，可以表示为

$$\frac{\mathrm{d}e^{At}}{\mathrm{d}t} = A\left[I + At + \frac{1}{2!}A^2 t^2 + \frac{1}{3!}A^3 t^3 + \cdots \right] = Ae^{At}$$

也可以表示为

$$\frac{\mathrm{d}e^{At}}{\mathrm{d}t} = \left[I + At + \frac{1}{2!}A^2 t^2 + \frac{1}{3!}A^3 t^3 + \cdots \right]A = e^{At}A$$

$(2)\ e^{At_1}e^{At_2} = e^{A(t_1 + t_2)}$ （9.3.6）

证明

$$e^{At_1}e^{At_2} = \left(I + At_1 + \frac{1}{2!}A^2 t_1^2 + \frac{1}{3!}A^3 t_1^3 + \cdots \right)\left(I + At_2 + \frac{1}{2!}A^2 t_2^2 + \frac{1}{3!}A^3 t_2^3 + \cdots \right) =$$

$$I + A(t_1 + t_2) + A^2\left(\frac{1}{2!}t_1^2 + t_1 t_2 + \frac{1}{2!}t_2^2 \right) +$$

$$A^3\left(\frac{1}{3!}t_1^3 + \frac{1}{2!}t_1^2 t_2 + \frac{1}{2!}t_1 t_2^2 + \frac{1}{3!}t_2^3 \right) + \cdots =$$

$$\sum_{k=0}^{+\infty} \frac{1}{k!}A^k (t_1 + t_2)^k = e^{A(t_1 + t_2)}$$

推论 $e^{At_1}e^{At_2}\cdots e^{At_n} = e^{A(t_1 + t_2 + \cdots + t_n)}$

如果 $t_1 = t_2 = \cdots = t_n$，则

$$(e^{At})^n = e^{Ant} \tag{9.3.7}$$

$(3) e^{-At} e^{At} = e^{At} e^{-At} = I \tag{9.3.8}$

9.3.2　状态微分方程的解法

已知状态方程的一般表达式为

$$\frac{d\boldsymbol{\lambda}(t)}{dt} = A\boldsymbol{\lambda}(t) + Be(t) \tag{9.3.9}$$

对式(9.3.9)两边左乘 e^{-At}，可得

$$e^{-At} \frac{d\boldsymbol{\lambda}(t)}{dt} - e^{-At} A\boldsymbol{\lambda}(t) = e^{-At} Be(t)$$

即

$$\frac{d}{dt} \left[e^{-At} \boldsymbol{\lambda}(t) \right] = e^{-At} Be(t)$$

两边取积分，可有

$$e^{-At} \boldsymbol{\lambda}(t) - \boldsymbol{\lambda}(0^-) = \int_{0^-}^{t} e^{-A\tau} Be(\tau) d\tau$$

两边左乘 e^{At}，并把 $\boldsymbol{\lambda}(0^-)$ 项移到方程右边，可得

$$\boldsymbol{\lambda}(t) = e^{At} \boldsymbol{\lambda}(0^-) + \int_{0^-}^{t} e^{A(t-\tau)} Be(\tau) d\tau = \underbrace{e^{At} \boldsymbol{\lambda}(0^-)}_{\text{零输入解}} + \underbrace{e^{At} B * e(t)}_{\text{零状态解}} \tag{9.3.10}$$

式(9.3.10)中第一项为状态变量的零输入解，$\boldsymbol{\lambda}(0^-)$ 为起始状态矢量。第二项为状态变量的零状态解。其中矩阵指数函数 e^{At} 的求解至关重要，我们后面将详细介绍。它的作用就是将起始状态 $\boldsymbol{\lambda}(0^-)$ 转移到任意时刻 t 的状态，所以常称为**状态转移矩阵**，用 $\boldsymbol{\varphi}(t)$ 表示。

将式(9.3.10)中的状态变量的解代入输出方程就得到输出响应 $\boldsymbol{r}(t)$，即

$$\boldsymbol{r}(t) = C\boldsymbol{\lambda}(t) + De(t) = Ce^{At} \boldsymbol{\lambda}(0^-) + \int_{0^-}^{t} Ce^{A(t-\tau)} Be(\tau) d\tau + De(t) =$$

$$\underbrace{Ce^{At} \boldsymbol{\lambda}(0^-)}_{\text{零输入响应}} + \underbrace{\left[Ce^{At} B + D\boldsymbol{\delta}(t) \right] * e(t)}_{\text{零状态响应}} \tag{9.3.11}$$

式(9.3.11)中第一项由起始状态 $\boldsymbol{\lambda}(0^-)$ 决定，是系统的零输入响应；第二项由输入激励信号 $e(t)$ 决定，是系统的零状态响应。

从式(9.3.11)第二项可以看出，零状态响应可以以矢量的卷积形式来计算，即

$$\boldsymbol{r}_{zs}(t) = \int_{0^-}^{t} Ce^{A(t-\tau)} Be(\tau) d\tau + De(t) = \left[Ce^{At} B + D\boldsymbol{\delta}(t) \right] * e(t) = h(t) * e(t)$$

式中

$$\boldsymbol{\delta}(t) = \begin{bmatrix} \delta(t) & & 0 \\ & \ddots & \\ 0 & & \delta(t) \end{bmatrix} \tag{9.3.12}$$

为对角矩阵，其对角线上的元素为 $\delta(t)$，其余均为零。

$h(t)$ 为系统的冲激响应矩阵，其表达式为

$$h_{r \times m}(t) = C_{r \times n} e^{At}{}_{n \times n} B_{n \times m} + D_{r \times m} \delta_{m \times m}(t) = \begin{bmatrix} h_{11}(t) & h_{12}(t) & \cdots & h_{1m}(t) \\ h_{21}(t) & h_{22}(t) & \cdots & h_{2m}(t) \\ \vdots & & & \vdots \\ h_{r1}(t) & h_{r2}(t) & \cdots & h_{rm}(t) \end{bmatrix} \qquad (9.3.13)$$

式中 $h_{ij}(t)$—— 系统输入第 j 个激励为 $\delta(t)$,而其他输入都为零时,输出的第 i 个冲激响应。

从以上的讨论可以看出,无论是状态方程的解还是输出方程的解都可以分为两部分:一部分是零输入解,由初始状态 $\boldsymbol{\lambda}(0^-)$ 引起;另一部分为零状态解,由输入激励 $\boldsymbol{e}(t)$ 引起。而这两个部分的变化规律都与状态转移矩阵 $\boldsymbol{\varphi}(t) = e^{At}$ 有关,因而可以说 $\boldsymbol{\varphi}(t)$ 体现了系统状态变化的实质,也是求解状态方程和输出方程的关键。因此,下面对状态转移矩阵,即矩阵指数详细介绍。

9.3.3 矩阵指数 e^{At} 的计算

为了讨论矩阵指数函数 e^{At} 的计算方法,首先介绍以下特征矩阵的概念和凯莱－哈密尔顿定理。

1. 特征矩阵

如果已知矩阵 $\boldsymbol{A}$ 是 n 阶方阵,其元素 α_{ij} 是自然数(实数或复数),则 n 阶方阵 $\alpha \boldsymbol{I} - \boldsymbol{A}$ 称为 $\boldsymbol{A}$ 的特征矩阵。$\det(\alpha \boldsymbol{I} - \boldsymbol{A}) = f(\alpha)$ 称为 $\boldsymbol{A}$ 的特征多项式,$f(\alpha) = 0$ 称为 $\boldsymbol{A}$ 的特征方程,特征方程的根称为 $\boldsymbol{A}$ 的特征值或特征根。

【例 9.3.1】 已知二阶方阵 $\boldsymbol{A} = \begin{bmatrix} -4 & 2 \\ -3 & 1 \end{bmatrix}$,试写出其特征矩阵、特征多项式,并求特征值。

解 根据定义,$\boldsymbol{A}$ 的特征矩阵为

$$\alpha \boldsymbol{I} - \boldsymbol{A} = \begin{bmatrix} \alpha & 0 \\ 0 & \alpha \end{bmatrix} - \begin{bmatrix} -4 & 2 \\ -3 & 1 \end{bmatrix} = \begin{bmatrix} \alpha+4 & -2 \\ 3 & \alpha-1 \end{bmatrix}$$

$\boldsymbol{A}$ 的特征多项式为

$$f(\alpha) = \det(\alpha \boldsymbol{I} - \boldsymbol{A}) = \begin{vmatrix} \alpha+4 & -2 \\ 3 & \alpha-1 \end{vmatrix} = (\alpha+4)(\alpha-1) + 6 = \alpha^2 + 3\alpha + 2$$

$\boldsymbol{A}$ 的特征方程为

$$\alpha^2 + 3\alpha + 2 = 0$$

因此 $\boldsymbol{A}$ 的特征值为

$$\begin{cases} \alpha_1 = -1 \\ \alpha_2 = -2 \end{cases}$$

2. 凯莱－哈密顿定理(Cayley – Hamilton)

凯莱－哈密顿定理(Cayley – Hamilton)定义为:任何 n 阶方阵 $\boldsymbol{A}$ 恒满足它自己的特征方程,即

$$f(\boldsymbol{A}) = \boldsymbol{0}$$

证明 设 $\boldsymbol{A}$ 的特征多项式为

$$f(\alpha) = \det(\alpha \boldsymbol{I} - \boldsymbol{A}) = d_0 + d_1\alpha + d_2\alpha^2 + \cdots + d_n\alpha^n = \sum_{k=0}^{n} d_k\alpha^k \qquad (9.3.14)$$

根据逆矩阵的定义,可知

$$(\alpha \boldsymbol{I} - \boldsymbol{A})^{-1} = \frac{\mathrm{adj}(\alpha \boldsymbol{I} - \boldsymbol{A})}{f(\alpha)}$$

上式两端左乘以$(\alpha \boldsymbol{I} - \boldsymbol{A})$,然后乘以$f(\alpha)$,得

$$f(\alpha)\boldsymbol{I} = (\alpha \boldsymbol{I} - \boldsymbol{A}) \cdot \mathrm{adj}(\alpha \boldsymbol{I} - \boldsymbol{A}) \qquad (9.3.15)$$

由于矩阵$\alpha \boldsymbol{I} - \boldsymbol{A}$是$n$阶的,所以其伴随矩阵$\mathrm{adj}(\alpha \boldsymbol{I} - \boldsymbol{A})$为多项式矩阵,它的最高阶次为$\alpha$的$n-1$次,因此,可以将其写成系数为矩阵的多项式,即

$$\mathrm{adj}(\alpha \boldsymbol{I} - \boldsymbol{A}) = \boldsymbol{B}_0 + \boldsymbol{B}_1\alpha + \boldsymbol{B}_2\alpha^2 + \cdots + \boldsymbol{B}_{n-1}\alpha^{n-1} \qquad (9.3.16)$$

将式(9.3.14)和式(9.3.16)代入式(9.3.15)得

$$\sum_{k=0}^{n} d_k\alpha^k\boldsymbol{I} = -\boldsymbol{A}\boldsymbol{B}_0 + (\boldsymbol{B}_0 - \boldsymbol{A}\boldsymbol{B}_1)\alpha + (\boldsymbol{B}_1 - \boldsymbol{A}\boldsymbol{B}_2)\alpha^2 + \cdots + (\boldsymbol{B}_{n-2} - \boldsymbol{A}\boldsymbol{B}_{n-1})\alpha^{n-1} + \boldsymbol{B}_{n-1}\alpha^n$$

比较上面等式两端α同次幂的系数,可得

$$d_0\boldsymbol{I} = -\boldsymbol{A}\boldsymbol{B}_0$$
$$d_1\boldsymbol{I} = \boldsymbol{B}_0 - \boldsymbol{A}\boldsymbol{B}_1$$
$$d_2\boldsymbol{I} = \boldsymbol{B}_1 - \boldsymbol{A}\boldsymbol{B}_2$$
$$\vdots$$
$$d_{n-1}\boldsymbol{I} = \boldsymbol{B}_{n-2} - \boldsymbol{A}\boldsymbol{B}_{n-1}$$
$$d_n\boldsymbol{I} = \boldsymbol{B}_{n-1}$$

将以上一组方程中,第二个方程左乘$\boldsymbol{A}$,第三个方程左乘$\boldsymbol{A}^2$,以此类推,最后一个方程左乘$\boldsymbol{A}^n$。然后,将等式左端和右端分别相加,显然等式右端为零矩阵,于是有

$$d_0\boldsymbol{I} + d_1\boldsymbol{A} + d_2\boldsymbol{A}^2 + \cdots + d_{n-1}\boldsymbol{A}^{n-1} + d_n\boldsymbol{A}^n = \boldsymbol{0}$$

即

$$f(\boldsymbol{A}) = \boldsymbol{0}$$

应用凯莱－哈密顿定理,$\boldsymbol{A}$的任何高于n次的幂,例如$\boldsymbol{A}^m(m \geqslant n)$可以用低于$n$的各次幂来表示。

【例9.3.2】　已知二阶方阵

$$\boldsymbol{A} = \begin{bmatrix} -3 & 1 \\ -2 & 0 \end{bmatrix}$$

试验证 C－H 定理,并求$\boldsymbol{A}^3$、$\boldsymbol{A}^4$。

解　$\boldsymbol{A}$的特征方程为

$$f(\alpha) = \det(\alpha \boldsymbol{I} - \boldsymbol{A}) = \begin{vmatrix} \alpha+3 & -1 \\ 2 & \alpha \end{vmatrix} = \alpha^2 + 3\alpha + 2 = 0$$

而

$$f(\boldsymbol{A}) = \boldsymbol{A}^2 + 3\boldsymbol{A} + 2\boldsymbol{I} = \begin{bmatrix} -3 & 1 \\ -2 & 0 \end{bmatrix}^2 + 3\begin{bmatrix} -3 & 1 \\ -2 & 0 \end{bmatrix} + 2\begin{bmatrix} 1 & 0 \\ 0 & 1 \end{bmatrix} =$$

$$\begin{bmatrix} 7 & -3 \\ 6 & -2 \end{bmatrix} + \begin{bmatrix} -9 & 3 \\ -3 & 0 \end{bmatrix} + \begin{bmatrix} 2 & 0 \\ 0 & 2 \end{bmatrix} = \boldsymbol{0}$$

C - H 定理得证。

由此可得

$$A^2 = -3A - 2I$$

将上式两端乘 A,得

$$A^3 = -3A^2 - 2A$$

代入 A^2,得

$$A^3 = -3(-3A - 2I) - 2A = 7A + 6I$$

同理可得

$$A^4 = 7A^2 + 6A = -15A - 14I$$

3. e^{At} 的计算

设 n 阶方阵 A 的特征根 $\alpha_k(k = 1, 2, \cdots, n)$ 全是单根,则将指数函数 $e^{\alpha t}$ 和指数矩阵 e^{At} 展开为无穷级数的形式,即

$$e^{\alpha t} = 1 + t\alpha + \frac{t^2}{2!}\alpha^2 + \frac{t^3}{3!}\alpha^3 + \cdots \qquad (9.3.17)$$

$$e^{At} = I + tA + \frac{t^2}{2!}A^2 + \frac{t^3}{3!}A^3 + \cdots \qquad (9.3.18)$$

此两个级数中的 α 和 A 的各相同次幂的系数完全相同。若 A 的特征方程为

$$f(\alpha) = d_0 + d_1\alpha + d_2\alpha^2 + \cdots + d_n\alpha^n = 0 \qquad (9.3.19)$$

则根据 C - H 定理,可得

$$f(A) = d_0 I + d_1 A + d_2 A^2 + \cdots + d_{n-1}A^{n-1} + d_n A^n = \mathbf{0} \qquad (9.3.20)$$

根据式(9.3.19)和式(9.3.20),可将式(9.3.17)和式(9.3.18)中幂次大于和等于 n 的各项都用小于 n 次幂的各项表示,则此两式将变为

$$e^{\alpha t} = C_0 + C_1\alpha + C_2\alpha^2 + \cdots + C_{n-1}\alpha^{n-1} \qquad (9.3.21)$$

$$e^{At} = C_0 I + C_1 A + C_2 A^2 + \cdots + C_{n-1}A^{n-1} \qquad (9.3.22)$$

显然两式对应系数 C_j 相同,并且是 t 的函数。

将已知 A 的 n 个特征值代入式(9.3.19),得

$$\begin{cases} C_0 + C_1\alpha_1 + C_2\alpha_1^2 + \cdots + C_{n-1}\alpha_1^{n-1} = e^{\alpha_1 t} \\ C_0 + C_1\alpha_2 + C_2\alpha_2^2 + \cdots + C_{n-1}\alpha_2^{n-1} = e^{\alpha_2 t} \\ \vdots \\ C_0 + C_1\alpha_n + C_2\alpha_n^2 + \cdots + C_{n-1}\alpha_n^{n-1} = e^{\alpha_n t} \end{cases} \qquad (9.3.23)$$

可以写成矩阵的形式

$$\begin{bmatrix} 1 & \alpha_1 & \cdots & \alpha_1^{n-1} \\ 1 & \alpha_2 & \cdots & \alpha_2^{n-1} \\ \vdots & \vdots & & \vdots \\ 1 & \alpha_n & \cdots & \alpha_n^{n-1} \end{bmatrix} \begin{bmatrix} C_0 \\ C_1 \\ \vdots \\ C_{n-1} \end{bmatrix} = \begin{bmatrix} e^{\alpha_1 t} \\ e^{\alpha_2 t} \\ \vdots \\ e^{\alpha_n t} \end{bmatrix}$$

即

$$\begin{bmatrix} C_0 \\ C_1 \\ \vdots \\ C_{n-1} \end{bmatrix} = \begin{bmatrix} 1 & \alpha_1 & \cdots & \alpha_1^{n-1} \\ 1 & \alpha_2 & \cdots & \alpha_2^{n-1} \\ \vdots & \vdots & & \vdots \\ 1 & \alpha_n & \cdots & \alpha_n^{n-1} \end{bmatrix}^{-1} \begin{bmatrix} e^{\alpha_1 t} \\ e^{\alpha_2 t} \\ \vdots \\ e^{\alpha_n t} \end{bmatrix}$$

从而可以解得系数 $C_0, C_1, C_2, \cdots, C_{n-1}$，这些系数也就是式（9.3.22）的系数，从而就得到了矩阵指数函数 e^{At}。

如果 A 的特征根 α_r 是一个 m 重根，则有

$$\begin{cases} C_0 + C_1 \alpha_r + C_2 \alpha_r^2 + \cdots + C_{n-1} \alpha_r^{n-1} = e^{\alpha_r t} \\ \dfrac{\mathrm{d}}{\mathrm{d}\alpha_r}\left[C_0 + C_1 \alpha_r + C_2 \alpha_r^2 + \cdots + C_{n-1} \alpha_r^{n-1} \right] = \dfrac{\mathrm{d}}{\mathrm{d}\alpha_r} e^{\alpha_r t} \\ \vdots \\ \dfrac{\mathrm{d}^{m-1}}{\mathrm{d}\alpha_r^{m-1}}\left[C_0 + C_1 \alpha_r + C_2 \alpha_r^2 + \cdots + C_{n-1} \alpha_r^{n-1} \right] = \dfrac{\mathrm{d}^{m-1}}{\mathrm{d}\alpha_r^{m-1}} e^{\alpha_r t} \end{cases} \tag{9.3.24}$$

连同 $n - m$ 个无重根的方程就可解得各系数 $C_0, C_1, C_2, \cdots, C_{n-1}$。

【例 9.3.3】　已知二阶方阵

$$A = \begin{bmatrix} -4 & 2 \\ -3 & 1 \end{bmatrix}$$

求矩阵指数函数 e^{At}。

解　写出 A 的特征方程式

$$|\alpha I - A| = \begin{vmatrix} \alpha + 4 & -2 \\ 3 & \alpha - 1 \end{vmatrix} = \alpha^2 + 3\alpha + 2 = 0$$

特征根为

$$\begin{cases} \alpha_1 = -1 \\ \alpha_2 = -2 \end{cases}$$

由式（9.3.21）有

$$\begin{cases} e^{-t} = C_0 - C_1 \\ e^{-2t} = C_0 - 2C_1 \end{cases}$$

解得

$$\begin{cases} C_0 = 2e^{-t} - e^{-2t} \\ C_1 = e^{-t} - e^{-2t} \end{cases}$$

所以

$$e^{At} = C_0 I + C_1 A = (2e^{-t} - e^{-2t}) \begin{bmatrix} 1 & 0 \\ 0 & 1 \end{bmatrix} + (e^{-t} - e^{-2t}) \begin{bmatrix} -4 & 2 \\ -3 & 1 \end{bmatrix} =$$

$$\begin{bmatrix} -2e^{-t} + 3e^{-2t} & 2e^{-t} - 2e^{-2t} \\ -3e^{-t} + 3e^{-2t} & 3e^{-t} - 2e^{-2t} \end{bmatrix}$$

【例 9.3.4】　已知矩阵指数函数

$$e^{At} = \begin{bmatrix} -2e^{-t} + 3e^{-2t} & 2e^{-t} - 2e^{-2t} \\ -3e^{-t} + 3e^{-2t} & 3e^{-t} - 2e^{-2t} \end{bmatrix}$$

试求矩阵 A。

解 根据式(9.3.5)可得

$$\frac{\mathrm{d}}{\mathrm{d}t}\mathrm{e}^{At}\Big|_{t=0} = A\mathrm{e}^{At}\Big|_{t=0} = AI = A \tag{9.3.25}$$

则有

$$A = \frac{\mathrm{d}}{\mathrm{d}t}\mathrm{e}^{At}\Big|_{t=0} = \begin{bmatrix} \dfrac{\mathrm{d}}{\mathrm{d}t}(-2\mathrm{e}^{-t}+3\mathrm{e}^{-2t}) & \dfrac{\mathrm{d}}{\mathrm{d}t}(2\mathrm{e}^{-t}-2\mathrm{e}^{-2t}) \\[2mm] \dfrac{\mathrm{d}}{\mathrm{d}t}(-3\mathrm{e}^{-t}+3\mathrm{e}^{-2t}) & \dfrac{\mathrm{d}}{\mathrm{d}t}(3\mathrm{e}^{-t}-2\mathrm{e}^{-2t}) \end{bmatrix}_{t=0} =$$

$$\begin{bmatrix} 2\mathrm{e}^{-t}-6\mathrm{e}^{-2t} & -2\mathrm{e}^{-t}+4\mathrm{e}^{-2t} \\ 3\mathrm{e}^{-t}-6\mathrm{e}^{-2t} & -3\mathrm{e}^{-t}+4\mathrm{e}^{-2t} \end{bmatrix}_{t=0} = \begin{bmatrix} -4 & 2 \\ -3 & 1 \end{bmatrix}$$

9.3.4 状态方程的拉普拉斯变换解法

设状态变量 $\boldsymbol{\lambda}(t)$ 的分量 $\lambda_i(t)(i=1,2,\cdots,n)$ 的拉普拉斯变换为 $\Lambda_i(s)$,即

$$\Lambda_i(s) = \mathscr{L}[\lambda_i(t)] \tag{9.3.26}$$

由矩阵积分运算的定义可知,状态变量 $\boldsymbol{\lambda}(t)$ 的拉普拉斯变换 $\boldsymbol{\Lambda}(s)$ 为

$$\boldsymbol{\Lambda}(s) = \mathscr{L}[\boldsymbol{\lambda}(t)] = [\mathscr{L}[\lambda_1(t)] \quad \mathscr{L}[\lambda_2(t)] \quad \cdots \quad \mathscr{L}[\lambda_n(t)]]^{\mathrm{T}} \tag{9.3.27}$$

它也是 n 维矢量。而拉普拉斯变换的微分性质也适用这里,即有

$$\mathscr{L}[\dot{\boldsymbol{\lambda}}(t)] = s\boldsymbol{\Lambda}(s) - \boldsymbol{\lambda}(0^-) \tag{9.3.28}$$

其中,$\boldsymbol{\lambda}(0^-)$ 为初始状态矢量。

将式(9.3.1)和式(9.3.2)两边取拉普拉斯变换

$$s\boldsymbol{\Lambda}(s) - \boldsymbol{\lambda}(0^-) = A\boldsymbol{\Lambda}(s) + BE(s) \tag{9.3.29}$$

$$R(s) = C\boldsymbol{\Lambda}(s) + DE(s) \tag{9.3.30}$$

整理得

$$\boldsymbol{\Lambda}(s) = (sI-A)^{-1}\boldsymbol{\lambda}(0^-) + (sI-A)^{-1}BE(s) \tag{9.3.31}$$

$$R(s) = C(sI-A)^{-1}\boldsymbol{\lambda}(0^-) + [C(sI-A)^{-1}B+D]E(s) \tag{9.3.32}$$

若用时域表示,则为

$$\boldsymbol{\lambda}(t) = \underbrace{\mathscr{L}^{-1}[(sI-A)^{-1}\boldsymbol{\lambda}(0^-)]}_{\text{零输入解}} + \underbrace{\mathscr{L}^{-1}[(sI-A)^{-1}B] * \mathscr{L}^{-1}[E(s)]}_{\text{零状态解}} \tag{9.3.33}$$

$$r(t) = \underbrace{C\mathscr{L}^{-1}[(sI-A)^{-1}\boldsymbol{\lambda}(0^-)]}_{\text{零输入响应}} + \underbrace{\mathscr{L}^{-1}[C(sI-A)^{-1}B+D] * \mathscr{L}^{-1}[E(s)]}_{\text{零状态响应}} \tag{9.3.34}$$

将此结果与时域解法式(9.3.10)和式(9.3.11)比较可以看出,状态转移矩阵 e^{At} 的拉普拉斯变换为 $(sI-A)^{-1}$,即

$$\mathscr{L}[\mathrm{e}^{At}] = (sI-A)^{-1} \tag{9.3.35}$$

或

$$\mathrm{e}^{At} = \mathscr{L}^{-1}[(sI-A)^{-1}] \tag{9.3.36}$$

此式提供了矩阵指数函数 e^{At} 的一种更简便的计算方法。

为了表示方便,我们定义

$$\boldsymbol{\Phi}(s) = \mathscr{L}[\boldsymbol{\varphi}(t)] = (s\boldsymbol{I} - \boldsymbol{A})^{-1} = \frac{\mathrm{adj}(s\boldsymbol{I} - \boldsymbol{A})}{\det(s\boldsymbol{I} - \boldsymbol{A})} \tag{9.3.37}$$

称 $\boldsymbol{\Phi}(s)$ 为分解矩阵。

由式(9.3.32)得零状态响应的拉普拉斯变换为

$$\boldsymbol{R}_{zs}(s) = [\boldsymbol{C}(s\boldsymbol{I} - \boldsymbol{A})^{-1}\boldsymbol{B} + \boldsymbol{D}]\boldsymbol{E}(s) = [\boldsymbol{C}\boldsymbol{\Phi}(s)\boldsymbol{B} + \boldsymbol{D}]\boldsymbol{E}(s) = \boldsymbol{H}(s)\boldsymbol{E}(s) \tag{9.3.38}$$

其中 $\boldsymbol{H}(s) = \boldsymbol{C}(s\boldsymbol{I} - \boldsymbol{A})^{-1}\boldsymbol{B} + \boldsymbol{D}$ 称为系统转移函数矩阵。若与时域解法式(9.3.11)中的零状态响应的结果进行比较,可知

$$\boldsymbol{H}(s) = \mathscr{L}[\boldsymbol{h}(t)] \tag{9.3.39}$$

或

$$\boldsymbol{h}(t) = \mathscr{L}^{-1}[\boldsymbol{H}(s)] \tag{9.3.40}$$

如果系统具有 m 个输入激励、r 个输出响应,则系统函数为

$$\boldsymbol{H}_{r \times m}(s) = \boldsymbol{C}_{r \times n}(s\boldsymbol{I} - \boldsymbol{A})^{-1}_{n \times n}\boldsymbol{B}_{n \times m} + \boldsymbol{D}_{r \times m} = \begin{bmatrix} H_{11}(s) & H_{12}(s) & \cdots & H_{1m}(s) \\ H_{21}(s) & H_{22}(s) & \cdots & H_{2m}(s) \\ \vdots & \vdots & & \vdots \\ H_{r1}(s) & H_{r2}(s) & \cdots & H_{rm}(s) \end{bmatrix} \tag{9.3.41}$$

式中每一个元素的物理意义可以表示为

$$H_{ij}(s) = \left. \frac{\text{第 } i \text{ 个输出响应 } R_i(s)}{\text{第 } j \text{ 个输入激励 } E_j(s)} \right|_{\text{其他输入量都为零}} \tag{9.3.42}$$

即 $H_{ij}(s)$ 是第 j 个输入到第 i 个输出之间的转移函数。

最后,值得注意的是,由于

$$\boldsymbol{H}(s) = \boldsymbol{C}\boldsymbol{\Phi}(s)\boldsymbol{B} + \boldsymbol{D} = \frac{\boldsymbol{C}\mathrm{adj}(s\boldsymbol{I} - \boldsymbol{A})\boldsymbol{B} + \boldsymbol{D}\det(s\boldsymbol{I} - \boldsymbol{A})}{\det(s\boldsymbol{I} - \boldsymbol{A})} \tag{9.3.43}$$

所以多项式 $\det(s\boldsymbol{I} - \boldsymbol{A})$ 就是系统的特征多项式,因此 $\boldsymbol{H}(s)$ 的极点就是特征方程

$$\det(s\boldsymbol{I} - \boldsymbol{A}) = 0 \tag{9.3.44}$$

的根,即系统的特征根。这样,根据特征根是否在 s 平面左半平面可以判断系统是否稳定,可以得出结论:系统是否稳定只与状态方程中的系数矩阵 $\boldsymbol{A}$ 有关。

【例 9.3.5】　已知某线性时不变系统的状态方程和输出方程分别为

$$\begin{bmatrix} \dot{\lambda}_1(t) \\ \dot{\lambda}_2(t) \end{bmatrix} = \begin{bmatrix} 1 & 2 \\ 0 & -1 \end{bmatrix} \begin{bmatrix} \lambda_1(t) \\ \lambda_2(t) \end{bmatrix} + \begin{bmatrix} 0 & 1 \\ 1 & 0 \end{bmatrix} \begin{bmatrix} e_1(t) \\ e_2(t) \end{bmatrix}$$

$$\begin{bmatrix} r_1(t) \\ r_2(t) \end{bmatrix} = \begin{bmatrix} 1 & 1 \\ 0 & -1 \end{bmatrix} \begin{bmatrix} \lambda_1(t) \\ \lambda_2(t) \end{bmatrix} + \begin{bmatrix} 1 & 0 \\ 1 & 0 \end{bmatrix} \begin{bmatrix} e_1(t) \\ e_2(t) \end{bmatrix}$$

设系统的初始状态

$$\boldsymbol{\lambda}(0) = \begin{bmatrix} \lambda_1(0) \\ \lambda_2(0) \end{bmatrix} = \begin{bmatrix} 1 \\ -1 \end{bmatrix}$$

若输入 $e_1(t) = u(t)$,$e_2(t) = \delta(t)$,用时域法计算状态变量和输出响应。

解　(1)计算状态转移矩阵 $\boldsymbol{\varphi}(t) = \mathrm{e}^{\boldsymbol{A}t}$

矩阵 $\boldsymbol{A}$ 的特征方程为

$$|\alpha \boldsymbol{I} - \boldsymbol{A}| = \begin{vmatrix} \alpha - 1 & -2 \\ 0 & \alpha + 1 \end{vmatrix} = \alpha^2 - 1 = 0$$

特征根为

$$\begin{cases} \alpha_1 = 1 \\ \alpha_2 = -1 \end{cases}$$

由式(9.3.10)有

$$\begin{cases} e^t = C_0 + C_1 \\ e^{-t} = C_0 - C_1 \end{cases}$$

解得

$$\begin{cases} C_0 = \dfrac{1}{2}(e^t + e^{-t}) \\[2mm] C_1 = \dfrac{1}{2}(e^t - e^{-t}) \end{cases}$$

所以

$$e^{\boldsymbol{A}t} = C_0 \boldsymbol{I} + C_1 \boldsymbol{A} = \frac{1}{2}(e^t + e^{-t}) \begin{bmatrix} 1 & 0 \\ 0 & 1 \end{bmatrix} + \frac{1}{2}(e^t - e^{-t}) \begin{bmatrix} 1 & 2 \\ 0 & -1 \end{bmatrix} = \begin{bmatrix} e^t & e^t - e^{-t} \\ 0 & e^{-t} \end{bmatrix}$$

(2) 求状态变量 $\boldsymbol{\lambda}(t)$

由式(9.3.8)得

$$\boldsymbol{\lambda}(t) = e^{\boldsymbol{A}t} \boldsymbol{\lambda}(0) + \int_{0^-}^{t} e^{\boldsymbol{A}(t-\tau)} \boldsymbol{B} e(\tau) \mathrm{d}\tau =$$

$$\begin{bmatrix} e^t & e^t - e^{-t} \\ 0 & e^{-t} \end{bmatrix} \begin{bmatrix} 1 \\ -1 \end{bmatrix} + \int_{0^-}^{t} \begin{bmatrix} e^{(t-\tau)} & e^{(t-\tau)} - e^{-(t-\tau)} \\ 0 & e^{-(t-\tau)} \end{bmatrix} \begin{bmatrix} 0 & 1 \\ 1 & 0 \end{bmatrix} \begin{bmatrix} u(\tau) \\ \delta(\tau) \end{bmatrix} \mathrm{d}\tau =$$

$$\begin{bmatrix} e^{-t} \\ -e^{-t} \end{bmatrix} + \begin{bmatrix} 2e^t + e^{-t} - 2 \\ 1 - e^{-t} \end{bmatrix} \quad (t > 0)$$

(3) 求输出响应 $\boldsymbol{r}(t)$

$$\boldsymbol{r}(t) = \boldsymbol{C}\boldsymbol{\lambda}(t) + \boldsymbol{D}e(t) = \begin{bmatrix} 1 & 1 \\ 0 & -1 \end{bmatrix} \left\{ \begin{bmatrix} e^{-t} \\ -e^{-t} \end{bmatrix} + \begin{bmatrix} 2e^t + e^{-t} - 2 \\ 1 - e^{-t} \end{bmatrix} \right\} + \begin{bmatrix} 1 & 0 \\ 1 & 0 \end{bmatrix} \begin{bmatrix} u(t) \\ \delta(t) \end{bmatrix} =$$

$$\begin{bmatrix} 0 \\ e^{-t} \end{bmatrix} + \begin{bmatrix} 2e^t - 1 \\ -1 + e^{-t} \end{bmatrix} + \begin{bmatrix} 1 \\ 1 \end{bmatrix} = \begin{bmatrix} 0 \\ e^{-t} \end{bmatrix} + \begin{bmatrix} 2e^t \\ e^{-t} \end{bmatrix} \quad (t > 0)$$

【例9.3.6】 使用变换域法计算例9.3.5题。

解 (1) 计算分解矩阵 $\boldsymbol{\Phi}(s) = (s\boldsymbol{I} - \boldsymbol{A})^{-1}$

因为

$$\boldsymbol{A} = \begin{bmatrix} 1 & 2 \\ 0 & -1 \end{bmatrix}$$

所以

$$s\boldsymbol{I} - \boldsymbol{A} = \begin{bmatrix} s - 1 & -2 \\ 0 & s + 1 \end{bmatrix}$$

$$\det(s\boldsymbol{I} - \boldsymbol{A}) = (s - 1)(s + 1)$$

$$\mathrm{adj}(sI - A) = \begin{bmatrix} s+1 & 2 \\ 0 & s-1 \end{bmatrix}$$

分解矩阵为

$$\boldsymbol{\Phi}(s) = (sI - A)^{-1} = \frac{\mathrm{adj}(sI - A)}{\det(sI - A)} = \begin{bmatrix} \dfrac{1}{s-1} & \dfrac{2}{(s-1)(s+1)} \\[2mm] 0 & \dfrac{1}{s+1} \end{bmatrix}$$

（2）计算状态变量 $\boldsymbol{\lambda}(t)$

因为

$$\boldsymbol{E}(s) = \begin{bmatrix} \dfrac{1}{s} \\[2mm] 1 \end{bmatrix}$$

所以由式(9.3.31)得

$$\boldsymbol{\Lambda}(s) = \boldsymbol{\Phi}(s)\boldsymbol{\lambda}(0^-) + \boldsymbol{\Phi}(s)\boldsymbol{B}\boldsymbol{E}(s) =$$

$$\begin{bmatrix} \dfrac{1}{s-1} & \dfrac{2}{(s-1)(s+1)} \\[2mm] 0 & \dfrac{1}{s+1} \end{bmatrix} \begin{bmatrix} 1 \\ -1 \end{bmatrix} + \begin{bmatrix} \dfrac{1}{s-1} & \dfrac{2}{(s-1)(s+1)} \\[2mm] 0 & \dfrac{1}{s+1} \end{bmatrix} \begin{bmatrix} 0 & 1 \\ 1 & 0 \end{bmatrix} \begin{bmatrix} \dfrac{1}{s} \\[2mm] 1 \end{bmatrix} =$$

$$\begin{bmatrix} \dfrac{1}{s+1} \\[3mm] -\dfrac{1}{s+1} \end{bmatrix} + \begin{bmatrix} \dfrac{s^2+s+2}{s(s-1)(s+1)} \\[3mm] \dfrac{1}{s(s+1)} \end{bmatrix}$$

经反变换

$$\boldsymbol{\lambda}(t) = \mathcal{L}^{-1}[\boldsymbol{\Lambda}(s)] = \begin{bmatrix} \mathrm{e}^{-t} \\ -\mathrm{e}^{-t} \end{bmatrix} + \begin{bmatrix} 2\mathrm{e}^{t} + \mathrm{e}^{-t} - 2 \\ 1 - \mathrm{e}^{-t} \end{bmatrix} \quad (t > 0)$$

（3）求输出响应 $\boldsymbol{r}(t)$

$$\boldsymbol{R}(s) = \boldsymbol{C}\boldsymbol{\Lambda}(s) + \boldsymbol{D}\boldsymbol{E}(s) = \begin{bmatrix} 1 & 1 \\ 0 & -1 \end{bmatrix} \left\{ \begin{bmatrix} \dfrac{1}{s+1} \\[3mm] -\dfrac{1}{s+1} \end{bmatrix} + \begin{bmatrix} \dfrac{s^2+s+2}{s(s-1)(s+1)} \\[3mm] \dfrac{1}{s(s+1)} \end{bmatrix} \right\} + \begin{bmatrix} 1 & 0 \\ 1 & 0 \end{bmatrix} \begin{bmatrix} \dfrac{1}{s} \\[2mm] 1 \end{bmatrix} =$$

$$\begin{bmatrix} 0 \\[2mm] \dfrac{1}{s+1} \end{bmatrix} + \begin{bmatrix} \dfrac{2}{s-1} \\[3mm] \dfrac{1}{s+1} \end{bmatrix}$$

经反变换

$$\boldsymbol{r}(t) = \mathcal{L}^{-1}[\boldsymbol{R}(s)] = \begin{bmatrix} 0 \\ \mathrm{e}^{-t} \end{bmatrix} + \begin{bmatrix} 2\mathrm{e}^{t} \\ \mathrm{e}^{-t} \end{bmatrix} \quad (t > 0)$$

可见，所得结果与例 9.3.5 相同。

【例 9.3.7】　已知条件与例 9.3.5 相同，试求系统的冲激响应矩阵 $\boldsymbol{h}(t)$ 的系统转移函数矩阵 $\boldsymbol{H}(s)$。

解　由例 9.3.5 得状态转移矩阵

$$\boldsymbol{\varphi}(t) = e^{At} = \begin{bmatrix} e^t & e^t - e^{-t} \\ 0 & e^{-t} \end{bmatrix}$$

又知

$$\boldsymbol{B} = \begin{bmatrix} 0 & 1 \\ 1 & 0 \end{bmatrix}, \boldsymbol{C} = \begin{bmatrix} 1 & 1 \\ 0 & -1 \end{bmatrix}, \boldsymbol{D} = \begin{bmatrix} 1 & 0 \\ 1 & 0 \end{bmatrix}$$

所以

$$\boldsymbol{h}(t) = \boldsymbol{C}\boldsymbol{\varphi}(t)\boldsymbol{B} + \boldsymbol{D}\boldsymbol{\delta}(t) =$$

$$\begin{bmatrix} 1 & 1 \\ 0 & -1 \end{bmatrix} \begin{bmatrix} e^t & e^t - e^{-t} \\ 0 & e^{-t} \end{bmatrix} \begin{bmatrix} 0 & 1 \\ 1 & 0 \end{bmatrix} + \begin{bmatrix} 1 & 0 \\ 1 & 0 \end{bmatrix} \begin{bmatrix} \delta(t) & 0 \\ 0 & \delta(t) \end{bmatrix} =$$

$$\begin{bmatrix} e^t & e^t \\ -e^{-t} & 0 \end{bmatrix} + \begin{bmatrix} \delta(t) & 0 \\ \delta(t) & 0 \end{bmatrix}$$

由例9.3.6得分解矩阵

$$\boldsymbol{\Phi}(s) = (s\boldsymbol{I} - \boldsymbol{A})^{-1} = \begin{bmatrix} \dfrac{1}{s-1} & \dfrac{2}{(s-1)(s+1)} \\ 0 & \dfrac{1}{s+1} \end{bmatrix}$$

所以系统转移函数矩阵为

$$\boldsymbol{H}(s) = \boldsymbol{C}\boldsymbol{\Phi}(s)\boldsymbol{B} + \boldsymbol{D} = \begin{bmatrix} 1 & 1 \\ 0 & -1 \end{bmatrix} \begin{bmatrix} \dfrac{1}{s-1} & \dfrac{2}{(s-1)(s+1)} \\ 0 & \dfrac{1}{s+1} \end{bmatrix} \begin{bmatrix} 0 & 1 \\ 1 & 0 \end{bmatrix} + \begin{bmatrix} 1 & 0 \\ 1 & 0 \end{bmatrix} =$$

$$\begin{bmatrix} \dfrac{2}{(s-1)(s+1)} + \dfrac{1}{s+1} & \dfrac{1}{s-1} \\ -\dfrac{1}{s+1} & 0 \end{bmatrix} + \begin{bmatrix} 1 & 0 \\ 1 & 0 \end{bmatrix} = \begin{bmatrix} \dfrac{1}{s-1} + 1 & \dfrac{1}{s-1} \\ -\dfrac{1}{s+1} + 1 & 0 \end{bmatrix}$$

当然也可利用关系式 $\boldsymbol{H}(s) = \mathscr{L}[\boldsymbol{h}(t)]$ 计算转移函数矩阵 $\boldsymbol{H}(s)$。

9.4　离散系统状态方程的解法

根据前面的讨论,离散系统的状态方程和输出方程可以表示为

$$\boldsymbol{\lambda}(n+1) = \boldsymbol{A}\boldsymbol{\lambda}(n) + \boldsymbol{B}\boldsymbol{x}(n) \tag{9.4.1}$$

$$\boldsymbol{y}(n) = \boldsymbol{C}\boldsymbol{\lambda}(n) + \boldsymbol{D}\boldsymbol{x}(n) \tag{9.4.2}$$

与连续系统类似,离散系统状态方程的解法也分为时域解法和 Z 变换解法两种。

9.4.1　时域状态差分方程的解法

离散系统的状态方程为一阶矢量差分方程,一般可以用迭代法求解,而且特别适合计算机求解。如果设系统的起始状态为 $\boldsymbol{\lambda}(n_0)$,则对式(9.4.1)应用迭代法,有

$$\boldsymbol{\lambda}(n_0 + 1) = \boldsymbol{A}\boldsymbol{\lambda}(n_0) + \boldsymbol{B}\boldsymbol{x}(n_0)$$

进一步可有

$$\boldsymbol{\lambda}(n_0 + 2) = \boldsymbol{A}\boldsymbol{\lambda}(n_0 + 1) + \boldsymbol{B}\boldsymbol{x}(n_0 + 1) = \boldsymbol{A}^2\boldsymbol{\lambda}(n_0) + \boldsymbol{A}\boldsymbol{B}\boldsymbol{x}(n_0) + \boldsymbol{B}\boldsymbol{x}(n_0 + 1)$$

$$\boldsymbol{\lambda}(n_0 + 3) = \boldsymbol{A}\boldsymbol{\lambda}(n_0 + 2) + \boldsymbol{B}\boldsymbol{x}(n_0 + 2) =$$
$$\boldsymbol{A}\boldsymbol{\lambda}(n_0) + \boldsymbol{A}^2\boldsymbol{B}\boldsymbol{x}(n_0) + \boldsymbol{A}\boldsymbol{B}\boldsymbol{x}(n_0 + 1) + \boldsymbol{B}\boldsymbol{x}(n_0 + 2)$$
$$\vdots$$
$$\boldsymbol{\lambda}(n) = \boldsymbol{A}\boldsymbol{\lambda}(n - 1) + \boldsymbol{B}\boldsymbol{x}(n - 1) =$$
$$\boldsymbol{A}^{n-n_0}\boldsymbol{\lambda}(n_0) + \boldsymbol{A}^{n-n_0-1}\boldsymbol{B}\boldsymbol{x}(n_0) + \boldsymbol{A}^{n-n_0-2}\boldsymbol{B}\boldsymbol{x}(n_0 + 1) + \cdots + \boldsymbol{B}\boldsymbol{x}(n - 1) =$$
$$\boldsymbol{A}^{n-n_0}\boldsymbol{\lambda}(n_0) + \sum_{i=n_0}^{n-1} \boldsymbol{A}^{n-1-i}\boldsymbol{B}\boldsymbol{x}(i) \tag{9.4.3}$$

如果取 $n_0 = 0$，则有

$$\boldsymbol{\lambda}(n) = \underbrace{\boldsymbol{A}^n\boldsymbol{\lambda}(0)}_{\text{零输入解}} + \underbrace{\sum_{i=0}^{n-1} \boldsymbol{A}^{n-1-i}\boldsymbol{B}\boldsymbol{x}(i)}_{\text{零状态解}} \tag{9.4.4}$$

式(9.4.4)中第一项为状态变量的零输入解，其中 $\boldsymbol{A}^n$ 称为状态转移矩阵，用符号 $\boldsymbol{\varphi}(n)$ 表示，即 $\boldsymbol{\varphi}(n) = \boldsymbol{A}^n$；第二项是状态变量的零状态解。

将状态变量 $\boldsymbol{\lambda}(n)$ 代入式(9.4.2)的输出方程，可得

$$\boldsymbol{y}(n) = \boldsymbol{C}\boldsymbol{\lambda}(n) + \boldsymbol{D}\boldsymbol{x}(n) = \underbrace{\boldsymbol{C}\boldsymbol{A}^n\boldsymbol{\lambda}(0)}_{\text{零输入响应}} + \underbrace{\sum_{i=0}^{n-1} \boldsymbol{C}\boldsymbol{A}^{n-1-i}\boldsymbol{B}\boldsymbol{x}(i) + \boldsymbol{D}\boldsymbol{x}(n)}_{\text{零状态响应}} \tag{9.4.5}$$

其中，第一项为状态方程的零输入响应，其他为零状态响应。从零状态响应中可以看出，若 $\boldsymbol{x}(n) = \boldsymbol{\delta}(n)$，则系统的单位样值响应矩阵为

$$\boldsymbol{h}_{r\times m}(n) = \boldsymbol{C}\boldsymbol{A}^{n-1}\boldsymbol{B} + \boldsymbol{D}\boldsymbol{\delta}(n) = \begin{bmatrix} h_{11}(n) & h_{12}(n) & \cdots & h_{1m}(n) \\ h_{21}(n) & h_{22}(n) & \cdots & h_{2m}(n) \\ \vdots & \vdots & & \vdots \\ h_{r1}(n) & h_{r2}(n) & \cdots & h_{rm}(n) \end{bmatrix} \tag{9.4.6}$$

它是一个 $r \times m$ 阶矩阵，其矩阵中第 i 行第 j 列元素 $h_{ij}(n)$ 是当第 j 个输入 $x_j(n) = \delta(n)$、其他输入都为零时，所引起的第 i 个输出 $y_i(n)$ 的零状态响应。

9.4.2　$\boldsymbol{A}^n$ 的计算

与连续系统的情况类似，用时域法求解离散系统的状态方程的关键步骤仍然是求状态转移矩阵 $\boldsymbol{\varphi}(n) = \boldsymbol{A}^n$，下面我们重点介绍它的求解方法。

设 $\boldsymbol{A}$ 为 k 阶方阵，若 $\boldsymbol{A}$ 的特征方程为

$$f(\alpha) = d_0 + d_1\alpha + d_2\alpha^2 + \cdots + d_k\alpha^k = 0 \tag{9.4.7}$$

根据凯莱 – 哈密尔顿定理，可知

$$f(\boldsymbol{A}) = d_0\boldsymbol{I} + d_1\boldsymbol{A} + d_2\boldsymbol{A}^2 + \cdots + d_{k-1}\boldsymbol{A}^{k-1} + d_k\boldsymbol{A}^k = \boldsymbol{0} \tag{9.4.8}$$

由此可知当 $n \geq k$ 时，α^n 和 $\boldsymbol{A}^n$ 可表示为 $k - 1$ 次的 α（或 $\boldsymbol{A}$）的多项式，而它们各对应项系数相同，即

$$\alpha^n = C_0 + C_1\alpha + C_2\alpha^2 + \cdots + C_{k-1}\alpha^{k-1} \tag{9.4.9}$$

$$\boldsymbol{A}^n = C_0\boldsymbol{I} + C_1\boldsymbol{A} + C_2\boldsymbol{A}^2 + \cdots + C_{k-1}\boldsymbol{A}^{k-1} \tag{9.4.10}$$

式中　系数 C_j —— 变量 n 的函数。

如果已知 $\boldsymbol{A}$ 的 k 个特征值 $\alpha_1, \alpha_2, \cdots, \alpha_k$，把它们分别代入式(9.4.9)得

$$
\begin{cases}
\alpha_1^n = C_0 + C_1\alpha_1 + C_2\alpha_1^2 + \cdots + C_{k-1}\alpha_1^{k-1} \\
\alpha_2^n = C_0 + C_1\alpha_2 + C_2\alpha_2^2 + \cdots + C_{k-1}\alpha_2^{k-1} \\
\vdots \\
\alpha_k^n = C_0 + C_1\alpha_k + C_2\alpha_k^2 + \cdots + C_{k-1}\alpha_k^{k-1}
\end{cases}
\tag{9.4.11}
$$

可以写成矩阵的形式

$$
\begin{bmatrix}
1 & \alpha_1 & \cdots & \alpha_1^{k-1} \\
1 & \alpha_2 & \cdots & \alpha_2^{k-1} \\
\vdots & \vdots & & \vdots \\
1 & \alpha_k & \cdots & \alpha_k^{k-1}
\end{bmatrix}
\begin{bmatrix}
C_0 \\ C_1 \\ \vdots \\ C_{k-1}
\end{bmatrix}
=
\begin{bmatrix}
\alpha_1^n \\ \alpha_2^n \\ \vdots \\ \alpha_k^n
\end{bmatrix}
$$

即

$$
\begin{bmatrix}
C_0 \\ C_1 \\ \vdots \\ C_{k-1}
\end{bmatrix}
=
\begin{bmatrix}
1 & \alpha_1 & \cdots & \alpha_1^{k-1} \\
1 & \alpha_2 & \cdots & \alpha_2^{k-1} \\
\vdots & \vdots & & \vdots \\
1 & \alpha_k & \cdots & \alpha_k^{k-1}
\end{bmatrix}^{-1}
\begin{bmatrix}
\alpha_1^n \\ \alpha_2^n \\ \vdots \\ \alpha_k^n
\end{bmatrix}
$$

可以解得系数 $C_0, C_1, C_2, \cdots, C_{k-1}$，这些系数就是式(9.4.10)中 $\boldsymbol{A}^n$ 的系数，从而也就求得 $\boldsymbol{A}^n$。

如果 $\boldsymbol{A}$ 的特征值 α_r 是一个 m 重根，则使用以下方程

$$
\begin{cases}
\alpha_r^n = C_0 + C_1\alpha_r + C_2\alpha_r^2 + \cdots + C_{m-1}\alpha_r^{m-1} \\
\dfrac{\mathrm{d}}{\mathrm{d}\alpha_r}\alpha_r^n = \dfrac{\mathrm{d}}{\mathrm{d}\alpha_r}[C_0 + C_1\alpha_r + C_2\alpha_r^2 + \cdots + C_{m-1}\alpha_r^{m-1}] \\
\vdots \\
\dfrac{\mathrm{d}^{m-1}}{\mathrm{d}\alpha_r^{m-1}}\alpha_r^n = \dfrac{\mathrm{d}^{m-1}}{\mathrm{d}\alpha_r^{m-1}}[C_0 + C_1\alpha_r + C_2\alpha_r^2 + \cdots + C_{m-1}\alpha_r^{m-1}]
\end{cases}
\tag{9.4.12}
$$

连同 $k - m$ 个单根的方程，就可求得各系数 C_j。

【例 9.4.1】 已知二阶方阵 $\boldsymbol{A} = \begin{bmatrix} 1 & -1 \\ 1 & 3 \end{bmatrix}$，求状态转移矩阵 $\boldsymbol{A}^n$。

解 求 $\boldsymbol{A}$ 的特征值

$$
|\alpha \boldsymbol{I} - \boldsymbol{A}| = \begin{vmatrix} \alpha - 1 & 1 \\ -1 & \alpha - 3 \end{vmatrix} = (\alpha - 1)(\alpha - 3) + 1 = (\alpha - 2)^2 = 0
$$

特征值 $\alpha = 2$ 为二重根，则

$$
\begin{cases}
2^n = C_0 + 2C_1 \\
n2^{n-1} = C_1
\end{cases}
$$

所以求得

$$
\begin{cases}
C_0 = 2^n(1 - n) \\
C_1 = n2^{n-1}
\end{cases}
$$

由此可得

$$A^n = C_0 I + C_1 A = 2^n(1-n)\begin{bmatrix} 1 & 0 \\ 0 & 1 \end{bmatrix} + n2^{n-1}\begin{bmatrix} 1 & -1 \\ 1 & 3 \end{bmatrix} = 2^n\begin{bmatrix} 1-\dfrac{n}{2} & -\dfrac{n}{2} \\ \dfrac{n}{2} & 1+\dfrac{n}{2} \end{bmatrix}$$

【例 9.4.2】　若已知离散系统的状态方程和输出方程为

$$\boldsymbol{\lambda}(n+1) = \begin{bmatrix} 0 & 1 \\ 3 & 2 \end{bmatrix}\boldsymbol{\lambda}(n)$$

$$\boldsymbol{y}(n) = \begin{bmatrix} 3 & 3 \end{bmatrix}\boldsymbol{\lambda}(n)$$

初始状态 $\boldsymbol{\lambda}(0) = \begin{bmatrix} 1 \\ 0 \end{bmatrix}$，试求 $\boldsymbol{y}(n)$。

解　（1）先求 A 的特征根

特征方程为

$$|\alpha I - A| = \begin{vmatrix} \alpha & -1 \\ -3 & \alpha-2 \end{vmatrix} = (\alpha+1)(\alpha-3) = 0$$

特征根为

$$\begin{cases} \alpha_1 = -1 \\ \alpha_2 = 3 \end{cases}$$

（2）求状态转移矩阵 A^n

$$A^n = C_0 I + C_1 A$$

将特征值代入式(9.4.11)，得

$$\begin{cases} (-1)^n = C_0 - C_1 \\ 3^n = C_0 + 3C_1 \end{cases}$$

解得

$$\begin{cases} C_0 = \dfrac{1}{4}(3^n + 3(-1)^n) \\ C_1 = \dfrac{1}{4}(3^n - (-1)^n) \end{cases}$$

所以

$$A^n = \frac{1}{4}(3^n + 3(-1)^n)\begin{bmatrix} 1 & 0 \\ 0 & 1 \end{bmatrix} + \frac{1}{4}((3^n - (-1)^n)\begin{bmatrix} 0 & 1 \\ 3 & 2 \end{bmatrix} =$$

$$\frac{1}{4}\begin{bmatrix} 3^n + 3(-1)^n & 3^n - (-1)^n \\ 3^{n+1} - 3(-1)^n & 3^{n+1} + (-1)^n \end{bmatrix}$$

（3）求状态方程的解

$$\boldsymbol{\lambda}(n) = A^n\boldsymbol{\lambda}(0) = \frac{1}{4}\begin{bmatrix} 3^n + 3(-1)^n & 3^n - (-1)^n \\ 3^{n+1} - 3(-1)^n & 3^{n+1} + (-1)^n \end{bmatrix}\begin{bmatrix} 1 \\ 0 \end{bmatrix} = \frac{1}{4}\begin{bmatrix} 3^n + 3(-1)^n \\ 3^{n+1} - 3(-1)^n \end{bmatrix}$$

（4）求输出响应

$$\boldsymbol{y}(n) = \boldsymbol{C}\boldsymbol{\lambda}(n) = \begin{bmatrix} 3 & 3 \end{bmatrix}\frac{1}{4}\begin{bmatrix} 3^n + 3(-1)^n \\ 3^{n+1} - 3(-1)^n \end{bmatrix} = 3(3)^n \quad (n \geqslant 0)$$

9.4.3　状态方程的 Z 变换解法

与连续系统的拉普拉斯变换法类似,对离散系统用单边 Z 变换求解离散系统的状态方程和输出方程也更简便。考虑系统起始状态为 $\boldsymbol{\lambda}(0), n = 0$ 接入激励的因果系统,对式(9.4.1)的状态方程和式(9.4.2)的输出方程两边取 Z 变换,有

$$z\boldsymbol{\Lambda}(z) - z\boldsymbol{\lambda}(0) = \boldsymbol{A}\boldsymbol{\Lambda}(z) + \boldsymbol{B}\boldsymbol{X}(z) \tag{9.4.13}$$

$$\boldsymbol{Y}(z) = \boldsymbol{C}\boldsymbol{\Lambda}(z) + \boldsymbol{D}\boldsymbol{X}(z) \tag{9.4.14}$$

整理得

$$\boldsymbol{\Lambda}(z) = (z\boldsymbol{I} - \boldsymbol{A})^{-1}z\boldsymbol{\lambda}(0) + (z\boldsymbol{I} - \boldsymbol{A})^{-1}\boldsymbol{B}\boldsymbol{X}(z) \tag{9.4.15}$$

$$\boldsymbol{Y}(z) = \boldsymbol{C}(z\boldsymbol{I} - \boldsymbol{A})^{-1}z\boldsymbol{\lambda}(0) + \boldsymbol{C}(z\boldsymbol{I} - \boldsymbol{A})^{-1}\boldsymbol{B}\boldsymbol{X}(z) + \boldsymbol{D}\boldsymbol{X}(z) \tag{9.4.16}$$

取 Z 反变换,可得时域表达式为

$$\boldsymbol{\lambda}(n) = \underbrace{\mathscr{Z}^{-1}\big[(z\boldsymbol{I} - \boldsymbol{A})^{-1}z\big]\boldsymbol{\lambda}(0)}_{\text{零输入解}} + \underbrace{\mathscr{Z}^{-1}\big[(z\boldsymbol{I} - \boldsymbol{A})^{-1}\big]\boldsymbol{B} * \mathscr{Z}^{-1}\big[\boldsymbol{X}(z)\big]}_{\text{零状态解}} \tag{9.4.17}$$

$$\boldsymbol{y}(n) = \underbrace{\mathscr{Z}^{-1}\big[\boldsymbol{C}(z\boldsymbol{I} - \boldsymbol{A})^{-1}z\big]\boldsymbol{\lambda}(0)}_{\text{零输入响应}} + \underbrace{\mathscr{Z}^{-1}\big[\boldsymbol{C}(z\boldsymbol{I} - \boldsymbol{A})^{-1}\boldsymbol{B} + \boldsymbol{D}\big] * \mathscr{Z}^{-1}\big[\boldsymbol{X}(z)\big]}_{\text{零状态响应}}$$

$$\tag{9.4.18}$$

若将式(9.4.17)和式(9.4.18)与时域分析的结果式(9.4.4)和式(9.4.5)进行比较,容易得到

$$\boldsymbol{A}^n = \mathscr{Z}^{-1}\big[(z\boldsymbol{I} - \boldsymbol{A})^{-1}z\big] \tag{9.4.19}$$

$$\boldsymbol{h}(n) = \mathscr{Z}^{-1}\big[\boldsymbol{C}(z\boldsymbol{I} - \boldsymbol{A})^{-1}\boldsymbol{B} + \boldsymbol{D}\big] \tag{9.4.20}$$

如果设 $\boldsymbol{\Phi}(z) = (z\boldsymbol{I} - \boldsymbol{A})^{-1}z, \boldsymbol{H}(z) = \boldsymbol{C}(z\boldsymbol{I} - \boldsymbol{A})^{-1}\boldsymbol{B} + \boldsymbol{D}$,则

$$\boldsymbol{\varphi}(n) \leftrightarrow \boldsymbol{\Phi}(z) \tag{9.4.21}$$

$$\boldsymbol{h}(n) \leftrightarrow \boldsymbol{H}(z) \tag{9.4.22}$$

由式(9.4.21)可以通过 $\boldsymbol{\Phi}(z)$ 求得状态转移矩阵 $\boldsymbol{\varphi}(n) = \boldsymbol{A}^n$,由式(9.4.22)可以通过 $\boldsymbol{H}(z)$ 求得系统单位样值响应矩阵 $\boldsymbol{h}(n)$,进而为它们的计算提供了另外一种途径。

这里离散系统的系统转移函数矩阵为

$$\boldsymbol{H}_{r \times m}(z) = \boldsymbol{C}(z\boldsymbol{I} - \boldsymbol{A})^{-1}\boldsymbol{B} + \boldsymbol{D} = \begin{bmatrix} H_{11}(z) & H_{12}(z) & \cdots & H_{1m}(z) \\ H_{21}(z) & H_{22}(z) & \cdots & H_{2m}(z) \\ \vdots & \vdots & & \vdots \\ H_{r1}(z) & H_{r2}(z) & \cdots & H_{rm}(z) \end{bmatrix} \tag{9.4.23}$$

同样,由于

$$\boldsymbol{H}(z) = \boldsymbol{C}\boldsymbol{\Phi}(z)z^{-1}\boldsymbol{B} + \boldsymbol{D} = \frac{\boldsymbol{C}\mathrm{adj}(z\boldsymbol{I} - \boldsymbol{A})\boldsymbol{B} + \boldsymbol{D}\det(z\boldsymbol{I} - \boldsymbol{A})}{\det(z\boldsymbol{I} - \boldsymbol{A})} \tag{9.4.24}$$

可见,多项式 $\det(z\boldsymbol{I} - \boldsymbol{A})$ 就是系统的特征多项式,所以 $\boldsymbol{H}(z)$ 的极点就是特征方程

$$\det(z\boldsymbol{I} - \boldsymbol{A}) = 0 \tag{9.4.25}$$

的根,即系统的特征根。这样,根据特征根是否在 z 平面单位圆内可以判断系统是否稳定,同样可以得出结论:系统是否稳定只与状态方程中的系数矩阵 $\boldsymbol{A}$ 有关。

【例 9.4.3】　已知 $\boldsymbol{A} = \begin{bmatrix} 0 & 1 \\ 3 & 2 \end{bmatrix}$,求状态转移矩阵 $\boldsymbol{A}^n$。

解　根据已知,特征矩阵为

$$zI - A = z\begin{bmatrix} 1 & 0 \\ 0 & 1 \end{bmatrix} - \begin{bmatrix} 0 & 1 \\ 3 & 2 \end{bmatrix} = \begin{bmatrix} z & -1 \\ -3 & z-2 \end{bmatrix}$$

它的逆矩阵为

$$(zI - A)^{-1} = \frac{\mathrm{adj}(zI - A)}{\det(zI - A)} = \frac{\begin{bmatrix} z-2 & 1 \\ 3 & z \end{bmatrix}}{z^2 - 2z - 3} = \begin{bmatrix} \dfrac{z-2}{(z+1)(z-3)} & \dfrac{1}{(z+1)(z-3)} \\ \dfrac{3}{(z+1)(z-3)} & \dfrac{z}{(z+1)(z-3)} \end{bmatrix}$$

所以

$$A^n = \mathscr{Z}^{-1}\big[(zI - A)^{-1}z\big] = \mathscr{Z}^{-1}\begin{bmatrix} \dfrac{\frac{3}{4}z}{z+1} + \dfrac{\frac{1}{4}z}{z-3} & -\dfrac{\frac{1}{4}z}{z+1} + \dfrac{\frac{1}{4}z}{z-3} \\ -\dfrac{\frac{3}{4}z}{z+1} + \dfrac{\frac{3}{4}z}{z-3} & \dfrac{\frac{1}{4}z}{z+1} + \dfrac{\frac{3}{4}z}{z-3} \end{bmatrix} =$$

$$\frac{1}{4}\begin{bmatrix} 3(-1)^n + (3)^n & -(-1)^n + (3)^n \\ -3(-1)^n + 3(3)^n & (-1)^n + 3(3)^n \end{bmatrix}$$

【例 9.4.4】　已知某离散时间系统的状态方程和输出方程

$$\begin{bmatrix} \lambda_1(n+1) \\ \lambda_2(n+1) \end{bmatrix} = \begin{bmatrix} \dfrac{1}{2} & \dfrac{1}{4} \\ 1 & \dfrac{1}{2} \end{bmatrix} \begin{bmatrix} \lambda_1(n) \\ \lambda_2(n) \end{bmatrix} + \begin{bmatrix} 1 \\ 0 \end{bmatrix} x(n)$$

$$\begin{bmatrix} y_1(n) \\ y_2(n) \end{bmatrix} = \begin{bmatrix} 1 & 0 \\ 0 & 1 \end{bmatrix} \begin{bmatrix} \lambda_1(n) \\ \lambda_2(n) \end{bmatrix} + \begin{bmatrix} 1 \\ 1 \end{bmatrix} x(n)$$

初始状态 $\lambda(0) = \begin{bmatrix} \lambda_1(0) \\ \lambda_2(0) \end{bmatrix} = \begin{bmatrix} 1 \\ 1 \end{bmatrix}$,输入信号 $x(n) = u(n)$,试用 Z 变换法求

(1) 状态转移矩阵 A^n;

(2) 状态变量 $\lambda(n)$;

(3) 输出响应 $y(n)$;

(4) 系统转移函数矩阵 $H(z)$ 和单位样值响应矩阵 $h(n)$。

解　(1) 求状态转移矩阵 A^n

特征矩阵为

$$zI - A = \begin{bmatrix} z - \dfrac{1}{2} & -\dfrac{1}{4} \\ -1 & z - \dfrac{1}{2} \end{bmatrix}$$

其逆矩阵为

$$(zI - A)^{-1} = \frac{1}{z(z-1)}\begin{bmatrix} z - \dfrac{1}{2} & \dfrac{1}{4} \\ 1 & z - \dfrac{1}{2} \end{bmatrix}$$

所以

$$A^n = \mathscr{Z}^{-1}\left[(zI - A)^{-1}z\right] = \mathscr{Z}^{-1}\begin{bmatrix} \dfrac{z - \dfrac{1}{2}}{z - 1} & \dfrac{\dfrac{1}{4}}{z - 1} \\[3mm] \dfrac{1}{z - 1} & \dfrac{z - \dfrac{1}{2}}{z - 1} \end{bmatrix} =$$

$$\begin{bmatrix} \delta(n) + \dfrac{1}{2}u(n - 1) & \dfrac{1}{4}u(n - 1) \\[3mm] u(n - 1) & \delta(n) + \dfrac{1}{2}u(n - 1) \end{bmatrix}$$

（2）求状态变量 $\boldsymbol{\lambda}(n)$

根据状态变量 $\boldsymbol{\lambda}(n)$ 的 Z 变换关系式

$$\boldsymbol{\Lambda}(z) = (zI - A)^{-1}z\boldsymbol{\lambda}(0) + (zI - A)^{-1}BX(z)$$

可得

$$\boldsymbol{\Lambda}(z) = \begin{bmatrix} \dfrac{z - \dfrac{1}{2}}{z - 1} & \dfrac{\dfrac{1}{4}}{z - 1} \\[3mm] \dfrac{1}{z - 1} & \dfrac{z - \dfrac{1}{2}}{z - 1} \end{bmatrix}\begin{bmatrix} 1 \\ 1 \end{bmatrix} + \dfrac{1}{z}\begin{bmatrix} \dfrac{z - \dfrac{1}{2}}{z - 1} & \dfrac{\dfrac{1}{4}}{z - 1} \\[3mm] \dfrac{1}{z - 1} & \dfrac{z - \dfrac{1}{2}}{z - 1} \end{bmatrix}\begin{bmatrix} 1 \\ 0 \end{bmatrix}\dfrac{z}{z - 1} = \begin{bmatrix} \dfrac{z - \dfrac{1}{4}}{z - 1} \\[3mm] \dfrac{z + \dfrac{1}{2}}{z - 1} \end{bmatrix} + \begin{bmatrix} \dfrac{z - \dfrac{1}{2}}{(z - 1)^2} \\[3mm] \dfrac{1}{(z - 1)^2} \end{bmatrix}$$

求反变换

$$\boldsymbol{\lambda}(n) = \mathscr{Z}^{-1}\left[\boldsymbol{\Lambda}(z)\right] = \begin{bmatrix} \delta(n) + \dfrac{3}{4}u(n - 1) \\[3mm] \delta(n) + \dfrac{3}{2}u(n - 1) \end{bmatrix} + \begin{bmatrix} nu(n) - \dfrac{1}{2}(n - 1)u(n - 1) \\[3mm] (n - 1)u(n - 1) \end{bmatrix}$$

（3）求输出响应 $\boldsymbol{y}(n)$

$$Y(z) = C(zI - A)^{-1}z\boldsymbol{\lambda}(0) + C(zI - A)^{-1}BX(z) + DX(z) = C\boldsymbol{\Lambda}(z) + DX(z) =$$

$$\begin{bmatrix} 1 & 0 \\ 0 & 1 \end{bmatrix}\begin{bmatrix} \dfrac{z - \dfrac{1}{4}}{z - 1} \\[3mm] \dfrac{z + \dfrac{1}{2}}{z - 1} \end{bmatrix} + \begin{bmatrix} 1 & 0 \\ 0 & 1 \end{bmatrix}\begin{bmatrix} \dfrac{z - \dfrac{1}{2}}{(z - 1)^2} \\[3mm] \dfrac{1}{(z - 1)^2} \end{bmatrix} + \begin{bmatrix} 1 \\ 1 \end{bmatrix}\dfrac{z}{z - 1} =$$

$$\begin{bmatrix} \dfrac{z - \dfrac{1}{4}}{z - 1} \\[3mm] \dfrac{z + \dfrac{1}{2}}{z - 1} \end{bmatrix} + \begin{bmatrix} \dfrac{z - \dfrac{1}{2}}{(z - 1)^2} \\[3mm] \dfrac{1}{(z - 1)^2} \end{bmatrix} + \begin{bmatrix} \dfrac{z}{z - 1} \\[3mm] \dfrac{z}{z - 1} \end{bmatrix} = \begin{bmatrix} \dfrac{z - \dfrac{1}{4}}{z - 1} \\[3mm] \dfrac{z + \dfrac{1}{2}}{z - 1} \end{bmatrix} + \begin{bmatrix} \dfrac{z^2 - \dfrac{1}{2}}{(z - 1)^2} \\[3mm] \dfrac{z^2 - z + 1}{(z - 1)^2} \end{bmatrix}$$

求反变换

$$y(n) = \mathscr{Z}^{-1}[Y(z)] = \begin{bmatrix} \delta(n) + \dfrac{3}{4}u(n-1) \\[2mm] \delta(n) + \dfrac{3}{2}u(n-1) \end{bmatrix} + \begin{bmatrix} \delta(n) + 2nu(n) - \dfrac{3}{2}(n-1)u(n-1) \\[2mm] \delta(n) + nu(n) \end{bmatrix}$$

（4）求系统转移函数矩阵 $H(z)$ 和单位样值响应矩阵 $h(n)$

$$H_{r \times m}(z) = C(zI - A)^{-1}B + D = \begin{bmatrix} 1 & 0 \\ 0 & 1 \end{bmatrix} \begin{bmatrix} \dfrac{z - \dfrac{1}{2}}{z(z-1)} & \dfrac{\dfrac{1}{4}}{z(z-1)} \\[4mm] \dfrac{1}{z(z-1)} & \dfrac{z - \dfrac{1}{2}}{z(z-1)} \end{bmatrix} \begin{bmatrix} 1 \\ 0 \end{bmatrix} + \begin{bmatrix} 1 \\ 1 \end{bmatrix} =$$

$$\begin{bmatrix} \dfrac{z^2 - \dfrac{1}{2}}{z(z-1)} \\[4mm] \dfrac{z^2 - z + 1}{z(z-1)} \end{bmatrix}$$

$$h(n) = \mathscr{Z}^{-1}[H(z)] = \mathscr{Z}^{-1}\begin{bmatrix} \dfrac{z^2 - \dfrac{1}{2}}{z(z-1)} \\[4mm] \dfrac{z^2 - z + 1}{z(z-1)} \end{bmatrix} = \mathscr{Z}^{-1}\begin{bmatrix} 1 + \dfrac{\dfrac{1}{2}}{z} + \dfrac{\dfrac{1}{2}}{z-1} \\[4mm] 1 - \dfrac{1}{z} + \dfrac{1}{z-1} \end{bmatrix} =$$

$$\begin{bmatrix} \delta(n) + \dfrac{1}{2}\delta(n-1) + \dfrac{1}{2}u(n-1) \\[2mm] \delta(n) - \delta(n-1) + u(n-1) \end{bmatrix}$$

9.5　系统的可控性和可观性

　　作为系统状态变量分析法的应用例子，下面简单介绍现代控制论中的两个非常重要的概念——系统的可控性和可观性。

　　根据系统状态方程和输出方程的定义我们知道，状态方程描述了输入作用所引起系统状态的变化情况。这就存在一个问题，系统的全部状态是否都能由输入来控制，也就是说系统能否在有限的时间内，在输入的作用下从某一状态转移到另一个指定的状态，这就是系统的可控性问题。输出方程描述了系统输出随状态的变化情况，那么能否通过观测有限时间内的输出值来确定出系统的状态，这就是系统的可观性问题。下面分别对它们的定义和判别方法详细介绍。

9.5.1　系统的可控性

　　定义　当系统用状态方程描述时，给定系统任意初始状态，可以找到容许的输入量（即控制矢量），在有限的时间 $0 < t < t_0$ 内把系统的所有状态引向状态空间的原点（即零状态），如果可以做到这一点，则称该系统是完全可控制的。如果只能对部分状态变量可以做到这一点，则称该系统是不完全可控的。

　　如果存在容许的输入量，能在有限时间之内把系统从状态空间的原点引向任意的所要求的状态,这是系统的可达性问题。

设系统有 k 个状态变量,则系统状态方程为

$$\dot{\boldsymbol{\lambda}}(t) = A\boldsymbol{\lambda}(t) + Be(t)$$

其解为

$$\boldsymbol{\lambda}(t) = \mathrm{e}^{At}\boldsymbol{\lambda}(0^-) + \int_{0^-}^{t} \mathrm{e}^{A(t-\tau)}Be(\tau)\mathrm{d}\tau$$

如果在有限时间 $0 < t < t_0$ 内,通过控制量 $e(t)$ 的作用,把任意起始状态 $\boldsymbol{\lambda}(0^-)$ 引向零状态,即 $\boldsymbol{\lambda}(t) = 0$,则要求

$$\mathrm{e}^{At_0}\boldsymbol{\lambda}(0^-) + \int_{0^-}^{t_0} \mathrm{e}^{A(t_0-\tau)}Be(\tau)\mathrm{d}\tau = 0$$

即

$$\boldsymbol{\lambda}(0^-) = -\int_{0^-}^{t_0} \mathrm{e}^{-A\tau}Be(\tau)\mathrm{d}\tau$$

由凯莱–哈密顿定理, $\mathrm{e}^{-A\tau}$ 可表示为

$$\mathrm{e}^{-A\tau} = C_0(\tau)I + C_1(\tau)A + C_2(\tau)A^2 + \cdots + C_{k-1}(\tau)A^{k-1} = \sum_{i=0}^{k-1} C_i(\tau)A^i$$

将 $\mathrm{e}^{-A\tau}$ 值代入前式,则

$$\boldsymbol{\lambda}(0^-) = -\int_{0^-}^{t_0} \left[\sum_{i=0}^{k-1} C_i(\tau)A^i \right] Be(\tau)\mathrm{d}\tau = -\sum_{i=0}^{k-1} A^i B \int_{0^-}^{t_0} C_i(\tau)e(\tau)\mathrm{d}\tau$$

如果令

$$\boldsymbol{w}_i(t_0) = \int_{0^-}^{t_0} C_i(\tau)e(\tau)\mathrm{d}\tau$$

则

$$\boldsymbol{\lambda}(0^-) = -\sum_{i=0}^{k-1} A^i B\boldsymbol{w}_i(t_0) = -(B \vdots AB \vdots A^2 B \vdots \cdots \vdots A^{k-1}B)\begin{bmatrix} w_0(t_0) \\ w_1(t_0) \\ w_2(t_0) \\ \vdots \\ w_{k-1}(t_0) \end{bmatrix} \quad (9.5.1)$$

可见若系统状态完全可控,也就是给定一组起始状态 $\boldsymbol{\lambda}(0^-)$ 满足式(9.5.1),则必须有
$$M = (B \vdots AB \vdots A^2 B \vdots \cdots \vdots A^{k-1}B) \quad (9.5.2)$$
满秩,这是连续系统完全可控的充要条件。

M 称为系统的可控性判别矩阵,简称可控阵。在给定系统状态方程后,如果 M 阵满秩,则该系统即为完全是可控系统。

【例9.5.1】 已知二系统

$$(1)\ \begin{bmatrix} \dot{\lambda}_1(t) \\ \dot{\lambda}_2(t) \end{bmatrix} = \begin{bmatrix} 1 & 1 \\ 0 & -1 \end{bmatrix} \begin{bmatrix} \lambda_1(t) \\ \lambda_2(t) \end{bmatrix} + \begin{bmatrix} 1 \\ 0 \end{bmatrix} e(t)$$

$$(2)\ \begin{bmatrix} \dot{\lambda}_1(t) \\ \dot{\lambda}_2(t) \end{bmatrix} = \begin{bmatrix} 1 & 1 \\ 2 & -1 \end{bmatrix} \begin{bmatrix} \lambda_1(t) \\ \lambda_2(t) \end{bmatrix} + \begin{bmatrix} 0 \\ 1 \end{bmatrix} e(t)$$

问其是否都可控。

解

$$(1)\boldsymbol{M} = (\boldsymbol{B} \vdots \boldsymbol{AB}) = \left(\begin{bmatrix} 1 \\ 0 \end{bmatrix} \vdots \begin{bmatrix} 1 & 1 \\ 0 & -1 \end{bmatrix} \begin{bmatrix} 1 \\ 0 \end{bmatrix}\right) = \begin{bmatrix} 1 & 1 \\ 0 & 0 \end{bmatrix}$$

由于 $\mathrm{rank}(\boldsymbol{B} \vdots \boldsymbol{AB}) = 1$，矩阵 $\boldsymbol{M}$ 不满秩，所以系统不完全可控。

$$(2)\boldsymbol{M} = (\boldsymbol{B} \vdots \boldsymbol{AB}) = \left(\begin{bmatrix} 0 \\ 1 \end{bmatrix} \vdots \begin{bmatrix} 1 & 1 \\ 2 & -1 \end{bmatrix} \begin{bmatrix} 0 \\ 1 \end{bmatrix}\right) = \begin{bmatrix} 0 & 1 \\ 1 & -1 \end{bmatrix}$$

由于 $\mathrm{rank}(\boldsymbol{B} \vdots \boldsymbol{AB}) = 2$，矩阵 $\boldsymbol{M}$ 满秩，所以系统完全可控。

对于离散系统的可控性也可以有同样的判据，设离散系统的状态方程为

$$\boldsymbol{\lambda}(n+1) = \boldsymbol{A}\boldsymbol{\lambda}(n) + \boldsymbol{B}x(n)$$

其解为

$$\boldsymbol{\lambda}(n) = \boldsymbol{A}^n\boldsymbol{\lambda}(0) + \sum_{i=0}^{k-1} \boldsymbol{A}^{n-1-i}\boldsymbol{B}x(i)$$

由于输入量 $x(i)$ 的作用，可能把系统的任意初始状态引向零状态 $\boldsymbol{\lambda}(n) = 0$，则要求

$$\boldsymbol{A}^n\boldsymbol{\lambda}(0) = -\sum_{i=0}^{k-1} \boldsymbol{A}^{n-1-i}\boldsymbol{B}x(i)$$

即

$$\boldsymbol{\lambda}(0) = -\sum_{i=0}^{k-1} \boldsymbol{A}^{-(1+i)}\boldsymbol{B}x(i)$$

欲使上式成立，只要取 k 个输入量 $x(0), x(1), \cdots, x(k-1)$ 即可，因此

$$\boldsymbol{\lambda}(0) = -\sum_{i=0}^{k-1} \boldsymbol{A}^{-(1+i)}\boldsymbol{B}x(i) = -[\boldsymbol{A}^{-1}\boldsymbol{B}x(0) + \boldsymbol{A}^{-2}\boldsymbol{B}x(1) + \cdots + \boldsymbol{A}^{-k}\boldsymbol{B}x(k-1)] =$$

$$-\boldsymbol{A}^{-k}[\boldsymbol{B}x(k-1) + \cdots + \boldsymbol{AB}x(1) + \boldsymbol{A}^{k-1}\boldsymbol{B}x(0)] =$$

$$-\boldsymbol{A}^k(\boldsymbol{B} \vdots \boldsymbol{AB} \vdots \boldsymbol{A}^2\boldsymbol{B} \vdots \cdots \vdots \boldsymbol{A}^{k-1}\boldsymbol{B})\begin{bmatrix} x(k-1) \\ x(k-2) \\ \vdots \\ x(1) \\ x(0) \end{bmatrix} \qquad (9.5.3)$$

由于 $\boldsymbol{A}$ 为非奇异矩阵，若要找到控制量 $[x(k-1) \quad x(k-2) \quad \cdots \quad x(1) \quad x(0)]^\mathrm{T}$，使控制最终状态为零，则必须有

$$\boldsymbol{M} = (\boldsymbol{B} \vdots \boldsymbol{AB} \vdots \boldsymbol{A}^2\boldsymbol{B} \vdots \cdots \vdots \boldsymbol{A}^{k-1}\boldsymbol{B}) \qquad (9.5.4)$$

满秩。这是离散系统完全可控的充要条件。

【例 9.5.2】　已知离散系统的状态方程为

$$\begin{bmatrix} \lambda_1(n+1) \\ \lambda_2(N+1) \end{bmatrix} = \begin{bmatrix} 0 & 1 \\ -1 & 0 \end{bmatrix} \begin{bmatrix} \lambda_1(n) \\ \lambda_2(n) \end{bmatrix} + \begin{bmatrix} 1 \\ 3 \end{bmatrix} x(n)$$

问该系统是否可控。

解

$$\boldsymbol{M} = (\boldsymbol{B} \vdots \boldsymbol{AB}) = \left(\begin{bmatrix} 1 \\ 3 \end{bmatrix} \vdots \begin{bmatrix} 0 & 1 \\ -1 & 0 \end{bmatrix} \begin{bmatrix} 1 \\ 3 \end{bmatrix}\right) = \begin{bmatrix} 1 & 3 \\ 3 & -1 \end{bmatrix}$$

由于 $\text{rank}(\boldsymbol{B} \vdots \boldsymbol{AB}) = 2$,矩阵 $\boldsymbol{M}$ 满秩,所以系统完全可控。

9.5.2 系统的可观性

定义 如果系统用状态方程描述,在给定控制后,能在有限时间内 $0 < t < t_0$,根据系统的输出唯一地确定系统的所有起始状态,则称该系统完全可观;若只能确定部分起始状态,则称该系统不完全可观。

设系统有 k 个状态变量,系统的响应为

$$r(t) = \boldsymbol{C}\boldsymbol{\lambda}(t) + \boldsymbol{D}e(t) = \boldsymbol{C}e^{\boldsymbol{A}t}\boldsymbol{\lambda}(0^-) + [\boldsymbol{C}e^{\boldsymbol{A}t}\boldsymbol{B} + \boldsymbol{D}\boldsymbol{\delta}(t)] * e(t)$$

在讨论系统可观性问题时,由于输入激励信号是已知的,因此上式中第二项是确知的,为了讨论方便,可令 $e(t) = 0$,则上式变为

$$r(t) = \boldsymbol{C}e^{\boldsymbol{A}t}\boldsymbol{\lambda}(0^-)$$

由凯莱 – 哈密顿定理,有

$$r(t) = \boldsymbol{C}(C_0\boldsymbol{I} + C_1\boldsymbol{A} + C_2\boldsymbol{A}^2 + \cdots + C_{k-1}\boldsymbol{A}^{k-1})\boldsymbol{\lambda}(0^-) =$$

$$[\begin{array}{ccccc} C_0 & C_1 & C_2 & \cdots & C_{k-1} \end{array}] \begin{bmatrix} \boldsymbol{C} \\ \boldsymbol{CA} \\ \vdots \\ \boldsymbol{CA}^{k-1} \end{bmatrix} \boldsymbol{\lambda}(0^-) \tag{9.5.5}$$

若要在时间 $0 < t < t_0$ 内,根据 $r(t)$ 唯一确定 $\boldsymbol{\lambda}(0^-)$,必须使矩阵

$$\boldsymbol{N} = \begin{bmatrix} \boldsymbol{C} \\ \boldsymbol{CA} \\ \vdots \\ \boldsymbol{CA}^{k-1} \end{bmatrix} \tag{9.5.6}$$

满秩,这是连续系统可观性的充要条件。

$\boldsymbol{N}$ 称为系统的可观性判别矩阵,简称可观阵。在给定系统后,如果 $\boldsymbol{N}$ 阵满秩,则该系统即为完全可观系统。

对于离散系统的可观性,也可以有同样的判据。设离散系统输出响应为

$$y(n) = \boldsymbol{CA}^n\boldsymbol{\lambda}(0) + \sum_{i=0}^{k-1} \boldsymbol{CA}^{n-1-i}\boldsymbol{B}x(i)$$

在上式中令 $x(n) = 0$,则上式变为

$$y(n) = \boldsymbol{CA}^n\boldsymbol{\lambda}(0)$$

由 C – H 定理

$$\boldsymbol{A}^n = C_0\boldsymbol{I} + C_1\boldsymbol{A} + C_2\boldsymbol{A}^2 + \cdots + C_{k-1}\boldsymbol{A}^{k-1}$$

所以

$$y(n) = \boldsymbol{C}(C_0\boldsymbol{I} + C_1\boldsymbol{A} + C_2\boldsymbol{A}^2 + \cdots + C_{k-1}\boldsymbol{A}^{k-1})\boldsymbol{\lambda}(0) =$$

$$[\begin{array}{ccccc} C_0 & C_1 & C_2 & \cdots & C_{k-1} \end{array}] \begin{bmatrix} \boldsymbol{C} \\ \boldsymbol{CA} \\ \vdots \\ \boldsymbol{CA}^{k-1} \end{bmatrix} \boldsymbol{\lambda}(0^-)$$

若要通过 k 次观测的输出值,唯一地确定所有初始状态,则必须有矩阵

$$N = \begin{bmatrix} C \\ CA \\ \vdots \\ CA^{k-1} \end{bmatrix}$$

满秩,这是离散系统可观性的充要条件。

【例9.5.3】　给定下列系统

$$\begin{bmatrix} \dot{\lambda}_1(t) \\ \dot{\lambda}_2(t) \end{bmatrix} = \begin{bmatrix} 1 & 1 \\ 2 & -1 \end{bmatrix} \begin{bmatrix} \lambda_1(t) \\ \lambda_2(t) \end{bmatrix} + \begin{bmatrix} 0 \\ 1 \end{bmatrix} e(t)$$

$$r(t) = \begin{bmatrix} 1 & 0 \end{bmatrix} \begin{bmatrix} \lambda_1(t) \\ \lambda_2(t) \end{bmatrix}$$

试讨论系统的可观性。

解　$N = \begin{bmatrix} C \\ CA \end{bmatrix} = \begin{bmatrix} \begin{bmatrix} 1 & 0 \end{bmatrix} \\ \begin{bmatrix} 1 & 0 \end{bmatrix} \begin{bmatrix} 1 & 1 \\ 2 & -1 \end{bmatrix} \end{bmatrix} = \begin{bmatrix} 1 & 0 \\ 1 & 1 \end{bmatrix}$

由于 $\text{rank}(N) = 2$,矩阵 N 满秩,所以系统完全可观。

9.6　本章小结

本章介绍的内容是针对描述系统内部行为的状态变量进行的,其主要目的是定义状态方程,并研究这些方程在连续时间系统和离散时间系统的基本特性。首先介绍了系统状态方程的建立方法和表现形式,包括连续系统状态方程和离散系统状态方程,这是求解状态方程和输出方程的第一步。其次,详细介绍了系统状态方程的求解方法,包括连续系统状态方程的求解方法和离散系统状态方程的求解方法,包括它们每个当中的时域求解方法和变换域求解方法,这是本章的关键内容。最后,从系统的可控性和可观性的角度,简单介绍了系统状态方程的应用范例。

习　　题

9.1　列写图9.1所示系统的状态方程和输出方程。

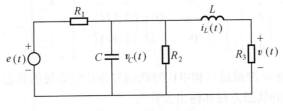

图9.1　题9.1图

9.2　将下列微分方程变换为状态方程和输出方程。

1. $\dfrac{\mathrm{d}^3 r(t)}{\mathrm{d}t^3} + 5\dfrac{\mathrm{d}^2 r(t)}{\mathrm{d}t^2} + 7\dfrac{\mathrm{d}r(t)}{\mathrm{d}t} + 3r(t) = e(t)$

2. $\dfrac{\mathrm{d}^2 r(t)}{\mathrm{d}t^2} + 4\dfrac{\mathrm{d}r(t)}{\mathrm{d}t} + 3r(t) = \dfrac{\mathrm{d}e(t)}{\mathrm{d}t} + e(t)$

9.3　某系统用微分方程描述为

$$\frac{\mathrm{d}^2 r(t)}{\mathrm{d}t^2} + 6\frac{\mathrm{d}r(t)}{\mathrm{d}t} + 8r(t) = \frac{\mathrm{d}^2 e(t)}{\mathrm{d}t^2} + 4\frac{\mathrm{d}e(t)}{\mathrm{d}t} + 3e(t)$$

1. 试画出系统的模拟框图;

2. 列出系统的状态方程和输出方程。

9.4　已知线性非时变系统的状态转移矩阵为

1. $\boldsymbol{\varphi}(t) = \begin{bmatrix} \mathrm{e}^{-\alpha t} & t\mathrm{e}^{-\alpha t} \\ 0 & \mathrm{e}^{-\alpha t} \end{bmatrix}$

2. $\boldsymbol{\varphi}(t) = \begin{bmatrix} \mathrm{e}^{-t} & 0 & 0 \\ 0 & (1-2t)\mathrm{e}^{-2t} & 4t\mathrm{e}^{-2t} \\ 0 & -t\mathrm{e}^{-2t} & (1+2t)\mathrm{e}^{-2t} \end{bmatrix}$

求相应的矩阵 $\boldsymbol{A}$。

9.5　已知

$$\boldsymbol{A} = \begin{bmatrix} 0 & 1 & 0 \\ 0 & 0 & 1 \\ 0 & 1 & 0 \end{bmatrix}$$

试分别用时域和变换域两种方法计算 $\boldsymbol{\varphi}(t) = \mathrm{e}^{\boldsymbol{A}t}$。

9.6　已知一线性非时变系统,在没有外加输入情况下,

当 $\boldsymbol{\lambda}(0^-) = \begin{bmatrix} 1 \\ -1 \end{bmatrix}$ 时,$\boldsymbol{\lambda}(t) = \begin{bmatrix} \mathrm{e}^{-2t} \\ -\mathrm{e}^{-2t} \end{bmatrix}$

当 $\boldsymbol{\lambda}(0^-) = \begin{bmatrix} 2 \\ -1 \end{bmatrix}$ 时,$\boldsymbol{\lambda}(t) = \begin{bmatrix} 2\mathrm{e}^{-t} \\ -\mathrm{e}^{-t} \end{bmatrix}$

求:

1. 状态转移矩阵 $\boldsymbol{\varphi}(t)$;

2. 确定相应的 $\boldsymbol{A}$。

9.7　已知连续系统的状态方程为

$$\begin{bmatrix} \dot{\lambda}_1(t) \\ \dot{\lambda}_2(t) \end{bmatrix} = \begin{bmatrix} -a & 0 \\ 0 & -b \end{bmatrix} \begin{bmatrix} \lambda_1(t) \\ \lambda_2(t) \end{bmatrix} + \begin{bmatrix} \dfrac{1}{b-a} \\ \dfrac{1}{a-b} \end{bmatrix} e(t)$$

初始条件为零,试求单位冲激信号和单位阶跃信号作用时系统的状态变量。

9.8　已知系统的状态方程和输出方程为

$$\dot{\boldsymbol{\lambda}}(t) = \begin{bmatrix} 0 & 1 \\ -1 & -2 \end{bmatrix} \boldsymbol{\lambda}(t) + \begin{bmatrix} 0 & 1 \\ 1 & 0 \end{bmatrix} e(t)$$

$$r(t) = \begin{bmatrix} 1 & 2 \\ -1 & 1 \\ 1 & 1 \end{bmatrix} \boldsymbol{\lambda}(t) + \begin{bmatrix} 0 & 0 \\ 0 & 0 \\ 1 & 1 \end{bmatrix} e(t)$$

试求系统的转移函数矩阵和冲激响应矩阵。

9.9　已知一离散系统状态方程和输出方程为

$$\begin{bmatrix} \lambda_1(n+1) \\ \lambda_2(n+1) \end{bmatrix} = \begin{bmatrix} 1 & -2 \\ a & b \end{bmatrix} \begin{bmatrix} \lambda_1(n) \\ \lambda_2(n) \end{bmatrix} + \begin{bmatrix} 1 \\ 0 \end{bmatrix} x(n)$$

$$y(n) = \begin{bmatrix} 1 & 1 \end{bmatrix} \begin{bmatrix} \lambda_1(n) \\ \lambda_2(n) \end{bmatrix}$$

当给定 $n \geqslant 0$ 时，$x(n) = 0$ 和 $y(n) = 8(-1)^n - 5(-2)^n$，求

1. 常数 a 和 b；

2. $\lambda_1(n)$ 和 $\lambda_2(n)$ 的闭合式解。

9.10　已知一离散系统状态方程和输出方程为

$$\begin{cases} \lambda_1(n+1) = \lambda_1(n) - \lambda_2(n) \\ \lambda_2(n+1) = -\lambda_1(n) - \lambda_2(n) \end{cases}$$

$$y(n) = \lambda_1(n)\lambda_2(n) + x(n)$$

1. 给定 $\lambda_1(0) = 2, \lambda_2(0) = 2$，求状态方程的零输入解；

2. 写出系统的差分方程；

3. 当 $x(n) = 2^n (n \geqslant 0)$，及给定同于 1 的初始条件，求输出响应 $y(n)$。

9.11　已知某离散系统状态方程和输出方程为

$$\begin{bmatrix} \lambda_1(n+1) \\ \lambda_2(n+1) \end{bmatrix} = \begin{bmatrix} \dfrac{1}{2} & 0 \\ \dfrac{1}{4} & \dfrac{1}{4} \end{bmatrix} \begin{bmatrix} \lambda_1(n) \\ \lambda_2(n) \end{bmatrix} + \begin{bmatrix} 1 \\ 1 \end{bmatrix} x(n)$$

$$y(n) = \begin{bmatrix} 2 & 3 \end{bmatrix} \begin{bmatrix} \lambda_1(n) \\ \lambda_2(n) \end{bmatrix}$$

初始状态 $\boldsymbol{\lambda}(0) = 0$，输入 $x(n) = u(n)$，试求系统响应 $y(n)$，并画出此系统的模拟框图。

9.12　某系统的状态方程和输出方程为

$$\begin{bmatrix} \dot{\lambda}_1(t) \\ \dot{\lambda}_2(t) \end{bmatrix} = \begin{bmatrix} -2 & 1 \\ 0 & -1 \end{bmatrix} \begin{bmatrix} \lambda_1(t) \\ \lambda_2(t) \end{bmatrix} + \begin{bmatrix} 1 \\ 0 \end{bmatrix} e(t)$$

$$r(t) = \begin{bmatrix} 1 & 0 \end{bmatrix} \begin{bmatrix} \lambda_1(t) \\ \lambda_2(t) \end{bmatrix}$$

初始条件 $\boldsymbol{\lambda}(0) = \begin{bmatrix} 1 \\ 1 \end{bmatrix}$，输入 $e(t) = u(t)$，试求响应 $r(t)$。

9.13　某系统的状态方程和输出方程为

$$\begin{bmatrix} \dot{\lambda}_1(t) \\ \dot{\lambda}_2(t) \end{bmatrix} = \begin{bmatrix} -1 & 0 \\ 1 & 0 \end{bmatrix} \begin{bmatrix} \lambda_1(t) \\ \lambda_2(t) \end{bmatrix} + \begin{bmatrix} 1 \\ 1 \end{bmatrix} e(t)$$

$$\begin{bmatrix} r_1(t) \\ r_2(t) \end{bmatrix} = \begin{bmatrix} 1 & 0 \\ 0 & 1 \end{bmatrix} \begin{bmatrix} \lambda_1(t) \\ \lambda_2(t) \end{bmatrix} + \begin{bmatrix} 1 \\ 0 \end{bmatrix} e(t)$$

初始条件 $\lambda(0) = \begin{bmatrix} 1 \\ 1 \end{bmatrix}$,输入 $e(t) = \mathrm{e}^{2t} u(t)$,试求响应 $r(t)$。

9.14　设某系统的状态方程为

$$\begin{bmatrix} \dot{\lambda}_1(t) \\ \dot{\lambda}_2(t) \end{bmatrix} = \begin{bmatrix} 1 & 2 \\ -1 & 4 \end{bmatrix} \begin{bmatrix} \lambda_1(t) \\ \lambda_2(t) \end{bmatrix} + \begin{bmatrix} 1 \\ 1 \end{bmatrix} e(t)$$

且输入 $e(t) = u(t)$,初始条件 $\lambda(0) = \begin{bmatrix} 1 \\ -2 \end{bmatrix}$。引入另一组状态变量 $g_1(t)$ 和 $g_2(t)$,使得

$$\begin{cases} \lambda_1(t) = 2g_1(t) + g_2(t) \\ \lambda_2(t) = g_1(t) + g_2(t) \end{cases}$$

试求以 $g_1(t)$ 和 $g_2(t)$ 为状态变量的状态方程,并对其进行求解。

9.15　已知某离散系统如图 9.2 所示。

1. 若系统零输入响应为 $y(n) = \left[\dfrac{6}{5} \left(\dfrac{1}{2} \right)^n - \dfrac{6}{5} \left(\dfrac{1}{3} \right)^n \right] u(n)$,求常数 a 和 b;

2. 若 $\boldsymbol{x}(n) = \begin{bmatrix} \delta(n) \\ u(n) \end{bmatrix}$,系统初始状态为零,求 $\boldsymbol{\lambda}(n) = \begin{bmatrix} \lambda_1(n) \\ \lambda_2(n) \end{bmatrix}$。

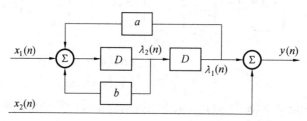

图 9.2　题 9.15 图

习题参考答案

第1章

1.1　略

1.2　(a)$f(t) = \begin{cases} \dfrac{t+2}{2} & (-2 \leqslant t < 0) \\ \dfrac{2-t}{2} & (0 \leqslant t \leqslant 2) \\ 0 & (t < -2 \text{ 或 } t > 2) \end{cases}$　或

$f(t) = \dfrac{t+2}{2}[u(t+2) - u(t)] + \dfrac{2-t}{2}[u(t) - u(t-2)]$

(b)$f(t) = \begin{cases} 0 & (t < 0) \\ 1 & (0 \leqslant t < 1) \\ 2 & (1 \leqslant t < 2) \\ 3 & (t > 2) \end{cases}$　或　$f(t) = u(t) + u(t-1) + u(t-2)$

(c)$f(t) = \begin{cases} E\sin\left(\dfrac{\pi}{T}t\right) & (0 \leqslant t < T) \\ 0 & (0 < t \text{ 或 } t \geqslant T) \end{cases}$　或　$f(t) = E\sin\left(\dfrac{\pi}{T}t\right)[u(t) - u(t-T)]$

1.3　1. $u\left(\dfrac{t_0}{2}\right) = \begin{cases} 1 & (t_0 > 0) \\ 0 & (t_0 < 0) \end{cases}$　2. $f(t_0)$　3. $\dfrac{13}{8}$　4. $1 - \mathrm{e}^{-j\omega t_0}$

1.4　略

1.5　略

1.6　略

1.7　1. $f(t) = \begin{cases} t & (0 \leqslant t < 1) \\ 2 - t & (1 \leqslant t \leqslant 2) \\ 0 & (t < 0 \text{ 或 } t > 2) \end{cases}$

2. $f(t) = \dfrac{1}{\alpha}(1 - \mathrm{e}^{-\alpha t})u(t) \quad (\alpha \neq 0)$

3. $f(t) = \dfrac{1}{2}(t^2 - 1)u(t-1) - (t^2 - t - 2)u(t-2) + \dfrac{1}{2}(t^2 - 2t - 3)u(t-3)$

4. $f(t) = 8[(1 - \mathrm{e}^{-t})u(t) - (1 - \mathrm{e}^{-(t-2)})u(t-2) - (\mathrm{e}^{-3} - \mathrm{e}^{-t})u(t-3) +$
$(\mathrm{e}^{-3} - \mathrm{e}^{-(t-2)})u(t-5)]$

1.8　略

1.9　$\dfrac{1}{a}\mathrm{e}^{-at} \quad (t \geqslant 0)$

1.10　1. 线性、时变、因果　　　　2. 非线性、非时变、因果

　　　　3. 线性、非时变、因果　　　4. 线性、非时变、因果

　　　　5. 线性、时变、非因果　　　6. 非线性、非时变、因果

1.11　1. $r(t) = 2(1 - e^{-2t})u(t) - 2[1 - e^{-2(t-1)}]u(t-1)$

　　　　2. $r(t) = 2.828\cos(2t - \pi/4 - 4)$

　　　　3. $r(t) = 5(1 - e^{-2t})u(t) + 7.07\cos(2t - \pi/4)$

1.12　略

1.13　$f(t) = \displaystyle\sum_{m=-\infty}^{+\infty} f_0(t - mT)$

1.14　略

1.15　略

第 2 章

2.1　1. $(\cos t + 3\sin t)e^{-t}$　2. $\dfrac{3}{2} - 2e^{-t} + \dfrac{1}{2}e^{-2t}$　3. $1 - (t+1)e^{-t}$

2.2　1. 无跳变，$r(0^+) = 0$　2. 有跳变，$r(0^+) = 3$

2.3　1. $r(t) = 2e^{-t} - \dfrac{5}{2}e^{-2t} + \dfrac{3}{2}$，$r_{zi}(t) = 4e^{-t} - 3e^{-2t}$，$r_{zs}(t) = -2e^{-t} + \dfrac{1}{2}e^{-2t} + \dfrac{3}{2}$，

　　　　$r_h(t) = 2e^{-t} - \dfrac{5}{2}e^{-2t}$，$r_p(t) = \dfrac{3}{2}$，$r(0^+) = 1$，$r'(0^+) = 3$

　　　2. $r(t) = e^{-t} + 4te^{-t} - \dfrac{t^2}{2}e^{-t}$，$r_{zi}(t) = e^{-t} + 3te^{-t}$，$r_{zs}(t) = te^{-t} - \dfrac{t^2}{2}e^{-t}$，$r_h(t) = e^{-t} + 4te^{-t}$，

　　　　$r_p(t) = -\dfrac{t^2}{2}e^{-t}$，$r(0^+) = 1$，$r'(0^+) = 3$

2.4　1. $h(t) = e^{-\frac{1}{2}t}\left[\cos(\dfrac{\sqrt{3}}{2}t) + \dfrac{1}{\sqrt{3}}\sin(\dfrac{\sqrt{3}}{2}t)\right]u(t)$　2. $h(t) = 2\delta(t) - 6e^{-3t}u(t)$

　　　　3. $h(t) = e^{-2t}u(t) + \delta(t) + \delta'(t)$

2.5　$h(t) = \delta(t) - \dfrac{1}{RC}e^{-\frac{1}{RC}t}u(t)$　$g(t) = e^{-\frac{1}{RC}t}u(t)$

2.6　$h(t) = (2e^{-t} - 2e^{-2t})u(t)$　$g(t) = (1 - 2e^{-t} + e^{-2t})u(t)$

2.7　$v_C(t) = \dfrac{E}{R_1 C(\beta - \alpha)}(e^{-\alpha t} - e^{-\beta t})u(t)$　$\beta = \dfrac{R_1 + R_2}{R_1 R_2 C}$

2.8　$i(t) = \dfrac{E}{R}\left[1 - \dfrac{2\alpha}{\omega_d}e^{-\alpha t}\sin(\omega_d t)\right]u(t)$　$\alpha = \dfrac{1}{2RC}, \omega_d = \sqrt{\omega_0^2 - \alpha^2}, \omega_0 = \dfrac{1}{\sqrt{LC}}$

2.9　$h(t) = [u(t) - u(t-3)] + [u(t-1) - u(t-4)] + [u(t-2) - u(t-5)]$

2.10　$r(t) = [-e^{-t} + 4\cos(2t)]u(t)$

2.11　$r_{zi}(t) = [(2\beta + \gamma)e^{-t} - (\beta + \gamma)e^{-2t}]u(t)$　$r_{zs}(t) = \left[\dfrac{\alpha}{2} - \alpha e^{-t} + \dfrac{\alpha}{2}e^{-2t}\right]u(t)$

　　　　$r(t) = \left[\dfrac{\alpha}{2} + (2\beta + \gamma - \alpha)e^{-t} - (\beta + \gamma - \dfrac{\alpha}{2})e^{-2t}\right]u(t)$

2.12 $r(0^-) = \dfrac{1}{2}$ $r'(0^-) = -\dfrac{1}{2}$ $C = \dfrac{1}{2}$

2.13   1. $r_{zi}(t) = e^{-t}u(t)$ 2. $r_3(t) = (2-t)e^{-t}u(t)$

2.14   1. $v_C(0) = \dfrac{R_1}{R_1 + R_2}$ 2. $\dfrac{\mathrm{d}v_C(t)}{\mathrm{d}t} + \dfrac{1}{R_1 C}v_C(t) = \dfrac{1}{R_1 C}e(t)$

       3. $v_C(t) = \dfrac{R_1}{R_1 + R_2}e^{-\frac{1}{R_1 C}t}u(t)$

2.15   1. $\dfrac{\mathrm{d}v_L(t)}{\mathrm{d}t} + \dfrac{R}{L}v_L(t) = \dfrac{\mathrm{d}e(t)}{\mathrm{d}t}$ 2. $g(t) = e^{-\frac{R}{L}t}u(t)$

       3. $v_L(t) = (v_0 + 1)e^{-\frac{R}{L}t}u(t)$ 4. $v_L(t) = u(t)$

2.16   略

2.17 $\alpha < 1$ 时，$r(t) = \begin{cases} t & (0 \leqslant t < \alpha) \\ \alpha & (\alpha \leqslant t < 1) \\ \alpha - t + 1 & (1 \leqslant t < \alpha + 1) \end{cases}$

       $\alpha > 1$ 时，$r(t) = \begin{cases} t & (0 \leqslant t < 1) \\ 1 & (1 \leqslant t < \alpha) \\ \alpha - t + 1 & (\alpha \leqslant t < \alpha + 1) \end{cases}$

2.18   1. $h(t) = e^{-3t}u(t)$ 2. $\dfrac{\mathrm{d}r(t)}{\mathrm{d}t} + 3r(t) = e(t)$

2.19   1. $h(t) = \left(-\dfrac{1}{3}e^{-2t} + \dfrac{7}{3}e^{-5t} \right)u(t)$

       2. $r_{zi}(t) = (2e^{-2t} - e^{-5t})u(t)$，$r_{zs}(t) = \left(\dfrac{1}{4}e^{-t} + \dfrac{1}{3}e^{-2t} - \dfrac{7}{12}e^{-5t} \right)u(t)$，

         $r_1(t) = \left(\dfrac{1}{4}e^{-t} + \dfrac{7}{3}e^{-2t} - \dfrac{19}{12}e^{-5t} \right)u(t)$

       3. $r_2(t) = (2e^{-2t} - e^{-5t})u(t) + e^{-1}\left[\dfrac{1}{4}e^{-(t-1)} + \dfrac{1}{3}e^{-2(t-1)} - \dfrac{7}{12}e^{-5(t-1)} \right]u(t-1)$

第 3 章

3.1 $a_0 = 0$、$a_n = 0$、$b_n = \dfrac{2E}{n\pi}(n = 1,3,5,\cdots)$，$f(t) = \dfrac{2E}{\pi}\sum\limits_{n=1}^{+\infty}\dfrac{1}{2n-1}\sin\left[(2n-1)\omega_1 t\right]$

       $c_n = -\dfrac{jE}{n\pi}(n = \pm 1, \pm 3, \pm 5, \cdots)$，$f(t) = \dfrac{E}{\pi}\sum\limits_{n=-\infty}^{+\infty}\dfrac{1}{2n-1}e^{-j(2n-1)\omega_1 t}e^{-j\frac{\pi}{2}}$

3.2 $c_0 = \dfrac{E}{2}$、$c_n = -\dfrac{jE}{2n\pi}(n = \pm 1, \pm 2, \pm 3, \cdots)$

       $f(t) = \dfrac{E}{2} + \dfrac{E}{\pi}\sum\limits_{\substack{n=-\infty \\ (n \neq 0)}}^{+\infty}\dfrac{1}{2n}e^{jn\omega_1 t}e^{-j\frac{\pi}{2}}$

3.3 $f(t) = \dfrac{E}{\pi} + \dfrac{E}{2}\sin(\omega_1 t) - \dfrac{2E}{\pi}\sum\limits_{n=1}^{+\infty}\dfrac{1}{(2n)^2 - 1}\cos(2n\omega_1 t)$

3.4   基波有效值 $\dfrac{\sqrt{2}A}{2\pi}(2\theta + \sin(2\theta))$ 二次谐波有效值 0

三次谐波的效值$\dfrac{\sqrt{2}A}{6\pi}\left[\sin(2\theta)+\dfrac{1}{2}\sin(4\theta)\right]$

3.5 　1. 1 000 kHz,2 000 kHz　2. $\dfrac{1\,000}{3}$ kHz,$\dfrac{2\,000}{3}$ kHz　3. 1 : 3　4. 1 : 1

3.6 　1. $c_0=\dfrac{3}{2},c_n=\dfrac{1}{(n\pi)^2}\left[(-1)^n-1\right]+\dfrac{j}{n\pi}(n=\pm 1,\ \pm 2,\ \pm 3,\cdots)$

3.7 　略

3.8 　(a)$F(\omega)=\dfrac{j2E}{\omega}\left[\cos\left(\dfrac{\omega T}{2}\right)-\text{Sa}\left(\dfrac{\omega T}{2}\right)\right]$　$F(0)=0$

　　　(b)$F(\omega)=\dfrac{E\omega_1}{\omega^2-\omega_1^2}(e^{j\frac{\omega T}{2}}-e^{-j\frac{\omega T}{2}})$　$F(\omega_1)=\dfrac{ET}{2j}$　$\omega_1=\dfrac{2\pi}{T}$

3.9 　1. $f(t)=\dfrac{1}{2\pi}e^{j\omega_0 t}$　2. $f(t)=\dfrac{\omega_0}{\pi}\text{Sa}(\omega_0 t)$　3. $f(t)=\dfrac{\omega_0^2}{\pi}\text{Sa}(\omega_0 t)$

3.10 　$F_2(\omega)=F_1(-\omega)e^{-j\omega t_0}$

3.11 　(a)$F(\omega)=\dfrac{A\omega_0}{\pi}\text{Sa}[\omega_0(t+t_0)]$　(b)$F(\omega)=-\dfrac{2A}{\pi t}\sin^2\left(\dfrac{\omega_0 t}{2}\right)$

3.12 　1. $\dfrac{1}{2j}\dfrac{dF\left(\frac{\omega}{2}\right)}{d\omega}$　2. $-F\left(-\dfrac{\omega}{2}\right)+\dfrac{1}{2j}\dfrac{dF\left(-\frac{\omega}{2}\right)}{d\omega}$　3. $\dfrac{1}{2}F\left(\dfrac{\omega}{2}\right)e^{-j\frac{5}{2}\omega}$

　　　4. $-F(\omega)-\omega\dfrac{dF(\omega)}{d\omega}$

3.13 　(a)$F(\omega)=\dfrac{1}{2}\left[\text{Sa}^2\left(\dfrac{\omega-10\pi}{2}\right)+\text{Sa}^2\left(\dfrac{\omega+10\pi}{2}\right)\right]$

　　　(b)$F(\omega)=\dfrac{1}{2j}\left[\text{Sa}\left(\dfrac{\omega-5\pi}{2}\right)e^{-j\frac{3}{2}(\omega-5\pi)}-\text{Sa}\left(\dfrac{\omega+5\pi}{2}\right)e^{-j\frac{3}{2}(\omega+5\pi)}\right]$

3.14 　1. $F(\omega)=G_{4\pi}(\omega)e^{-j2\omega}$　2. $F(\omega)=2\pi e^{-\alpha|\omega|}$　3. $F(\omega)=\dfrac{1}{2}\left(1-\dfrac{|\omega|}{4\pi}\right)\delta_{4\pi}(\omega)$

3.15 　$F(\omega)=\pi\delta(\omega)-j\dfrac{2}{\omega^2}\sin\left(\dfrac{\omega}{2}\right)=\pi\delta(\omega)+\dfrac{1}{j\omega}\text{Sa}\left(\dfrac{\omega}{2}\right)$

3.16 　$F_2(\omega)=\pi\displaystyle\sum_{n=-\infty}^{+\infty}\left[F(-n\pi)+F(n\pi)\right]\delta(\omega-n\pi)$

3.17 　$F(\omega)=\dfrac{\pi}{2}\left[2\delta(\omega)+\delta(\omega-\pi)+\delta(\omega+\pi)\right]$

3.18 　$F(\omega)=\dfrac{4\sin(2\omega)}{\omega}+\dfrac{2}{\omega^2}\left[\cos(2\omega)-\cos(\omega)\right]$

　　　$f(t)=\displaystyle\sum_{n=-\infty}^{+\infty}\dfrac{1}{5}F\left(\dfrac{2\pi}{5}n\right)e^{jn\frac{2\pi}{5}t}=$

　　　　$\displaystyle\sum_{n=-\infty}^{+\infty}\left\{\dfrac{8}{5}\text{Sa}\left(\dfrac{4\pi}{5}n\right)+\dfrac{5}{2(n\pi)^2}\cos\left(\dfrac{4\pi}{5}n\right)-\left[\cos\left(\dfrac{2\pi}{5}n\right)\right]\right\}e^{jn\frac{2\pi}{5}t}$

3.19 　$f(t)=\dfrac{1}{2}\sin\left(\dfrac{\pi}{4}t\right)g_4(t)=\dfrac{1}{2}\sin\left(\dfrac{\pi}{4}t\right)$　$(|t|<2)$

$$F_T(\omega) = \sum_{k=-\infty}^{+\infty} \frac{1}{j}\left[\mathrm{sinc}\left(\frac{2\omega}{\pi} - \frac{1}{2}\right) - \mathrm{sinc}\left(\frac{2\omega}{\pi} + \frac{1}{2}\right)\right]e^{-j16k\omega}$$

3.20　$r(t) = \dfrac{3}{2} - \dfrac{2}{\pi}\sin\left(2\pi t - \dfrac{\pi}{3}\right) - \dfrac{1}{2\pi}\sin\left(4\pi t - \dfrac{2\pi}{3}\right)$

3.21　$r(t) = (e^{-2t} - e^{-3t})u(t)$

3.22　$f(t) = A\left[\dfrac{\omega_3 - \omega_2}{\pi}\mathrm{Sa}\left(\dfrac{\omega_3 - \omega_2}{2}t\right)\cos\left(\dfrac{\omega_3 + \omega_2}{2}t\right) + \dfrac{1}{\pi}\cos\omega_1 t\right]$

3.23　$a = 0, b = 2$

3.24　1. $r(t) = 3\cos(3t) - 5\sin(6t - 30°)$；

　　　2. $r(t) = \cos(2t) + \dfrac{1}{2}\cos(4t) + \dfrac{1}{3}\cos(6t)$

　　　3. $r(t) = \dfrac{2}{\pi}\cos(\pi t)$

3.25　$R(\omega) = \pi\delta(\omega) + \displaystyle\sum_{\substack{n=-\infty \\ n\neq 0}}^{+\infty}\frac{1}{n}\frac{\alpha}{\alpha + jn\omega_1}j\delta(\omega - n\omega_1)\quad\left(\alpha = \dfrac{1}{RC}\right)$

3.26　$F(\omega) = \mathrm{Sa}^2\left(\dfrac{\omega}{2}\right)e^{-j4\omega} + 4\mathrm{Sa}(2\omega)e^{-j3\omega}$

3.27　1. $a_0 = \dfrac{1}{2}, a_n = \dfrac{2}{(n\pi)^2}[(-1)^n - 1], b_n = 0$　2. $c_0 = c_n = 0, f(t) = f_1(t) + f_2(t)$

3.28　$r(t) = \dfrac{4}{\pi}\mathrm{Sa}\,t\cos(101t)$

3.29　略

第4章

4.1　1. $\dfrac{\alpha}{s(s + \alpha)}$　2. $2 - \dfrac{3}{s + 7}$　3. $\dfrac{(s + 1)e^{-\alpha}}{(s + 1)^2 + \omega^2}$　4. $\dfrac{6s^4 - 324s^2 + 486}{(s^2 + 9)^4}$

　　　5. $-\ln\left[\dfrac{s}{s + \alpha}\right]$　6. $\dfrac{\pi}{2} - \tan^{-1}\left(\dfrac{s}{\alpha}\right)$　7. $e^{-s}\left[\dfrac{2}{s^3} + \dfrac{2}{s^2} + \dfrac{1}{s}\right]$　8. $\dfrac{1}{s + 1}[1 - e^{-2(s+1)}]$

4.2　1. $aF(as + 1)$　2. $aF(as + a^2)$

4.3　1. $\dfrac{1}{5}(1 - \cos\sqrt{5}t)u(t)$　2. $(e^{-t} - e^{-2t})u(t)$　3. $(7e^{-3t} - 3e^{-2t})u(t)$

　　　4. $[(t^2 - t + 1)e^{-t} - e^{-2t}]u(t)$　5. $\dfrac{1}{t}(e^{-9t} - 1)u(t)$　6. $[3e^{-3(t-\pi)} - 2e^{-2(t-\pi)}]u(t - \pi)$

　　　7. $tu(t) - 2(t - 1)u(t - 1) + (t - 2)u(t - 2)$

　　　8. $e^{-t}[u(t) - u(t - 1)] + e^{-(t-2)}[u(t - 2) - u(t - 3)] + e^{-(t-4)}[u(t - 4) - u(t - 5)] + \cdots$

4.4　1. $f(0^+) = 1, f(+\infty) = 0$　2. $f(0^+) = 0, f(+\infty) = 0$　3. $f(0^+) = 2, f(+\infty) = 1$

　　　4. $f(0^+) = 0, f(+\infty) = 0$

4.5　1. $r(t) = -\dfrac{1}{2}u(t) + \dfrac{3}{2}e^{2t}u(t)$　2. $r(t) = \dfrac{1}{13}[14e^{-10t} - \cos(2t) + 5\sin(2t)]u(t)$

3. $r(t) = \dfrac{1}{8}(1 + 2e^{-2t} - 3e^{-4t})u(t)$

4. $r(t) = \dfrac{1}{169}[12e^{-3t} + 26te^{-3t} - 12\cos(2t) + 5\sin(2t)]u(t)$

4.6　$h(t) = \dfrac{1}{2}\delta(t) + e^{-2t}u(t) + 4e^{3t}u(t)$

4.7　$e(t) = \left(1 - \dfrac{1}{2}e^{-2t}\right)u(t)$

4.8　$v_R(t) = \dfrac{1}{1-2RC}[\underbrace{e^{-\frac{1}{RC}t}}_{\text{自由响应}} - \underbrace{2RCe^{-2t}}_{\text{强迫响应}}]u(t)$，全都是暂态响应

4.9　$v_L(t) = \dfrac{5}{2}\Big[\underbrace{e^{-\frac{1}{16}t}\Big(\dfrac{48}{37}\cos\Big(\dfrac{\sqrt{63}}{16}t\Big) - \dfrac{80}{37\sqrt{63}}\sin\Big(\dfrac{\sqrt{63}}{16}t\Big)\Big)}_{\text{自由响应}} - \underbrace{\dfrac{48}{37}\cos t + \dfrac{8}{37}\sin t}_{\text{强迫响应}}\Big]u(t)$

4.10　$i(t) = \dfrac{\sqrt{2}}{2}e^{-600t}\cos(800t - 45°)u(t) = \dfrac{1}{2}e^{-600t}[\cos(800t) + \sin(800t)]u(t)$

　　　$v_C(t) = 100 - 70e^{-600t}\cos(800t) + 10e^{-600t}\sin(800t)$

4.11　1. $H(s) = \dfrac{4}{(s+2)^2 + 4}, h(t) = [2e^{-2t}\sin(2t)]u(t)$

　　　2. $v_C(t) = 2.5u(t-2) + \dfrac{5}{\sqrt{2}}e^{-2(t-2)}\cos[2(t-2) + 135°]u(t-2)$

　　　3. $v_C(t) = [2\sqrt{5}e^{-2t}\cos(2t - 26.6°) - 2\sqrt{5}\cos(2t + 26.6°)]u(t)$

4.12　$r(0) = 0 \quad r'(0) = -1 \quad h(t) = \delta(t) + 2(3 + 2t)u(t)$

4.13　$v_R(t) = \dfrac{E}{1 - e^{-\alpha T}}[e^{-\alpha t}u(t) - e^{-\alpha(t-\tau)}u(t-\tau)] \quad (\alpha = \dfrac{1}{RC})$

4.14　$K = \dfrac{3 - \alpha}{3}$

4.15　$H(s) = \dfrac{5(s^3 + 4s^2 + 5s)}{s^3 + 5s^2 + 16s + 30}$

4.16　$H(\omega) = \dfrac{\omega^2 - 5 + j2\omega}{\omega^2 - 5 - j2\omega} = \sqrt{\dfrac{(\omega^2 - 5)^2 + (2\omega)^2}{(\omega^2 - 5)^2 + (2\omega)^2}}e^{j2\tan^{-1}\frac{2\omega}{\omega^2-5}}, |H(\omega)| = 1,$

　　　$\varphi(\omega) = 2\tan^{-1}\dfrac{2\omega}{\omega^2 - 5}$

4.17　（a）低通　（b）带通　（c）高通　（d）带通　（e）带通　（f）带阻
　　　（g）高通　（h）带通 - 带阻

4.18　1. $H(s) = \dfrac{s + 2}{s^2 + 4s + 3}$　2. $g(t) = \Big[-\dfrac{1}{2}e^{-t} - \dfrac{1}{6}e^{-3t} + \dfrac{2}{3}\Big]u(t)$

　　　3. 稳定　4. $e(t) = \delta(t) + 2\delta(t-1) - 2e^{-2t}\sin tu(t) + 2e^{-2(t-1)}u(t-1)$

4.19　1. $g(t) = (1 - e^{-2t})u(t)$　2. $r'(t) + 2r(t) = 2e(t)$

4.20　1. $H(s) = \dfrac{15(s + 2)}{[(s+1)^2 + 4](s + 3)}$

2. $r(t) = \dfrac{15}{8} \left[e^{-t}\sin(2t) - e^{-t}\cos(2t) + e^{-3t} \right] u(t)$

4.21 $R(s) = \dfrac{2e^{-2s}}{s^2} (1 - e^{-2s} - 2se^{-2s})$

4.22   1. $H(s) = \dfrac{2(s-1)}{(s+1)^2}$ 2. $y_s(t) = 3\sin(\sqrt{3}t)u(t)$

第 5 章

5.1   略

5.2   1. $\dfrac{100}{\pi}, \dfrac{\pi}{100}$ 2. $\dfrac{100}{\pi}, \dfrac{\pi}{100}$ 3. $\dfrac{200}{\pi}, \dfrac{\pi}{200}$ 4. $\dfrac{120}{\pi}, \dfrac{\pi}{120}$

5.3 $f_m = 1\,024$

5.4   略

5.5 $R_1 C_1 = R_2 C_2$

5.6 $r(t) = \dfrac{1}{\pi} \left\{ \mathrm{Si}\left[\dfrac{2\pi}{\tau}\left(t + \dfrac{\tau}{2} \right) \right] - \mathrm{Si}\left[\dfrac{2\pi}{\tau}\left(t - \dfrac{\tau}{2} \right) \right] \right\}$

5.7   二者响应都为 $r(t) = \mathrm{Sa}[\omega_C(t - t_0)]$

5.8 $r(t) = f_s(2\cos(200\pi t) + \cos(400\pi t) + \cos(600\pi t) + \cos(800\pi t))$ $f_{smin} = 800\ \mathrm{Hz}$

5.9   1. $r(t) = \dfrac{1}{\pi} \left[\mathrm{Si}(t - t_0 - T) - \mathrm{Si}(t - t_0) \right]$

        2. $r(t) = \mathrm{Sa}\left[\dfrac{1}{2}(t - t_0 - T) \right] - \mathrm{Sa}\left[\dfrac{1}{2}(t - t_0) \right]$

5.10 $h(t) = \dfrac{2\omega_C}{\pi} \mathrm{Sa}[\omega_C(t - t_0)]\cos(\omega_0 t)$ 非因果系统、不可实现

5.11 $r(t) = \dfrac{1}{2\pi} \mathrm{Sa}(t)\cos(1\,000t)$ $(-\infty < t < +\infty)$

5.12   1. $E(\omega) = U(\omega + 2\,000\pi) - U(\omega - 2\,000\pi)$

$$E_1(\omega) = \left(\dfrac{\omega}{4\,000\pi} + 1 \right)\left[U(\omega + 2\,000\pi) - U(\omega) \right] +$$

$$\left(\dfrac{\omega}{-4\,000\pi} + 1 \right)\left[U(\omega) - U(\omega + 2\,000\pi) \right]$$

$$E_s(\omega) = \dfrac{1}{T_s} \sum_{n=-\infty}^{+\infty} E_1(\omega - n\omega_s), \omega_s = \dfrac{2\pi}{T_s}$$

        2. $T_{smax} = \dfrac{1}{2\,000}$

        3. $\omega_c = \omega_m = 2\,000\pi, H_0 = \dfrac{1}{T_s} = 2\,000$

5.13   1. $r(t) = 1 + 5\pi t$ 2. 混叠

5.14 $\omega_C \geqslant \omega_2 + \omega_3$

第 6 章

6.1   略

6.2　1. 周期，$N = 14$　2. 非周期　3. 非周期　4. 周期，$N = 31$

6.3　略

6.4　$b_0 y(n) - b_1 y(n-1) = a_0 x(n) + a_1 x(n-1)$　一阶

6.5　1. $y(n) = 4(-1)^n - 12(-2)^n$　2. $y(n) = (2n+1)(-1)^n$

　　　3. $y(n) = \cos\left(\dfrac{n\pi}{2}\right) + 2\sin\left(\dfrac{n\pi}{2}\right)$

6.6　1. $y(n) = \left[\dfrac{13}{9}(-2)^n + \dfrac{n}{3} - \dfrac{4}{9}\right]$

　　　2. $y(n) = \left[\left(-\dfrac{3}{4}n - \dfrac{9}{16}\right)(-1)^n + \dfrac{9}{16}3^n\right]$

　　　3. $y(n) = 4(2^n - 1)$

6.7　$y_{zs}(n) = \left[\dfrac{2e}{2e+1}(-2)^n + \dfrac{1}{2e+1}e^{-n}\right]u(n), y(n) = \dfrac{1}{2e+1}\left[e^{-n} - (-2)^n\right]u(n)$

6.8　$y(n+1) + y(n) = 2x(n) + x(n-1)$　$h(n) = 2\delta(n-1) - (-1)^n u(n-2)$

6.9　$y_{zi}(n) = u(n)$　$y_{zs}(n) = nu(n), y(n) = (1+n)u(n)$

6.10　$y(n) = 8\left(\dfrac{1}{2}\right)^n u(n) - 6\left(\dfrac{1}{4}\right)^n u(n) - 2n\left(\dfrac{1}{4}\right)^n u(n)$

6.11　$y_{zs}(n) = \left[-(-1)^n + 2(-2)^n - (-3)^n\right]u(n)$

　　　$y_{zi}(n) = \left[\dfrac{1}{2}(-1)^n - \dfrac{1}{2}(-3)^n\right]u(n)$

　　　$y(n) = \left[\dfrac{-1}{2}(-1)^n + 2(-2)^n - \dfrac{3}{2}(-3)^n\right]u(n)$

　　　自由响应 $y(n) = \left[-\dfrac{3}{2}(-3)^n - \dfrac{1}{2}(-1)^n\right]u(n)$

　　　强迫响应 $y(n) = 2(-2)^n u(n)$

6.12　1. $h(n) = 2\delta(n-2) + 5\delta(n-3) + 2\delta(n-4)$

　　　2. $y(n) = 2x(n-2) + 5x(n-3) + 2x(n-4)$

6.13　1. $y(n-1) - \dfrac{1}{3}y(n) = x(n+1)$　2. $\dfrac{3}{2}\left[1 - \left(\dfrac{1}{3}\right)^{n+1}\right]u(n)$

　　　3. $y_{zs}(n) = \left[\dfrac{3}{4}\left(\dfrac{1}{3}\right)^n - \dfrac{3}{4} + \dfrac{3}{2}n\right]u(n)$

6.14　$y(n) = \begin{cases} 0 & (n < 0) \\ 2^{n+1} - 1 & (0 \leqslant n < 3) \\ 15 & (3 \leqslant n \leqslant 5) \\ 16 - 2^{n-5} & (5 < n \leqslant 8) \\ 0 & (n > 8) \end{cases}$

6.15　$M_1 + M_2 + 2, N_1 + N_2 + 2$

6.16　$y_3(n) = 3u(n) - \left(\dfrac{1}{3}\right)^n u(n)$

第7章

7.1　$1. 3z^{-2} + 2z^{-5}, 0 < |z| \leqslant +\infty$　$2. \dfrac{z+1}{z}, 0 < |z| \leqslant +\infty$　$3. \dfrac{1}{2z(2z-1)}, 0.5 < |z| \leqslant +\infty$

$4. \dfrac{z\left(2z - \dfrac{5}{6}\right)}{\left(z - \dfrac{1}{2}\right)\left(z - \dfrac{1}{3}\right)}, 0.5 < |z| \leqslant +\infty$　$5. \dfrac{z^2}{(z-1)^2}, 1 < |z| \leqslant +\infty$

$6. \dfrac{e^{-a}z}{(e^{-a}z - 1)^2}, e^a < |z| \leqslant +\infty$

7.2　$\dfrac{-1.5z}{(z-0.5)(z-2)}, 0.5 < |z| < 2$

7.3　$1. (0.5)^n u(n)$　$2. [4(-0.5)^n - 3(-0.25)^n] u(n)$

$3. \left(\dfrac{1}{a}\right)^{n-1} u(n-1) - \left(\dfrac{1}{a}\right)^{n+1} u(n)$　$4. [(-1)^{n-1} - 3(-2)^{n-1}] u(n) + \dfrac{1}{2}\delta(n)$

$5. \left[\dfrac{1}{2}n - \dfrac{1}{4} + \dfrac{1}{4}(-1)^n\right] u(n)$　$6. (na^{n-1}) u(n)$

7.4　$10(2^n - 1) u(n)$

7.5　$1. \left[\left(\dfrac{1}{2}\right)^n - 2^n\right] u(n)$　右边序列　$2. \left[2^n - \left(\dfrac{1}{2}\right)^n\right] u(-n-1)$　左边序列

$3. \left(\dfrac{1}{2}\right)^n u(n) + 2^n u(-n-1)$　$(0.5 < |z| < 2)$　双边序列

7.6　$1. x(0) = 1, x(+\infty)$ 不存在　$2. x(0) = 0, x(+\infty) = 2$　$|z| > e^{-b}$

7.7　$1. \dfrac{b}{b-a}[a^n u(n) + b^n u(-n-1)]$　$2. a^{n-2} u(n-2)$

7.8　$\dfrac{e^{-b}z\sin \omega_0}{z^2 - 2e^{-b}z\cos \omega_0 + e^{-2b}}$　$|z| > e^{-b}$

7.9　$1. X(z) = 1$　$(|z| \geqslant 0)$　$2. X(z) = \dfrac{1}{1 - 100z}$　$(|z| > 0.01)$

7.10　$1. y(n) = 0.5n(n-1) u(n)$　$2. y(n) = 2(2^n - 1) u(n)$

7.11　$1. h(n) = (-3)^n u(n)$　$2. y(n) = \dfrac{1}{32}[-(-3)^{n+2} + 8n^2 + 20n + 9] u(n)$

7.12　$1. h(n) = \dfrac{1}{3}(2)^n u(n)$　$2. h(n) = \dfrac{1}{2}(n+1)(n+2) u(n)$

$3. h(n) = -\dfrac{1}{2}\delta(n) - \dfrac{1}{2}(2)^n u(n) + 2(3)^n u(n)$

7.13　$X(e^{j\omega}) = 1 + 2\cos \omega + 2\cos(2\omega)$

7.14　$1. y(n) - \dfrac{1}{4}y(n-1) - \dfrac{3}{8}y(n-2) = -x(n) + 2x(n-1)$

$3. h(n) = -2\left(-\dfrac{1}{2}\right)^n u(n) + \left(\dfrac{3}{4}\right)^n u(n)$

7.15　$H(z) = \dfrac{z}{2(z-1)\left(z+\dfrac{1}{2}\right)}$　$y_{zi}(n) = \left[\dfrac{4}{3} + \dfrac{2}{3}\left(-\dfrac{1}{2}\right)^n\right]u(n)$

$y_{zs}(n) = \left[\dfrac{1}{12} + \dfrac{1}{15}\left(-\dfrac{1}{2}\right)^n - \dfrac{3}{20}(-3)^n\right]u(n)$

7.16　$y(n+1) - 0.9y(n) + 0.2y(n-1) = 0.1x(n)$

7.17　$2.\ y_{zs}(n) = \dfrac{1}{2}\delta(n) - \dfrac{1}{4}[1 + (-1)^n]u(n)$　$y_{zi}(n) = [(-1)^n + 2^n]u(n)$

$y(n) = y_{zs}(n) + y_{zi}(n) = \dfrac{1}{2}\delta(n) + \left[-\dfrac{1}{4} + \dfrac{3}{4}(-1)^n + 2^n\right]u(n)$

7.18　$10 < |z| \leqslant +\infty$ 时：$h(n) = [(0.5)^n - (10)^n]u(n)$　系统因果、不稳定

$0.5 < |z| < 10$ 时：$h(n) = (0.5)^n u(n) + (10)^n u(-n-1)$　系统非因果、稳定

7.19　$1.\ y(n) - ky(n-1) = x(n)$　$3.\ H(e^{j\omega}) = \dfrac{e^{j\omega}}{e^{j\omega} - k}$

7.20　$1.\ H(z) = \dfrac{z}{z - \dfrac{1}{3}}$　$h(n) = \left(\dfrac{1}{3}\right)^n u(n)$　$2.\ x(n) = (0.5)^n u(n-1)$

7.21　$1.\ H(z) = \dfrac{10}{3}\left(\dfrac{z}{z - \dfrac{1}{2}}\right) - \dfrac{7}{3}\left(\dfrac{z}{z - \dfrac{1}{4}}\right)$　$h(n) = \left[\dfrac{10}{3}\left(\dfrac{1}{2}\right)^n - \dfrac{7}{3}\left(\dfrac{1}{4}\right)^n\right]u(n)$

7.22　$x_2(n) = \left[\dfrac{1}{2}\delta(n) - \dfrac{9}{8}\left(-\dfrac{1}{2}\right)^n + \dfrac{5}{8}\left(\dfrac{1}{2}\right)^n + \dfrac{1}{4}n\left(\dfrac{1}{2}\right)^n\right]u(n)$

7.23　略

第8章

8.1　$X_p(k) = 10\dfrac{\sin\left(\dfrac{\pi k}{2}\right)}{\sin\left(\dfrac{\pi k}{10}\right)}e^{-j\frac{4\pi k}{5}}$

8.2　$X_{p2}(k) = X_{p1}\left(\dfrac{k}{2}\right)(1 + e^{-j\pi k}) = \begin{cases} 0 & (k\ \text{为奇数}) \\ 2X_{p1}\left(\dfrac{k}{2}\right) & (k\ \text{为偶数}) \end{cases}$

8.3　$X(k) = \begin{cases} 5 & (k = 0) \\ 2 + j & (k = 1) \\ -5 & (k = 2) \\ 2 - j & (k = 3) \end{cases}$

8.4　$1.\ X(k) = 1$　$2.\ X(k) = e^{-j\frac{2\pi}{N}n_0 k}$　$3.\ X(K) = \dfrac{1 - a^N}{1 - ae^{-j\frac{2\pi}{N}k}}$

8.5　略

8.6　$1.\ \dfrac{1}{2}[X((k-1))_N + X((k+1))_N]G_N(k)$

$2. \dfrac{1}{2\mathrm{j}} \left[X \left(\left(k - 1 \right) \right)_N - X \left(\left(k + 1 \right) \right)_N \right] G_N(k)$

8.7 $1. x(n) * x(n) = \begin{cases} \dfrac{1}{4} & (n = 0) \\ 1 & (n = 1) \\ 2 & (n = 2) \\ \dfrac{5}{2} & (n = 3) \\ 2 & (n = 4) \\ 1 & (n = 5) \\ \dfrac{1}{4} & (n = 6) \end{cases}$ $2. x(n) \circledast x(n) = \begin{cases} \dfrac{5}{2} & (n = 0) \\ \dfrac{9}{4} & (n = 1) \\ 2 & (n = 2) \\ \dfrac{9}{4} & (n = 3) \end{cases}$

$3. x(n) \circledast x(n) = \begin{cases} \dfrac{1}{4} & (n = 0) \\ 1 & (n = 1) \\ 2 & (n = 2) \\ \dfrac{5}{2} & (n = 3) \\ 2 & (n = 4) \\ 1 & (n = 5) \\ \dfrac{1}{4} & (n = 6) \\ 0 & (n = 7) \\ 0 & (n = 8) \\ 0 & (n = 9) \end{cases}$ $4. L = 7$

8.8 $1. \mathscr{Z}[x(n)] = \dfrac{1 - z^{-N}}{1 - z^{-1}}$ $2. \mathrm{DFT}[x(n)] = N\delta(k)$ $3. X(\mathrm{e}^{\mathrm{j}\omega}) = \dfrac{\sin\left(\dfrac{N}{2}\omega\right)}{\sin\left(\dfrac{\omega}{2}\right)} \cdot \dfrac{\mathrm{e}^{-\mathrm{j}\frac{N}{2}\omega}}{\mathrm{e}^{-\mathrm{j}\frac{\omega}{2}}}$,

$|x(\mathrm{e}^{\mathrm{j}\omega})| = \left| \dfrac{\sin\left(\dfrac{N}{2}\omega\right)}{\sin\dfrac{\omega}{2}} \right|$, 当 $\omega = 0$ 时, $|x(\mathrm{e}^{\mathrm{j}\omega})| = N$, 当 $\omega = \dfrac{2\lambda}{N}k$ 时, $|x(\mathrm{e}^{\mathrm{j}\omega})| = 0$

8.9 $1. X(-k)\mathrm{e}^{\mathrm{j}\frac{2\pi}{N}k}$ $2. X\left(k + \dfrac{N}{2}\right)$ $3. [1 + (-1)^k]X\left(\dfrac{k}{2}\right)$ $4. X(2k)$

$5. X\left(\dfrac{k}{2}\right)$ $6. X(k)$ $7. \dfrac{1}{2}\left[X(k) + X\left(k + \dfrac{N}{2}\right)\right]$ $(0 \leqslant k \leqslant N - 1)$

8.10   略

第9章

9.1 $\begin{bmatrix} \dfrac{\mathrm{d}i_L(t)}{\mathrm{d}t} \\ \dfrac{\mathrm{d}v_C(t)}{\mathrm{d}t} \end{bmatrix} = \begin{bmatrix} -\dfrac{R_3}{L} & \dfrac{1}{L} \\ -\dfrac{1}{C} & -\dfrac{1}{\dfrac{R_1 R_2}{R_1 + R_2}} \end{bmatrix} \begin{bmatrix} i_L(t) \\ v_C(t) \end{bmatrix} + \begin{bmatrix} 0 \\ \dfrac{1}{R_1 C} \end{bmatrix} e(t), \quad v(t) = \begin{bmatrix} R_3 & 0 \end{bmatrix} \begin{bmatrix} i_L(t) \\ v_C(t) \end{bmatrix}$

9.2 1. $\begin{bmatrix} \dot{\lambda}_1(t) \\ \dot{\lambda}_2(t) \\ \dot{\lambda}_3(t) \end{bmatrix} = \begin{bmatrix} 0 & 1 & 0 \\ 0 & 0 & 1 \\ -3 & -7 & -5 \end{bmatrix} \begin{bmatrix} \lambda_1(t) \\ \lambda_2(t) \\ \lambda_3(t) \end{bmatrix} + \begin{bmatrix} 0 \\ 0 \\ 1 \end{bmatrix} e(t), \quad r(t) = \begin{bmatrix} 1 & 0 & 0 \end{bmatrix} \begin{bmatrix} \lambda_1(t) \\ \lambda_2(t) \\ \lambda_3(t) \end{bmatrix}$

2. $\begin{bmatrix} \dot{\lambda}_1(t) \\ \dot{\lambda}_2(t) \end{bmatrix} = \begin{bmatrix} 0 & 1 \\ -3 & -4 \end{bmatrix} \begin{bmatrix} \lambda_1(t) \\ \lambda_2(t) \end{bmatrix} + \begin{bmatrix} 0 \\ 1 \end{bmatrix} e(t), \quad r(t) = \begin{bmatrix} 1 & 1 \end{bmatrix} \begin{bmatrix} \lambda_1(t) \\ \lambda_2(t) \end{bmatrix}$

9.3 2. $\begin{bmatrix} \dot{\lambda}_1(t) \\ \dot{\lambda}_2(t) \end{bmatrix} = \begin{bmatrix} 0 & 1 \\ -8 & -6 \end{bmatrix} \begin{bmatrix} \lambda_1(t) \\ \lambda_2(t) \end{bmatrix} + \begin{bmatrix} 0 \\ 1 \end{bmatrix} e(t), \quad r(t) = \begin{bmatrix} -5 & -2 \end{bmatrix} \begin{bmatrix} \lambda_1(t) \\ \lambda_2(t) \end{bmatrix} + e(t)$

9.4 1. $A = \begin{bmatrix} -\alpha & 1 \\ 0 & -\alpha \end{bmatrix}$ 2. $A = \begin{bmatrix} -1 & 0 & 0 \\ 0 & -4 & 4 \\ 0 & -1 & 0 \end{bmatrix}$

9.5 $\varphi(t) = \begin{bmatrix} 1 & \dfrac{1}{2}(e^t - e^{-t}) & \dfrac{1}{2}(e^t + e^{-t}) - 1 \\ 0 & \dfrac{1}{2}(e^t + e^{-t}) & \dfrac{1}{2}(e^t - e^{-t}) \\ 0 & \dfrac{1}{2}(e^t - e^{-t}) & \dfrac{1}{2}(e^t + e^{-t}) \end{bmatrix}$

9.6 1. $\varphi(t) = \begin{bmatrix} 2e^{-t} - e^{-2t} & 2e^{-t} - 2e^{-2t} \\ -e^{-t} + e^{-2t} & -e^{-t} + 2e^{-2t} \end{bmatrix}$ 2. $A = \begin{bmatrix} 0 & 2 \\ -1 & -3 \end{bmatrix}$

9.7 $\begin{bmatrix} \lambda_1(t) \\ \lambda_2(t) \end{bmatrix} = \begin{bmatrix} \dfrac{e^{-at}}{b-a} \\ \dfrac{e^{-bt}}{a-b} \end{bmatrix}$ $\begin{bmatrix} \lambda_1(t) \\ \lambda_2(t) \end{bmatrix} = \begin{bmatrix} \dfrac{e^{-at} - 1}{a(a-b)} \\ \dfrac{e^{-bt} - 1}{b(b-a)} \end{bmatrix} u(t)$

9.8 $h(t) = \begin{bmatrix} (2-t)e^{-t} & (1-t)e^{-t} \\ (1-2t)e^{-t} & -(1+2t)e^{-t} \\ \delta(t) + e^{-t} & \delta(t) + e^{-t} \end{bmatrix}$

9.9 1. $a = 3, b = -4$

2. $\lambda_1(n) = 4(-1)^n - 2(-2)^n$ $\lambda_2(n) = 4(-1)^n - 3(-2)^n$

9.10   1. $\lambda_1(n) = \left[1 + (-1)^n \right] (\sqrt{2})^n$

$\lambda_2(n) = \left[(1 - \sqrt{2}) + (1 + \sqrt{2})(-1)^n \right] (\sqrt{2})^n$

2. $y(n+2) - 4y(n) = x(n+2) - 4x(n)$

3. $y(n) = 3(2)^n + 2(-2)^n$

9.11 $y(n) = 10 \left[1 - \left(\dfrac{1}{2} \right)^n \right] u(n)$

9.12 $r(t) = \left(\dfrac{1}{2} + e^{-t} - \dfrac{1}{2} e^{-2t} \right) u(t)$

9.13 $\begin{bmatrix} r_1(t) \\ r_2(t) \end{bmatrix} = \begin{bmatrix} \dfrac{2}{3} e^{-t} + \dfrac{4}{3} e^{2t} \\ 1 - \dfrac{2}{3} e^{-t} + \dfrac{2}{3} e^{2t} \end{bmatrix}$

9.14 $\begin{bmatrix} \dot{g}_1(t) \\ \dot{g}_2(t) \end{bmatrix} = \begin{bmatrix} 2 & 0 \\ 0 & 3 \end{bmatrix} \begin{bmatrix} g_1(t) \\ g_2(t) \end{bmatrix} + \begin{bmatrix} 0 \\ 1 \end{bmatrix} e(t)$ $\begin{bmatrix} g_1(t) \\ g_2(t) \end{bmatrix} = \begin{bmatrix} 3e^{2t} \\ -\dfrac{14}{3} e^{3t} - \dfrac{1}{3} \end{bmatrix} u(t)$

9.15   1. $a = -\dfrac{1}{6}, b = \dfrac{5}{6}$

2. $\boldsymbol{\lambda}(n) = \begin{bmatrix} \lambda_1(n) \\ \lambda_2(n) \end{bmatrix} = \begin{bmatrix} 6 \left(\dfrac{1}{2} \right)^{n-1} u(n-1) - 6 \left(\dfrac{1}{3} \right)^{n-1} u(n-1) \\ 3 \left(\dfrac{1}{2} \right)^{n-1} u(n-1) - 2 \left(\dfrac{1}{3} \right)^{n-1} u(n-1) \end{bmatrix}$

参考文献

REFERENCES

[1] 王宝祥,陈静. 信号与系统[M]. 北京:高等教育出版社,2015.

[2] 吴大正,杨林耀,张永瑞,等. 信号与线性系统分析[M]. 北京:高等教育出版社, 2019.

[3] 郑君里,应启珩,杨为理. 信号与系统[M]. 北京:高等教育出版社,2011.

[4] ALAN V, OPPENHEIM, ALAN S,等. 信号与系统[M]. 刘树堂,译. 北京:电子工业出版社, 2020.

[5] ALAN V, OPPENHEIM, ALAN S,等. 信号与系统(英文版)[M]. 北京:电子工业出版社,2020.

[6] 陈后金. 信号与系统[M]. 北京:高等教育出版社,2020.

[7] 郭宝龙,朱娟娟. 信号与系统(英文版)[M]. 北京:科学出版社,2019.

[8] 张晖. 信号时频分析及应用[M]. 哈尔滨:哈尔滨工业大学出版社,2006.

[9] 胡广书. 数字信号处理 —— 理论、算法与实现[M]. 北京:清华大学出版社,2022.

[10] 管致中,夏恭恪,孟桥. 信号与线性系统[M]. 北京:高等教育出版社,2016.

[11] VEGTE J V. 数字信号处理基础(英文版)[M]. 北京:电子工业出版社出版,2003.

[12] RICHARDS J A. 遥感数字图像分析导论[M]. 张钧萍,等译. 北京:电子工业出版社, 2015.